高职高专机械设计与制造专业规划教材

互换性与零件几何量检测

朱 超 段 玲 主 编

胡照海 副主编

李登万 主 审

清华大学出版社

北 京

内容简介

本书以机械制造业工厂现场零件的几何量检测为主线，比较全面地介绍了几何量互换性、孔轴和圆锥的极限与配合、形位公差、表面粗糙度、普通圆柱螺纹公差、渐开线圆柱齿轮公差的基本知识；系统地设计了大量源于工厂检测实际零件的孔轴尺寸检测、形位误差检测、表面粗糙度检测、角度与锥度检测、螺纹检测、齿轮检测的实例；另外，还简要介绍了几何量检测新技术。

本书采用最新国家标准，既注重基本知识的讲解和标准的应用，又突出了尺寸、形位误差、表面粗糙度、圆锥、螺纹、齿轮的检测能力的培养；设计了大量的检测实训项目，便于开展理论与实践一体化教学。本书既可作为高职院校机械类各专业的教学用书，也可供机械行业工程技术人员及计量、检验人员参考。本书通过网络(http://jd.scetc.net/index/index1.asp)提供相关检测视频、Flash 动画、行业标准、电子教案、课堂设计、考试系统、在线问答等立体化教学资源，可供教师授课和学生学习时进行参考。

图书在版编目(CIP)数据

互换性与零件几何量检测/朱超，段玲主编；胡照海副主编；李登万主审. 一北京：清华大学出版社，2009.8(2021.8重印)

(高职高专机械设计与制造专业规划教材)

ISBN 978-7-302-20705-4

Ⅰ. ①互… Ⅱ. ①朱… ②段… ③胡… ④李… Ⅲ. ①零部件—互换性—高等学校：技术学校—教材 ②零部件—几何量—检测—高等学校：技术学校—教材 Ⅳ. ①TG801

中国版本图书馆 CIP 数据核字(2009)第 133523 号

责任编辑：孙兴芳
封面设计：杨玉兰
责任校对：李凤茹
责任印制：沈 露
出版发行：清华大学出版社
网 址：http://www.tup.com.cn, http://www.wqbook.com
地 址：北京清华大学学研大厦 A 座 邮 编：100084
社 总 机：010-62770175 邮 购：010-62786544
投稿与读者服务：010-62776969, c-service@tup.tsinghua.edu.cn
质量反馈：010-62772015, zhiliang@tup.tsinghua.edu.cn
课件下载：http://www.tup.com.cn, 010-62791865
印 装 者：三河市天利华印刷装订有限公司
经 销：全国新华书店
开 本：185mm×260mm 印 张：21.5 字 数：510 千字
版 次：2009 年 8 月第 1 版 印 次：2021 年 8 月第14次印刷
定 价：49.00元

产品编号：032436-02

前　言

随着世界制造中心不断向我国转移，国际合作越来越多，推动我国有关互换性、公差与配合的标准也逐步与国际接轨。为了促进新国标的推广应用和帮助机械类各专业学生掌握互换性、公差与配合的基础知识及生产现场零件几何量检测的基本技能，并结合《数控加工岗位职业标准》(该标准已通过由四川省经济委员会和中国机械工业联合会组织的专家评审鉴定)和国家级示范专业的培养目标和教学质量要求，我们组织具有丰富教学经验的教师和具有丰富实践经验的企业工程技术人员共同编写了本书。本书具有以下特点。

1. 校企合作编审，内容新颖实用，体现工学结合

本书在编审过程中特别注重学校与企业的沟通与合作，由教学经验丰富的专业教师和工厂计量检测部门的高级工程师共同担任主编，组织校内教师和工厂技术人员开展专题研讨会，认真分析、研究当前制造业中生产现场工程技术人员常用公差知识和必备的检测技能，结合专业的培养目标和教学质量要求，形成编写提纲，并分头负责编写。书中所涉及的标准和专用名词全部来自国家和行业的最新标准，反映了国内外本行业的最新动态，紧跟行业技术发展方向。实训内容基于工厂实际的检测案例，实训就是工作，就是完成一个个真实的检测任务，让学生通过“工作”进行学习，真正体现工学结合。

2. 教材框架符合认知规律，便于实现理论与实践一体化教学

本书主要章节都是以一个案例引入基本知识，然后是具体的实训内容。主要章节均设计了几个检测实训项目，每个检测项目按照“任务”、“资讯”、“计划”、“检测实施”、“检查要点”、“评价要点”的顺序进行编排，便于实现理论与实践一体化教学；这些检测项目都是从企业的具体工作中提炼优化的，学生只要完成了这些检测实训项目，基本就可以胜任工厂现场的几何量检测工作。每章还针对实训中易犯的普遍性错误，增加了“实践中常见问题解析”，同时为了扩大学生的知识面，每章最后还安排了“拓展知识”，可供教师根据学时多少、专业差异和学生掌握的情况有选择地安排教学。

3. 紧跟技术发展动态，拓宽学生视野

本书最后一章——“几何量检测新技术简介”由国家重大技术装备几何量计量站第一检测室的专家编写，介绍了目前国内外先进的几何量检测方法，而且配有检测实例的图片，可以开阔学生的视野，拓宽工作思路，提升后续工作能力。

4. 网站配备立体化教学资源，方便读者学习交流

在《零件几何量检测》2008 年国家级精品课程网站(http://jd.scetc.net/index/index1.asp)上，提供了相关检测视频、Flash 动画、行业标准、电子教案、课堂设计、考试系统、在线问答等教学资源，方便读者学习与交流。

本书由朱超、段玲任主编，胡照海任副主编。全书共分 7 章，内容包括绪论、孔轴结合的极限与配合及其尺寸检测、形位公差与形位误差的检测、表面粗糙度及其检测、圆锥的极限与配合及角度与锥度的检测、普通圆柱螺纹的公差及其检测、渐开线圆柱齿轮传动的互换性及其检测、几何量检测新技术简介。具体编写分工为：四川工程职业技术学院朱超编写绪论、第 1 章和第 3 章；胡照海编写第 2 章和第 4 章；邱红编写第 5 章；中国二重集团公司段玲编写第 6 章和第 7 章。全书由朱超负责统稿，由四川工程职业技术学院李登万教授任主审。

本书在图稿方面得到了四川工程职业技术学院邱霜玲、乔毅两位老师的大力支持，特在此对本书出版给予支持帮助的单位和个人表示衷心的感谢！

由于编者水平有限，书中缺点和错误在所难免，敬请广大读者批评指正。

编　者

目　录

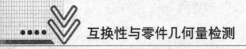

第0章　绪　　论

0.1　课程简介

几何量检测是机械类从业人员必备的基本技能，而公差配合和量具的知识则是进行几何量检测的基础。本书围绕“检测任务——必需的公差(或极限偏差)、误差(或偏差)、检测方法与计量器具知识——决策与计划——亲自动手完成检测任务——检查与评估”这条主线，重点介绍尺寸公差、形位公差、表面粗糙度以及圆锥、螺纹、圆柱齿轮等典型零件的特殊公差知识和相关误差(偏差)的检测方法与计量器具的知识；系统设计了相关的检测任务。通过学习这些知识和完成检测任务，学生基本可以掌握生产一线几何量检测的基本技能。学生在学习本课程之前，应具有一定的理论知识和初步的生产知识，能识读一般的机械图样。学生学完本课程后，应初步达到下列要求。

(1)　建立互换性的基本概念，熟悉有关公差配合的基本术语和定义。

(2)　了解各种几何参数和典型零件的有关公差标准的基本内容和主要规定。

(3)　能正确识读、标注常用的公差配合要求和典型零件的公差要求，并能准确查用有关表格。

(4)　掌握几何量检测的基本知识，会正确选择和使用生产现场的常用计量器具，能完成生产现场一般零件和典型零件几何量的检测任务。

0.2　互换性概述

0.2.1　互换性的含义

在日常生活中，人们经常会遇到使用可以相互替换的零、部件的情况，比如自行车上某个零件坏了，我们只要到维修店更换一个同样规格的零件即可。这里就体现了一个在产品设计、制造、维修中广泛使用的原则——互换性。

零、部件的互换性是指在同一规格的一批零、部件中，可以不经选择、调整或修配，任取一件就能装配在机器上，并能达到规定的使用性能要求。零、部件具有的这种性质称为互换性。

互换性是广泛用于产品设计、制造、维修的重要原则。我们把能够保证产品具有互换性的生产，称为遵守互换性原则的生产。

0.2.2 互换性的分类

互换性按其互换程度可分为完全互换与不完全互换。

1. 完全互换性

完全互换是指一批零、部件在装配前不需要进行选择，装配时也不需要修配和调整，装配后即可满足预定的使用要求，这种互换性称为完全互换性。

2. 不完全互换性

当装配精度要求很高时，若采用完全互换将使零件的尺寸公差很小，加工困难，成本高，甚至无法加工。这时可以采用不完全互换法进行生产，将其制造公差适当放大，以便于加工。在完工后，再对零件进行测量并按实际尺寸大小分组，按组进行装配。这种仅是组内零件可以互换，组与组之间不可互换，叫做分组互换法。分组互换既可保证装配精度与使用要求，又降低了生产成本。

在机器装配时，允许用补充机械加工或钳工修刮的方法来获得所需的精度，称为修配法。如普通车床尾架部件中的垫板，其厚度需在装配时再进行修磨，以满足头尾架顶尖等高的要求。

在装配时，用调整的方法，改变某零件在机器中的尺寸和位置，以满足其功能要求，称为调整法。如机床导轨中的镶条，装配时可沿导轨移动方向调整其位置，以满足间隙要求。

分组互换法、修配法和调整法都属于不完全互换性。不完全互换只限于部件或机构在制造厂内装配时使用。对厂际协作，往往要求完全互换。具体究竟采用哪种方式为宜，要由产品精度、产品复杂程度、生产规模、设备条件及技术水平等一系列因素决定。

一般大量生产和成批生产，如汽车厂、拖拉机厂大都采用完全互换法生产。精度要求高的行业，如轴承工业，常采用分组装配，即不完全互换法生产。而小批和单件生产，如矿山、冶金等重型机器业，则常采用修配法或调整法生产。

0.2.3 互换性的技术经济意义

互换性原则被广泛采用，它不仅能对生产过程产生影响，而且对产品的设计、使用、维修等各个方面都能带来很大的方便。

就设计而言，由于采用具有可互换的标准件、通用件，可使设计工作简化，缩短设计周期，并便于进行计算机辅助设计。

就制造而言，因零件具有互换性，故可以采用分散加工、集中装配。这样有利于组织专业化协作生产，有利于使用现代化的工艺装备，组织流水线和自动线等先进的生产方式。装配时，不需辅助加工和修配，既可减轻工人的劳动强度，又可缩短装配周期。从而既保证了产品质量，又可以提高劳动生产率和降低成本。

就使用、维修而言，当机器的零件突然损坏或按计划需要定期更换时，可在最短时间内以备用件加以替换，从而提高了机器的利用率并延长了机器的使用寿命。

综上所述，互换性对保证产品质量，缩短设计周期，提高制造和维修的效率具有重要的技术经济意义。互换性不仅在大批量生产中被广泛采用，而且随着现代生产逐步向多品种、小批量的综合生产系统方向转变，互换性也为小批生产，甚至单件生产所采用。但是应当指出，互换性原则不是在任何情况下都适用的，有时零件只能采用单配才能制成或才符合经济原则，例如，发动机的气阀与阀座是成对研磨而制成的。然而，即使在这种情况下，不可避免地还是要采用具有互换性的刀具、量具等工艺装备。因此，互换性仍是必须遵循的基本的技术经济原则。

0.3 零件的加工误差和公差

0.3.1 机械加工误差

加工精度是指机械加工后，零件几何参数(尺寸、几何要素的形状和相互间的位置、轮廓的微观不平度等)的实际值与设计的理想值相一致的程度。

加工误差是指零件实际几何参数对其设计理想值的偏离程度，加工误差越小，加工精度就越高。

机械加工误差主要有以下几类。

(1) 尺寸误差：指零件加工后的实际尺寸对理想尺寸的偏离程度。理想尺寸一般指图样上标注的最大、最小两极限尺寸的平均值。

(2) 形状误差：指加工后零件的实际表面形状相对其理想形状的差异(或偏离程度)，如圆度、直线度等。

(3) 位置误差：指加工后零件的表面、轴线或对称平面之间的相互位置相对其理想位置的差异(或偏离程度)，如同轴度、位置度等。

(4) 表面微观不平度：指加工后的零件表面上由较小间距和峰谷所组成的微观几何形状误差。零件表面微观不平度用表面粗糙度的评定参数值来表示。

加工误差是由工艺系统的诸多误差因素造成的。如加工方法的原理误差，工件装夹定位误差，夹具、刀具的制造误差与磨损，机床的制造、安装误差与磨损，切削过程中的受力、受热变形和摩擦振动，还有毛坯的几何误差及加工中的测量误差等。

0.3.2 几何量公差

为了控制加工误差，满足零件的功能要求，设计者需通过零件图样，提出相应的加工精度要求，这些要求是用几何量公差的标注形式给出的。

几何量公差就是实际几何参数值所允许的变动量。

相对于各类加工误差，几何量公差分为尺寸公差、形状公差、位置公差和表面粗糙度允许值及典型零件特殊几何参数的公差等。

0.4 标准化与标准

0.4.1 标准化和标准的含义

在实行互换性生产的过程中，要求各分散的工厂、车间等局部生产部门和生产环节之间必须在技术上保持一定的统一性。而标准化正是实现这一要求的一项重要技术保证。

1. 标准化的含义

国家标准《标准化和有关领域的通用术语第 1 部分：基本术语》(GB/T 3935.1—1996)中规定，标准化的定义为：“为在一定的范围内获得最佳秩序，对实际的或潜在的问题制定共同的和重复的使用规则的活动。”实际上，标准化就是指在经济、技术、科学以及管理等社会实践中，对重复性的事物(如产品、零件、部件)和概念(如术语、规则、方法、代号、量值)，在一定范围内通过简化、优选和协调，作出统一的规定，经审批后颁布、实施，以获得最佳秩序和社会效益的全部活动过程。

2. 标准的含义

标准化的主要体现形式是标准。国家标准 GB/T 3935.1—1996 中规定，标准的定义为：“为在一定的范围内获得最佳秩序，对活动或结果规定的共同的和重复使用的规则、导则或特性文件。”标准是以科学、技术和经验的综合成果为基础，以促进最佳社会效益为目的，经有关方面协商一致而制定，由主管机构批准，以特定的形式发布，作为共同遵守的准则和依据。

0.4.2 标准的分类和分级

1. 标准的分类

标准的范围广泛，种类繁多，涉及人类生活的方方面面。

按性质不同，标准可分为技术标准、生产组织标准和经济管理标准三类。按适用程度不同，标准可分为基础标准和一般标准两类。本课程研究的公差与配合、表面粗糙度、术语、计量单位、优先数系等标准属于基础标准。

涉及人身安全、健康、卫生及环境保护等的标准属于强制性标准，其代号为“GB”。强制性标准颁布后，必须严格执行。其余标准属于推荐性标准，其代号为“GB/T”。

2. 标准的分级

按制定的范围不同，标准可分为国际标准、国家标准、地方标准、行业标准和企业标准五个级别。在国际范围内制定的标准称为国际标准，用“ISO”、“IEC”等表示。在全国范围内统一制定的标准称为国家标准，用“GB”表示。对于没有国家标准而又需要在某个行业范围内统一的技术要求，可制定行业标准，如机械标准(JB)等；对于既没有国家标准又没有行业标准而又需要在某个范围内统一的技术要求，可制定地方标准或企业标准，分别用“DB”、“QB”表示。

世界各国的经济发展过程表明，标准化是实现现代化的一个重要手段，标准化也是联系科研、设计、生产和使用的纽带，是发展贸易、提高产品在国际市场上竞争力的技术保证。加入 WTO 以后，为加强和扩大我国与国际先进工业国家的技术交流和国际贸易，我国对标准化工作更加重视，不断以国际标准为基础，制定新的标准，并逐步向国际标准靠拢。

0.4.3 优先数和优先数系

在产品设计或生产过程中，各种参数的简化、协调和统一，是标准化的一项重要工作内容。

在进行机械产品设计时，需要确定许多技术参数。当选定一个数值作为某产品的参数指标后，这个数值就会按照一定的规律向一切相关的制品、材料等的有关参数指标传播扩散。

例如，螺栓的尺寸确定后，就将影响螺母、丝锥、板牙等的尺寸进一步传递给加工螺栓孔的钻头的尺寸，这种技术参数的传播，在实际生产中非常普遍，并且跨越行业和部门的界限。如果没有一个统一的标准，必然会导致各种参数的规格繁多杂乱，以至给组织生产、协作配套及使用、维修等带来很大的困难。因此，各种技术参数的制定，必须从全局出发、协调一致。

优先数系是国际上统一的数值分级制度，是一种无量纲的分级数系，适用于各种量值的分级，是对各种技术参数的数值进行协调、简化和统一的一种科学的数值标准。GB/T 321—2005《优先数和优先数系》就是其中的一个重要标准。在确定机械产品的技术参数时，应尽可能地选用该标准中的数值。

GB/T 321—2005 规定了 5 个不同公比的十进制近似等比数列，作为优先数系。各数列分别用 R5、R10、R20、R40 和 R80 表示，依次称为 R5 系列、R10 系列、R20 系列、R40 系列和 R80 系列，前 4 个系列是基本系列、常用系列；R80 系列为补充系列，仅在参数分级很细或者基本系列中的优先数不能适应实际情况时才可考虑采用。它们的公比分别是：

R5 系列　　公比为 $q_5=\sqrt[5]{10}\approx 1.6$

R10 系列　　公比为 $q_{10}=\sqrt[10]{10}\approx 1.25$

R20 系列　　公比为 $q_{20}=\sqrt[20]{10}\approx 1.12$

R40 系列　　公比为 $q_{40}=\sqrt[40]{10}\approx 1.06$

R80 系列　　公比为 $q_{80}=\sqrt[80]{10}\approx 1.03$

可见，优先数系的五个数列的公比都是无理数，不便于实际应用，因此在实际工程应用中均采用理论公比经圆整后的近似值。根据圆整的精确程度，可分为计算值和常用值，计算值是对理论值取五位有效数字的近似值，在作参数系列的精确计算时可以代替理论值。常用值即经常使用的通常所称的优先数，取三位有效数字。优先数基本系列如表 0-1 所示。

表 0.1 基本系列

基本系列(常用值)				序号	理论值		基本系列和计算值间的相对误差/%
R5	R10	R20	R40		对数尾数	计算值	
1.00	1.00	1.00	1.00	0	000	1.0000	0
			1.06	1	025	1.0593	−0.07
		1.12	1.12	2	050	1.1220	−0.18
			1.18	3	075	1.1885	−0.71
	1.25	1.25	1.25	4	100	1.2589	−0.71
			1.32	5	125	1.3335	−1.01
		1.40	1.40	6	150	1.4125	−0.88
			1.50	7	175	1.4962	−0.25
1.60	1.60	1.60	1.60	8	200	1.5849	+0.95
			1.70	9	225	1.6788	+1.26
		1.80	1.80	10	250	1.7783	+1.22
			1.90	11	275	1.8836	−0.87
	2.00	2.00	2.00	12	300	1.9953	+0.24
			2.12	13	325	2.1135	+0.31
		2.24	2.24	14	350	2.2387	+0.06
			2.36	15	375	2.3714	−0.48
2.50	2.50	2.50	2.50	16	400	2.5119	−0.47
			2.65	17	425	2.6607	−0.40
		2.80	2.80	18	450	2.8184	−0.65
			3.00	19	475	2.9854	−0.49
	3.15	3.15	3.15	20	500	3.1623	−0.39
			3.35	21	525	3.3497	−0.01
		3.55	3.55	22	550	3.5481	−0.05
			3.75	23	575	3.7584	−0.22
4.00	4.00	4.00	4.00	24	600	3.9811	+0.47
			4.25	25	625	4.2170	+0.78
		4.50	4.50	26	650	4.4668	+0.74
			4.75	27	675	4.7315	+0.39
	5.00	5.00	5.00	28	700	5.0119	−0.24
			5.30	29	725	5.3088	−0.17
		5.60	5.60	30	750	5.6234	−0.42
			6.00	31	775	5.9566	+0.73
6.30	6.30	6.30	6.30	32	800	6.3096	−0.15
			6.70	33	825	6.6834	−0.25

续表

基本系列(常用值)				序号	理论值		基本系列和计算值间的相对误差/%
R5	R10	R20	R40		对数尾数	计算值	
		7.10	7.10	34	850	7.0795	−0.29
			7.50	35	875	7.4989	−0.01
	8.00	8.00	8.00	36	900	7.9433	−0.71
			8.50	37	925	8.4140	−1.02
		9.00	9.00	38	950	8.9125	−0.98
			9.50	39	975	9.4406	−0.63
10.00	10.00	10.00	10.00	40	000	10.0000	0

第1章　孔、轴结合的极限与配合及其尺寸检测

学习要点

- 掌握极限与配合的基本术语和定义：孔和轴、尺寸、基本尺寸、实际尺寸、极限尺寸、尺寸偏差与公差、零线和公差带图。
- 掌握极限与配合国家标准的主要内容：标准公差系列、基本偏差系列、配合、间隙、过盈、间隙配合、过渡配合、过盈配合、配合公差、未注公差。
- 掌握计量器具与测量方法的主要内容：计量器具的主要技术指标、测量方法的分类。
- 掌握车间条件下孔、轴尺寸检测的主要内容：测量误差和测量不确定度、误收和误废、验收极限和安全裕度、计量器具的选择。
- 掌握游标卡尺的结构和使用方法。
- 掌握外径千分尺的结构和使用方法。
- 掌握百分表和内径百分表的结构和使用方法。
- 掌握机械式比较仪的结构和使用方法。
- (拓展)了解光滑极限量规检验孔、轴的主要内容：量规的外形结构与功能、量规的分类、极限尺寸判断原则及其对量规的要求、使用量规的注意事项。
- (拓展)了解基准制、公差带与配合的主要内容：基孔制，基轴制，常用尺寸段孔、轴公差带，常用尺寸段孔、轴公差配合。
- (拓展)了解极限与配合选用的主要内容：基准制的选用、公差等级的选用、配合的选择。

技能目标

- 能正确使用游标卡尺检测一般精度零件的长度、直径、沟槽深度、台阶深度；会校对游标卡尺的零位，能准确读数；能判断被测尺寸合格性。
- 能正确使用外径千分尺检测中等精度零件的长度、直径；会校对外径千分尺的零位，能正确确定修正值，能准确读数并判断被测尺寸的合格性；会利用测力装置控制测量力。
- 能正确校对内径百分表的零位，能正确使用内径百分表检测孔径，能准确读数并判断合格性。
- 能正确校对机械式比较仪(或立式光学计)的零位，能正确使用机械式比较仪(或立式光学计)检测轴径，能准确读数并判断合格性。

项目案例导入

▶ 项目任务——用游标卡尺检测图 1.1 所示零件的长度尺寸和键槽深度以及没有公差要求的直径；用外径千分尺检测 $\phi 25$ 的直径。

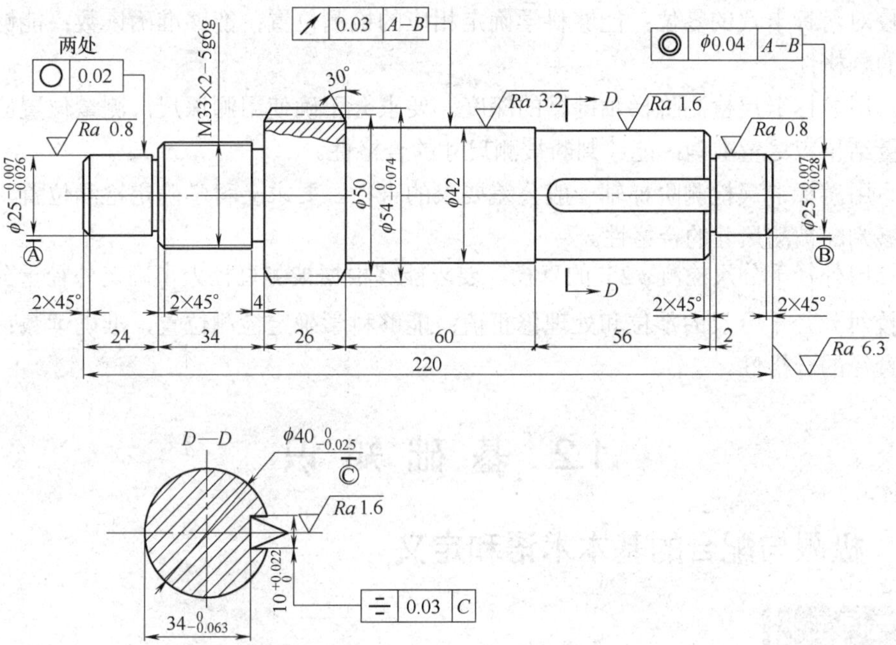

图 1.1　阶梯轴

引导问题

(1)　仔细阅读图 1.1，分析零件的尺寸要求。

(2)　回忆以前在什么场合使用过哪些量具？

(3)　根据以前积累的知识回答什么是尺寸？什么是尺寸公差？什么是尺寸偏差？

(4)　以前使用过游标卡尺吗？请概略说明如何使用游标卡尺。

(5)　以前使用过外径千分尺吗？请概略说明如何使用外径千分尺。

1.1　阶梯轴长度、直径和键槽深度的检测

1. 项目目的

通过完成对阶梯轴长度、直径和键槽深度的检测这一任务，掌握游标卡尺和外径千分尺的结构及其使用方法，会利用游标卡尺和外径千分尺完成其他同等难易程度零件的检测。

2. 项目条件

准备用于学生检测实训的阶梯轴工件若干(根据学生人数确定，要求每个工件对应的人数不超过 3 人，学生人数较多时建议分组进行)；具备与工件数对应的游标卡尺、外径千分

尺、工作台；具备能够容纳足够学生的理论与实践一体化教室和相应的教学设备。

3. 项目内容及要求

(1) 用游标卡尺检测阶梯轴各段的长度。要求能够根据被测长度选择游标卡尺的规格；会校对游标卡尺的零位；能够科学确定相应的检测位置；能够准确读数；能够判断被测尺寸的合格性。

(2) 用游标卡尺检测阶梯轴键槽的深度。要求会正确使用测深尺，测量位置应科学合理，测量结果应尽量准确；能够判断被测尺寸的合格性。

(3) 用游标卡尺检测阶梯轴一般公差要求的直径。要求会科学确定检测位置，读数准确；能够判断被测尺寸的合格性。

(4) 用外径千分尺检测$\phi 25$的直径。要求能够根据被测直径大小确定外径千分尺的规格；会校对外径千分尺的零位和处理修正值；能够科学确定检测位置，准确读数；能够判断被测直径的合格性。

1.2 基础知识

1.2.1 极限与配合的基本术语和定义

引导问题

(1) 什么是孔？
(2) 什么是轴？
(3) 什么是基本尺寸？
(4) 什么是实际尺寸？
(5) 什么是极限尺寸？
(6) 什么是最大实体状态？
(7) 什么是最大实体尺寸？
(8) 什么是尺寸偏差？
(9) 什么是极限偏差？
(10) 公差与偏差之间的区别是什么？
(11) 尺寸公差带的大小和位置由什么确定？

1. 孔和轴

(1) 孔：通常是指工件的圆柱形内表面，也包括非圆柱形内表面(由两个平行平面或切面形成的包容面)。孔是包容面，越加工尺寸越大。

(2) 轴：通常是指工件的圆柱形外表面，也包括非圆柱形外表面(由两个平行平面或切面形成的被包容面)。轴是被包容面，越加工尺寸越小。

孔与轴通常分别理解为圆柱形的内、外表面。孔、轴分别表示由平行平面或切面形成的包容面、被包容面。若平行平面或切面不能形成包容面和被包容面，则它们既不是孔，也不是轴。图 1.2 中，D_1、D_2、D_3、D_4、D_5 所确定的内表面都属于孔；d_1、d_2、d_3、d_4 所确定的外表面都属于轴；L_1、L_2、L_3 所确定的表面既不能形成孔也不能形成轴。

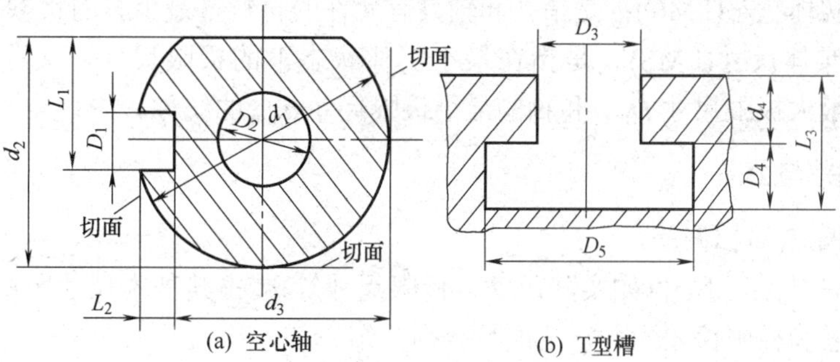

图 1.2　孔与轴

2. 尺寸、基本尺寸、实际尺寸和极限尺寸

(1)　尺寸：是以特定单位表示线性尺寸的数值。尺寸由数字和长度单位两部分组成，用以表示零件几何形状的大小，包括长度、直径、半径、宽度、高度、深度、厚度和中心距等。在机械制造业中一般常以毫米(mm)为特定单位，此时在图样上标注尺寸时，通常不标注单位，只标注数字。

(2)　基本尺寸：是可以用来与极限偏差(上偏差和下偏差)一起计算得到极限尺寸(最大极限尺寸和最小极限尺寸)的尺寸。基本尺寸表示尺寸的基本大小，它是根据零件的强度、刚度、结构和工艺性等要求确定的。设计时应尽量采用标准尺寸，以减少加工所用刀具、量具的规格。基本尺寸的孔用 D，轴用 d 表示。基本尺寸可以是毫米单位的整数倍，也可以是小数倍。如 30mm、8.75mm、1.5mm 等。基本尺寸也曾被称为“名义尺寸”和“公称尺寸”。

(3)　实际尺寸：是通过测量获得的尺寸。由于测量过程中存在测量误差，所以实际尺寸往往不是被测尺寸的真实尺寸(真值)。而且，多次测量同一尺寸所得的实际尺寸也是各不相同的。实际尺寸的孔用 D_a，轴用 d_a 表示。

(4)　极限尺寸：是孔或轴允许的尺寸的两个极端。两个极限尺寸中较大的一个称最大极限尺寸，较小的一个称最小极限尺寸。

极限尺寸可大于、小于或等于基本尺寸。合格零件的实际尺寸应在两个极限尺寸之间，也可以达到极限尺寸。孔的极限尺寸用 D_{max}、D_{min} 表示，轴的极限尺寸用 d_{max}、d_{min} 表示。

合格零件的条件为：

$$D_{max} \geqslant D_a \geqslant D_{min} \tag{1-1}$$

$$d_{max} \geqslant d_a \geqslant d_{min} \tag{1-2}$$

式中：D_{max} 为孔的最大极限尺寸；D_{min} 为孔的最小极限尺寸；d_{max} 为轴的最大极限尺寸；d_{min} 为轴的最小极限尺寸。

3. 最大实体状态、最大实体尺寸、最小实体状态和最小实体尺寸

(1)　最大实体状态(MMC)：是指孔和轴具有的允许材料量最多时的状态。

(2) 最大实体尺寸(MMS)：是指在最大实体状态下的极限尺寸，又称为最大实体极限。也即孔的最小极限尺寸 D_{min} 和轴的最大极限尺寸 d_{max} 的统称。

(3) 最小实体状态(LMC)：是指孔和轴具有允许的材料量最少时的状态。

(4) 最小实体尺寸(LMS)：是指在最小实体状态下的极限尺寸，又称为最小实体极限。也即孔的最大极限尺寸 D_{max} 和轴的最小极限尺寸 d_{min} 的统称。

4. 尺寸偏差与公差

1) 尺寸偏差(简称偏差)

尺寸偏差是指某一尺寸(如实际尺寸、极限尺寸等)减去其基本尺寸所得的代数差。偏差分为实际偏差和极限偏差两种，下面将分别介绍。

(1) 实际偏差：实际尺寸减去其基本尺寸所得的代数差，依据定义表示如下。

孔： $$E_a=D_a-D \tag{1-3}$$

轴： $$e_a=d_a-d \tag{1-4}$$

式中：E_a 为孔的实际偏差；e_a 为轴的实际偏差。

(2) 极限偏差：极限尺寸减去其基本尺寸所得的代数差。其中，最大极限尺寸与基本尺寸之差称为上偏差(ES，es)，最小极限尺寸与基本尺寸之差称为下偏差(EI，ei)，如图 1.3 所示。

上、下偏差统称为极限偏差。依据定义，孔、轴的极限偏差表示如下。

孔： $$ES=D_{max}-D \tag{1-5}$$

$$EI=D_{min}-D \tag{1-6}$$

轴： $$es=d_{max}-d \tag{1-7}$$

$$ei=d_{min}-d \tag{1-8}$$

式中：ES 为孔的上偏差；EI 为孔的下偏差；es 为轴的上偏差；ei 为轴的下偏差。

注意，偏差为代数值，可能为正值、负值或零。极限偏差用于控制实际偏差。完工后零件尺寸的合格条件常用偏差关系式表示如下。

孔合格的条件： $$EI\leqslant E_a\leqslant ES \tag{1-9}$$

轴合格的条件： $$ei\leqslant e_a\leqslant es \tag{1-10}$$

2) 尺寸公差(简称公差)

尺寸公差是指允许尺寸的变动量，或者是上偏差与下偏差代数差的绝对值，如图 1.3 所示，其关系式表示如下。

孔： $$T_h=|D_{max}-D_{min}|=|ES-EI| \tag{1-11}$$

轴： $$T_s=|d_{max}-d_{min}|=|es-ei| \tag{1-12}$$

式中：T_h 为孔的公差；T_s 为轴的公差。

3) 公差与偏差之间的区别和联系

(1) 公差是一个没有符号的绝对值；偏差是代数差，有正有负。

(2) 公差大小决定了允许尺寸变动范围的大小。若公差值大，则允许尺寸变动范围大，因而要求加工精度低；相反，若公差值小，则允许尺寸变动范围小，因而要求加工精度高。

(3) 极限偏差表示每个零件尺寸允许变动的极限值，是判断零件尺寸是否合格的依据。

(4) 公差影响配合的精度；极限偏差用于控制实际偏差，影响配合的松紧程度。

5. 零线和公差带图

从图 1.4 中可见，公差的数值比基本尺寸的数值小得多，不能用同一比例画在一张示意图上，所以采用简明的极限与配合图解，简称公差带图来表示。

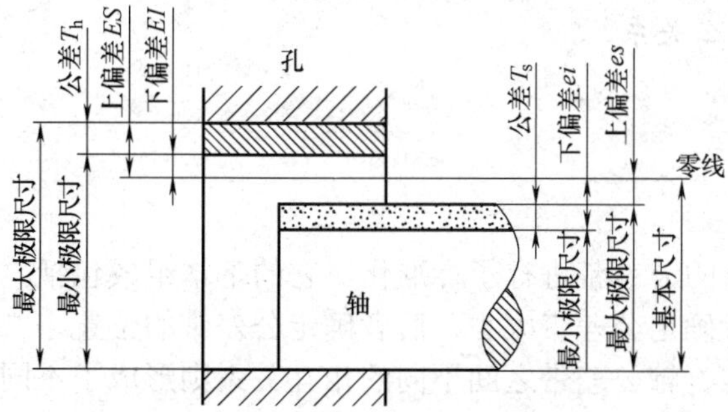

图 1.3　极限和配合示意图

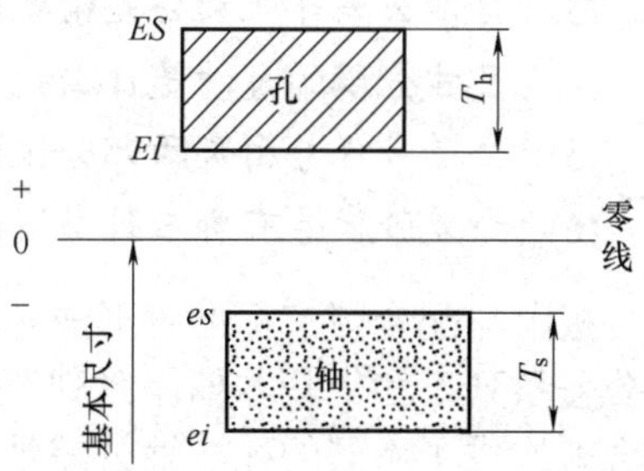

图 1.4　公差带图

1)　零线

在极限与配合图解中，零线是表示基本尺寸的一条直线，以其为基准确定偏差和公差。通常零线沿水平方向绘制，正偏差位于零线的上方，负偏差位于零线的下方。

2)　公差带

在公差带图中，由代表上、下偏差的两条直线所限定的一个区域，称为尺寸公差带，简称公差带。尺寸公差带有两项特征：大小和位置。公差带的大小由尺寸公差确定；公差带的位置由极限偏差(上偏差或下偏差)相对零线的位置来确定。

例 1-1　已知轴 $\phi60_{-0.03}^{-0.01}$，孔 $\phi60_{0}^{+0.03}$，求孔、轴的极限尺寸和公差。

解：1)　图解法

根据已知条件画出孔、轴的公差带图，如图 1.5 所示。

孔的极限尺寸　$D_{max} = 60.03$　　$D_{min} = 60$

轴的极限尺寸　$d_{max} = 59.99$　　$d_{min} = 59.97$

其孔、轴公差为：

$$T_h = ES - EI = 0.03 - 0 = 0.03$$

$$T_s = es - ei = -0.01 - (-0.03) = 0.02$$

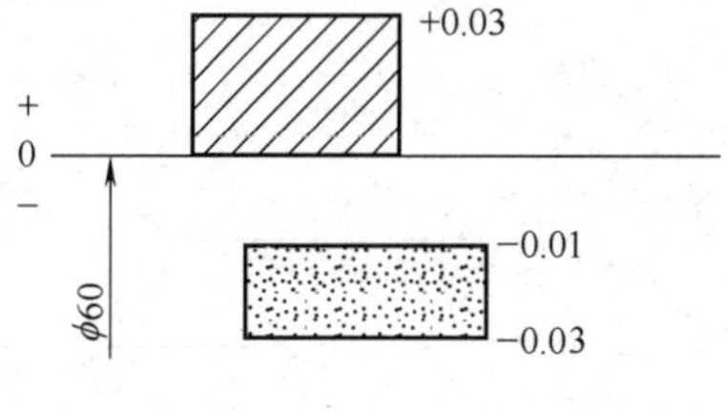

图 1.5　公差带图解法

2)　公式法

$$D_{max} = D+ES=60+0.03=60.03$$

$$D_{min} = D+EI=60+0=60$$

$$d_{max} = d+es=60+(-0.01)=59.99$$

$$d_{min} = d+ei=60+(-0.03)=59.97$$

$$T_h = D_{max}-D_{min} = 60.03-60 = 0.03$$

$$T_s= d_{max}-d_{min} = 59.99-59.97 = 0.02$$

1.2.2 极限与配合国家标准

引导问题

(1) 标准公差分为多少个精度等级？

(2) 标准公差等级中精度最高的是什么等级？精度最低的是什么等级？

(3) 标准公差等级和公差值之间有什么关系？

(4) 尺寸分段的目的是什么？

(5) 公差带代号由哪两部分组成？

(6) 公差带代号有哪三种书写格式？

极限与配合国家标准对形成各种配合的公差带进行了标准化，它的基本组成包括“标准公差系列”和“基本偏差系列”，前者确定公差带大小，后者确定公差带的位置，二者结合就构成了不同的孔、轴公差带；而孔、轴公差带之间不同的相互关系则形成了不同种类的配合，以实现互换性和满足各种使用要求。

1. 标准公差系列

在极限与配合国家标准 GB/T 1800.1－2009 中，用以确定公差带大小的任一公差，称为标准公差，用 IT 表示。它是依据公差等级和基本尺寸确定的。

1) 公差等级

公差等级是确定尺寸精确程度的等级。为了将公差数值标准化，以减少量具和刀具的规格，同时又能满足各种机器所需的不同精度的要求，GB/T 1800.1－2009 将标准公差分为 20 个公差级，用 IT(国际公差 ISO Tolerance 的缩写)和阿拉伯数字组成的代号表示，按顺序为 IT01、IT0、IT1～ITl8，等级依次降低，标准公差值依次增大。常用的公差等级为IT5～IT13。

公差等级、加工的难易程度和标准公差值之间有如下关系，如图 1.6 所示。

由此可知，在同一尺寸分段内的同一公差等级，各基本尺寸的标准公差值是相同的。同一公差等级对所有基本尺寸的一组公差也被认为具有同等精度要求。故公差值只与公差等级和基本尺寸有关，而与配合性质无关。

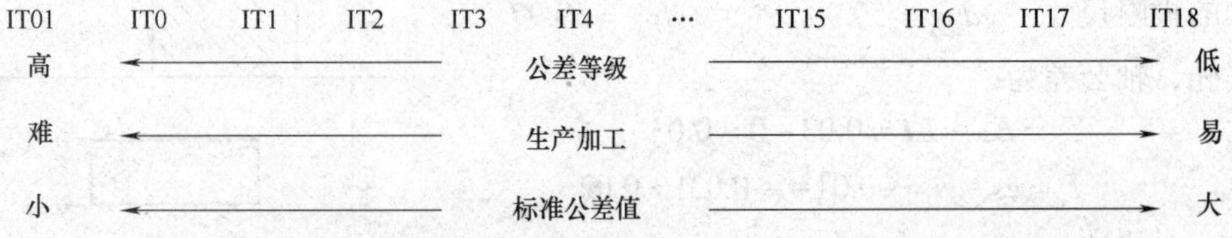

图 1.6 公差等级的高低、加工的难易和公差值的大小示意图

2) 标准公差值

公差值的大小与公差等级及基本尺寸有关。而由生产实践得知，对于基本尺寸相同的零件，可按公差值的大小来评定其尺寸制造精度的高低；相反，对于基本尺寸不同的零件，就不能只根据公差值的大小去评定其制造精度。国家标准中综合考虑了零件的基本尺寸、加工误差、测量误差，根据相应的公式计算出了公差值，经过圆整即得到标准公差值表，如表 1.1 所示。

表 1.1　标准公差数值(摘自 GB/T 1800.1—2009)

基本尺寸 (mm)		公差等级																			
		IT01	IT0	IT1	IT2	IT3	IT4	IT5	IT6	IT7	IT8	IT9	IT10	IT11	IT12	IT13	IT14	IT15	IT16	IT17	IT18
大于	至	(μm)													(mm)						
—	3	0.3	0.5	0.8	1.2	2	3	4	6	10	14	25	40	60	0.10	0.14	0.25	0.40	0.60	1.0	1.4
3	6	0.4	0.6	1	1.5	2.5	4	5	8	12	18	30	48	75	0.12	0.18	0.30	0.48	0.75	1.2	1.8
6	10	0.4	0.6	1	1.5	2.5	4	6	9	15	22	36	58	90	0.15	0.22	0.36	0.58	0.90	1.5	2.2
10	18	0.5	0.8	1.2	2	3	5	8	11	18	27	43	70	110	0.18	0.27	0.43	0.70	1.10	1.8	2.7
18	30	0.6	1	1.5	2.5	4	6	9	13	21	33	52	84	130	0.21	0.33	0.52	0.84	1.30	2.1	3.3
30	50	0.6	1	1.5	2.5	4	7	11	16	25	39	62	100	160	0.25	0.39	0.62	1.00	1.60	2.5	3.0
50	80	0.8	1.2	2	3	5	8	13	19	30	46	74	120	190	0.30	0.46	0.74	1.20	1.90	3.0	4.6
80	120	1	1.5	2.5	4	6	10	15	22	35	54	87	140	220	0.35	0.54	0.87	1.40	2.20	3.5	5.4
120	180	1.2	2	3.5	5	8	12	18	25	40	63	100	460	250	0.40	0.63	1.00	1.60	2.50	4.0	6.3
180	250	2	3	4.5	7	10	14	20	29	46	72	115	485	290	0.46	0.72	1.15	1.85	2.90	4.6	7.2
250	315	2.5	4	6	8	12	16	23	32	52	81	130	210	320	0.52	0.81	1.30	2.10	3.20	5.2	8.1
315	400	3	5	7	9	13	18	25	36	57	89	140	230	360	0.57	0.89	1.40	2.30	3.60	5.7	8.9
400	500	4	6	8	10	15	20	27	40	63	97	155	250	400	0.63	0.97	1.55	2.50	4.00	6.3	9.7

3) 尺寸分段

基本尺寸分段是有利于生产的。根据标准公差的计算式，一个基本尺寸就应该有一个相应的公差值。由于生产实践中的基本尺寸很多，因此就形成了一个庞大的公差数值表，给设计和生产带来很大的麻烦。生产实践证明公差等级相同而基本尺寸相近的公差数值差别不大。因此，为简化公差数值表格，以便于使用，国家标准对基本尺寸进行了分段。尺寸分段后，对同一尺寸分段内的所有基本尺寸，在公差等级相同的情况下，规定相同的标准公差如表 1.1 所示。

国家标准将小于等于 500mm 的基本尺寸分成 13 个尺寸段，这样的尺寸段叫做主段落。因为某些配合对尺寸变化很敏感，所以又将一个主段落分为 2～3 段中间段落，以便确定基本偏差时使用。

2. 基本偏差系列

1) 基本偏差

基本偏差是用以确定公差带相对于零线位置的极限偏差，一般为靠近零线或位于零线的那个极限偏差。当整个公差带位于零线上方时，基本偏差为下偏差；反之，则为上偏差，如图 1.7 所示。

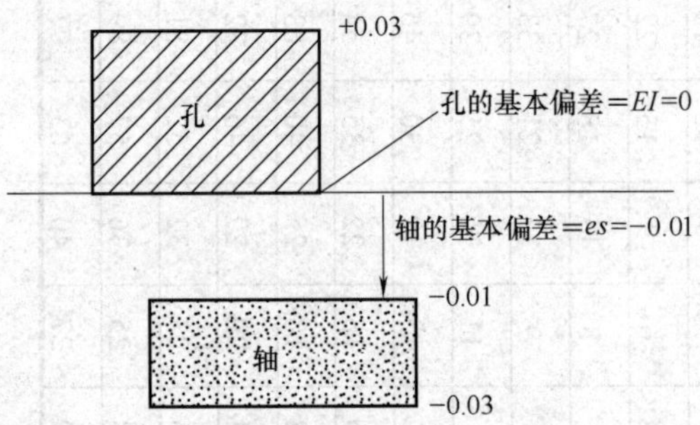

图 1.7 基本偏差

2) 基本偏差代号

基本偏差的作用是确定公差带相对于零线的位置，原则上与公差等级无关。为了满足不同配合性质的需要，国家标准为孔和轴各规定了 28 种公差带位置，分别由 28 个基本偏差来确定。基本偏差代号用拉丁字母及其顺序表示。大写表示孔，小写表示轴。单写字母 21 个，双写字母 7 个。在 26 个字母中，I、L、O、Q、W(i、l、o、q、w)未用，以避免混淆，如图 1.8 所示。

在基本偏差系列中，H(或 h)的基本偏差等于零；J(j)与零线近似对称；JS(js)与零线完全对称，其上偏差 es=+IT/2 或下偏差 ei=−IT/2。

孔的基本偏差系列中，代号 A～H 的基本偏差为下偏差 EI，其绝对值依次减小，其中 A～G 的 EI 为正值，H 的基本偏差为 EI=0；代号 J～ZC 的基本偏差为上偏差 ES(除 J 外，一般为负值)，绝对值依次增大。

轴的基本偏差系列中，代号 a～h 的基本偏差为上偏差 *es*，其绝对值依次减小，h 的基本偏差为 *ei*=0；代号 j～zc 的基本偏差为下偏差 *ei*(j、js 除外)，其绝对值依次增大。

由图 1.8 可知，公差带一端是封闭的，由基本偏差决定；而另一端是开口的，其长度取决于标准公差值的大小。因此，公差带代号都是由基本偏差代号和标准公差等级代号两部分组成。在标注时必须标注出公差带的两大部分。

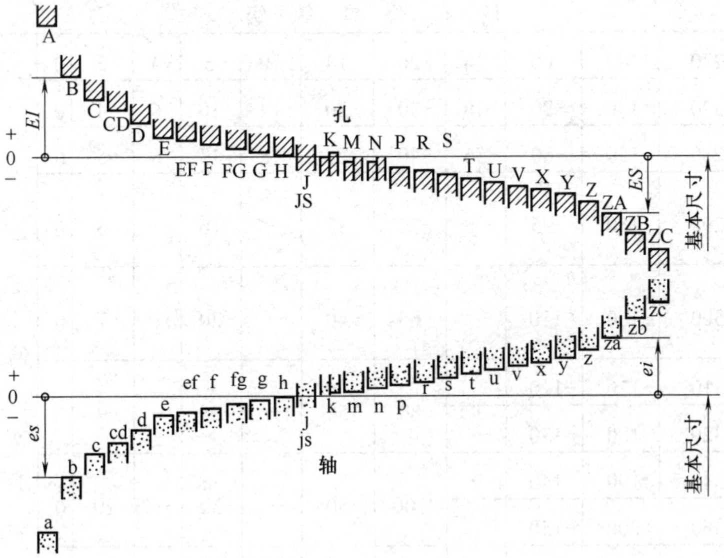

图 1.8　基本偏差系列图

例如，孔的公差带代号：$\phi 30\text{H7}$　或 $\phi 30^{+0.021}_{0}$　或　$\phi 30\text{H7}(^{+0.021}_{0})$

$\phi 25\text{F8}$　或　$\phi 25^{+0.053}_{+0.020}$　或　$\phi 25\text{F8}(^{+0.053}_{+0.020})$

轴的公差带代号：$\phi 45\text{h6}$　或　$\phi 45^{0}_{-0.016}$　或　$\phi 45\text{h6}(^{0}_{-0.016})$

$\phi 56\text{r6}$　或 $\phi 56^{+0.060}_{+0.041}$　或　$\phi 56\text{r6}(^{+0.060}_{+0.041})$

配合代号的标注用孔、轴公差带代号的组合表示，写成分数形式，分子为孔的公差带代号，分母为轴的公差带代号。

如 $\phi 25\dfrac{\text{H7}}{\text{r6}}$ 或 $\phi 45\dfrac{\text{F9}}{\text{h9}}$ 或 $\phi 30\dfrac{\text{H8}}{\text{f7}}$

3)　基本偏差数值

孔和轴的基本偏差是按照一系列经验公式计算得到的，具体的数值如表 1.2 和表 1.3 所示。

表 1.2　尺寸≤500mm 轴的基本偏差数值

基本尺寸(mm)	基本														
	上偏差 es												下		
	a*	b*	c	cd	d	e	ef	f	fg	g	h	js	j		
	所有公差等级												5～6	7	8
≤3	-270	-140	-60	-34	-20	-14	-10	-6	-4	-2	0	偏差等于 $\pm\frac{IT}{2}$	-2	-4	-6
>3～6	-270	-140	-70	-46	-30	-20	-14	-10	-6	-4	0		-2	-4	—
>6～10	-280	-150	-80	-56	-40	-25	-18	-13	-8	-5	0		-2	-5	—
>10～14	-290	-150	-95	—	-50	-32	—	-16	—	-6	0		-3	-6	—
>14～18															
>18～24	-300	-160	-110	—	-65	-40	—	-20	—	-7	0		-4	-8	—
>24～30															
>30～40	-310	-170	-120	—	-80	-50	—	-25	—	-9	0		-5	-10	—
>40～50	-320	-180	-130	—											
>50～65	-340	-190	-140	—	-100	-60	—	-30	—	-10	0		-7	-12	—
>65～80	-360	-200	-150												
>80～100	-380	-220	-170	—	-120	-72	—	-36	—	-12	0		-9	-15	—
>100～120	-410	-240	-180												
>120～140	-460	-260	-200	—	-145	-85	—	-43	—	-14	0		-11	-18	—
>140～160	-520	-280	-210												
>160～180	-580	-310	-230												
>180～200	-660	-340	-240	—	-170	-100	—	-50	—	-15	0		-13	-21	—
>200～225	-740	-380	-260												
>225～250	-820	-420	-280												
>250～280	-920	-480	-300	—	-190	-110	—	-56	—	-17	0		-16	-26	—
>280～315	-1050	-540	-330												
>315～355	-1200	-600	-360	—	-210	-125	—	-62	—	-18	0		-18	-28	—
>355～400	-1350	-680	-400												
>400～450	-1500	-760	-440	—	-230	-135	—	-68	—	-20	0		-20	-32	—
>450～500	-1650	-840	-480												

注：① 基本尺寸小于 1mm 时，各级的 a 和 b 均不采用。

② js 的数值：对 IT7～IT11，若 IT 的数值(μm)为奇数，则取 $js=\pm\frac{IT-1}{2}$。

(摘自 GB/T　1800.1—2009)

偏差(μm)															
偏差 ei															
k		m	n	p	r	s	t	u	v	x	y	z	za	zb	zc
4～7	≤3 或>7	所有公差等级													
0	0	+2	+4	+6	+10	+14	—	+18	—	+20	—	+26	+32	+40	+60
+1	0	+4	+8	+12	+15	+19	—	+23	—	+28	—	+35	+42	+50	+80
+1	0	+6	+10	+15	+19	+23	—	+28	—	+34	—	+42	+52	+67	+97
+1	0	+7	+12	+18	+23	+28	—	+33	—	+40	—	+50	+64	+90	+130
									+39	+45	—	+60	+77	+108	+150
+2	0	+8	+15	+22	+28	+35	—	+41	+47	+54	+63	+73	+98	+136	+188
							+41	+48	+55	+64	+75	+88	+118	+160	+218
+2	0	+9	+17	+26	+34	+43	+48	+60	+68	+80	+94	+112	+148	+200	+274
							+54	+70	+81	+97	+114	+136	+180	+242	+325
+2	0	+11	+20	+32	+41	+53	+66	+87	+102	+122	+144	+172	+226	+300	+405
					+43	+59	+75	+102	+120	+146	+174	+210	+274	+360	+480
+3	0	+13	+23	+37	+51	+71	+91	+124	+146	+178	+214	+258	+335	+445	+585
					+54	+79	+104	+144	+172	+210	+254	+310	+400	+525	+690
+3	0	+15	+27	+43	+63	+92	+122	+170	+202	+248	+300	+365	+470	+620	+800
					+65	+100	+134	+190	+228	+280	+340	+415	+535	+700	+900
					+68	+108	+146	+210	+252	+310	+380	+465	+600	+780	+1000
+4	0	+17	+31	+50	+77	+122	+166	+236	+284	+350	+425	+520	+670	+880	+1150
					+80	+130	+180	+258	+310	+385	+470	+575	+740	+960	+1250
					+84	+140	+196	+284	+340	+425	+520	+640	+820	+1050	+1350
+4	0	+20	+34	+56	+94	+158	+218	+315	+385	+475	+580	+710	+920	+1200	+1550
					+98	+170	+240	+350	+425	+525	+650	+790	+1000	+1300	+1700
+4	0	+21	+37	+62	+108	+190	+268	+390	+475	+590	+730	+900	+1150	+1500	+1900
					+114	+208	+294	+435	+530	+660	+820	+1000	+1300	+1650	+2100
+5	0	+23	+40	+68	+126	+232	+330	+490	+595	+740	+920	+1100	+1450	+1850	+2400
					+132	+252	+360	+540	+660	+820	+1000	+1250	+1600	+2100	+2600

表 1.3　尺寸≤500mm 孔的基本偏差数值

基本尺寸 (mm)	基本																		
	下偏差 EI												上偏差 ES						
	A*	B*	C	CD	D	E	EF	F	FG	G	H	JS	J			K		M	
	所有公差等级												6	7	8	≤8	>8	≤8	>8*
≤3	+270	+140	+60	+34	+20	+14	+10	+6	+4	+2	0	偏差等于 $\pm\frac{IT}{2}$	+2	+4	+6	0	0	-2	-2
>3～6	+270	+140	+70	+46	+30	+20	+14	+10	+6	+4	0		+5	+6	+10	$-1+\Delta$	—	$-4+\Delta$	-4
>6～10	+280	+150	+80	+56	+40	+25	+18	+13	+8	+5	0		+5	+8	+12	$-1+\Delta$	—	$-6+\Delta$	-6
>10～14	+290	+150	+95	—	+50	+32	—	+16	—	+6	0		+6	+10	+15	$-1+\Delta$	—	$-7+\Delta$	-7
>14～18																			
>18～24	+300	+160	+110	—	+65	+40	—	+20	—	+7	0		+8	+12	+20	$-2+\Delta$	—	$-8+\Delta$	-8
>24～30																			
>30～40	+310	+170	+120	—	+80	+50	—	+25	—	+9	0		+10	+14	+24	$-2+\Delta$	—	$-9+\Delta$	-9
>40～50	+320	+180	+130																
>50～65	+340	+190	+140	—	+100	+60	—	+30	—	+10	0		+13	+18	+28	$-2+\Delta$	—	$-11+\Delta$	-11
>65～80	+360	+200	+150																
>80～100	+380	+220	+170	—	+120	+72	—	+36	—	+12	0		+16	+22	+34	$-3+\Delta$	—	$-13+\Delta$	-13
>100～120	+410	+240	+180																
>120～140	+460	+260	+200	—	+145	+85	—	+43	—	+14	0		+18	+26	+41	$-3+\Delta$	—	$-15+\Delta$	-15
>140～160	+520	+280	+210																
>160～180	+580	+310	+230																
>180～200	+660	+340	+240	—	+170	+100	—	+50	—	+15	0		+22	+30	+47	$-4+\Delta$	—	$-17+\Delta$	-17
>200～225	+740	+380	+260																
>225～250	+820	+420	+280																
>250～280	+920	+480	+300	—	+190	+110	—	+56	—	+17	0		+25	+36	+55	$-4+\Delta$	—	$-20+\Delta$	-20
>280～315	+1050	+540	+330																
>315～355	+1200	+60	+360	—	+210	+125	—	+62	—	+18	0		+29	+39	+60	$-4+\Delta$	—	$-21+\Delta$	-21
>355～400	+1350	+680	+400																
>400～450	+1500	+760	+440	—	+230	+135	—	+68	—	+20	0		+33	+43	+66	$-5+\Delta$	—	$-23+\Delta$	-23
>450～500	+1650	+840	+480																

注：① 基本尺寸小于 1mm 时，各级的 A 和 B 及大于 8 级的 N 均不采用。

② 特殊情况：当基本尺寸大于 250～315mm 时，M6 的 ES 等于−9(不等于−11)。

③ JS 的数值：对于 IT7～IT11，若 IT 的数值为奇数，则取偏差 $=\pm\frac{IT-1}{2}$。

(摘自 GB/T 1800.1—2009)

偏差 (μm)															Δ(μm)					
		上偏差 ES																		
N		P～ZC	P	R	S	T	U	V	X	Y	Z	ZA	ZB	ZC						
≤8	>8*	≤7	>7												3	4	5	6	7	8
-4	-4	同一直径比大于7级的增加一个Δ值	-6	-10	-14	—	-18	—	-20	—	-26	-32	-40	-60	0	0	0	0	0	0
-8+Δ	0		-12	-15	-19	—	-23	—	-28	—	-35	-42	-50	-80	1	1.5	1	3	4	6
-10+Δ	0		-15	-19	-23	—	-28	—	-34	—	-42	-52	-67	-97	1	1.5	2	3	6	7
-12+Δ	0		-18	-23	-28	—	-33	—	-40	—	-50	-64	-90	-130	1	2	3	3	7	9
								-39	-45	—	-60	-77	-108	-150						
-15+Δ	0		-22	-28	-35	—	-41	-47	-54	-63	-73	-98	-136	-188	1.5	2	3	4	8	12
						-41	-48	-55	-64	-75	-88	-118	-160	-218						
-17+Δ	0		-26	-34	-43	-48	-60	-68	-80	-94	-112	-148	-200	-274	1.5	3	4	5	9	14
						-54	-70	-81	-97	-114	-136	-180	-242	-325						
-20+Δ	0		-32	-41	-53	-66	-87	-102	-122	-144	-172	-226	-300	-405	2	3	5	6	11	16
				-43	-59	-75	-102	-120	-146	-174	-210	-274	-360	-480						
-23+Δ	0		-37	-51	-71	-91	-124	-146	-178	-214	-258	-335	-445	-585	2	4	5	7	13	19
				-54	-79	-104	-144	-172	-210	-254	-310	-400	-525	-690						
-27+Δ	0		-43	-63	-92	-122	-170	-202	-248	-300	-365	-470	-620	-800	3	4	6	7	15	23
				-65	-100	-134	-190	-228	-280	-340	-415	-535	-700	-900						
				-68	-108	-146	-210	-252	-310	-380	-465	-600	-780	-1000						
-31+Δ	0		-50	-77	-122	-166	-236	-284	-350	-425	-520	-670	-880	-1150	3	4	6	9	17	26
				-80	-130	-180	-258	-310	-385	-470	-575	-740	-960	-1250						
				-84	-140	-196	-284	-340	-425	-520	-640	-820	-1050	-1350						
-34+Δ	0		-56	-94	-158	-218	-315	-385	-475	-580	-710	-920	-1200	-1550	4	4	7	9	20	29
				-98	-170	-240	-350	-425	-525	-650	-790	-1000	-1300	-1700						
-37+Δ	0		-62	-108	-190	-268	-390	-475	-590	-730	-900	-1150	-1500	-1900	4	5	7	11	21	32
				-114	-208	-294	-435	-530	-660	-820	-1000	-1300	-1650	-2100						
-40+Δ	0		-68	-126	-232	-330	-490	-595	-740	-920	-1100	-1450	-1850	-2400	5	5	7	13	23	34
				-132	-252	-360	-540	-660	-820	-1000	-1250	-1600	-2100	-2600						

1.2.3 配合和配合公差

引导问题

(1) 什么是配合?什么是间隙？什么是过盈？

(2) 什么是间隙配合？如何计算最大间隙和最小间隙？

(3) 什么情况下得到最大间隙？

(4) 什么是过盈配合？如何计算最大过盈和最小过盈？

(5) 什么情况下得到最大过盈？

(6) 什么是过渡配合？过渡配合在什么情况下得到最大过盈？在什么情况下得到最大间隙？

(7) 什么是配合公差？配合公差的计算公式是什么样的？

(8) 配合公差带完全处在零线以上的是什么配合？完全处在零线以下的是什么配合？

1. 配合

配合是指基本尺寸相同的相互结合的孔、轴公差带之间的关系。

2. 间隙或过盈

孔、轴配合时，孔的尺寸减去相配合的轴的尺寸所得的代数差为正时称为间隙，用 X 表示；为负时称为过盈，用 Y 表示。

3. 配合的种类

1) 间隙配合

间隙配合是指具有间隙(包括最小间隙等于零)的配合。此时，孔的公差带在轴的公差带之上。因为孔与轴的尺寸都有公差，所以配合后的间隙也会在一定范围内变动，即存在着配合公差，如图 1.9 所示。

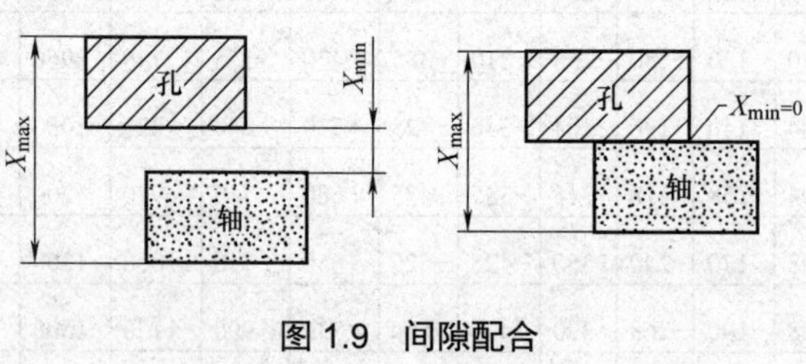

图 1.9 间隙配合

由于孔和轴的实际尺寸在各自的公差带内变动，因此装配后各对孔、轴间的间隙也是变动的。当孔为最大极限尺寸，轴为最小极限尺寸时，装配后得到最大间隙(X_{max})；反之，当孔为最小极限尺寸，轴为最大极限尺寸时，得到最小间隙(X_{min})，即：

$$X_{max}=D_{max}-d_{min}=ES-ei \quad (1\text{-}13)$$

$$X_{min}=D_{min}-d_{max}=EI-es \quad (1\text{-}14)$$

式中：X_{max} 为最大间隙；X_{min} 为最小间隙。

2)　过盈配合

过盈配合是指具有过盈(包括最小过盈等于零)的配合，称为过盈配合。此时，孔的公差带完全在轴的公差带之下，如图 1.10 所示。同样，各对孔、轴间的过盈也是变化的。

当孔为最大极限尺寸，轴为最小极限尺寸时，装配后得到最小过盈(Y_{min})；当孔为最小极限尺寸、轴为最大极限尺寸时，装配后得到最大过盈(Y_{max})，即：

$$Y_{min}=D_{max}-d_{min}=ES-ei \quad (1-15)$$

$$Y_{max}=D_{min}-d_{max}=EI-es \quad (1-16)$$

式中：Y_{min} 为最小过盈；Y_{max} 为最大过盈。

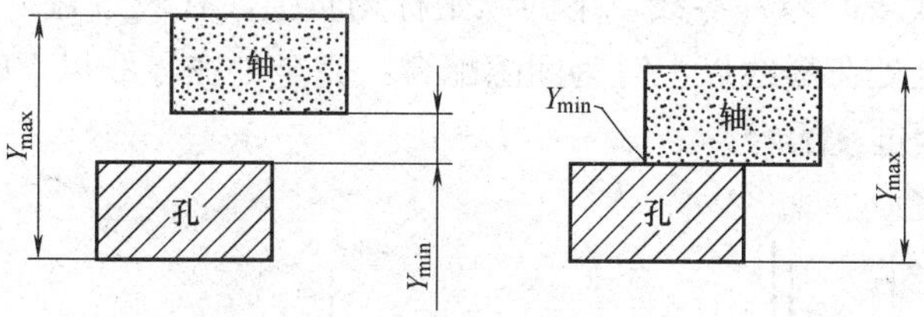

图 1.10　过盈配合

3)　过渡配合

过渡配合是指可能具有间隙也可能具有过盈的配合。此时，孔的公差带与轴的公差带相互交叠，如图 1.11 所示。过渡配合中，各对孔、轴间的间隙或过盈也是变化的。当孔为最大极限尺寸，轴为最小极限尺寸时，装配后得到最大间隙；当孔为最小极限尺寸，轴为最大极限尺寸时，装配后得到最大过盈。即：

$$X_{max}=D_{max}-d_{min}=ES-ei \quad (1-17)$$

$$Y_{max}=D_{min}-d_{max}=EI-es \quad (1-18)$$

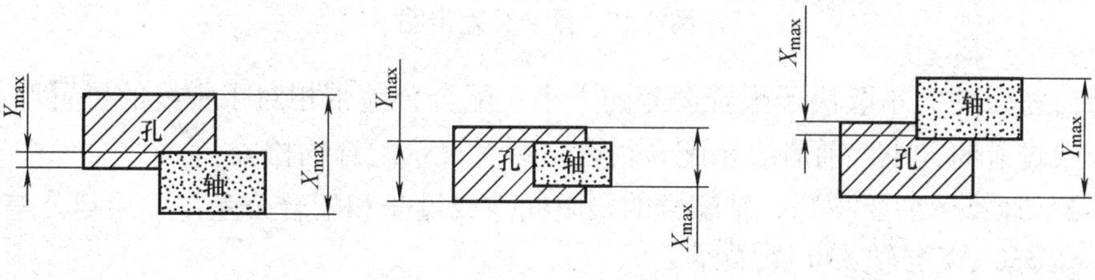

图 1.11　过渡配合

4. 配合公差

允许间隙或过盈的变动量称为配合公差，以 T_f 表示。配合公差反映配合的松紧变化程度，表示配合精度。即配合精度(配合公差)取决于配合的孔与轴的尺寸精度(尺寸公差)。

对于间隙配合：

$$T_f=|X_{max}-X_{min}|=(D_{max}-d_{min})-(D_{min}-d_{max})=(D_{max}-D_{min})+(d_{max}-d_{min})=T_h+T_s \quad (1-19)$$

对于过盈配合：

$$T_f=|Y_{max}-Y_{min}|=(D_{max}-d_{min})-(D_{min}-d_{max})=(D_{max}-D_{min})+(d_{max}-d_{min})=T_h+T_s \quad (1\text{-}20)$$

对于过渡配合：

$$T_f=|X_{max}-Y_{max}|=(D_{max}-d_{min})-(D_{min}-d_{max})=(D_{max}-D_{min})+(d_{max}-d_{min})=T_h+T_s \quad (1\text{-}21)$$

式中：T_f为配合公差。

可见各类配合的配合公差均为孔公差与轴公差之和，即：$T_f=T_h+T_s$。

这一结论说明配合件的装配精度与零件的加工精度有关，若要提高装配精度，使配合后间隙或过盈的变化范围减小，则应减小零件的公差，即需要提高零件的加工精度。

配合公差的特性也可用图 1.12 所示的配合公差带图来表示。在图 1.12 中，零线以上的纵坐标为正值，代表间隙；零线以下的纵坐标为负值，代表过盈；符号Ⅱ代表配合公差带。配合公差带完全处在零线以上时为间隙配合；完全处在零线以下时为过盈配合；跨在零线上、下两侧时为过渡配合。

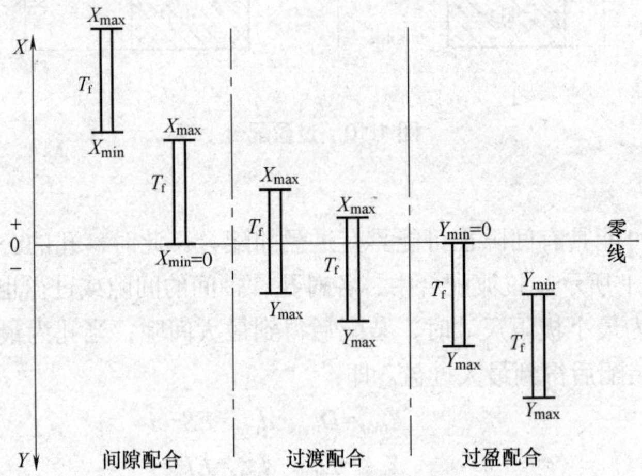

图 1.12　配合公差带图

配合公差带的大小取决于配合公差的大小，配合公差带相对于零线的位置取决于极限间隙或极限过盈的大小。前者表示配合精度，后者表示配合的松紧。

例 1-2　计算下列 3 种孔、轴配合的极限间隙或过盈和配合公差，并绘制公差带图。

(1)　孔$\phi30^{+0.033}_{0}$与轴$\phi30^{-0.020}_{-0.041}$配合。

(2)　孔$\phi30^{+0.033}_{0}$与轴$\phi30^{+0.023}_{+0.002}$配合。

(3)　孔$\phi30^{+0.033}_{0}$与轴$\phi30^{+0.069}_{+0.048}$配合。

解：

(1)　最大间隙：

$X_{max}=ES-ei=0.033-(-0.041)=+0.074$

最小间隙：

$X_{min}=EI-es=0-(-0.020)=+0.020$

配合公差：

$T_f = |X_{max}-X_{min}|=|0.074-0.020|= 0.054$

或　　$T_f= T_h+T_s = 0.033+0.021=0.054$

(2)　最大间隙：

$X_{max}=ES-ei=0.033-(+0.002)=+0.031$

最大过盈：

$Y_{max}=EI-es=0-(+0.023)= -0.023$

配合公差：

$T_f = |X_{max}-Y_{max}| =|+0.031-(-0.023)|=0.054$

或 $T_f = T_h+T_s = 0.033+0.021= 0.054$

(3)　最小过盈：

$Y_{min}=ES-ei =+0.033-0.048=-0.015$

最大过盈：

$Y_{max}=EI-es= 0-0.069=-0.069$

配合公差：

$T_f =|Y_{min}-Y_{max}|=|-0.015-(-0.069)|=0.054$

或　　$T_f= T_h+T_s = 0.033+0.021=0.054$

公差带图如图 1.13 所示，配合公差带图如图 1.14 所示。

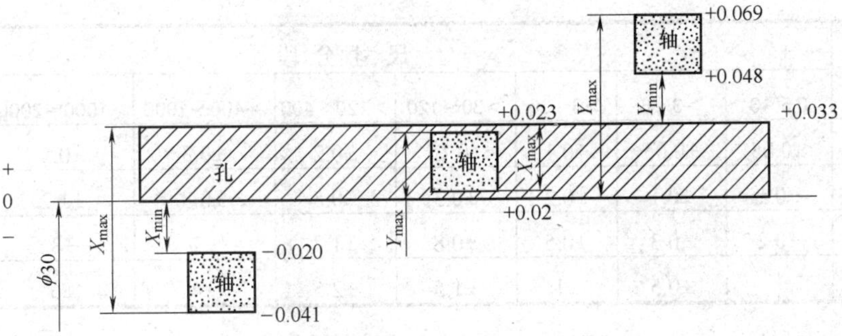

图 1.13　公差带图

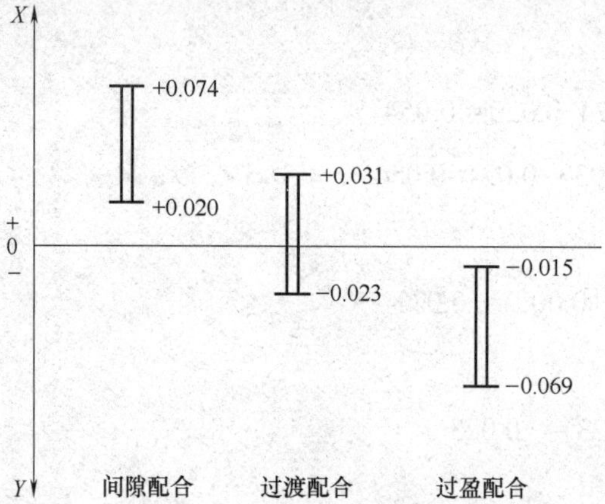

图 1.14 配合公差带图

1.2.4 线性尺寸的一般公差——未注公差

线性尺寸的一般公差是指在车间一般工艺条件下可保证的公差，是机床设备一般加工能力在正常维护和操作情况下，能达到的经济加工精度。线性尺寸的一般公差也称为线性尺寸的未注公差，主要用于低精度的非配合尺寸。采用未注公差的尺寸不用标注极限偏差或其他代号。

GB/T 1804—2000 对线性尺寸的一般公差规定了 4 个公差等级，即 f(精密级)、m(中等级)、c(粗糙级)和 v(最粗级)。国家标准对孔、轴与长度的极限偏差均采用与国际标准 ISO 2768—1:1989 一致的双向对称分布偏差，其极限偏差值全部采用对称偏差值。线性尺寸的未注极限偏差数值如表 1.4 所示。

表 1.4 线性尺寸的未注极限偏差数值

公差等级	尺寸分段							
	0.5~3	>3~6	>6~30	>30~120	>120~400	>400~1000	>1000~2000	>2000~4000
f (精密级)	±0.05	±0.05	±0.1	±0.15	±0.2	±0.3	±0.5	—
m (中等级)	±0.1	±0.1	±0.2	±0.3	±0.5	±0.8	±1.2	±2
c (粗糙级)	±0.2	±0.3	±0.5	±0.8	±1.2	±2	±3	±4
v (最粗级)	—	±0.5	±1	±1.5	±2.5	±4	±6	±8

采用未注公差的尺寸，在图样上只标注基本尺寸，不标注极限偏差，而是在图样上或技术文件中用国家标准号和公差等级代号并在两者之间用一短划线隔开表示。例如，选用 m(中等级)时，则表示为 GB/T 1804—m。这表明图样上凡未注公差的线性尺寸(包含倒圆半径与倒角高度)均按 m(中等级)加工和检验。

采用未注公差的尺寸在车间正常生产能保证的条件下，主要由工艺装备和加工者自行控制，一般不检验。应用未注公差可简化制图，节省图样设计时间，使图面清晰，更加突出重要的或有配合要求的尺寸。国标同时也规定了倒圆半径与倒角高度尺寸的极限偏差的数值，如表 1.5 所示。

表 1.5　倒圆半径与倒角高度尺寸的未注极限偏差数值

公差等级	尺寸分段			
	0.5～3	3～6	6～30	>30
f (精密级) m (中等级)	±0.2	±0.5	±1	±2
c (粗糙级) v (最粗级)	±0.4	±1	±2	±4

1.2.5　计量器具与测量方法简介

引导问题

(1) 什么是计量器具?计量器具可以分为哪几类?

(2) 什么是刻度间距?

(3) 什么是分度值?

(4) 示值范围与测量范围的区别是什么?

(5) 什么是示值误差? 什么是修正值?

(6) 什么是直接测量? 什么是间接测量?

(7) 什么是绝对测量? 什么是相对测量?

(8) 什么是静态测量?

(9) 你曾经使用过哪些计量器具?

1. 计量器具的分类

计量器具(也可称作测量器具)是测量仪器和测量工具的总称。计量器具可以按计量学的观点进行分类，也可以按器具本身的结构、用途和特点进行分类。按计量学观点可以把计量器具分为量具和量仪两类，通常把没有传动放大系统的计量器具称为量具，如游标卡尺、直角尺、量规等；把具有传动放大系统的计量器具称为量仪，如机械比较仪、测长仪和投影仪等。按其本身的结构、用途和特点计量器具分为标准量具、极限量规、通用计量器具以及计量装置四类。

(1) 标准量具：是指以固定形式复现量值的计量器具，通常用来校对和调整其他计量器具或作为标准用来与被测工件进行比较。标准量具分为单值量具和多值量具两种。单值量具是指复现几何量的单个量值的量具，如量块、直角尺等。多值量具是指复现一定范围内的一系列不同量值的量具，如线纹尺等。

(2) 极限量规：是指没有刻度的专用计量器具，用以检验零件要素实际尺寸和形位误差的综合结果。使用极限量规检验的结果不能得到被检验工件的具体实际尺寸和形位误差值，而只能确定被检验工件是否合格，如使用光滑极限量规、螺纹量规、位置量规等进行的检验。

(3) 通用计量器具：是指能将被测量几何量的量值转换成可直接观测的指示值或等效

信息的计量器具。即计量器具有刻度，能量出具体数值。

(4) 计量装置：是指为确定被测几何量量值所必需的计量器具和辅助设备的总称。它能够测量较多的几何量和较复杂的零件，有助于实现检测自动化或半自动化，如连杆、滚动轴承的零件可用计量装置来测量。

2. 计量器具的主要度量指标

计量器具的度量指标是表征计量器具技术性能和功用的计量参数，是合理选择和使用计量器具的重要依据。其中的主要指标如下。

(1) 刻度间距：刻度间距是测量器具刻度标尺或度盘上两相邻刻度线之间的距离。为适于人眼观察，刻度间距一般为1～2.5mm。

(2) 分度值：分度值是指计量器具标尺或分度盘上每一刻度间距所代表的量值。一般长度计量器具的分度值有 0.1mm、0.05mm、0.02mm、0.01mm、0.005mm、0.002mm、0.001mm 等几种。例如，图 1.15 中机械比较仪的分度值为 0.002mm。一般来说，分度值越小，则计量器具的精度就越高。

(3) 示值范围：示值范围是指计量器具所能显示(或指示)的最低值到最高值的范围。图 1.15 所示机械比较仪的示值范围为±60μm。

(4) 测量范围：测量范围是计量器具所能测量尺寸的最小值到最大值的范围。图 1.15 所示机械比较仪的测量范围为 0～180mm。

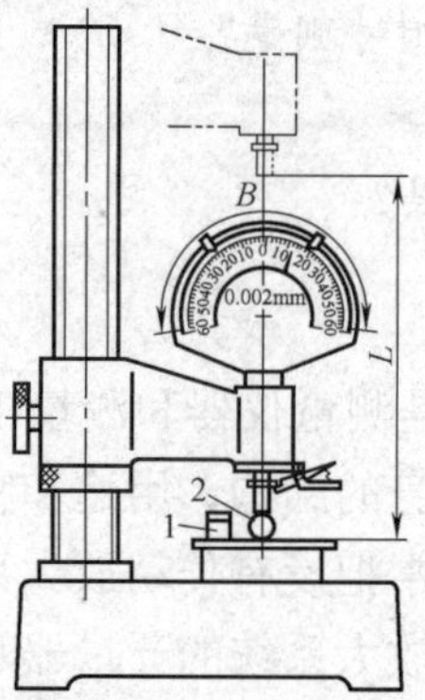

图 1.15　机械比较仪的部分技术性能指标

1—量块；2—被测工件

(5) 灵敏度：灵敏度是指仪器指示装置发生最小变动的被测尺寸的最小变动量。一般来说，分度值越小，则计量器具的灵敏度就越高。

(6) 示值误差：示值误差是指计量器具上的示值与被测真值的代数差。一般来说，示值误差越小，则计量器具的精度就越高。

(7) 修正值：修正值是指为了消除或减少系统误差，用代数法加到未修正测量结果上的数值。其大小与示值误差的绝对值相等，而符号相反。例如，示值误差为-0.004mm，则修正值为+0.004mm。

(8) 测量力：测量力是测量头与被测零件表面在测量时相接触的力。测量力会引起测量器具和被测量零件的弹性变形，影响测量精度。

(9) 回程误差：回程误差是对同一尺寸进行正反向测量时仪器指示数值的变化范围。

(10) 示值稳定性：示值稳定性是指在测量条件不变的情况下，对同一被测量的量进行多次(一般为 8～15 次)重复测量所得测量值的最大差值。

3. 测量方法的分类

广义的测量方法，是指测量时所采用的测量原理、计量器具和测量条件的综合。但是在实际工作中，测量方法一般是指获得测量结果的具体方式，它可从不同的角度进行分类。

(1) 按是否直接量出所需要的量值，可分为直接测量和间接测量。

① 直接测量：是指在测量过程中可以直接得到被测尺寸的数值或其相对于基本尺寸的实际偏差数值。例如，用游标卡尺、外径千分尺测量零件的直径。

② 间接测量：是指在测量过程中先测量出与被测量值有关的几何参数，然后通过计算获得被测量值。例如，在测量大的圆柱形零件的直径 D 时，可以先量出其圆周 L，然后通过公式 $D=L/\pi$ 计算零件的直径 D。

(2) 按所测读数是否代表被测量值的绝对数字，可分为绝对测量和相对测量。

① 绝对测量：是指在测量过程中测量的读数是被测量值的绝对数字。例如，用游标卡尺直接量出零件的实际尺寸。

② 相对测量：是指在测量过程中测量所得的读数是被测尺寸相对于已知标准量(通常用量块体现)的偏差。由于标准量是已知的，因此，被测参数的整个量值等于仪器所指偏差与标准量的代数和。例如，用内径量表测量孔径，测量时先用量块调整百分表零位，百分表指示出的示值为被测孔径相对于量块尺寸的偏差。

(3) 按被测零件的表面与测量头是否接触，可分为接触测量和非接触测量。

① 接触测量：是指测量时计量器具的测量头与测量表面直接接触，并有机械作用的测量力存在。例如，用机械比较仪测量轴径。

② 非接触测量：是指测量时计量器具的测量头不与被测表面接触。例如，用光切显微镜测量表面粗糙度，用气动量仪测量孔径等。

(4) 按零件被测参数的多少，可分为综合测量和单项测量。

① 综合测量(综合检验)：是指同时测量工件上几个相关几何量的综合效应或综合指标，以判断综合结果是否合格，而不要求知道有关单项值。其目的在于限制被测工件在规定的极限轮廓内，以保证互换性的要求。例如，用螺纹通规检验螺纹单一中径、螺距和牙型半角实际值的综合结果(作用中径)是否合格。

② 单项测量：是指对工件上的每个几何量分别进行测量。例如，用工具显微镜分别测量螺纹单一中径、螺距和牙型半角的实际值，并分别判断它们各自是否合格。通常在分析加工过程中造成次品的原因时，多采用单项测量。

(5) 按测量零件时计量器具与测量头相对运动的状态，可分为静态测量和动态测量。

① 静态测量：是指在测量过程中，计量器具的测量头与被测零件处于相对静止状态，被测量的量值是固定的。

② 动态测量：是指在测量过程中，计量器具的测量头与被测零件处于相对运动状态，被

测量的量值是变化的。例如，用圆度仪测量圆度误差，用电动轮廓仪测量表面粗糙度值等。

(6) 按测量时零件是否在线，可分为在线测量和离线测量。

① 在线测量：是指在加工过程中对工件进行测量的测量方法。测量结果直接用来控制工件的加工过程，以决定是否需要继续加工或调整机床。在线测量能及时防止废品的产生，主要应用在自动化生产线上。

② 离线测量：是指在加工后对工件进行测量的测量方法。测量结果仅限于发现并剔除废品。

在线测量使检测与加工过程紧密结合，能及时防止废品的产生，以保证产品质量，因此是检测技术的发展方向。

(7) 按对同一量进行多次测量时影响测量误差的各种因素是否改变，可分为等精度测量和不等精度测量。

① 等精度测量：是指对同一量进行多次重复测量时，对影响测量误差的各种因素，包括测量仪器、测量方法、测量环境条件、测量人员等都不改变的情况下所进行的一系列测量。等精度测量主要用来减小测量过程中随机误差的影响。

② 不等精度测量：是指在对同一量进行多次重复测量时，采用不同的测量仪器、测量方法，或改变环境条件所进行的一系列测量。不等精度测量一般是为了在科研实验中进行高精度测量对比试验。

等精度测量与不等精度测量的性质不同，它们的数据处理方法也不相同，后者的数据处理比前者复杂。在进行等精度测量时，若测量条件发生变化，则客观上属于不等精度测量，这样往往会影响测量结果的可靠性。

1.2.6 车间条件下孔、轴尺寸的检测

引导问题

(1) 车间条件下用普通计量器具测孔、轴尺寸的检测范围是什么？

(2) 什么是测量不确定度？

(3) 什么是误收？什么是误废？

(4) 用内缩方式确定验收极限时，如何计算上、下验收极限？

(5) 什么是安全裕度？

(6) 如何选择计量器具？

(7) 光滑极限量规一般用于什么场合？

(8) 用量规检验孔、轴尺寸时如何判断合格性？

(9) 量规按用途可分为哪三类？

(10) 极限尺寸判断原则的主要内容是什么？

1. 用普通计量器具测孔、轴尺寸

1) 检测范围

使用普通计量器具测孔、轴尺寸，是指用游标卡尺、千分尺及车间使用的比较仪等，

对公差等级为6～18级，基本尺寸至500mm的光滑工件尺寸进行检验。标准GB/T 3177—2009《产品几何技术规范(GPS)光滑工件尺寸的检测》规定了有关验收的方法和要求。

2)　验收原则及方法

所用验收方法应只接收位于规定尺寸极限之内的工件。但由于计量器具和计量系统都存在误差，故不能测得真值。多数计量器具通常只用于测量尺寸，而不测量工件存在的形状误差。对遵循包容要求的尺寸，应把对尺寸及形状测量的结果综合起来，以判定工件是否超出最大实体边界。

3)　测量误差对工件验收的影响

用普通计量器具在车间条件下测量并验收光滑工件，虽然对测量误差不做修正，但必须考虑误差对工件验收的影响，否则就不能保证工件的质量。

(1)　测量误差和测量不确定度。在车间条件下测量，由于计量器具本身的误差，加上环境条件较差，各种误差因素较多，肯定会造成测量结果对被测尺寸真值的偏离，偏离程度的大小可用测量不确定度表征。测量不确定度是对测量结果与被测量的“真值”或“约定真值”趋近程度的评定结果，是表明测量质量的重要标志，一般用代号u表示。

(2)　误收和误废。如果以被测工件规定的尺寸极限作为验收的界值，在测量误差的影响下，实际尺寸超出极限范围的工件有可能被判为合格品；实际尺寸处于极限范围之内的工件也同样有可能被判为不合格品。这种现象，前者称为“误收”，后者称为“误废”。误收的工件不能满足预定的功能要求，使产品质量下降；误废则会造成浪费。这两种现象都是有害的。相比之下，误收具有更大的危害性。

4)　验收极限和安全裕度

验收极限是检验工件尺寸时判断合格与否的尺寸界限。

(1)　验收极限方式的确定。验收极限可按下列方式之一确定。

①　内缩方式：验收极限是从规定的最大实体极限(MML)和最小实体极限(LML)分别向工件公差带内移动一个安全裕度(A)来确定的，如图1.16所示。

上验收极限：最大极限尺寸(D_{max}，d_{max})−安全裕度(A)。

下验收极限：最小极限尺寸(D_{min}，d_{min})+安全裕度(A)。

②　不内缩方式：规定验收极限等于工件的最大实体极限(MML)和最小实体极限(LML)，即A值等于零。

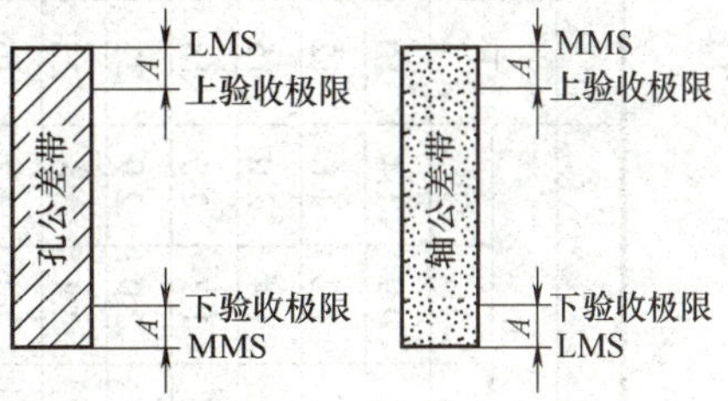

图1.16　验收极限与工件公差带关系图

验收极限方式的选择要结合尺寸功能要求及其重要程度、尺寸公差等级、测量不确定度和工艺能力等因素综合考虑。对遵循包容要求的尺寸或公差等级高的尺寸，其验收极限要选内缩方式。对非配合和一般公差的尺寸，其验收极限则选不内缩方式。

(2)　安全裕度。安全裕度实际上就是测量不确定度u的允许值。它表征了各种误差的综合影响。设立安全裕度数值时，必须既要使误收率下降，满足验收要求，又不致使误废率上升过多，增加成本。A值按工件公差的1/10确定，其数值可查阅表1.6。

表 1.6　安全裕度(A)与计量器具的不确定度允许值(u_1)

μm

等级	6					7					8					9				
尺寸/mm	T	A	u_1			T	A	u_1			T	A	u_1			T	A	u_1		
至			I	II	III			I	II	III			I	II	III			I	II	III
3	6	0.6	0.54	0.9	1.4	10	1.0	0.9	1.5	2.3	14	1.4	1.3	2.1	3.2	25	2.5	2.3	3.8	5.6
6	8	0.8	0.72	1.2	1.8	12	1.2	1.1	1.8	2.7	18	1.8	1.6	2.7	4.1	30	3.0	2.7	4.5	6.8
10	9	0.9	0.81	1.4	2.0	15	1.5	1.4	2.3	3.4	22	2.2	2.0	3.3	5.0	36	3.6	3.3	5.4	8.1
18	11	1.1	1.0	1.7	2.5	18	1.8	1.7	2.7	4.1	27	2.7	2.4	4.1	6.1	43	4.3	3.9	6.5	9.7
30	13	1.3	1.2	2.0	2.9	21	2.1	1.9	3.2	4.7	33	3.3	3.0	5.0	7.4	52	5.2	4.7	7.8	12
50	16	1.6	1.4	2.4	3.6	25	2.5	2.3	3.8	5.6	39	3.9	3.5	5.9	8.8	62	6.2	5.6	9.3	14
80	19	1.9	1.7	2.9	4.3	30	3.0	2.7	4.5	6.8	46	4.6	4.1	6.9	10	74	7.4	6.7	11	17
120	22	2.2	2.0	3.3	5.0	35	3.5	3.2	5.3	7.9	54	5.4	4.9	8.1	12	87	8.7	7.8	13	20
180	25	2.5	2.3	3.8	5.6	40	4.0	3.6	6.0	9.0	63	6.3	5.7	9.5	14	100	10	9.0	15	23
250	20	2.9	2.6	4.4	6.5	46	4.6	4.1	6.9	10	72	7.2	6.5	11	16	110	12	10	17	26
315	30	3.2	2.9	4.8	7.2	52	5.2	4.7	7.8	12	81	8.1	7.3	12	18	130	13	12	19	29
400	36	3.6	3.2	5.4	8.1	57	5.7	6.1	8.4	18	89	8.9	8.0	13	20	140	14	13	21	32
500	40	4.0	3.6	6.0	9.0	63	6.3	5.7	9.5	14	97	9.7	8.7	15	22	155	16	14	23	35

等级	10					11					12				13			
尺寸/mm	T	A	u_1			T	A	u_1			T	A	u_1		T	A	u_1	
至			I	II	III			I	II	III			I	II			I	II
3	40	4.0	3.6	6.0	9.0	60	6.0	5.4	9.0	14	100	10	9.0	15	140	14	13	21
6	48	4.8	4.3	7.2	11	75	7.5	6.8	11	17	120	12	1	18	180	18	16	27
10	58	5.8	5.2	8.7	13	90	9.0	8.1	14	20	150	15	14	3	220	22	20	33
18	70	7.0	6.3	11	16	110	11	10	17	25	180	18	16	27	270	27	24	41
30	84	8.4	7.6	13	19	130	13	12	20	29	210	21	19	32	330	33	30	50
50	100	10	9.0	15	23	160	16	14	24	36	250	25	23	38	300	30	35	59
80	120	12	11	18	27	100	19	17	29	43	300	30	28	45	460	46	41	69

续表

等级	10					11					12					13				
尺寸/mm	T	A	u_1			T	A	u_1			T	A	u_1			T	A	u_1		
至			Ⅰ	Ⅱ	Ⅲ			Ⅰ	Ⅱ	Ⅲ			Ⅰ	Ⅱ	Ⅲ			Ⅰ	Ⅱ	Ⅲ
120	140	14	13	21	32	220	22	20	33	50	350	35	32		53	540	54	49		81
180	160	16	15	24	36	250	25	23	38	56	400	40	36		60	630	63	57		95
250	185	18	17	28	42	290	29	26	44	65	460	46	41		69	720	72	65		110
315	210	21	19	32	47	320	32	29	48	72	520	52	47		78	810	81	73		120
400	230	23	21	35	52	360	36	32	54	81	570	57	51		86	890	89	80		130
500	250	25	26	38	56	400	40	36	60	90	630	63	57		95	970	97	87		150

等级	14				15				16				17				18			
尺寸/mm	T	A	u_1		T	A	u_1		T	A	u_1		T	A	u_1		T	A	u_1	
至			Ⅰ	Ⅱ			Ⅰ	Ⅱ			Ⅰ	Ⅱ			Ⅰ	Ⅱ			Ⅰ	Ⅱ
3	200	25	23	28	400	40	36	60	600	60	54	90	1000	100	90	150	1400	140	135	210
6	300	30	27	45	480	48	43	72	750	68	60	110	1200	120	110	180	1800	180	160	270
10	360	38	32	54	580	58	52	87	900	90	80	140	1500	150	140	230	2200	220	200	330
18	430	40	39	65	700	70	63	110	1100	110	100	170	1800	180	160	270	2700	270	240	400
30	520	52	47	78	840	84	76	130	1300	130	120	200	2100	210	190	320	3300	330	300	490
50	620	62	56	93	1000	100	90	160	1600	160	140	240	2500	250	220	360	3600	390	350	580
80	740	74	67	110	1200	120	110	160	1000	100	170	290	3000	300	270	450	4600	460	410	690
120	670	87	78	130	1400	140	130	210	2200	220	200	330	3500	350	320	530	5400	540	480	810
180	1000	100	90	150	1600	160	150	240	2500	250	230	380	4000	400	360	600	6300	630	570	940
250	1150	115	100	170	1850	180	170	280	2900	290	260	440	4600	460	410	690	7200	720	650	1080
315	1300	120	120	190	2100	210	190	320	3200	320	290	480	5200	520	470	780	8100	810	730	1200
400	1400	140	130	210	2300	230	210	350	3600	360	320	540	5700	570	510	830	8900	890	800	1330
500	1500	150	140	230	2500	250	230	380	4000	400	360	600	6300	630	570	950	9700	970	870	1450

5) 计量器具的选择

按照计量器具的测量不确定度允许值(u_1)选择计量器具。选择时，应使所选用的计量器具的测量不确定度数值等于或小于选定的 u_1 值。

计量器具的测量不确定度允许值(u_1)按测量不确定度(u)与工件公差的比值分档。

对 IT6～IT11 级分为Ⅰ、Ⅱ、Ⅲ三档，分别为工件公差的 1/10、1/6、1/4，如表 1.6 所示。

对 IT12～IT18 级分为Ⅰ、Ⅱ两档。

计量器具的测量不确定度允许值(u_1)约为测量不确定度(u)的 0.9 倍，即 $u_1=0.9u$。

一般情况下应优先选用Ⅰ档，其次选用Ⅱ、Ⅲ档。

选择计量器具时，应保证其不确定度不大于其允许值 u_1。有关计量器具的不确定度 u_1 值可参考表 1.7～表 1.9 所示。

表 1.7 千分尺和游标卡尺的不确定度 mm

<table>
<tr><th rowspan="3">尺寸范围</th><th colspan="4">计量器具类型</th></tr>
<tr><th>分度值 0.01 千分尺</th><th>分度值 0.01 内径千分尺</th><th>分度值 0.02 游标卡尺</th><th>分度值 0.05 游标卡尺</th></tr>
<tr><th colspan="4">不 确 定 度</th></tr>
<tr><td>0～50</td><td>0.004</td><td rowspan="3">0.008</td><td rowspan="6">0.020</td><td rowspan="4">0.050</td></tr>
<tr><td>50～100</td><td>0.005</td></tr>
<tr><td>100～150</td><td>0.006</td></tr>
<tr><td>150～200</td><td>0.007</td><td rowspan="3">0.013</td></tr>
<tr><td>200～250</td><td>0.008</td><td rowspan="8">0.100</td></tr>
<tr><td>250～300</td><td>0.009</td></tr>
<tr><td>300～350</td><td>0.010</td><td rowspan="3">0.020</td><td rowspan="7"></td></tr>
<tr><td>350～400</td><td>0.011</td></tr>
<tr><td>400～450</td><td>0.012</td></tr>
<tr><td>450～500</td><td>0.013</td><td>0.025</td></tr>
<tr><td>500～600</td><td rowspan="3"></td><td rowspan="3">0.030</td></tr>
<tr><td>600～700</td></tr>
<tr><td>700～1000</td><td>0.150</td></tr>
</table>

表 1.8 比较仪的不确定度 mm

<table>
<tr><th colspan="2" rowspan="2">尺寸范围</th><th colspan="4">所使用的计量器具</th></tr>
<tr><th>分度值为 0.0005mm 的比较仪</th><th>分度值为 0.001mm 的比较仪</th><th>分度值为 0.002mm 的比较仪</th><th>分度值为 0.005mm 的比较仪</th></tr>
<tr><th>大于</th><th>至</th><th colspan="4">不 确 定 度</th></tr>
<tr><td></td><td>25</td><td>0.0006</td><td rowspan="2">0.0010</td><td>0.0017</td><td rowspan="2">0.0030</td></tr>
<tr><td>25</td><td>40</td><td>0.0007</td><td>0.0018</td></tr>
</table>

续表

<table>
<tr><th colspan="2" rowspan="2">尺寸范围</th><th colspan="4">所使用的计量器具</th></tr>
<tr><th>分度值为 0.0005mm 的比较仪</th><th>分度值为 0.001mm 的比较仪</th><th>分度值为 0.002mm 的比较仪</th><th>分度值为 0.005mm 的比较仪</th></tr>
<tr><th>大于</th><th>至</th><th colspan="4">不　确　定　度</th></tr>
<tr><td>40</td><td>65</td><td>0.0008</td><td rowspan="2">0.0011</td><td rowspan="2">0.0018</td><td rowspan="4">0.0030</td></tr>
<tr><td>65</td><td>90</td><td>0.0008</td></tr>
<tr><td>90</td><td>115</td><td>0.0009</td><td>0.0012</td><td rowspan="2">0.0019</td></tr>
<tr><td>115</td><td>165</td><td>0.0010</td><td>0.0013</td></tr>
<tr><td>165</td><td>215</td><td>0.0012</td><td>0.0014</td><td>0.0020</td><td rowspan="3">0.0035</td></tr>
<tr><td>215</td><td>265</td><td>0.0014</td><td>0.0016</td><td>0.0021</td></tr>
<tr><td>265</td><td>315</td><td>0.0016</td><td>0.0017</td><td>0.0022</td></tr>
</table>

注：测量时，使用的标准器由 4 块 1 级(或 4 等)量块组成，本表仅供参考。

表 1.9　指示表的不确定度　　mm

<table>
<tr><th colspan="2" rowspan="2">尺寸范围</th><th colspan="4">所使用的计量器具</th></tr>
<tr><th>分度值为 0.001mm 的千分表(0 级在全程范围内，1 级在 0.2mm 内)分度值为 0.002mm 的千分表(在一转范围内)</th><th>分度值为 0.001、0.002、0.005mm 的千分表(1 级在全程范围内)分度值为 0.01mm 的百分表(0 级在任意 1mm 内)</th><th>分度值为 0.01mm 的百分表(0 级在全程范围内，1 级在任意 1mm 内)</th><th>分度值为 0.01mm 的百分数(1 级在全程范围内)</th></tr>
<tr><th>大于</th><th>至</th><th colspan="4">不　确　定　度</th></tr>
<tr><td></td><td>25</td><td rowspan="5">0.005</td><td rowspan="9">0.010</td><td rowspan="9">0.018</td><td rowspan="9">0.030</td></tr>
<tr><td>25</td><td>40</td></tr>
<tr><td>40</td><td>65</td></tr>
<tr><td>65</td><td>90</td></tr>
<tr><td>90</td><td>115</td></tr>
<tr><td>115</td><td>165</td><td rowspan="4">0.006</td></tr>
<tr><td>165</td><td>215</td></tr>
<tr><td>215</td><td>265</td></tr>
<tr><td>265</td><td>315</td></tr>
</table>

注：测量时，使用的标准器由 4 块 1 级(或 4 等)量块组成，本表仅供参考。

例 1-3　在车间条件下检验 ϕ30h7，试确定其验收极限，并选择合适的计量器具。

解：查表 1.6 得 ϕ30h7 的公差值 T=0.021mm，安全裕度 A=0.0021mm。

计量器具不确定度允许值 u_1=0.0019mm。

按内缩方式确定验收极限。

上验收极限：$d_{max}-A$=(30−0.0021)mm=29.9979mm

下验收极限：$d_{min}+A$=(30−0.021+0.0021)mm=29.9811mm

由表 1.8 可知，在工件尺寸≤40mm、分度值为 0.002mm 的比较仪不确定度是 0.0018mm，小于不确定度允许值 u_1(0.0019mm)，可满足要求。

2. 光滑极限量规检验孔和轴

光滑极限量规是一种没有刻度线的专用量具，它不能确定工件的实际尺寸，只能确定工件尺寸是否处于规定的极限尺寸范围内。因量规结构简单、制造容易、使用方便，因此广泛应用于成批、大量生产中。检验时，只要量规的通端能通过被检验工件，而止端不能通过，该工件尺寸即为合格。

1) 量规的外形结构与功能

光滑极限量规是一种无刻度的专用定值量具。检验孔用的量规称为塞规，多为圆柱形，有通端与止端之分，成对使用，如图 1.17(a)所示。检验轴用的量规称为环规或卡规，形式较多，多以片状卡规为常见，也是通端与止端成对使用，如图 1.17(b)所示。

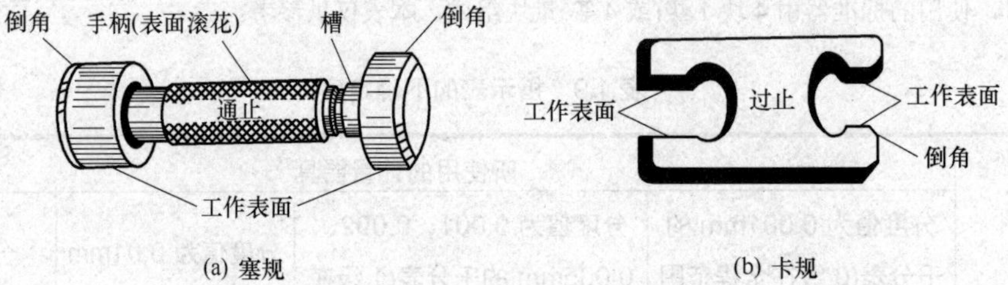

图 1.17 量规的外形结构

量规的功能就是检验孔、轴尺寸的合格性。检验时，通规通过被检孔、轴，止规不能通过，则说明被检孔、轴的尺寸在公差带给定的极限尺寸范围之内，即为合格。

2) 量规的分类

量规按用途可分为三类：工作量规、验收量规和校对量规，下面将分别进行介绍。

(1) 工作量规。工作量规是工人在生产过程中检验工件用的量规，它的通规和止规分别用代号 T 和 Z 表示。

(2) 验收量规。验收量规是检验部门或用户验收产品时使用的量规。工厂检验工件时，工人应使用新的或磨损较少的工作量规“通规”；检验部门应使用与加工工人用的量规型式相同但已磨损较多的通规。

用户所使用的验收量规，通规尺寸应接近被检工件的最大实体尺寸，止规尺寸应接近被检工件的最小实体尺寸。

(3) 校对量规。校对量规是校对轴用工作量规的量规，以检验其是否符合制造公差和在使用中是否达到磨损极限。

3) 极限尺寸判断原则及其对量规的要求

(1) 极限尺寸判断原则。GB/T 1957—2006《光滑极限量规技术条件》明确了极限尺寸判断原则是量规的主要理论依据，具体内容如下。

① 孔或轴的实际轮廓不允许超过最大实体边界。最大实体边界的尺寸为最大实体极限。对于孔，为它的最小极限尺寸；对于轴，为它的最大极限尺寸。

② 孔或轴任何部位的实际尺寸都不允许超过最小实体极限。对于孔，其实际尺寸不应大于它的最大极限尺寸；对于轴，其实际尺寸不应小于它的最小极限尺寸。

这两条内容体现了设计给定的孔、轴极限尺寸的控制功能，即不论实际轮廓还是任一局部实际尺寸，均应位于给定公差带内。第一条原则，将孔、轴的实际配合作用面控制在最大实体边界之内，从而保证给定的最紧配合要求；第二条原则，控制任一局部实际尺寸不超出公差范围，从而保证给定的最松配合要求。

极限尺寸判断原则为综合检验孔、轴尺寸的合格性提供了理论基础，光滑极限量规就是由此而设计出来的：通规根据第一条原则，体现最大实体边界(其尺寸为最大实体极限)，控制孔、轴实际轮廓；止规根据第二条原则，体现最小实体极限，控制实际尺寸。

(2) 极限尺寸判断原则对量规的要求。极限尺寸判断原则是设计和使用光滑极限量规的理论依据。它对量规的要求是，通规测量面是与被检验孔或轴形状相对应的完整表面(即全形量规)，其尺寸应为被检孔、轴的最大实体极限，其长度应等于被检孔、轴的配合长度；止规的测量面是两点状的(即非全形量规)，其尺寸应为被检孔、轴的最小实体极限。

在实际生产中，使用和制造完全符合上述原则要求的量规有时比较困难，这时，在被检验工件的形状误差不致影响配合性质的前提下(如安排合理的加工工艺)，允许偏离极限尺寸判断原则。如为了使量规标准化，允许通规的长度小于配合长度；用环规不便于检测时允许用卡规代替；检验小尺寸的孔时，为了方便制造可做成全形量规，等等。

4) 使用量规的注意事项

量规是专用的没有示值的量具，所以使用量规进行检验要特别注意按下列规定的程序进行。

(1) 在使用前要注意的事项如下。

① 检查量规上的标记是否与被检验工件图样上标注的标记相符。如果两者的标记不相符，则不要用该量规。

② 量规是实行定期检定的量具，经检定合格发给检定合格证书，或在量规上做标志。因此在使用量规前，应该检查是否有检定合格证书或标志等证明文件，如果有，而且能证明该量规是在检定期内，才可使用，否则不能使用该量规检验工件。

③ 量规是成对使用的，即通规和止规配对使用。有的量规把通端(T)与止端(Z)制成一体，有的是制成单头的。对于单头量规，使用前要检查所选取的量规是否是一对，是一对才能使用。从外观看，通端的长度一般比止端长 1/3～1/2。

④ 检查外观质量。量规的工作面不得有锈迹、毛刺和划痕等缺陷。

(2) 使用中要注意的事项如下。

① 量规的使用条件：温度为 20°C，测量力为 0。在生产现场中使用量规很难符合这些要求，因此，为减少由于测量条件不符合规定要求而引起的测量误差，必须注意使量规与被测量的工件放在一起平衡温度，使两者的温度相同后再进行测量。这样可减少温差造成的测量误差。

② 注意操作方法，减少测量力的影响。对于卡规来说，当被测件的轴心线是水平状态时，基本尺寸小于 100mm 的卡规，其测量力等于卡规的自重(当卡规从上垂直向下卡时)；基本尺寸大于 100mm 的卡规，其测量力是卡规自重的一部分。所以在使用大于 100mm 的卡规时，应想办法减少卡规本身的一部分重量。为减少这部分重量所需施加的

力，应标注在卡规上。而现在在实际生产中很少这样做，所以要凭经验操作。图 1.18 是正确或错误使用卡规的示意图。

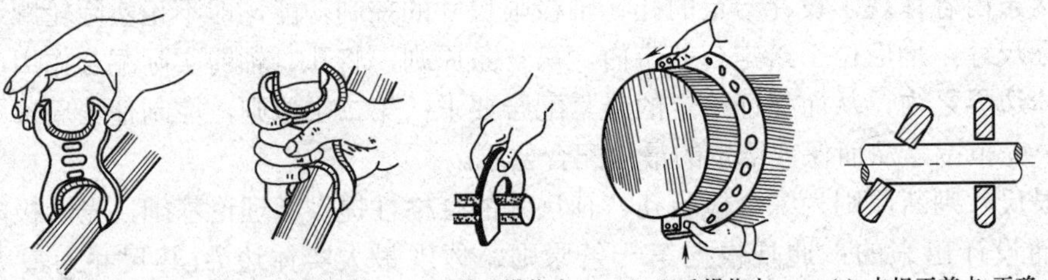

(a) 凭卡规自重测量:正确　(b) 使劲卡卡规:错误　(c) 单手操作小卡规:正确　(d) 双手操作大卡规:正确　(e) 卡规正着卡:正确；卡规歪着卡:错误

图 1.18　正确或错误使用卡规示例

③　检验孔时，如果孔的轴心线是水平的，将塞规对准孔后，用手稍推塞规即可，不得用大力推塞规。如果孔的轴心线是垂直于水平面的，对通规而言，当塞规对准孔后，用手轻轻扶住塞规，凭塞规的自重进行检验，不得用手使劲推塞规；对止规而言，当塞规对准孔后，松开手，凭塞规的自重进行检验。图 1.19 是使用塞规的示意图。

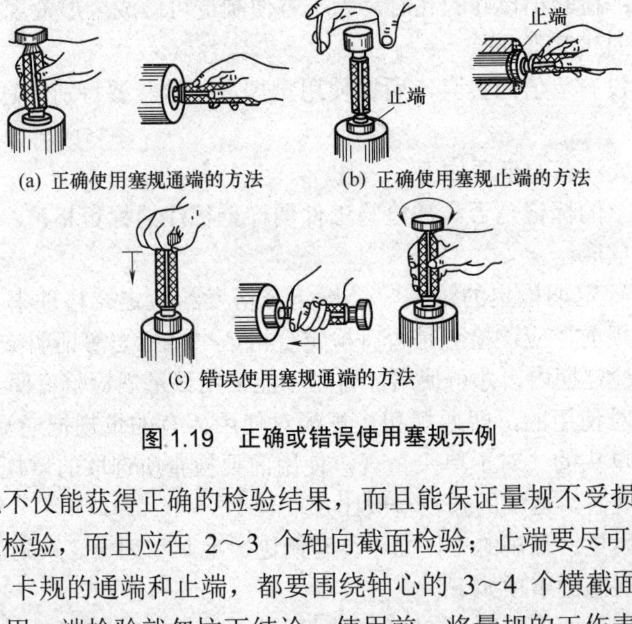

(a) 正确使用塞规通端的方法　(b) 正确使用塞规止端的方法

(c) 错误使用塞规通端的方法

图 1.19　正确或错误使用塞规示例

正确操作量规不仅能获得正确的检验结果，而且能保证量规不受损伤。塞规的通端要在孔的整个长度上检验，而且应在 2～3 个轴向截面检验；止端要尽可能在孔的两头(对通孔而言)进行检验。卡规的通端和止端，都要围绕轴心的 3～4 个横截面进行测量。量规要成对使用，不能只用一端检验就匆忙下结论。使用前，将量规的工作表面擦净后，可以在工作表面上涂一层薄薄的润滑油。

5)　量规检验结果的仲裁

为了防止质量检验人员或用户代表与生产工人在检验同一件产品时尺寸稍有差异而发生矛盾，生产工人应该使用新的或者磨损较少的通规；检验部门或用户代表应该使用与生产工人所用量规相同型式，且已磨损较多而没有报废的通规。

使用符合 GB/T 1957—2006《光滑极限量规技术条件》标准的量规检验工件时，如对检验结果有争议，应该使用下述尺寸的量规进行仲裁检验：通规应等于或接近工件的最大实体尺寸；止规应等于或接近工件的最小实体尺寸。

1.2.7 零件、计量器具的清洁和防锈处理

1. 零件的清洁

在检测前，需要对零件进行清洁处理，以免影响检测的准确性。如果零件表面有防锈油或者其他油污、灰尘等物质，则需要用专门的清洗剂进行清洗。计量室常用的清洗剂有汽油、航空煤油、无水酒精等。在清洗时，应保证良好的通风并对操作者的皮肤及呼吸系统有保护措施。上述清洗剂都是易燃物，应防环境明火和高温。清洗完毕后，可用绸布或者脱脂棉将被测零件擦干待用。

如果零件看起来比较干净，可以不清洗而直接用绸布或者脱脂棉进行擦拭。

2. 计量器具的清洁

在校对零位和检测前，应用绸布或者脱脂棉轻轻擦拭计量器具的测头、工作面等重要部位。对于量块等实物量具，则应用清洗剂将量块表面的防锈油清洗干净，然后用绸布擦干。

3. 计量器具的防锈处理

计量器具在使用完毕后，应用绸布或者脱脂棉将计量器具的测头、工作面等重要部位轻轻擦拭干净，并按照计量器具说明书的规定在需要的部位均匀地涂上防锈油。

1.3 孔、轴尺寸检测实训

1.3.1 阶梯轴长度、直径和键槽深度的检测

1. 工作任务

用游标卡尺检测图 1.1 所示零件的长度尺寸和键槽深度及没有公差要求的直径；用外径千分尺检测 $\phi 25$ 的直径。

2. 资讯 1——游标卡尺

1)　游标卡尺的结构

游标卡尺是一种应用游标原理所制成的量具。常见的游标量具有游标卡尺、数显卡尺、游标深度尺、游标高度尺等，其特点是结构简单，使用方便，测量范围较大，但精度低。主要应用于车间现场作低精度测量，常用来测量工件的外径、内径、长度、宽度、深度及孔距等。

游标卡尺的结构形状如图 1.20 所示。它主要由尺身 5 和游标 9 组成，紧固螺钉 4 可旋松或拧紧游标。外量爪 10 用来测量工件的外径或长度，内量爪 2 可以测量孔径或槽宽，深度测量杆 7 用来测量孔的深度和阶台长度。

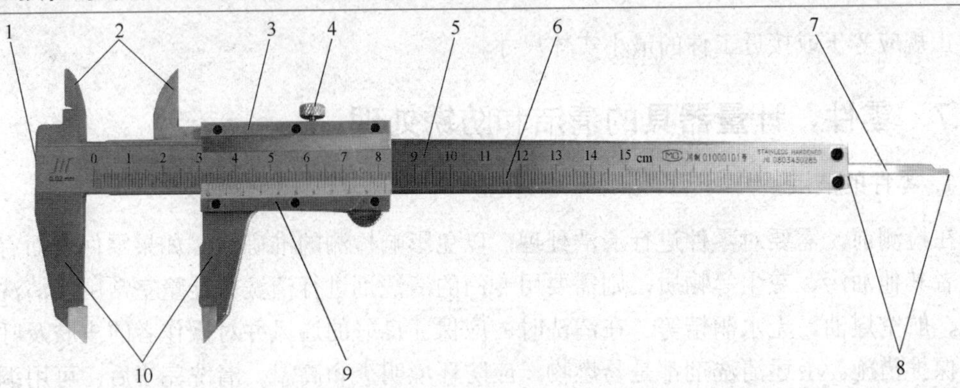

图 1.20　游标卡尺

1—尺身端面；2—刀口内量爪；3—尺框；4—紧固螺钉；5—尺身；6—主标尺；
7—深度测量杆；8—深度测量面；9—游标尺；10—外量爪

2)　游标卡尺的刻线原理与读数方法

游标卡尺的读数精度是利用主尺和游标刻线间的距离之差来确定的。常用游标卡尺的精度有：0.1mm、0.05mm、0.02mm。

(1)　精度为 0.lmm 的游标卡尺。精度为 0.lmm 的游标卡尺尺身每小格为 1mm，游标刻线总长为 9mm，并等分为 10 格，因此每格为 0.9mm，则尺身 1 格和游标 1 格的差为 0.1mm，所以它的测量精度为 0.lmm。

(2)　精度为 0.05mm 的游标卡尺。精度为 0.05mm 的游标卡尺尺身每小格为 1mm，游标刻线总长为 39mm，并等分为 20 格，因此每格为 1.95mm，则尺身 2 格和游标 1 格之差为 0.05mm，所以它的测量精度为 0.05mm。

(3)　精度为 0.02mm 的游标卡尺。精度为 0.02mm 的游标卡尺尺身每小格为 lmm，游标刻线总长为 49mm，并等分为 50 格，因此每格为 0.98mm，则尺身 1 格和游标 1 格之差为 0.02mm，所以它的测量精度为 0.02mm。

读数方法为：首先读出游标零线左面尺身上的整毫米数，然后看游标上哪一条刻线与尺身刻线对齐，该游标刻线的次序数乘以此游标卡尺的读数精度，即为小数部分；最后把整数和小数相加的总和，就是工件的实际尺寸。

即：实际尺寸=尺身整毫米数+游标刻线的次序数×精度。

例如，图 1.21 所示为 0.02mm 精度的游标卡尺，游标 0 线所对主尺前面的刻度 14mm，游标 0 线后的第 10 条线与主尺的一条刻线对齐。游标 0 线后的第 10 条线表示：0.02mm×10=0.20mm，所以被测工件实际尺寸为 14mm+0.20mm=14.20mm。

3)　正确使用游标卡尺

(1)　使用前的检查工作如下。

①　通用卡尺如果不干净，要用干净的棉纱或软布将卡尺擦干净，特别是测爪的测量面。还要注意让卡尺远离强磁场，不能受磁化影响，特别是数显测尺，要避免内部电子线路受到干扰。还要防潮、防腐蚀和磨损。

②　拉动尺框，尺框在尺身上滑动应灵活平稳，不得有晃动或卡滞现象。

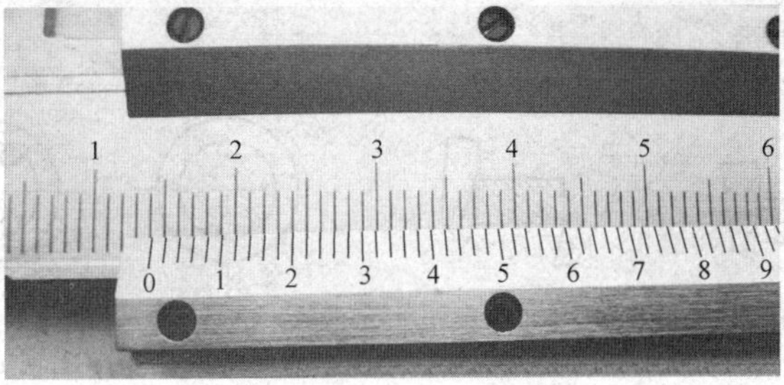

图 1.21　游标卡尺读数

③　轻推尺框，使两外量爪的测量面合拢，两测量面接触后不得有明显的漏光。同时检查尺身与零位是否对齐，否则要校对零位或修理。如临时需要测量，可将两个量爪闭合数次，虽不能对零，但如果误差值一致，则记下此零位的系统误差值，对测量结果进行修正。如误差值不一致，则须修理。

校对零位的方法是：擦净两外测量爪的测量面(与检查间隙同时进行)，使两测量面紧密接触后，看游标尺的“0”刻线与主尺的“0”刻线是否重合(对齐)，游标尺的“尾”刻线与主尺的相应刻线是否重合？如果游标尺的“0”刻线和“尾”刻线分别与主尺的“0”刻线和相应刻线重合，则说明卡尺的零位正确，如图 1.22 所示。

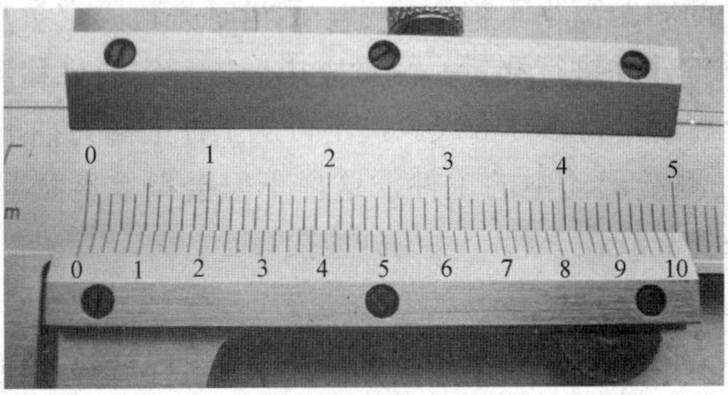

图 1.22　正确的零位

④　用紧固螺钉固定尺框时，卡尺的读数不应发生变化。

不能满足以上要求的卡尺，不得使用，而应交付修理或作其他处理。

(2)　测量时的注意事项如下。

①　正确选用量爪。

卡尺测外尺寸的外量爪测量面有刀口形和平面形两种。测圆柱形件和平端面宜用平面形量爪；测沟槽和凹形弧面宜用刀口形量爪。内量爪有刀口形和圆弧形两种，用以测量各种内尺寸。

②　找准测量位置。

测量时，当两量爪与被测工件接触后，应稍微游动一下量爪，测外尺寸时找最小尺寸位置，如图 1.23(a)所示；测内尺寸时沿径向找最大尺寸，沿轴向找最小尺寸，如图 1.23(b)和(c)所示。

用测深尺测深度时，要使卡尺端面与被测件上的基准平面贴合，同时深度尺要与该平面垂直，如图 1.23(d)所示。

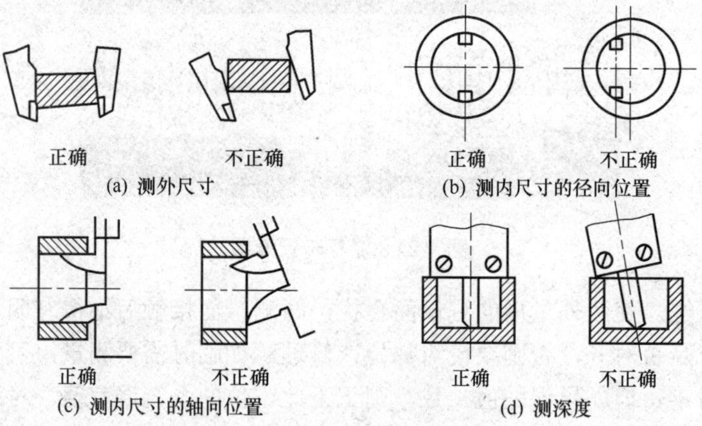

图 1.23　游标卡尺测量正误图

③　防止量爪磨损。

量爪，特别是刀口形量爪容易磨损，磨损后将直接影响使用质量和测量精度。量爪进入工件的测量部件时，如果测外尺寸应使两量爪测量面间的距离大于被测尺寸；如果测内尺寸应使两量爪测量面间的距离小于被测尺寸。测量时先让固定量爪接触工件，再让与尺框相连的活动量爪接触工件并进行测量。测量完毕后，一定要先移动尺框，使量爪与工件脱离接触并离开一定距离后，再拿开卡尺。决不可从工件上猛力抽下卡尺。

绝对不能用卡尺去测量运动中的工件，这样不但会严重磨损量爪，还易发生安全事故。卡尺不应与车间杂物混放在一起，以免碰撞损坏。

④　适当控制测量力。

卡尺没有控制测量力的机构，测量力主要靠测量者的手感来掌握。如用力过大，会使尺框倾斜而产生测量误差。

⑤　正确读取读数。

游标卡尺刻线密集，读数时一定要仔细，特别要注意尺身刻线与游标刻线的对齐情况，必要时可借助放大镜来观察，以免出现错误。对于游标刻线棱边有一定厚度的卡尺，读数时视线一定要垂直正视刻线。

⑥　正确使用测深尺。

使用测深尺测量时先将尺身上拉，让尺框的测量面与工件被测深度的顶面(测量基准面)贴合好之后，再将尺身下推，直到尺身测量面与被测深度部位手感接触，此时即可读数，也可用紧固螺钉固定尺框，取出深度尺再进行读数。尺身下方的测量面很小，要注意避免磨损及碰伤。

4)　正确存放卡尺

卡尺用完后，应平放入木盒内。如较长时间不使用，应用汽油擦洗干净，并涂上一层薄薄的防锈油。卡尺不能放在磁场附近，以免磁化，影响正常使用。

3. 资讯 2——外径千分尺

1)　认识外径千分尺的结构和测量原理

外径千分尺属于微动螺旋类量具，是利用螺旋副进行测量的一种量具。微动螺旋类量具除了最常见的外径千分尺之外，还有内径千分尺、深度千分尺等。其特点是以精密螺纹作标准量，结构也比较简单，原理误差小，精度比游标类量具高，主要用于车间现场作一般精度的测量。外径千分尺的外形和具体结构如图 1.24 所示。

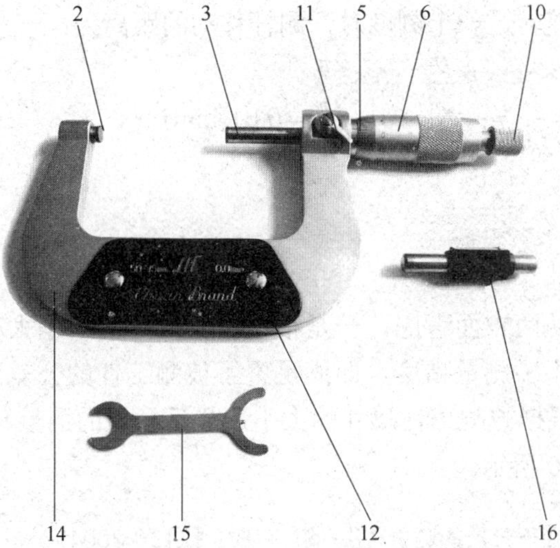

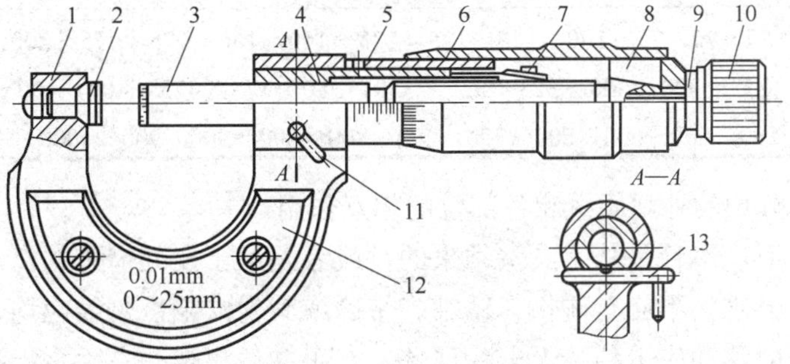

图 1.24　外径千分尺的外形和具体结构

1—尺架；2—固定测头(测砧)；3—测微螺杆；4—螺纹轴套；5—固定套管；6—微分筒；7—调节螺母；8—弹簧套；9—垫圈；10—测力装置；11—锁紧手柄；12—隔热垫板；13—锁紧销；14—尺架；15—扳手；16—校对杆

螺旋副原理是将测微螺杆的旋转运动变成直线位移，测微螺杆在轴心线方向上移动的距离与螺杆的转角成正比：

$$L=P\frac{\theta}{2\pi}\,(\text{mm}) \tag{1-22}$$

式中：L 为测微螺杆直线位移的距离，单位为 mm；P 为测微螺杆的螺距，单位为 mm；θ

为测微螺杆的转角，单位为 rad。

图 1.24 中测微螺杆 3 和测微螺母(螺纹轴套)4 构成螺旋副。测微螺杆 3 的左端是测杆，右端带有精密外螺纹，右端通过弹簧套 8 与微分筒 6 连接。测微螺母与轴套制成一体，称为螺纹轴套 4。当转动微分筒时，测微螺杆 3 在螺纹轴套 4 内与微分筒 6 同步转动，并做轴向移动，其移动量与微分筒的转动量成正比。

为了能准确地读出测微螺杆的轴向位移量，在微分筒的斜面上刻有 50 条等分刻度线。公制千分尺的测微螺杆的螺距 P＝0.5mm，故微分筒每转一周(360°)，测微螺杆就直线前进或后退 0.5mm。当微分筒转过一个刻度时，测杆移动的距离为：

$$i=\frac{L}{50}=\frac{P\dfrac{\theta}{2\pi}}{50}=\frac{0.5\dfrac{2\pi}{2\pi}}{50}=0.01(\text{mm})$$

式中：i 是千分尺的分度值。

2) 正确使用外径千分尺

(1) 正确选择千分尺。

要正确选用外径千分尺应从两方面考虑，一是根据被测尺寸的公差大小选择千分尺，如果上面介绍过的千分尺保证不了测量精度，即满足不了被测工件的公差要求，可选用杠杆千分尺进行比较测量；二是根据被测工件尺寸的大小选择千分尺的测量范围(规格)。

外径千分尺的规格如表 1.10 所示。

表 1.10 外径千分尺的测量范围(摘自 GB/T 1216—2004)

测量范围/mm
0～25，25～50，50～75，75～100，100～125，125～150，150～175，175～200，200～225，225～250，250～275，275～300，300～325，325～350，350～375，375～400，400～425，425～450，450～475，475～500，500～600，600～700，700～800，800～900，900～1000

(2) 检查千分尺的外观质量和各部位的相互作用。

选择千分尺后，不管是从工具室领来的，或者是从工友处借来的，拿到后都应检查千分尺及校对量杆，它们不应有碰伤、锈蚀、带磁或其他缺陷，刻线应均匀、清晰；微分筒转动和测微螺杆的移动应平稳、无卡住现象。左手拿住尺架，右手食指和拇指捏住测杆作轴向拉推以检查测杆的轴向窜动量(不大于 0.01mm)；前后左右推动测杆，以检查测微螺杆的摆动量(不大于 0.01mm)。这两项是凭手感和经验来检查。经上述检查合格后，再检查是否有周期检定合格证(有的厂是将检定到期日期标识在尺架上)，有合格证，且在检定周期内，才能使用，坚决不要用超过检定周期和未经检定合格的量具，那是很危险的。

(3) 校对千分尺的零位。

① 零位：当微分筒的“0”刻度线与固定套管的纵刻线对齐时，微分筒的锥面的端面与固定套管的“0”刻线右边缘恰好相切，这时称为零位，如图 1.25(a)所示。

② 压线：当微分筒的“0”刻线已与固定套管的纵刻线对齐，而微分筒锥面的端面已压住，甚至完全盖住固定套管的“0”刻线，这时称为压线，如图 1.25(b)所示。

③ 离线：当微分筒的“0”刻线与固定套管的纵刻线对齐时，若微分筒锥面的端面

不是与固定套筒的“0”刻线右边缘恰恰相切，而是远离“0”刻线右边缘，这时称为离线，如图 1.25 (c)所示。

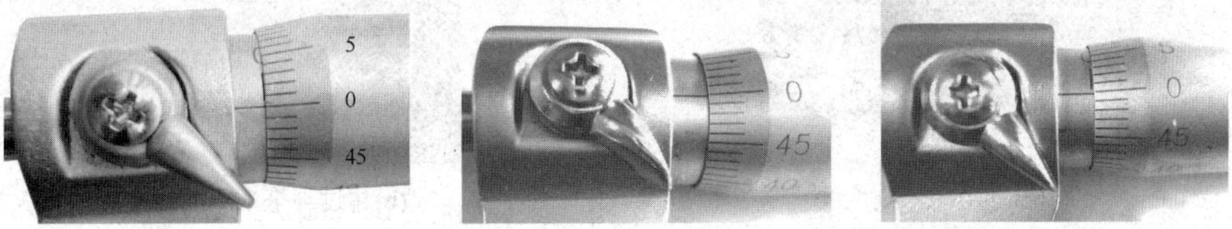

(a)零位　　(b)压线　　(c)离线

图 1.25　外径千分尺零位、压线和离线

④　校对千分尺零位的方法。

以 0～25mm 的千分尺校对“0”位为例加以说明。校对的方法是：擦净千分尺的两个测量面，左手拿住千分尺的隔热垫板，右手的拇指、食指和中指旋转微分筒，当两个测量面快要接触时，改为轻轻旋转测力装置(棘轮)，使两个测量面轻轻地接触，当发出“咔咔”的响声后即可进行读数。如果微分筒上的“0”刻线与固定套筒的纵刻线重合，而且微分筒锥面的端面与固定套筒的“0”刻线的右边缘恰好相切，则说明“0”位正确。如果“0”位不正确，允许压线不大于 0.05mm，离线不大于 0.10mm，为便于记忆可简称为压 5 离 10。

如果压线或离线值超过上述要求，则不要使用，应将千分尺送到计量室检定和调整“0”位后再使用。

测量范围大于 25mm 的千分尺，则用校对量杆或量块校对“0”位。

(4)　正确读数方法。

读数时，先以微分筒的端面为准线，读出固定套管上与微分筒左端面相邻那条刻线的毫米整数；再以固定套管上的水平横线作为读数准线，观察水平横线与微分筒上哪条刻线对齐或接近，读数时应估读到最小刻度的十分之一，即 0.001mm。读数时还要观察微分筒左端面是否超过了半毫米刻度线(如图 1.26 中固定套管上的水平横线下方的竖线即为半毫米刻度线)，如果超过了半毫米刻度线，则在读数中应加上 0.5mm。

在图 1.26(a)中，微分筒未过半毫米刻度线，所以读数为：6+0.360=6.360(mm)。

在图 1.26(b)中，微分筒超过了半毫米刻度线，所以读数为：6+0.5+0.360=6.860(mm)。

当微分筒左端面与固定套管上的整毫米刻度线或者半毫米刻度线处于似压非压状态时，读数一定要仔细，到底这条刻线是否计入读数，应根据微分筒上的读数来判断，当微分筒读数稍大于或等于零时，则表明微分筒已超过了半毫米刻度线，应计入读数，如图 1.26(c)所示；当微分筒读数稍小于 0.5 时，则表明微分筒没有超过半毫米刻度线，不应计入读数，如图 1.26(d)所示。

在图 1.26(c)中，读数为：6+0.5+0.050=6.550(mm)。

在图 1.26(d)中，读数为：6+0.450=6.450(mm)。

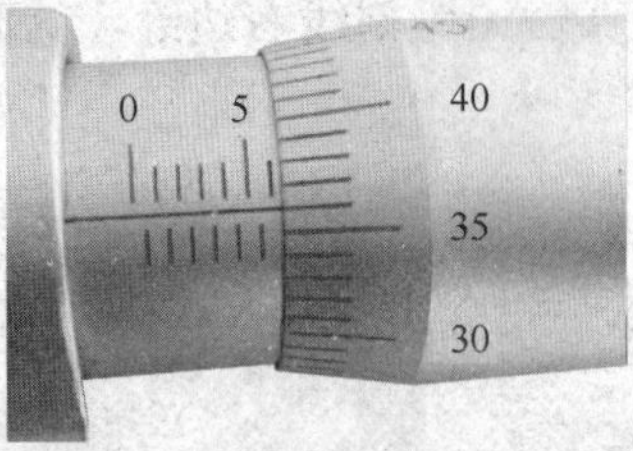

(a)未过半毫米刻度线

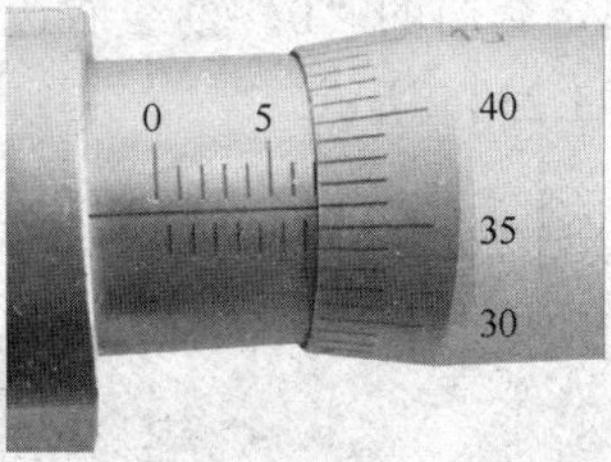

(b)超过半毫米刻度线

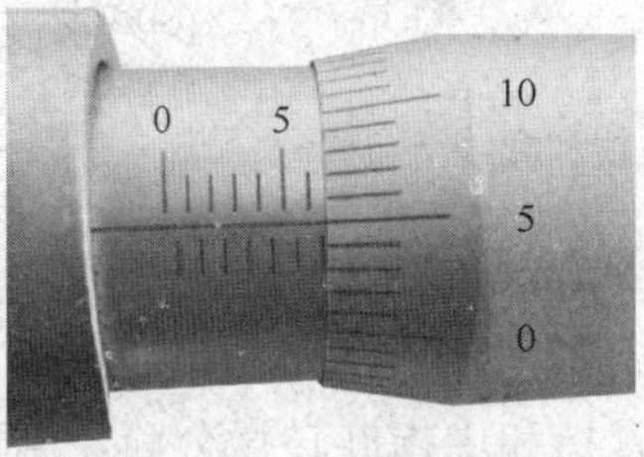

(c)刚好超过半毫米刻度线

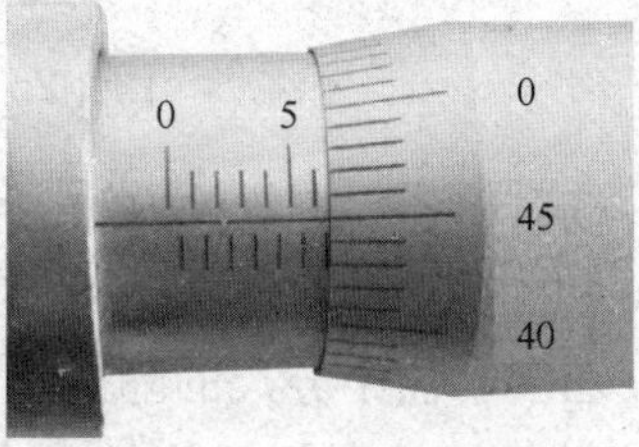

(d)即将超过半毫米刻度线

图 1.26　千分尺的读数方法

(5)　正确操作千分尺。

使用千分尺时，要正确使用微分筒和测力装置，当千分尺的两个测量面与被测表面快接触时，就不要旋转微分筒，而要旋转测力装置，使两测量面与被测面接触，等到发出“咔咔”响声后，再进行读数。

旋转测力装置要轻而且要慢，不允许猛力转动测力装置，否则测量面靠惯性作用会猛烈冲向被测表面，测力超过测力装置限定的测力，以至测量结果不仅不准确，而且有可能把测微螺杆的螺纹牙型挤坏。退尺时，要旋转微分筒，不要旋转测力装置，以防把测力装置拧松，影响千分尺的“0”位。测量时，可根据工件的尺寸和测量位置选择双手操作或者单手操作。

双手操作千分尺的方法为：左手拿住千分尺的隔热板，右手操作微分筒和测力装置进行测量，如图 1.27(a)所示。这种方法主要用于测量较大的工件。但无论测量大型工件还是小型工件，都必须把工件放置稳固后再测量，以防发生工伤和质量事故。读数前要调整好千分尺的两个测量面与被测表面，使它们接触良好。因此，当两测量面与被测表面接触，测力装置发出“咔咔”声的同时，要轻轻晃动尺架，凭手感判断两测量面与被测表面的接触是否良好。在测量轴类工件的直径尺寸时，当两测量面与被测表面接触后，要左右(沿轴心线方向)晃动尺架找出最小值，前后(沿径向方向)晃动尺架找出最大值，只有这样才是被测轴的直径尺寸。

单手操作千分尺的方法为：左手拿住被测工件，右手的小指和无名指夹住尺架，食指和拇指慢慢旋转微分筒，待两测量面与被测面快接触时，再旋转测力装置使两测量面轻轻与被测面接触，当发出“咔咔”声后，即可读数。也可以用右手的小指和无名指把尺架压向掌心，食指和拇指旋转微分筒进行测量。采用这种方法，由于食指和拇指够不着测力装置，所以不旋转测力装置。但由于不能使用测力装置进行测量，测力的大小完全凭手指的感觉来控制，如图 1.27(b)和图 1.27(c)所示。

上述两种单手操作千分尺的方法没有操作经验的人会感到困难，而且手的温度会传到尺架，使尺架变形，所以不宜长时间拿着千分尺。较好的方法是用橡皮等软质的东西垫住尺架，把它轻轻夹在虎钳口或其他夹持架中，待夹牢固后，左手拿住被测工件，右手的食指和拇指旋转千分尺的微分筒，然后旋转测力装置进行测量，如图 1.27(d)所示。

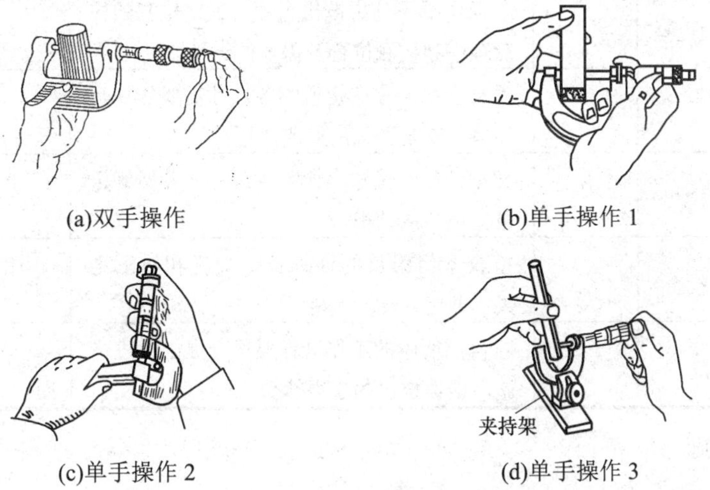

图 1.27　千分尺的正确操作

(6) 使用外径千分尺应注意如下事项。

① 在测量前，必须校对其零位，也即通常所称的对零位。

② 要减少温度对测量结果的影响。检定千分尺的各项技术参数是在一定的温度条件下进行的，使用千分尺进行精密测量时，应该在与检定该千分尺相同的环境温度下进行，这样可以减少温度差引起的测量误差。当不能满足这一要求时，应该使被测件和所使用千分尺在同一条件下放置一段时间，使它们的温度相同后再进行测量。测量时，第一要用手拿住隔热板，第二动作要快，以防手的温度传到尺架上，致使尺架变形，引起千分尺示值误差的变化。对于大型千分尺，这点尤为重要。

③ 千分尺两测量面将与工件接触时，要使用测力装置，不要直接转动微分筒。

④ 用千分尺测量轴的中心线要与工件被测长度方向相一致，不要歪斜。

⑤ 千分尺测量面与被测工件相接触时，要考虑工件表面的几何形状。

⑥ 在测量被加工的工件时，工件要在静态下测量，不要在工件转动或加工时测量，否则易使测量面磨损，测杆扭弯，甚至折断，还容易引起人身伤害事故。

⑦ 按被测尺寸调节外径千分尺时，要慢慢转动微分筒或测力装置，不要握住微分筒挥动或摇转尺架，以免精密测微螺杆变形。

4. 工作计划

在检测实训过程中，各小组协同制定检测计划，共同解决检测过程中遇到的困难；要相互监督计划的执行与完成情况，并交叉互检，以提高检测结果的准确性。实训过程中，要如实填写如表 1.11 所示的“阶梯轴检测工作计划及执行情况表”。

表 1.11　阶梯轴检测工作计划及执行情况表

序　号	内　容	所用时间	要　求	完成/实施情况记录或个人体会、总结
1	研讨任务		看懂图纸、分析被检尺寸，确定检测的先后顺序和检测位置及需要的计量器具	
2	计划与决策		根据检测顺序确定检测各尺寸需要的量具规格，制定详细的检测计划	
3	实施检测		根据计划，按顺序检测各尺寸，并做好记录，填写测试报告	
4	结果检查		检查本组组员的计划执行情况和检测结果，并组织交叉互检	
5	评估		对自己所做的工作进行反思，提出改进措施，谈谈自己的心得体会	

5. 检测实施

(1)　填写借用工件和计量器具的申请表。

(2)　领取工件和计量器具。

(3)　观察工件和量具上是否有防锈油，如果有则进行清洗(参见教材：零件、计量器具的清洁和防锈处理)。

(4)　校对游标卡尺和千分尺的零位，如果不能对零，则按照系统误差处理(参见教材：游标卡尺、千分尺校对零位的方法)。

(5)　用游标卡尺检测所有的长度尺寸和深度尺寸并做好记录(要求同一尺寸测 6 次)。

(6)　用千分尺检测直径并做好记录(要求同一尺寸测 6 次)。

6. 阶梯轴长度、直径和键槽深度检测的检查要点

(1)　校对零位情况如何？

(2)　读数方法是否有误？如果有误，分析原因。

(3)　检测位置是否科学？为什么？

(4)　自己复查了哪些数据？结果如何？

(5)　与同组成员互检结果如何？

1.3.2　用内径百分表测量孔径

1. 工作任务

用内径百分表测量检测如图 1.28 所示轴套的内孔直径。

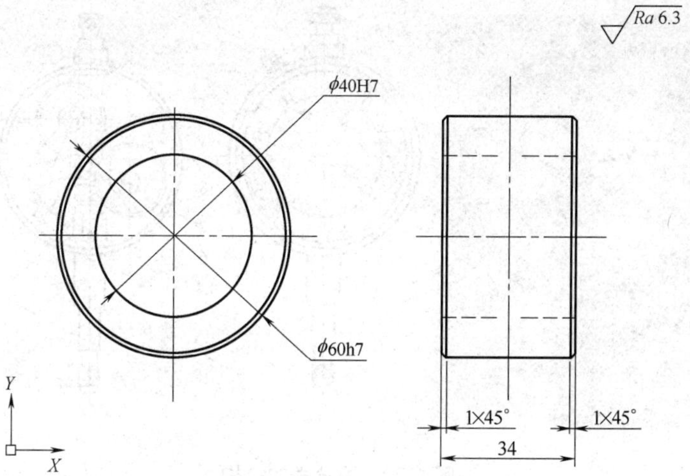

图 1.28　轴套

2. 资讯 3——百分表与内径百分表

引导问题

(1) 百分表的分度值是多少？
(2) 内径百分表一般用于测量哪种尺寸？
(3) 用内径百分表测量孔径属于哪种测量方法？
(4) 内径百分表上的定位装置作用是什么？
(5) 应根据什么来选取内径百分表的可换测头？
(6) 一般用什么来校对内径百分表零位？
(7) 什么是量块测量面的研合性？
(8) 如何选择量块的尺寸？
(9) 校对零位时应如何摆动内径百分表？
(10) 内径百分表测量时的读数值是被测工件的什么值？
(11) 将内径百分表伸入和拉出量块夹持器及被测孔时应如何操作？

1)　百分表的结构和测量原理

(1)　百分表的结构。

百分表是利用机械传动机构，将测头的直线移动转变为指针的旋转运动的一种计量器具。主要用于装夹工件时的找正和检查工件的形状、位置误差。百分表的分度值为 0.01mm，测量范围一般有：0～3mm、0～5mm 和 0～10mm 3 种。

目前，用得最多的是齿轮-齿条传动的百分表和杠杆-齿轮传动的杠杆式百分表。齿轮-齿条传动的百分表的外形和具体结构如图 1.29 所示。

(2)　百分表的测量原理。

以 Z_1=16，Z_2=100，Z_3=10，模数 m=0.199mm 的齿轮-齿条百分表为例。

齿条齿距 t=π m=0.625mm。

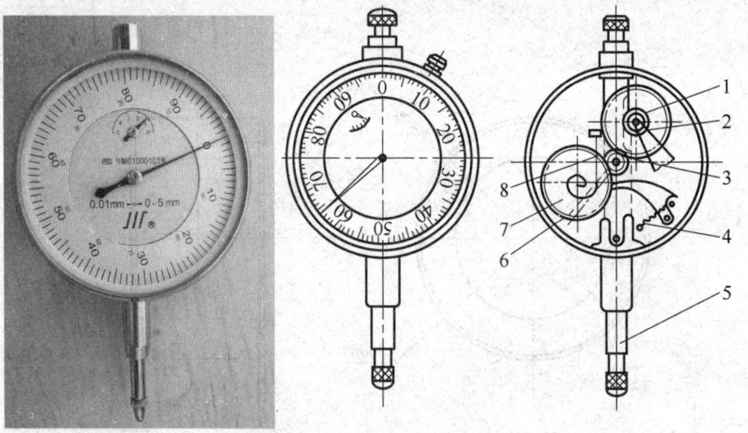

图 1.29　百分表的结构

1—小齿轮；2—大齿轮；3—中间齿轮；4—弹簧；
5—测量杆；6—长指针；7—大齿轮；8—游丝

测量杆移动 1mm 时，齿条移过 $\frac{1}{0.625}$=1.6 齿。这时，小齿轮 1 转过 $\frac{1.6}{16}=\frac{1}{10}$ 圈，大齿轮 2 也转过 $\frac{1}{10}$ 圈，即转过 10 个齿。与大齿轮 2 啮合的中间齿轮 3 也转过 10 齿，即转过一周。所以，长指针 6 也转了一圈。在长指针的刻度盘上均匀刻有 100 个圆周刻度。长指针转过一个圆周刻度，测量杆 5 移动 $\frac{1}{100}$= 0.01mm，即分度值为 0.01mm，这就是百分表的测量原理。

另外，与中间齿轮 3 啮合的还有大齿轮 7，大齿轮 7 的轴上固定着短指针。当中间齿轮 3 转一圈时，大齿轮 7 和短指针转了 $\frac{1}{10}$ 圈。若在短指针的刻度盘上均匀地刻上 10 个圆周刻度，则短指针转过一个刻度就表示长指针转了一圈，也就是测量杆移动了 1mm。

2)　内径百分表的结构和测量原理

内径百分表是一种用相对测量法测量孔径的常用量仪，它可测量 6～1000mm 的内尺寸，特别适宜于测量深孔。

带定位装置的内径百分表的测量范围有：(6～10)，(10～18)，(18～35)，(35～50)，(5～100)，(100～160)，(160～250)，(250～450)，(450～700)，(700～1000)mm10 种规格。

内径百分表的结构如图 1.30 所示，它由百分表和表架组成。百分表 7 的测量杆与传动杆 5 始终接触，弹簧 6 是控制测量力的，并经传动杆 5、杠杆 8 向外顶着活动测头 1。测量时，活动测头 1 的移动使杠杆 8 回转，通过传动杆 5 推动百分表的测量杆，使百分表的指针偏转。由于杠杆 8 是等臂的，当活动测头移动 1mm 时，传动杆 5 也移动 1mm，推动百分表指针回转一圈。所以，活动测头的移动量，可以在百分表上读出来。

定位装置 9 起找正直径位置的作用，因为可换测头 2 和活动测头 1 的轴线实为定位装置的中垂线，此定位装置保证了可换测头和活动测头的轴线位于被测孔的直径位置上。

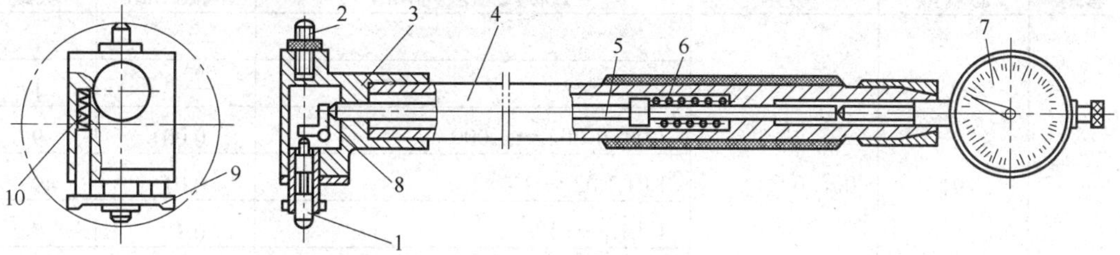

图 1.30　内径百分表

1—活动测头；2—可换测头；3—测头主体；4—套管；5—传动杆；
6—弹簧；7—百分表；8—杠杆；9—定位装置；10—弹簧

3)　正确使用内径百分表

用内径百分表测量孔径的步骤如下。

(1)　选取并调节可换测头。

根据被测孔的基本尺寸选取并调节可换测头，在自由状态下，使两测头之间的距离比被量孔径大 0.5mm 左右。

(2)　校对内径百分表的零位。

校对内径百分表的零位时，一般需使用量块和量块附件，也可以不用量块而使用标准环规来校对内径百分表零位。

量块又叫块规，是长度尺寸传递的实物标准之一，是无刻度的端面量具，广泛用于量具、量仪的校准与检定以及精密机床及设备的调整和精密工件的测量中。

量块是单值量具，一个量块只代表一个尺寸。量块除具有稳定、耐磨和准确的特性外，由于量块测量面上的粗糙度数值和平面度误差均很小，当测量表面留有一层极薄的油膜(约 0.02μm)时，在切向推合力的作用下，由于分子之间的吸引力，两量块能研合在一起，这称为量块测量面的研合性。利用量块的研合性，可以在一定的尺寸范围内，将不同尺寸的量块进行组合而形成所需的工作尺寸。根据 GB/T 6093—2001 的规定，我国生产的成套量块有 91 块、83 块、46 块、38 块、10 块、8 块、6 块、5 块等几种规格。部分成套生产的各种规格的量块的级别、尺寸系列、间隔和块数尺寸如表 1.12 所示。

量块在组合尺寸时，为减少量块的累积误差，应力求用最少的块数，通常不应多于 4～5 块。为了迅速选择量块，应从所给尺寸的最后一位数字开始考虑，每选取一块应使尺寸的小数位数减少一位，逐一选取。例如，从 91 块一套的量块中选取组成 38.935mm 的尺寸，其结果为 1.005mm、1.43mm、6.5mm、30mm 四块量块。

为了扩大量块的应用范围，可采用量块附件，量块附件中主要是夹持器和各种量爪。量块及附件装配后，可用于测量外径、内径或精密划线，如图 1.31 所示。

表 1.12　成套量块的尺寸(摘录)

套别	总块数	级别	公称尺寸系列/mm	间隔/mm	块数
1	91	00，0，1	0.5	—	1
			1	—	1
			1.001,1.002,…,1.009	0.001	9
			1.01,1.02,…,1.49	0.01	49
			1.5,1.6,…,1.9	0.1	5
			2.0,2.5,…,9.5	0.5	16
			10,20,…,100	10	10
2	83	00，0，1，2(3)	0.5	—	1
			1	—	1
			1.005	—	1
			1.01,1.02,…,1.49	0.01	49
			1.5,1.6,…,1.9	0.1	5
			2.0,2.5,…,9.5	0.5	16
			10,20,…,100	10	10
3	38	0，1，2(3)	1	—	1
			1.005	—	1
			1.01,1.02,…,1.09	0.01	9
			1.1,1.2,…,1.9	0.1	9
			2,3,…,9	1	8
			10,20,…,100	10	10
4	10	00，0，1	1,1.001,…,1.009	0.001	10
5	10	00，0，1	0.991,0.992,…,1	0.001	10

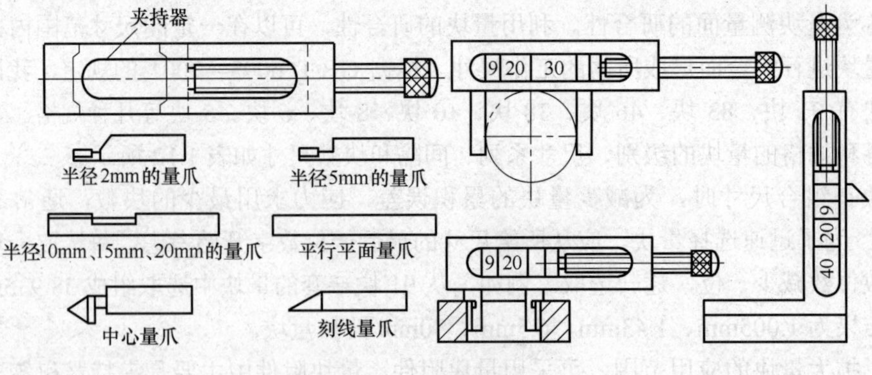

图 1.31　量块附件

校对零位的具体操作为：将量块放到量块夹持器中，如图 1.32 所示，并调节到孔的基本尺寸后锁紧，把内径百分表的两测头压入测量面之间，微微摆动和旋转内径百分表，将百分表长指针顺时针转动最多时的位置(百分表长指针的转折点)调整成零位。

(3) 测量孔径。

小心压住定心装置和活动测头，将内径百分表放入被测孔内，摆动内径百分表，找出长指针顺时针转动最大的数值(因为两测头之间的最短距离必垂直于孔壁，而两测头间距离最短时，必是百分表压缩最多时，即长指针转动最多时)，如图 1.33 所示。它与零位的差值，就是孔径相对于基本尺寸的偏差。如测量时长指针转得比对零位时还多，则偏差是负的，即孔径小于基本尺寸；如测量时长指针转得比对零位时少，则偏差是正的，即孔径大于基本尺寸。

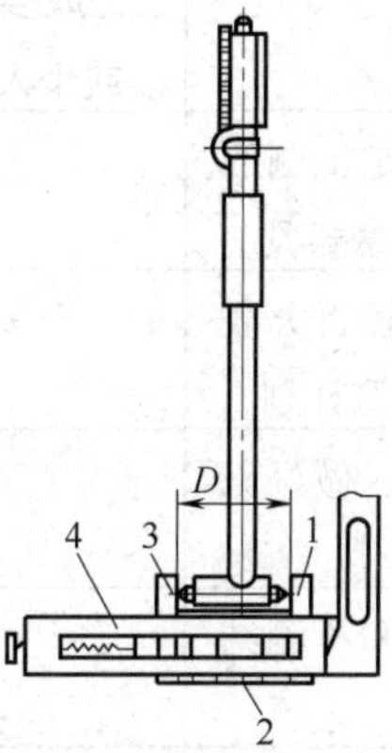

图 1.32　内径百分表校对零位

1、3—量爪；2—量块组；4—量块夹持器

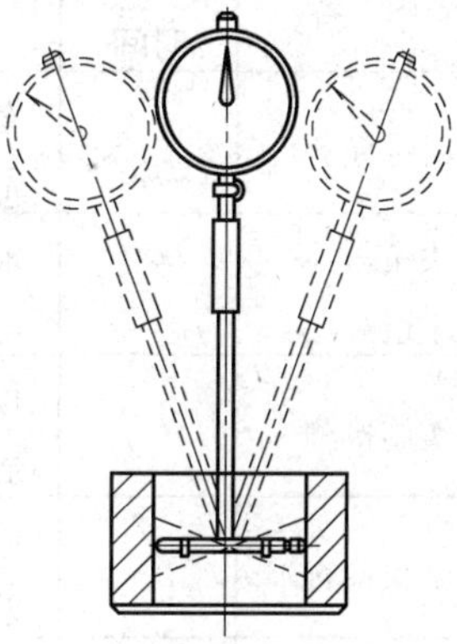

图 1.33　内径百分表测量孔径

(4) 注意事项。

① 按被测内径尺寸选用可换测头，用标准环规或量块校对好内径百分表的零位。在校对零位和测量内径时，一定要找准正确的直径测量位置。摆动内径百分表，在轴向截面内找最小示值的转折点(摆动内径表，示值由大变小再由小变大)。

② 使用内径百分表时，还必须记住测头在自由状态下长指针的读数，以便于观察表盘有否“走动”。如多次使用内径百分表后发现自由状态下长指针读数变了，则必须用百分尺重校零位。否则，测量结果是不准的。

③ 将内径百分表伸入和拉出量块组及被测孔时，应将活动测头压靠孔壁，使可换测头与孔壁脱离接触，以减小磨损。对于定位装置，在放入和拉出离开时，应用两个手指将其压缩并扶稳，轻轻放入或拉出，以免离开孔口时突然弹开，擦伤定位装置的工作面和被测孔口。

④ 内径百分表需要在孔中摆动，所以，使用旧的内径百分表时，因其固定量杆、活动量杆的球形测量头常会被磨平，这时，测量就有误差。因此，使用前先要检查两量杆的球形测量头是否完好。

⑤ 量块及量块夹在使用前要清洗干净，用完后再次清洗擦干，并涂上防锈油，收放在专用的木盒内。被测孔壁在测量前也要轻擦干净，最好是清洗干净。

3. 工作计划

在检测实训过程中，各小组协同制定检测计划，共同解决检测过程中遇到的困难；要相互监督计划的执行与完成情况，并交叉互检，以提高检测结果的准确性。实训过程中，要如实填写如表 1.13 所示的“内径百分表检测孔径工作计划及执行情况表”。

表 1.13　内径百分表检测孔径工作计划及执行情况表

序　号	内　容	所用时间	要　求	完成/实施情况记录或个人体会、总结
1	研讨任务		看懂图纸、分析被检尺寸，确定检测的先后顺序和检测位置及需要的计量器具	
2	决策与计划		根据被测孔尺寸的大小确定内径百分表及可换测头规格，制定详细的检测计划	
3	实施检测		根据计划，按顺序检测各尺寸，做好记录，填写测试报告	
4	结果检查		检查本组组员的计划执行情况和检测结果，并组织交叉互检	
5	评估		对自己所做的工作进行反思，提出改进措施，谈谈自己的心得体会	

4. 检测实施

(1) 填写借用工件和计量器具的申请表。
(2) 领取工件和计量器具。
(3) 观察工件和量具上是否有防锈油，如果有则进行清洗。
(4) 根据被测孔的基本尺寸选择量块(或标准环规)。
(5) 清洗量块及量块夹持器(或标准环规)。
(6) 校对内径百分表的零位。
(7) 检测读数(仪器上直接读出的是什么值，有无正负之分)。
(8) 记录检测结果。
(9) 复查零位，判断数据的有效性。
(10) 计算验收极限，判断孔径的合格性。

5. 用内径百分表检测孔径的检查要点

(1) 校对零位的方法是否正确？
(2) 校对零位的准确性如何？
(3) 读数方法是否有误？如果有误，分析原因。
(4) 检测位置是否科学？为什么？
(5) 自己复查了哪些数据？结果如何？
(6) 与同组成员互检结果如何？

1.3.3　用机械比较仪(或者立式光学计)测量轴径

1. 工作任务

用机械比较仪(或者立式光学计)检测图 1.34 所示阶梯轴的外圆直径。

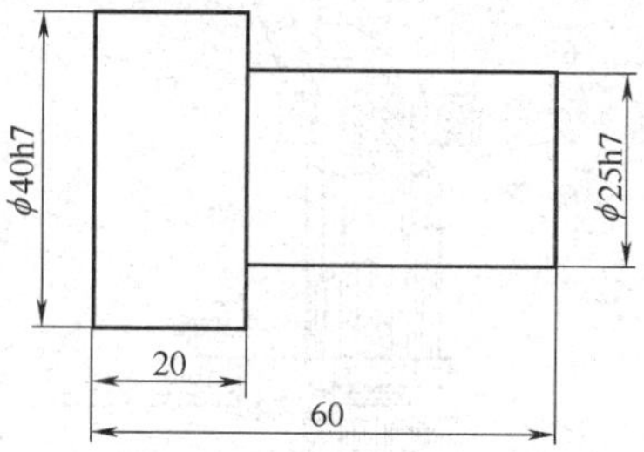

图 1.34　阶梯轴

2. 资讯 4——机械式比较仪

1)　机械式比较仪的结构和测量原理

机械式比较仪主要是指杠杆式比较仪和杠杆-齿轮式比较仪，它们是将测量杆的直线位移，通过机械传动系统转变为指针在表盘上的角位移。其分度值有 0.5μm、1μm、2μm、5μm 和 10μm 等多种。常用于测量精密工件的几何形状和位置误差，并可用比较法测量长度尺寸。

(1)　杠杆比较仪。外形和结构如图 1.35 所示。杠杆比较仪上的测量杆 4 装在弹簧片上(图中未示出)，以保证测量杆移动时既无摩擦阻力，又无径向间隙。测量杆的末端是刀口 3，用来支承组合的 V 形刀架 2，V 形刀架连接指针 1，自动定位的上刀口 7 是 V 形刀架可以绕它摆动的一个支点。两刀口支点间的距离为杠杆短臂 a，框架指针 1 即杠杆长臂 R。两刀口应彼此平行，故刀口 3 末端做成圆锥体放在测量杆的锥孔中可活动，这样两刀口的平行度就可自行调整了。测量力由弹簧 6 控制，整个内部构件都装在圆筒 5 中。

杠杆比较仪是利用不等臂杠杆的放大原理，其放大比 $K=\dfrac{R}{a}$。因杠杆短臂 a=0.1mm，杠杆长臂 R=100mm，故放大比 K=1000 倍。

杠杆比较仪的分度值为 0.001mm，标尺示值范围为±30μm。

(2)　杠杆-齿轮比较仪。其外形和结构如图 1.36 所示。当测量杆移动时，使杠杆绕轴转动，并通过杠杆短臂 R_4 和长臂 R_3，将位移量放大，同时，扇形齿轮带动与其啮合的小齿轮转动，这时小齿轮分度圆半径 R_2 与指针长度 R_1 又起放大作用，使指针在标尺上指示出相应的测量杆位移值。

杠杆-齿轮比较仪的放大比 K 为：

$$K=\frac{R_1}{R_2}\times\frac{R_3}{R_4}=\frac{50}{1}\times\frac{100}{5}=1000$$

杠杆-齿轮比较仪的分度值为 0.001mm，标尺的示值范围为±0.1mm。

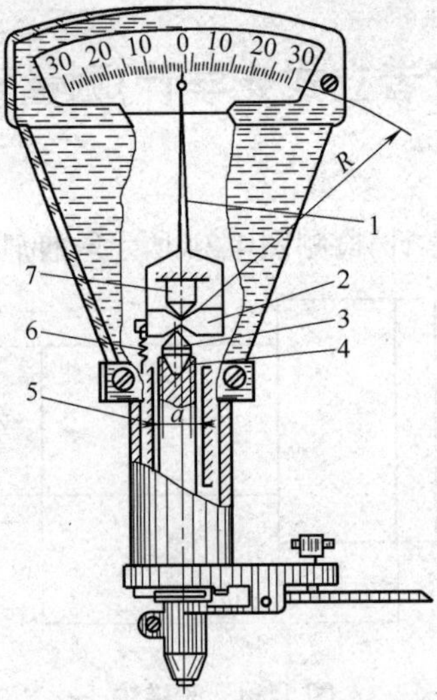

图 1.35 杠杆比较仪

1—指针；2—V 形刀架；3—刀口；4—测量杆；5—圆筒；6—弹簧；7—刀口

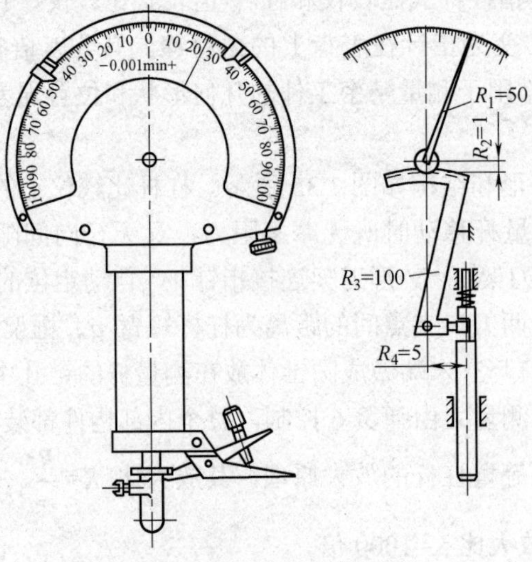

图 1.36 杠杆-齿轮比较仪

2) 正确使用机械式比较仪

使用机械式比较仪时，是将其装夹套筒装夹在表架或测量装置相应的孔中，如图 1.37 所示。表头 8 插装在臂架 7 的前孔中，用紧固螺钉 9 紧固。松开紧固螺钉 6，臂架即可水平回转，使比较仪的测头 10 能位于工作台 11 上方的某一位置，此时旋转升降螺母 5，使臂架连同表头一起沿立柱 4 上升或下降，以适应不同高度的被测件。

(1) 使用前要检查比较仪：不得有影响使用性能的外观缺陷；测量杆移动应平稳、灵活、无卡滞现象；测量杆处于自由状态时，指针应位于负刻度以外 5 个分度以上。

(2) 一般应先对好“0”位再进行测量。

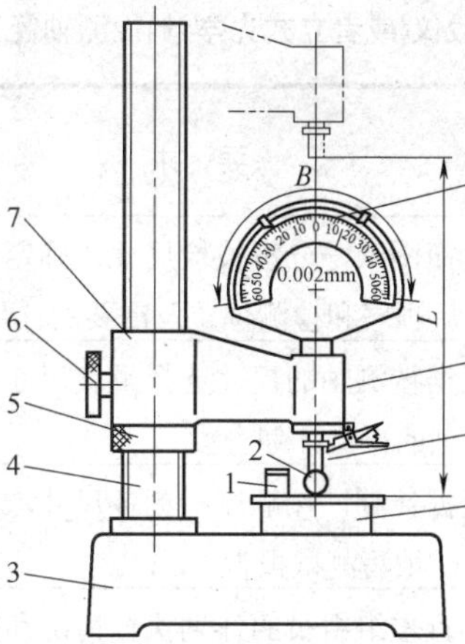

图 1.37　机械式比较仪和表架

1—量块；2—被测工件；3—底座；4—立柱；　5—升降螺母；6—紧固螺钉；7—臂架；
8—比较仪(表头)；9—紧固螺钉 10—测头；11—工作台

(3) 测量时，要使测头与量块或被测件缓慢接触，即调整表架的臂架 7 缓缓下降，以免撞击测杆，损坏比较仪。升降臂架时，一定要先松开紧固螺钉 6，调好后再拧紧。千万不可先下旋升降螺母 5，后放松紧固螺钉 6，这样势必使测杆猛然撞击量块或被测件或工作台，严重时会造成事故。

(4) 转动升降螺母 5 时，一般是用大拇指、食指和中指，这时要注意无名指和小指不要碰触立柱，碰触后一定要清洗立柱的接触处，并再涂上防锈油，否则立柱容易生锈。

(5) 测量时，尽可能使用表盘靠近零值的中间示值部分，因为杠杆传动的理论误差，在零值附近最小。

(6) 将量块和被测件放上工作台时，一定要先提升比较仪的测头。对零位完毕及测量完毕拿下量块及被测件时，一定要下按测头拨叉或上升臂架，使测头先脱离接触，否则易使测头磨损，并划伤量块及被测件。

(7) 使用时的位置姿态要与检定它的位置姿态一致——测量杆垂直向下。

3. 工作计划

在检测实训过程中，各小组协同制定检测计划，共同解决检测过程中遇到的困难；要相互监督计划的执行与完成情况，并交叉互检，以提高检测结果的准确性。实训过程中，应如实填写如表 1.14 所示的“用机械比较仪(或者立式光学计)检测轴径工作计划表”。

4. 检测实施

(1) 填写借用工件和计量器具的申请表。

(2) 领取工件和计量器具。

(3) 观察工件和量具上是否有防锈油，如果有则进行清洗(参见教材：零件、计量器具的清洁和防锈处理)。

表 1.14　用机械比较仪(或者立式光学计)检测轴径工作计划表

序　号	内　容	所用时间	要　求	完成/实施情况记录或个人体会、总结
1	研讨任务		看懂图纸、分析被检尺寸，确定检测的先后顺序和检测位置及需要的计量器具	
2	决策与计划		根据被测轴的尺寸选择量块尺寸，制定详细的检测计划	
3	实施检测		根据计划，按顺序检测各尺寸，做好记录，填写测试报告	
4	结果检查		检查本组组员的计划执行情况和检测结果，并组织交叉互检	
5	评估		对自己所做的工作进行反思，提出改进措施，谈谈自己的心得体会	

(4) 选择量块。

(5) 校对比较仪的零位。

(6) 检测、读数(仪器上直接读出的是什么值，有无正负之分)。

(7) 做好检测记录。

(8) 复查零位，判断数据的有效性。

(9) 计算验收极限，判断外径的合格性。

5. 用机械比较仪测量轴径的检查要点

(1) 校对零位的方法是否正确？

(2) 校对零位的准确性如何？

(3) 读数方法是否有误？如果有误，分析原因。

(4) 检测位置是否科学？为什么？

(5) 自己复查了哪些数据？结果如何？

(6) 与同组成员的互检结果如何？

1.4　拓展实训

1. 用游标卡尺检测零件的长度和深度

用游标卡尺检测图 1.38 所示零件的长度和深度。

实训目的：通过完成图 1.38 所示的方形零件的 L1、L2、L3、L4、L5、L6、L7 几个尺寸的检测，进一步掌握游标卡尺的使用方法。

实训要点：重点练习用游标卡尺测深度的方法，提高测量的准确性。

预习要求：游标卡尺的结构原理、使用方法、测量正误图。

实训过程：让学生自主操作，自主探索，自我提高；教师观察，发现严重错误和典型错误要及时指正，重点是让学生提高检测的准确性。

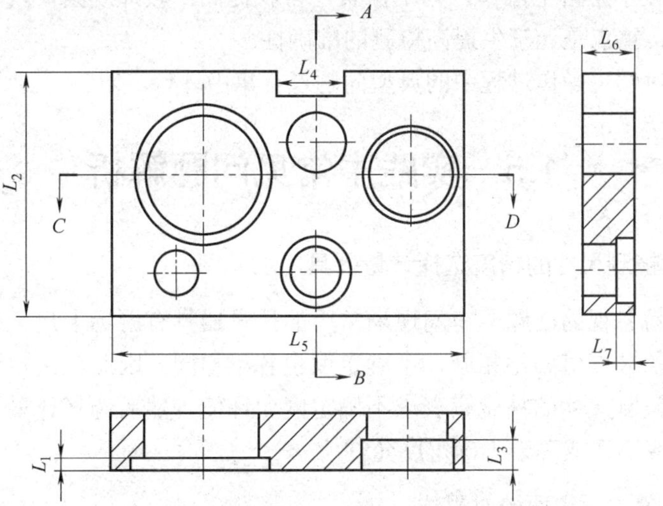

图 1.38　方形零件

实训小结：对学生操作过程中的典型问题进行集中评价

2. 用内径百分表检测零件的孔径

用内径百分表检测图 1.39 所示零件的孔径。

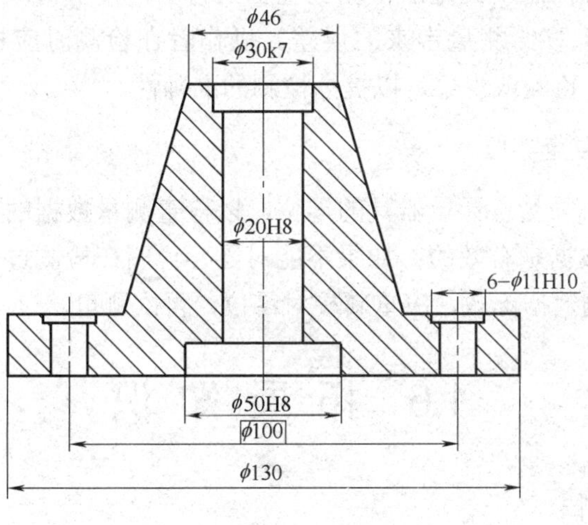

图 1.39　联结盘

实训目的：通过完成图 1.39 所示零件 ϕ30、ϕ20、ϕ50、ϕ11 等孔径的检测，进一步熟悉内径百分表的使用方法及尺寸合格性的判断。

实训要点：重点是练习内径百分表校对零位和检测孔径的方法，提高测量的准确性；熟悉验收极限、验收工件的方法。

预习要求：百分表、内径百分表的结构原理、使用方法，验收极限的确定，计量器具的选择方法。

实训过程：让学生自主操作，自主探索，自我提高；教师观察，发现严重错误和典型错误要及时指正，重点是让学生提高检测的准确性。

实训小结：对学生操作过程中的典型问题进行集中评价。

1.5 实践中常见问题解析

1. 如何根据被测尺寸的精度选择计量器具

这是学生容易忽视的问题。车间现场常用的计量器具有游标卡尺、千分尺、指示表、比较仪等。它们的分度值各不相同，不确定度也各不相同。因此在决定选用什么样的计量器具时，应根据被测尺寸的精度查表求不确定度允许值，然后选择计量器具，选用的计量器具的不确定度应小于或等于不确定度允许值。

2. 进行检测前，一定要校对零位

这也是学生极易忽略的问题。无论是游标卡尺、千分尺、指示表、比较仪中的哪一种，在检测前都应校对零位，确定量具是否存在明显的系统误差。校对零位的具体方法参见教材内容。

3. 检测的位置和操作的姿势

在进行检测时，应注意所确定的检测位置应当科学，便于检测和读数，并且要特别注意防止量具的倾斜、偏移给测量带来的误差。操作者在检测时应根据具体情况决定采用站、坐、蹲等姿势进行检测或观察，以提高检测的准确性。

4. 检测完毕后应复查零位

在检测完毕后，必须复查计量器具的零位，以检查测量数据的有效性。如果复查零位时能对零，说明检测数据是有效的；如果不能对零，说明在检测过程中计量器具发生了偏移、松动等现象，所测数据无效，应重新校对零位，再次测量。

1.6 拓 展 知 识

1.6.1 基准制配合

引导问题

(1) 什么是基孔制？其代号是什么？它的基本偏差是上偏差还是下偏差？数值是多少？

(2) 什么是基轴制？其代号是什么？它的基本偏差是上偏差还是下偏差？数值是多少？

(3) 基准孔 H 与哪些基本偏差代号的轴形成间隙配合？与哪些基本偏差代号的轴形成

过渡配合？与哪些基本偏差代号的轴形成过盈配合？

(4) 基准轴 h 与哪些基本偏差代号的孔形成间隙配合？与哪些基本偏差代号的孔形成过渡配合？与哪些基本偏差代号的孔形成过盈配合？

在生产实践中，存在各种不同性质的配合，即使配合公差确定后，也可通过变更孔、轴公差带位置，组成不同性质、不同松紧的配合。为了简化起见，无需将孔、轴公差带同时变动，只需固定一个，变更另一个，便可满足不同使用性能要求的配合，进而达到减少定值刀、量具的规格数量，且获得良好的技术经济效益的目的。因此，标准对孔与轴公差带之间的相互位置关系，规定了基孔制和基轴制两种基准制。

1. 基孔制

基孔制是指基本偏差为一定的孔的公差带，与不同基本偏差的轴的公差带形成各种配合的一种制度。即基准孔 H 与非基准件(a～zc)轴形成各种配合的一种制度。基孔制的孔为基准孔，其代号为“H”，它的基本偏差为下偏差，数值为零。上偏差为正值，即基准孔的公差带在零线上侧，如图 1.40(a)所示。

基准孔 H 与轴 a～h 形成间隙配合；与轴 j～n 一般形成过渡配合；与轴 p～zc 通常形成过盈配合。

2. 基轴制

基轴制是指基本偏差为一定的轴的公差带，与不同基本偏差的孔的公差带形成各种配合的一种制度。即基准轴 h 与非基准件(A～ZC)孔形成各种配合的一种制度。基轴制的轴为基准轴，其代号为“h”，它的基本偏差为上偏差，数值为零。下偏差为负值，即基准轴的公差带在零线下侧，如图 1.40(b)所示。

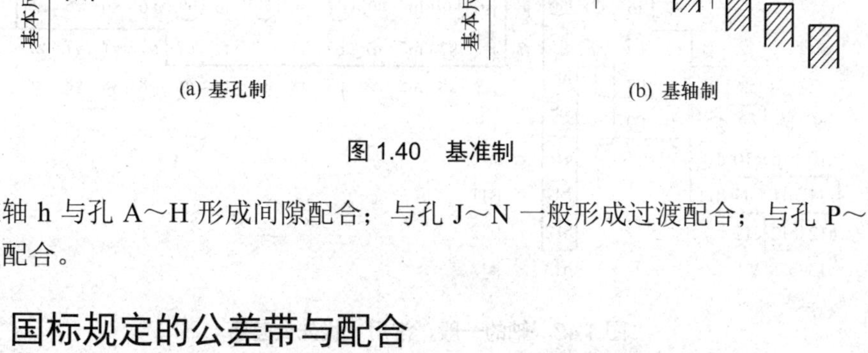

图 1.40　基准制

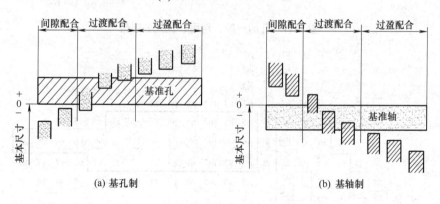

基准轴 h 与孔 A～H 形成间隙配合；与孔 J～N 一般形成过渡配合；与孔 P～ZC 通常形成过盈配合。

1.6.2　国标规定的公差带与配合

国标中规定了 20 个公差等级的标准公差与 28 种基本偏差。但由于 28 种基本偏差中，J(j)比较特殊，孔仅与 3 个公差等级组合成为 J6、J7、J8，而轴也仅与 4 个公差等级组合成为 j5、j6、j7、j8，这 7 种公差带逐渐会被 JS(js)所代替，所以组成孔公差带 20×27+3=543 种，轴公差带 20×27+4=544 种，由不同的孔与轴公差带又可组成很多种配合。为了减少定值刀具、量具的规格，结合我国生产实际并参考其他国家标准，国标对基本尺寸在 500mm 内的公差带和配合选用加以限制。

1. 常用尺寸段孔、轴公差带

根据生产实际情况，国家标准对常用尺寸段推荐了孔和轴的一般、常用、优先公差带。图 1.41 所示为一般、常用、优先孔的公差带。孔有 105 种一般公差带，其中方框中为 44 种常用公差带，带圈的是 13 种优先公差带。图 1.42 所示为一般、常用、优先轴的公差带。轴有 119 种一般公差带，其中方框中为 59 种常用公差带，带圈的是 13 种优先公差带。

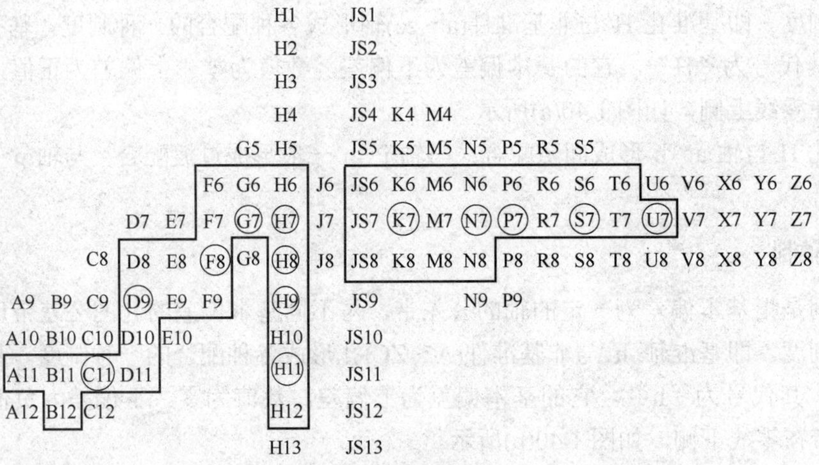

图 1.41　孔的一般、常用、优先公差带

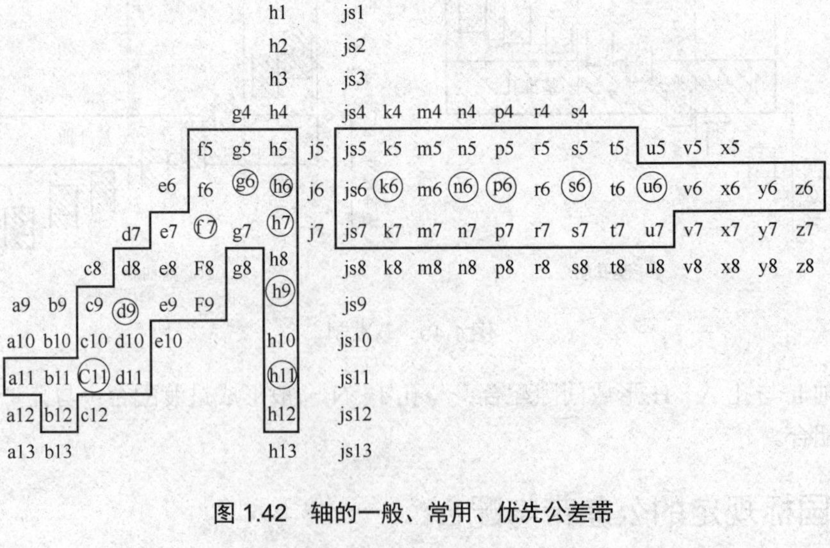

图 1.42　轴的一般、常用、优先公差带

选用公差带时，应按优先、常用、一般公差带的顺序选用，特别是优先和常用公差带，它们反映了长期生产实践中积累的丰富经验，应尽量选用。

2. 常用尺寸段孔、轴公差配合

表 1.15 所示的基孔制有 59 种常用配合，13 种优先配合。表 1.16 所示的基轴制有 47 种常用配合，13 种优先配合。选择时应优先选用优先配合公差带，其次再选择常用配合公差带。

表 1.15　基孔制优先、常用配合

基准孔	轴																				
	a	b	c	d	e	f	g	h	js	k	m	n	p	r	s	t	u	v	x	y	z
	间隙配合								过渡配合			过盈配合									
H6						H6/f5	H6/g5	H6/h5	H6/js5	H6/k5	H6/m5	H6/n5	H6/p5	H6/r5	H6/s5	H6/t5					
H7						H7/f6	▼ H7/g6	▼ H7/h6	H7/js6	▼ H7/k6	H7/m6	▼ H7/n6	▼ H7/p6	H7/r6	▼ H7/s6	H7/t6	▼ H7/u6	H7/v6	H7/x6	H7/y6	H7/z6
H8					H8/e7	▼ H8/f7	H8/g7	▼ H8/h7	H8/js7	H8/k7	H8/m7	H8/n7	H8/p7	H8/r7	H8/s7	H8/t7	H8/u7				
				H8/d8	H8/e8	H8/f8		H8/h8													
H9			H9/c9	▼ H9/d9	H9/e9	H9/f9		▼ H9/h9													
H10			H10/c10	H10/d10				H10/h10													
H11	H11/a11	H11/b11	▼ H11/c11	H11/d11				▼ H11/h11													
H12		H12/b12						H12/h12													

注：① H6/n5、H7/p6 在基本尺寸小于或等于 3mm 和 H8/r7 在小于或等于 100mm 时，为过渡配合。

② 标注▼号的配合为优先配合。

表 1.16　基轴制优先、常用配合

基准孔	A	B	C	D	E	F	G	H	JS	K	M	N	P	R	S	T	U	V	X	Y	Z
	间隙配合								过渡配合				过盈配合								
h6						F6/h5	G6/h5	H6/h5	JS6/h5	K6/h5	M6/h5	N6/h5	P6/h5	R6/h5	S6/h5	T6/h5					
h7						F7/h6	▼G7/h6	▼H7/h6	JS7/h6	▼K7/h6	M7/h6	▼N7/h6	▼P7/h6	R7/h6	▼S7/h6	T7/h6	▼U7/h6				
h8					E8/h7	▼F8/h7		▼H8/h7	JS8/h7	K8/h7	M8/h7	N8/h7									
				D8/h8	E8/h8	F8/h8		H8/h8													
h9				▼D9/h9	E9/h9	F9/h9		▼H9/h9													
h10				D10/h10				H10/h10													
h11	A11/h11	B11/h11	C11/h11	D11/h11				H11/H11													
h12		B12/h12						H12/h12													

注：标注▼号的配合为优先配合。

1.6.3　极限与配合的选用

极限与配合选择得是否恰当，对产品的性能、质量、互换性及经济性有着重要的影响。在机械设计与制造中的一个重要环节，就是极限与配合的选择。其内容包括选择基准制、公差等级和配合种类三大方面。选择的原则是在满足使用要求的前提下能获得最佳的经济效益，即它是在基本尺寸已经确定的情况下进行的尺寸精度设计。

1. 基准制的选用

基准制的选用与使用要求无关，主要考虑结构、工艺、装配、经济等方面。

1)　优先选用基孔制配合

从加工工艺方面考虑，中等尺寸、精度较高的孔的加工和检验常采用钻头、铰刀、量规等定值刀具和量具，孔的公差带位置固定，可减少刀具、量具的规格，有利于生产和降低成本；而测量轴类零件比较容易，故一般情况下，应优先采用基孔制。

2)　特殊场合选用基轴制配合

(1)　直接使用冷拉棒料做轴。冷拉棒料按基准轴的公差带制造，有一定公差等级(IT8～IT11)而不再进行机械加工。当需要各种不同的配合时，可选择不同的孔公差带位置来实现。这种情况主要应用于农业、纺织、建筑机械中。

(2) 在仪表制造、钟表生产、无线电工程中，经常使用经过光轧成形的钢丝直接做轴，用其加工尺寸<1mm 的精密轴，这时采用基轴制比较经济。

(3) 有些零件根据结构上的需要，同一基本尺寸的轴上装配有不同配合要求的几个孔件时应采用基轴制配合，有利于加工，也便于装配。如图 1.43(a)所示。柴油机的活塞销同时与连杆孔和支承孔相配合，连杆要转动，故采用间隙配合，而与支承配合可紧一些，采用过渡配合。如采用基孔制，则如图 1.43(b)所示，活塞销需做成中间小、两头大的形状，这不仅对加工不利，同时装配也有困难，易拉毛连杆孔。改用基轴制，如图 1.43(c)所示，活塞销可做成光轴，而连杆孔、支承孔分别按不同要求加工，较经济合理且便于安装。

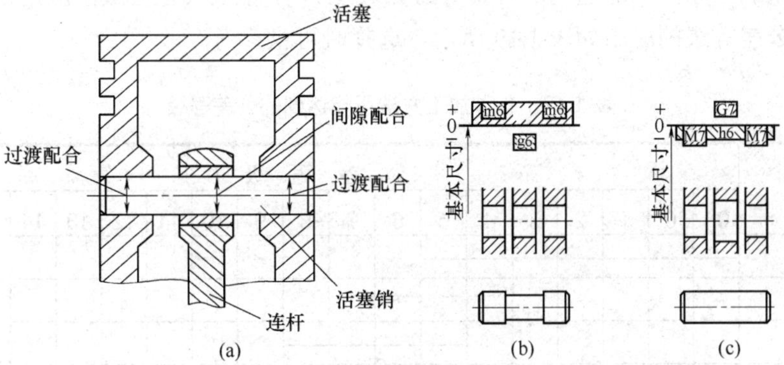

图 1.43　活塞连杆机构

(4) 与标准件配合时，必须按标准件来选择基准制配合。例如，滚动轴承的外围与壳体孔的配合必须采用基轴制，滚动轴承的内圈与轴颈的配合必须采用基孔制。

3) 非基准制的配合

非基准制的配合是指相配合的两个零件既无基准孔 H 又无基准轴 h 的配合，是为了满足配合的特殊要求，允许采用任一孔、轴公差带所组成的配合。如图 1.44 所示，轴承端盖与孔的配合为ϕ110 J7/f9，档环孔与轴的配合为ϕ50 F8/k6，两处都为非基准制的配合。因为ϕ110 J7/f9 和ϕ50 F8/k6 的定心精度要求低，为了装配的方便应该选用间隙配合，而选用基轴制的孔是不能满足上述要求的。

2. 公差等级的选用

合理地选用公差等级，是为了更好地协调机械零、部件使用要求与制造工艺及成本之间的矛盾。其选择公差等级的基本原则是：在满足使用要求的前提下，尽量选取较低的公差等级。

通常采用类比法来选择公差等级，也就是参考从生产实践中总结出来的经验资料，进行比较选择。

用类比法选择公差等级时，应掌握各个公差等级的应用范围和各种加工方法所能达到的公差等级，以便有所依据。选用时应考虑如下几点。

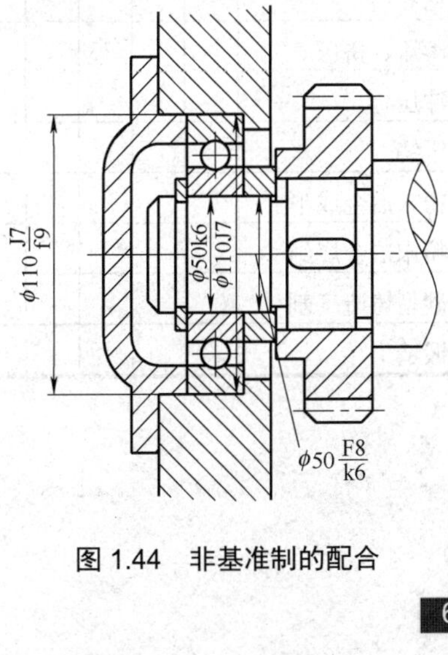

图 1.44　非基准制的配合

(1) 工艺等价性。基本尺寸≤500mm 时，对于较高精度等级的配合，孔比同级的轴加工困难，加工成本也要高一些，其工艺是不等价的。为了使相互配合的孔、轴工艺等价，当公差等级<IT8 时，孔比轴低一级(如 H7/n6、P6/h5)；当公差等级为 IT8 时，孔与轴同级或孔比轴低一级(如 H8/f8、F8/h7)；当公差等级>IT8 时，孔、轴为同级(如 H9/e9、F8/h8)。

(2) 零、部件精度的匹配性。例如，与滚动轴承相配合的外壳孔和轴颈的公差等级跟相配合的滚动轴承的公差等级有关。对于齿轮的基准孔与轴的配合，该孔与轴的公差等级由相关齿轮精度等级确定。

(3) 常用加工方法所能达到的公差等级如表 1.17 所示，公差等级的应用范围如表 1.18 所示，常用公差等级的应用如表 1.19 所示，选择时可供参考。

表 1.17 各种加工方法所能达到的公差等级

加工方法	公差等级(IT)																			
	01	0	1	2	3	4	5	6	7	8	9	10	11	12	13	14	15	16	17	18
研磨	—	—	—	—	—	—	—													
珩						—	—	—	—											
圆磨							—	—	—	—										
平磨							—	—	—	—										
金刚石车							—	—	—											
金刚石镗							—	—	—											
拉削							—	—	—	—										
铰孔								—	—	—	—	—								
车									—	—	—	—	—							
镗									—	—	—	—	—							
铣										—	—	—	—							
刨、插												—	—							
钻孔												—	—	—	—					
滚压、挤压												—	—							
冲压												—	—	—	—	—				
压铸													—	—	—	—				
粉末冶金成形								—	—	—										
粉末冶金烧结								—	—	—	—									
砂型铸造气割																	—	—	—	—
锻造															—	—	—	—		

表 1.18　公差等级的应用范围

加工方法	公差等级 (IT)																			
	01	0	1	2	3	4	5	6	7	8	9	10	11	12	13	14	15	16	17	18
块规	—	—	—																	
量规			—	—	—	—	—	—	—											
配合尺寸							—	—	—	—	—	—	—	—	—					
特别精密零件				—	—	—	—													
非配合尺寸															—	—	—	—	—	—
原材料公差										—	—	—	—	—	—	—				

表 1.19　常用公差等级的应用

公差等级	应用举例
IT01～IT1	用于精密的尺寸传递基准，高精密测量工具，极个别特别重要的精密配合尺寸。如量规或其他精密尺寸标准块公差，校对 IT6～IT7 级轴用量规的校对量规尺寸公差；个别特别重要的精密机械零件尺寸公差
IT2～IT7	用于检测 IT6～IT16 级工件用的量规的尺寸公差及形状公差，或相应尺寸标准块规的公差
IT3～IT5	用于高精度和重要配合处。如精密机床主轴颈与高精度滚动轴承的配合；车床尾架座体孔与顶尖套筒配合，活塞销与活塞销孔的配合
IT6 (孔至 IT7)	用于要求精密配合处，在机械制造中广泛应用。如机床中一般传动轴与轴承的配合，齿轮、皮带轮与轴的配合；精密仪器、光学仪器中精密轴的孔；电子计算机中外围设备中的重要尺寸；手表、缝纫机中重要的轴
IT7～IT8	用于精度要求一般的场合，在机械制造中属于中等精度。如一般机械中速度不高的皮带轮；重型机械、农业机械中的重要配合处；精密仪器、光学仪器精密配合的孔；手表中离合杆压簧；缝纫机中重要配合的孔
IT9～IT10	用于只有一般要求的圆柱件配合。如机床制造中轴套外径与孔配合；操纵系统的轴与轴承配合，空转皮带轮与轴的配合；光学仪器中的一般配合；发动机中机油泵体内孔；键宽与键槽宽的配合；手表中要求一般或较高的未注公差尺寸；纺织机械中的一般配合零件
IT11～IT12	用于不重要配合处。如机床中法兰盘止口与孔，滑块与滑移齿轮凹槽；钟表中不重要的工件；手表制造中用的工具及设备中的未注公差尺寸；纺织机械中的粗糙活动配合
IT12～IT18	用于非配合尺寸及不重要的粗糙联结的尺寸公差(包括未注公差的尺寸)；工序间的尺寸等

(4)　加工成本。图 1.45 所示为公差等级与生产成本的关系。从图中可以看出，制造公差小时，随着公差等级提高，其成本迅速增加，在选用高公差等级时要特别慎重。但在低精度时，随着公差等级的提高，制造成本变化不大。考虑到在满足使用要求的前提下降低

加工成本，不重要的相配合件的公差等级可以低二、三级。减速器中箱体孔与端盖定位圆柱面的配合为ϕ100K7/j9，轴套与轴颈的配合为ϕ55F9/j6。

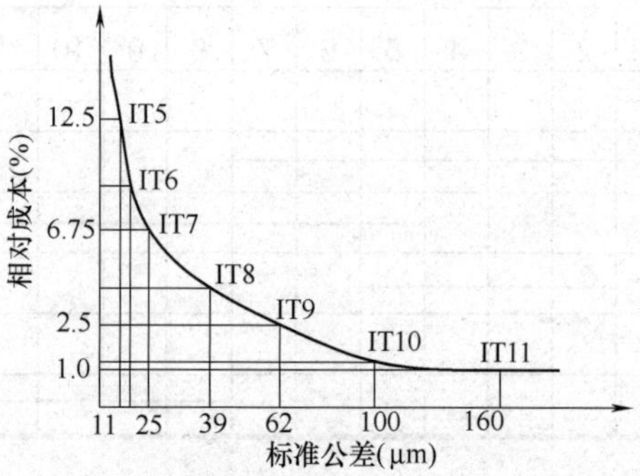

图 1.45　公差等级与生产成本的关系

3. 配合的选择

配合的选择是在基准孔和公差等级确定后，对基准孔或基准轴的公差带的位置，以及相应的非基准件的基本偏差代号的选择。正确选择配合，对保证机器正常工作，延长使用寿命和降低造价，都起着非常重要的作用。

配合的选择分为：配合类别的选择和非基准件基本偏差代号的选择。

1)　配合类别的选择

根据孔、轴配合的使用要求，分为间隙配合、过渡配合和过盈配合 3 种情况。

(1)　装配后有相对运动要求的，应选用间隙配合。小间隙的配合主要用于精确定心又便于拆卸的静联接，或结合件间只有缓慢移动或转动的动联接。如结合件要传递力矩，需加键、销等紧固件。较大间隙配合主要用于结合件间有转动、移动或复合运动的动联接。

(2)　装配后需要靠过盈传递载荷的，应选用过盈配合。过盈配合主要用于结合件无相对运动、不可拆卸的静联接。当过盈量较小时，只作精确定心用，若要传递力矩，则需加键、销等紧固件。过盈量较大时，可直接用于传递力矩。

(3)　装配后有定位精度要求或需要拆卸的，应选用过渡配合或小间隙、小过盈的配合。过渡配合可能具有间隙，也可能具有过盈，但不论是间隙量还是过盈量都很小，主要用于精确定心，结合件间无相对运动，可拆卸的静联接。若要传递力矩，则需加键、销等紧固件。

确定配合类别后，应尽可能地选用优先配合，其次是常用配合，再次是一般配合。如仍不能满足要求，可以按孔、轴公差带组成相应的配合。

2)　非基准件基本偏差的选择方法

非基准件基本偏差的选择方法有 3 种：计算法、试验法和类比法。

(1)　计算法：根据零件的材料和结构，按照一定的理论公式计算出使用要求的间隙或过盈的大小来选择配合。当用计算法选择配合时，由于影响间隙和过盈的因素很多，理论计算也是近似的，所以在实际应用中还需经过试验来确定。一般情况下，很少使用计算法。

(2) 试验法：通过模拟试验和分析的方法来确定满足产品工作性能的间隙或过盈范围。按试验法选取配合最为可靠，但成本较高，一般只用于特别重要的、关键性配合的选取，应用比较少。

(3) 类比法：参照同类型机器或机构中，经过实践验证的配合的实际情况，通过分析对比来确定配合的方法。在实际工作中，大多采用类比法来选择配合，该方法应用最广。

用类比法选择配合时，应首先掌握和熟悉各个基本偏差在配合方面的特征和应用，并尽量采用国家标准规定的优先和常用配合。表 1.20 所示为尺寸至 500mm 基孔制常用和优先配合的特征及应用场合。表 1.21 所示为轴的基本偏差选用说明，可供类比时参考。

表 1.20　尺寸至 500mm 基孔制常用和优先配合的特征及应用

类 别	配合特征	配合代号	应　用
间隙配合	特大间隙	$\frac{H11}{a11}$ $\frac{H11}{a11}$ $\frac{H11}{a11}$	用于高温或工作时要求大间隙的配合
	很大间隙	$\left(\frac{H11}{c11}\right)$ $\frac{H11}{d11}$	用于工作条件较差、受力变形或为了便于装配而需要大间隙的配合和高温工作的配合
	较大间隙	$\frac{H9}{c9}$ $\frac{H10}{c10}$ $\frac{H8}{d8}$ $\left(\frac{H9}{d9}\right)$ $\frac{H10}{d10}$ $\frac{H8}{e7}$ $\frac{H8}{e8}$ $\frac{H9}{e9}$	用于高速、重型的滑动轴承或大直径的滑动轴承，也可以用于大跨距或多支点支承的配合
	一般间隙	$\frac{H6}{f5}$ $\frac{H7}{f6}$ $\left(\frac{H8}{f7}\right)$ $\frac{H8}{f8}$ $\frac{H9}{f9}$	用于一般转速的配合。当温度影响不大时，广泛应用于普通润滑油润滑的支承处
	较小间隙	$\left(\frac{H7}{g6}\right)$ $\frac{H8}{g7}$	用于精密滑动零件或缓慢间隙回转的零件的配合部位
	很小间隙和零间隙	$\frac{H6}{g5}$ $\frac{H6}{h5}$ $\left(\frac{H7}{h6}\right)$ $\left(\frac{H8}{h7}\right)$ $\frac{H8}{h8}$ $\left(\frac{H9}{h9}\right)$ $\frac{H10}{h10}$ $\left(\frac{H11}{h11}\right)$ $\frac{H12}{h12}$	用于不同精度要求的一般定位件的配合及缓慢移动和摆动零件的配合
过渡配合	绝大部分有微小间隙	$\frac{H6}{js5}$ $\frac{H7}{js6}$ $\frac{H8}{js7}$	用于易于装拆的定位配合或加紧固件后可传递一定静载荷的配合
	大部分有微小间隙	$\frac{H6}{k5}$ $\left(\frac{H7}{k6}\right)$ $\frac{H8}{k7}$	用于稍有振动的定位配合。加紧固件可传递一定载荷。装拆方便，可用木槌敲入
	大部分有微小过盈	$\frac{H6}{m5}$ $\frac{H7}{m6}$ $\frac{H8}{m7}$	用于定位精度较高而且能够抗振的定位配合。加键可传递较大载荷。可用铜锤敲入或小压力压入
	绝大部分有微小过盈	$\left(\frac{H7}{n6}\right)$ $\frac{H8}{n7}$	用于精确定位或紧密组合件的配合。加键能传递大力矩或冲击性载荷。只在大修时拆卸
	绝大部分有较小过盈	$\frac{H8}{p7}$	加键后能传递很大力矩，且能承受振动或冲击的配合。装配后不再拆卸

续表

类 别	配合特征	配合代号	应 用
过盈配合	轻型	$\frac{H6}{n5}$ $\frac{H6}{p5}$ $\left(\frac{H7}{p6}\right)$ $\frac{H6}{r5}$ $\frac{H7}{r6}$ $\frac{H8}{r7}$	用于精确的定位配合。一般不能靠过盈传递力矩。要传递力矩尚需加紧固件
	中型	$\frac{H6}{s5}$ $\left(\frac{H7}{s6}\right)$ $\frac{H8}{s7}$ $\frac{H6}{t5}$ $\frac{H7}{t6}$ $\frac{H8}{t7}$	不需要加紧固件就能传递较小力矩和轴向力。加紧固件后能承受较大载荷和动载荷
	重型	$\left(\frac{H7}{u6}\right)$ $\frac{H8}{u7}$ $\frac{H7}{v6}$	不需要加紧固件就可传递和承受大的力矩和动载荷的配合：要求零件材料有高强度
	特重型	$\frac{H7}{x6}$ $\frac{H7}{y6}$ $\frac{H7}{z6}$	能传递和承受很大力矩和动载荷的配合，需要经过试验后方可应用

注：① 括号内的配合为优先配合。

② 国标规定的44种基轴制配合的应用与本表中的同名配合相同。

表1.21 轴的基本偏差选用说明

配合	基本偏差	特 性 及 应 用
间隙配合	a、b	可得到特别大的间隙，应用很少
	c	可得到很大的间隙，一般用于缓慢、松弛的动配合。用于工作条件较差(如农业机械)，受力变形，或为了便于装配，而必须保证有较大的间隙的情况。推荐配合为H11/c11，其较高等级的H8/c7配合，适用于轴在高温工作的紧密动配合，如内燃机排气阀和导管
	d	一般用于IT7～IT11级，适用于松的转动配合，如密封盖、滑轮、空转皮带轮等与轴的配合。也适用于大直径滑动轴承配合，如透平机、球磨机、轧滚成型机和重型弯曲机以及其他重型机械中的一些滑动轴承
	e	多用于IT7、IT8、IT9级，具有明显的间隙，用于大跨距及多支点的转轴与轴承的配合，以及高速重载的大尺寸轴与轴承的配合，如大型电机、内燃机的主要轴承处的配合H8/e7
	f	多用于IT6、IT7、IT8级的一般转动配合。当温度影响不大时，广泛用于普通润滑油(或润滑脂)润滑的支承，如齿轮箱、小电动机、泵等的转轴与滑动轴承的配合
	g	配合间隙很小，制造成本高，除负荷很轻的精密装置外，不推荐用于转动配合。多用于IT5、IT6、IT7级，最适合不回转的精密滑动配合，也用于插销等的定位配合，如精密连杆轴承、活塞及滑阀、连杆销等
	h	多用于IT4～IT11级。广泛用于无相对转动的零件，作为一般的定位配合。若没有温度、变形影响，也用于精密滑动配合
过渡配合	js	偏差完全对称(±IT/2)，平均间隙较小的配合，多用于IT4～IT7级，要求间隙比h轴小，并允许略有过盈的定位配合，如联轴节、齿圈与钢制轮毂。可用木槌装配
	k	平均间隙接近于零的配合，适用于IT4～IT7级，推荐用于稍有过盈的定位配合。例如为了消除振动用的定位配合。一般用木槌装配

续表

配合	基本偏差	特 性 及 应 用
过渡配合	m	平均过盈较小的配合，适用于 IT4～IT7 级，一般可用木锤装配，但在最大过盈时，要求相当的压入力
	n	平均过盈比 m 轴稍大，很少得到间隙，适用于 IT4～IT7 级，用锤或压入机装配，通常推荐用于紧密的组件配合。H6/n5 配合时为过盈配合
过盈配合	p	与 H6 或 H7 配合时是过盈配合，与 H8 孔配合时则为过渡配合。对非铁类零件，为较轻的压入配合，当需要时易于拆卸。对钢、铸铁或铜、钢组件装配是标准压入配合
	r	对铁类零件为中等打入配合，对非铁类零件，为轻打入的配合，当需要时可以拆卸。与 H8 孔配合，直径在 100mm 以上时为过盈配合，直径小时为过渡配合
	s	用于钢和铁类零件的永久性和半永久性装配，可产生相当大的结合力。当用弹性材料，如轻合金时，配合性质与铁类零件的 p 轴相当。例如套环压装在轴上，阀座等的配合。尺寸较大时，为了避免损伤配合表面，需用热胀或冷缩法装配
	t	过盈较大的配合。对钢和铸铁零件适于作永久性结合，不用键即可传递力矩，需用热胀或冷缩法装配，例如连轴节与轴的配合
	u	这种配合过盈大，一般应验算在最大过盈时，工件材料是否损坏，要用热胀或冷缩法装配。例如火车轮毂和轴的配合
	v、x、y、z	这些基本偏差所组成配合的过盈量更大，目前使用的经验和资料还很少，须经试验后才应用。一般不推荐

此外，还要考虑以下因素：承受载荷情况，工作时结合件间是否有相对运动，温度变化，润滑条件，装配变形，装拆情况，生产类型以及材料的物理、化学、机械性能等对间隙或过盈的影响。根据不同的工作条件，结合件配合的间隙量或过盈量必须相应地改变。表 1.22 可供类比时参考。

表 1.22　工作情况对间隙量或过盈量的影响

具体工作情况	过盈应增大或减小	间隙应增大或减小
材料许用应力小	减小	—
经常拆卸	减小	—
有冲击负荷	增大	减小
工作时，孔温高于轴温	增大	减小
工作时，孔温低于轴温	减小	增大
配合长度较大	减小	增大
配合面形位误差较大	减小	增大

续表

具体工作情况	过盈应增大或减小	间隙应增大或减小
装配时可能歪斜	减小	增大
旋转速度高	增大	增大
有轴向运动	—	增大
润滑油粘度增大	—	增大
装配精度高	减小	减小
表面粗糙度低	增大	减小

例 1-4 某配合的基本尺寸为ϕ45mm，要求间隙在 0.022～0.066mm 之间，试确定孔和轴的公差等级和配合种类。

解：

(1) 选择基准制。

因为没有特殊要求，所以选用基孔制配合，基孔制配合 EI=0。

(2) 选择孔、轴公差等级。

根据题意得：$T_f=T_h+T_s=|X_{max}-X_{min}|$。

根据使用要求，配合公差 $T'_f=|X'_{max}-X'_{min}|=|0.066-0.022|$mm=0.044mm=44μm。即所选孔、轴公差之和 T_h+T_s 应最接近而不大于 T'_f。

查表得：孔和轴的公差等级介于 IT6 和 IT7 之间，因为 IT6 和 IT7 属于高的公差等级，所以，一般取孔比轴大一级，故选为 IT7，T_h=25μm；轴为 IT6，T_s=16μm，则配合公差 $T_f=T_h+T_s$=25mm+16mm=41μm，小于且最接近于 T'_f，因此满足使用要求。

(3) 定孔、轴公差带代号。

因为是基孔制配合，且孔的标准公差为 IT7，所以孔的公差带为$\phi45H7(^{+0.025}_{0})$。

又因为是间隙配合，$X_{min}=EI-es=0-es=-es$

由已知条件知 X'_{min}=+22μm，即轴的基本偏差 es 应最接近于−22μm。

查表，取轴的基本偏差为 f，es=−25μm，则 $ei=es-$IT6=(−25−16)μm=−41μm，所以轴的公差带为$\phi45f6(^{-0.025}_{-0.041})$。

(4) 验算设计结果。

以上所选孔、轴公差带组成的配合为ϕ45H7/f6。

其最大间隙：X_{max}=[+25−(−41)]μm=+66μm=+0.066mm=X'_{max}

最小间隙：X_{min}=[0−(−25)]μm =+25μm=+0.025mm>X'_{min}

所以，间隙在 0.022～0.066mm 之间，设计结果满足使用要求。

根据以上分析，所选ϕ45H7/f6 是适宜的，其公差带图如图 1.46 所示。

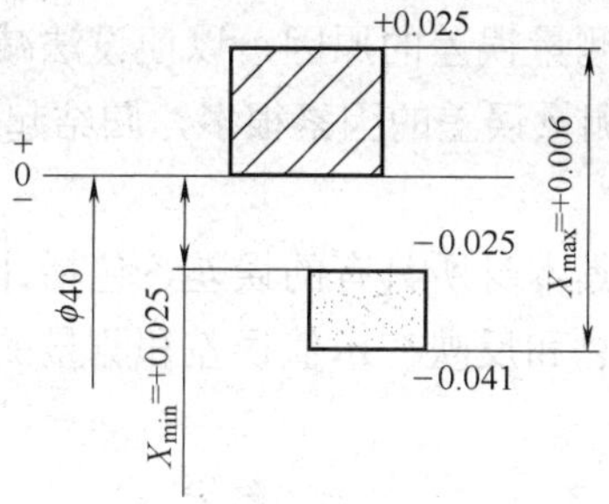

图 1.46　公差带图

1.6.4　测量误差及数据处理

1. 测量误差的基本概念

任何测量过程，无论采用如何精密的测量方法，其测得值都不可能是被测几何量的真值，即使在测量条件相同时，对同一被测几何量连续进行多次测量，其测得值也不一定完全相同，只能与其真值相近似。这种由于计量器具本身的误差和测量条件的限制，而造成的测量结果与被测量真值之差称为测量误差。

测量误差常采用以下两个指标来评定。

(1)　绝对误差 δ。绝对误差是测量结果(x)与被测量(约定)真值(x_0)之差。即：

$$\delta=x-x_0 \tag{1-23}$$

因测量结果可能大于或小于真值，故 δ 可能为正值亦可能为负值。将上式移项可得下式：

$$x_0=x\pm\delta \tag{1-24}$$

利用式(1-24)，可以由被测几何量的量值和测量误差来估算真值所在的范围。测量误差的绝对值越小，则被测几何量的量值越接近于真值，因此，测量精度就越高；反之，测量精度就越低。用绝对误差来表示测量精度，适用于评定或比较大小相同的被测几何量的测量精度。

(2)　相对误差 f。对于大小不相同的被测几何量，不能用绝对误差 δ 来评定测量精度，这时要用另一项指标——相对误差来评定或比较它们的测量精度。所谓相对误差是测量的绝对误差与被测量(约定)真值(x_0)之比，即：

$$f=\delta/x_0 \tag{1-25}$$

由于被测几何量的真值(x_0)不知道，故实用中常以被测几何量的测得值 x 值替代真值 x_0，即：

$$f=\delta/x_0\approx\delta/x \tag{1-26}$$

必须指出：用 x 代替 x_0 其差异极其微小，不影响对测量精度的评定。

2. 测量误差的来源

由于测量误差的存在，使得测得值只能近似地反映被测几何量的真值。为了尽量减小测量误差，必须仔细分析产生测量误差的原因，以便设法减小该误差产生的影响，提高测量精度。在实际测量中，产生测量误差的因素很多，归结起来主要有以下几个方面。

1) 计量器具误差

计量器具误差是指计量器具本身所具有的误差，包括计量器具的设计、制造和使用过程中的各项误差，这些误差的总和反映在示值误差和测量的重复性上，而对测量结果的影响各不相同。

2) 标准件误差

标准件误差是指作为标准件本身的制造误差和检定误差。例如，用量块作为标准件调整计量器具的零位时，量块的误差会直接影响测得值。因此，为了保证一定的测量精度，必须选择一定精度的量块。

3) 方法误差

方法误差是指测量方法的不完善所引起的误差。包括计算公式不准确，测量方法选择不当，工件安装、定位不准确等。例如，测量头和被测量零件表面机械接触，测量力使测量器具、零件表面受力变形产生误差。恒定的测量力，可以减少接触比较测量的误差，这是因为调零时的测量力和测量时的测量力大小能保持一致。高精度仪器测量力应在 1N 之内，一般仪器在 2N 以内。

4) 环境误差

环境误差是指测量时环境条件不符合标准的测量条件所引起的误差，它会产生测量误差。例如，环境温度、湿度、气压、照明等不符合标准以及振动、电磁场等的影响都会产生测量误差，其中以温度的影响最为突出。例如，在测量长度时，规定的环境条件标准温度为 20℃，但是在实际测量时被测零件和计量器具的温度对标准温度均会产生或大或小的偏差，而当被测零件和计量器具的材料不同时它们的线膨胀系数也不同，这将产生一定的测量误差。

因此，测量时应根据测量精度的要求，合理控制环境温度，以减小温度对测量精度产生的影响。

5) 人员误差

人员误差是指测量人员人为的差错，它会产生测量误差。例如，测量人员使用计量器具不正确、测量瞄准不准确、读数或估读错误等，都会产生测量误差。

总之，产生误差的因素很多，有些误差是不可避免的，但有些是可以避免的。因此，测量者应对一些可能产生测量误差的原因进行分析，掌握其影响规律，设法消除或减小其对测量结果的影响，以保证测量精度。

3. 测量误差的分类

测量误差的来源是多方面的，就其特点和性质而言，可分为系统误差、随机误差和粗大误差三类。

1)　系统误差

系统误差是指在一定测量条件下，多次测量同一量值时，绝对值和符号均保持不变的测量误差，或者绝对值和符号按某一规律变化的测量误差。前者称为定值系统误差，后者称为变值系统误差。例如，在比较仪上用相对法测量零件尺寸时，调整量仪所用量块的误差就会引起定值系统误差；量仪的分度盘与指针回转轴偏心所产生的示值误差会引起变值系统误差。

2)　随机误差

随机误差是指在一定测量条件下，多次测量同一量值时，绝对值和符号以不可预计的方式变化着的测量误差。随机误差主要是由测量过程中一些偶然性因素或不确定因素引起的。例如，量仪转动机构的间隙、摩擦，测量力的不稳定以及环境变化等引起的测量误差，都属于随机误差。

3)　粗大误差(异常数值)

粗大误差是指超出在一定测量条件下预计的测量误差，即对测量结果产生明显歪曲的测量误差。含有粗大误差的测得值称为异常值，它的数值明显偏离其他测得值。粗大误差的产生有主观和客观两方面的原因：主观原因如测量人员疏忽造成的读数误差；客观原因如外界突然振动引起的测量误差。

应当指出，系统误差和随机误差的划分并不是绝对的，它们在一定的条件下是可以相互转化的。例如，按一定的基本尺寸制造的量块总是存在着制造误差，对某一具体量块来讲，可认为该制造误差是系统误差；但对一批量块而言，制造误差是变化的，可以认为它是随机误差。在使用某一量块时，若没有检定该量块的尺寸偏差，而按量块标称尺寸使用，则制造误差属于随机误差；若检定出该量块的尺寸偏差，按量块实际尺寸使用，则制造误差属于系统误差。掌握误差转化的特点，可根据需要将系统误差转化为随机误差，用概率论和数理统计的方法来减小该误差的影响；或将随机误差转化为系统误差，用修正的方法来减小该误差的影响。

4. 各类测量结果的数据处理

对测量结果进行数据处理是为了找出被测量最可信的数值以及评定这一数值所包含的误差。对同一被测量进行多次连续测量，得到一测量列。测量列中可能同时存在系统误差、随机误差和粗大误差，因此，必须对这些误差进行处理。

1)　测量列中系统误差的处理

在实际测量中，系统误差对测量结果的影响往往是不容忽视的，而这种影响并非无规律可循，因此，揭示系统误差出现的规律性，并且消除其对测量结果的影响，是提高测量精度的有效措施。

(1)　发现系统误差的方法。

在测量过程中产生系统误差的因素是很复杂的，人们很难查明所有的系统误差，也不可能全部消除系统误差的影响。根据具体测量过程和计量器具进行全面而仔细的分析是发现系统误差的一种有效方法，但这是一件困难而又复杂的工作，目前还没有适用于发现各种系统误差的普遍方法，下面只介绍适用于发现某些系统误差常用的两种方法。

① 定值系统误差的发现。

定值系统误差的大小和符号均不变，一般不影响测量误差的分布规律，只改变测量误差分布中心的位置。要发现某一测量条件下是否存在定值系统误差，可采用实验对比法，即改变产生系统误差的测量条件而进行不同测量条件下的测量。例如，量块按标称尺寸使用时，在被测几何量的测量结果中就存在由于量块的尺寸偏差而产生的大小和符号均不变的定值系统误差，重复测量也不能发现这一误差，只有用另一块等级更高的量块对比时才能发现。即以两者对同一量进行次数相同的多次重复测量，求出其算术平均值之差，作为定值系统误差。

② 变值系统误差的发现。

变值系统误差可用“残差观察法”来发现，即根据测量列的各个残差大小和符号的变化规律，直接由残差数据或残差曲线图形来判断有无系统误差。它主要适用于发现大小和符号按一定规律变化的变值系统误差。根据测量先后次序，用测量列的残差作图，如图 1.47 所示，观察残差的规律。若各残差大体上正、负相同，又没有明显变化，如图 1.47(a)所示，则可认为不存在明显的变值系统误差；若各残差按近似的线性规律递增或递减，如图 1.47(b)所示，则可判断存在线性系统误差；若各残差和符号有规律地周期变化：逐渐由正变负或由负变正，如图 1.47(c)所示，则可判断存在周期性系统误差；若残差按某种特定的规律变化，如图 1.47(d)所示，则可判断存在复杂变化系统误差。

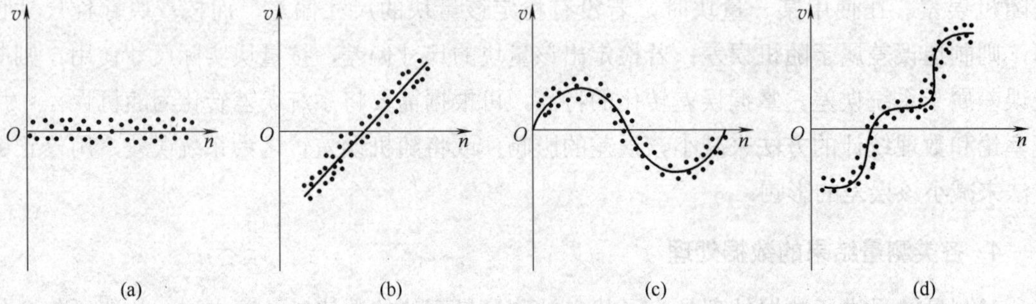

图 1.47　变值系统误差

在应用残差观察法时，必须有足够多的重复测量次数，并要按各测得值的先后顺序作图，否则变化规律不明显，会影响判断的可靠性。

(2) 消除系统误差的方法。

① 从产生误差的根源上消除系统误差。

这要求测量人员对测量过程中可能产生系统误差的各个环节作仔细的分析，并在测量前就将系统误差从产生的根源上加以消除。例如，为了防止测量过程中仪器示值零位的变动，测量开始和结束时都需要检查示值零位。

② 用修正法消除系统误差。

这种方法是预先将计量器具的系统误差检定或计算出来，作出误差表或误差曲线，然后取与误差数值相同而符号相反的值作为修正值，将测得值加上相应的修正值，即可得到不包含系统误差的测量结果。例如，当量块的实际尺寸不等于标称尺寸时，若按标称尺寸使用，就要产生系统误差，而按经过检定的量块实际尺寸使用，就可避免该系统误差的产生。

③ 用两次读数法消除系统误差。

这种方法要求在对称位置上分别测量一次，以使这两次测量中测得的数据出现的系统误差大小相等，符号相反，取这两次测量中数据的平均值作为测得值，即可消除定值系统误差。例如，在工具显微镜上测量螺纹螺距时，为了消除螺纹轴线与量仪工作台移动方向倾斜而引起的系统误差，可分别测取螺纹左、右牙面的螺距，然后取它们的平均值作为螺距测得值。

④ 用半周期法消除周期性系统误差。

对于周期性系统误差，可以每相隔半个周期进行一次测量，以相邻两次测量的数据的平均值作为一个测得值，即可有效消除周期性系统误差。

消除和减小系统误差的关键是找出产生系统误差的根源和规律。实际上，系统误差不可能完全消除，但一般来说，系统误差若能减小到使其相当于随机误差的程度，则可认为已被消除。

2) 测量列中随机误差的处理

随机误差的出现是不可避免和无法消除的。为了减小其对测量结果的影响，可用概率论与数理统计的方法，估计出随机误差的大小和规律，对测量结果进行数据处理。

(1) 随机误差的特性及其分布规律。

对某一被测几何量在一定测量条件下重复测量 n 次，得到测量列的测得值为 x_1，x_2，…，x_n。设测量列中不包含系统误差和粗大误差，且被测几何量的真值为 x_0，则可得出相应各次测得的随机误差分别为：

$$\left.\begin{aligned}\delta &= x_1 - x_0\\ \delta &= x_2 - x_0\\ &\vdots\\ \delta_n &= x_n - x_0\end{aligned}\right\}\tag{1-27}$$

通过对大量的测试实验数据进行统计后发现，随机误差通常服从正态分布规律，其正态分布曲线如图 1.48 所示(横坐标 δ 表示随机误差，纵坐标 y 表示随机误差的概率密度)。对于服从正态分布的随机误差具有以下四种性质。

① 对称性。绝对值相等的正误差与负误差出现的次数相等。

② 单峰性。绝对值小的随机误差比绝对值大的随机误差出现的次数多。

③ 有界性。在一定的测量条件下，随机误差的绝对值不会超出一定界限。

④ 抵偿性。随着测量次数的增加，随机误差的算术平均值趋向零。即各次随机误差的代数和趋于零。

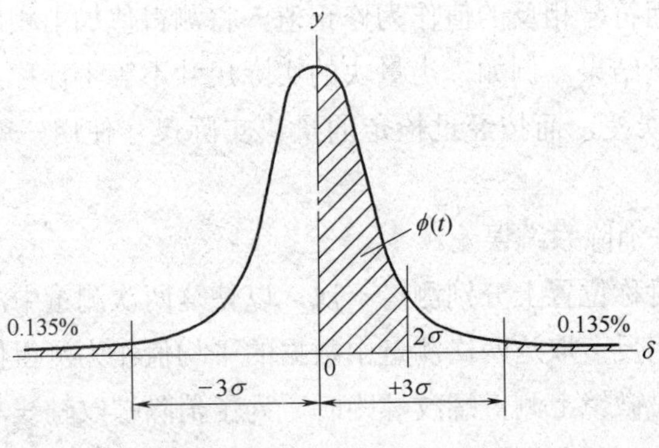

图 1.48 正态分布曲线

(2) 测量列中随机误差的处理步骤。

① 计算测量列中算术平均值$\overline{x}$。

测量列中n个等精度的测量数据的算术平均值为测量值的代数和除以测量次数n。

$$\overline{x}=\frac{\sum_{i=1}^{n}x_i}{n} \tag{1-28}$$

式中：$\overline{x}$为测量数据的算术平均值。

② 计算残余误差v_i。

残余误差v_i是指测量列中一个测得值x_i和该测量列的算术平均值$\overline{x}$之差。

$$v_i=x_i-\overline{x} \tag{1-29}$$

在测量时，真值是未知的，因为测量次数$n\to\infty$是不可能的，所以在实际应用中以算术平均值$\overline{x}$代替x_0，以残余误差v_i代替δ_i。

③ 计算测量列中单次测得值的标准偏差σ。

标准偏差σ是表征对同一被测量进行 n 次测量所得值的分散程度的参数。其估计值为各误差平方和的平均数的平方根，可直观地表示随机误差的极限值。

$$\sigma=\sqrt{\frac{\sum_{i=1}^{n}v_i^2}{n-1}}=\sqrt{\frac{\sum_{i=1}^{n}(x_i-\overline{x})^2}{n-1}} \tag{1-30}$$

④ 计算测量列算术平均值$\overline{x}$的标准偏差$\sigma_{\overline{x}}$。

误差理论证明，测量列算术平均值$\overline{x}_i$的标准偏差$\sigma_{\overline{x}}$与测量列单次测量值x_i的标准偏差σ有以下关系：

$$\sigma = \frac{\sigma}{\sqrt{n}} = \sqrt{\frac{\sum_{i=1}^{n} v_i^2}{n(n-1)}} \tag{1-31}$$

⑤　计算测量列算术平均值的极限误差 $\delta_{\lim(\bar{x})}$。

对于有限次测量来说，随机误差超出 ±3σ 范围的可能性仅为 0.27%。因此可将：

$$\delta_{\lim} = \pm 3\sigma \tag{1-32}$$

看作是随机误差的极限值。同理：

$$\sigma_{\lim \bar{x}} = \pm 3\sigma_{\bar{x}} \tag{1-33}$$

⑥　确定测量结果。

如用单个测得值 x_i (测量列中任意一个)表示测量结果，则可写为：

$$x = x_i \pm 3\sigma \tag{1-34}$$

如用算术平均值表示测量结果，则可写为：

$$x = \bar{x} \pm \delta_{\lim(\bar{x})} = \bar{x} \pm 3\sigma_{\bar{x}} = \bar{x} \pm 3\frac{\sigma}{\sqrt{n}} \tag{1-35}$$

3)　测量列中粗大误差的处理

粗大误差的数值相当大，从而使测量结果严重失真，在测量中应尽可能避免。如果已经产生了粗大误差，则应根据判断粗大误差的准则予以剔除，通常用拉依达准则来判断。

拉依达准则又称 3σ 准则，当测量列服从正态分布时，在 ±3σ 外的残差的概率仅有 0.27%，即在连续 370 次测量中只有一次测量的残差超出 3σ (370 次×0.0027≈1 次)，而实际上连续测量的次数决不会超过 370，测量列中就不应该有超过 ±3σ 的残差。因此在有限次的测量时，凡绝对值大于 3σ 的残余误差时，即：

$$|v_i| > 3\sigma \tag{1-36}$$

则认为该残差对应的测得值含有粗大误差，应予以剔除。

当测量次数小于或等于 10 次时，不能使用拉依达准则。

4)　等精度测量列的数据处理

等精度测量是指在测量条件(包括量仪、测量人员、测量方法及环境条件等)不变的情况下，对某一被测几何量进行的连续多次的测量。虽然在此条件下得到的各个测得值不同，但影响各个测得值精度的因素和条件相同，故测量精度视为相等。相反，若在测量过程中全部或部分因素和条件发生改变，则称为不等精度测量。在一般情况下，为了简化对测量数据的处理，大多采用等精度测量。

在这些测得值中，可能同时包含有系统误差、随机误差和粗大误差，为了获得可靠的测量结果，应将测量数据按上述误差分析原理进行处理，现将其处理步骤通过实例加以说明。

例 1-5　对某轴径 d 等精度测量 15 次，按测量顺序将各测量值依次列于表 1.23 中，试求测量结果。

解：

(1) 判断定值系统误差。

假设计量器具已经检定，测量环境已得到有效控制，可认为测量列中不存在定值系统误差。

(2) 求测量列算术平均值 $\overline{x}$ 。

$$\overline{x}=\frac{\sum_{i=1}^{n}x_i}{n}=24.957\text{mm}$$

(3) 计算残差 v_i 。

各残差的数值经计算后列于表 1.23 中。按残差观察法，这些残差的符号大体上正、负相间，没有周期性变化，因此可以认为测量列中不存在变值系统误差。

表 1.23　数据处理计算表

测量序号	测得值 x_i(mm)	残差 $v_i=x_i-\overline{x}$ (μm)	残差的平方 v_i^2 (μm²)
1	24.959	+2	4
2	24.955	−2	4
3	24.958	+1	1
4	24.957	0	0
5	24.958	+1	1
6	24.956	−1	1
7	24.957	0	0
8	24.958	+1	1
9	24.955	−2	4
10	24.957	0	0
11	24.959	+2	4
12	24.955	−2	4
13	24.956	−1	1
14	24.957	0	0
15	24.958	+1	1
算术平均值 $\overline{x}$ =24.957mm		$\sum_{i=1}^{n}v_i=0$	$\sum_{i=1}^{n}v_i^2=26\mu\text{m}^2$

(4) 计算测量列单次测量值的标准偏差

$$\sigma=\sqrt{\frac{\sum_{i=1}^{n}v_i^2}{n-1}}=\sqrt{\frac{26}{15-1}}\mu\text{m}\approx1.3\mu\text{m}$$

(5) 判断粗大误差。

按照拉依达准则，测量列中没有出现绝对值大于 3σ(3×1.3=3.9μm)的残差，因此，判断测量列中不存在粗大误差。

(6) 计算测量列算术平均值的标准偏差

$$\sigma_{\bar{x}} = \frac{\sigma}{\sqrt{n}} = \frac{1.3}{\sqrt{15}}\mu m \approx 0.35\mu m$$

(7) 计算测量列算术平均值的测量

$$\delta_{\lim(\bar{x})} = \pm 3\sigma_{\bar{x}} = \pm 3 \times 0.35\mu m = \pm 1.05\mu m$$

(8) 确定测量结果

$$d_e = \bar{x} \pm \delta_{\lim(\bar{x})} = (24.957 \pm 0.001)mm$$

1.6.5　计量器具的检定

1. 计量器具检定的意义

任何计量器具都存在误差，并且这些误差随着计量器具的使用而逐渐增大。因此，对使用中的计量器具必须进行定期性的周期检定，以确定计量器具指示数值的误差是否在允许的范围内，并确定其是否合格。

2. 检定规程

作为检定依据的国家法定技术文件称为检定规程。检定规程的内容包括：检定规程的适用范围、计量器具的计量性能、检定项目、检定条件、检定周期以及检定结果的处理等。

零件的互换性是由计量器具来控制的，若计量器具本身的尺寸不准确，自然零件的互换性也就不能保证。因此，检定工作对保证计量器具的准确一致以保证被测零件测得值的准确和一致性，从而实现零件的互换性起着重要的作用。

1.6.6　计量器具的维护和保养

为了保证计量器具的精确度和工作可靠性，必须做好计量器具的维护和保养工作。

(1) 测量前应将计量器具的工作面和被测表面擦拭干净，以免脏物存在而影响测量精确度。不能用精密计量器具测量粗糙的铸、锻毛坯或带有研磨剂的表面。

(2) 温度对计量器具影响很大，精密量仪应放在恒温室内，维持室温在 20℃左右，且相对湿度不要超过 60%。计量器具不要放在热源附近，以免受热变形而失去精确度。

(3) 不要把计量器具放在磁场附近，以免使计量器具磁化。

(4) 量具不能当作其他工具使用。例如，把千分尺当作小榔头使用；用游标卡尺划线等。

(5) 发现精密计量器具有不正常现象时，不允许使用者私自拆修，应交计量室检修。

(6) 计量器具在使用过程中，不能与刀具堆放在一起，以免碰伤；也不能随便放在机床上，以免因机床振动而使计量器具损坏。

(7) 计量器具应经常保持清洁，使用后及时擦拭干净，并涂上防锈油，放在专用的盒子里，存放在干燥的地方。

(8) 清洗光学量仪外表面时，宜用脱脂软细毛的毛笔轻轻拂去浮灰，再用柔软清洁的亚麻布或镜头纸揩拭。如光学零件表面有油渍可蘸一点酒精或二甲苯揩拭，但尽量避免多擦。

(9) 计量器具应定期送计量室检定，以免其示值误差超差而影响测量结果。

本章小结

本章介绍了极限与配合的基本术语和定义、极限与配合国家标准、计量器具与测量方法、车间条件下孔和轴尺寸检测、游标卡尺的结构原理和使用方法、外径千分尺的结构原理和使用方法、百分表和内径百分表的结构和使用方法、机械式比较仪的结构和使用方法等基本内容；同时还拓展了光滑极限量规、基准制、极限与配合的选用等内容。学生通过完成“对阶梯轴长度、直径和键槽深度检测”、“用内径百分表测量孔径”、“用机械比较仪(或者立式光学计)测量轴径”这些任务，应初步达到正确使用游标卡尺、外径千分尺、内径百分表、机械比较仪(或者立式光学计)的目的。在实训中要注意多练习读数和如何确定正确的检测位置，逐步提高检测的准确性。

思考与练习

一、判断题

1. 基本尺寸是零件加工的基本目标。 (　)
2. 最小极限尺寸可以小于、等于或大于基本尺寸。 (　)
3. 某尺寸的上偏差一定大于下偏差。 (　)
4. 极限尺寸减去实际尺寸所得的代数差即为该尺寸的实际偏差。 (　)
5. 由基本偏差所确定的公差带位置反映了尺寸的精确程度。 (　)
6. ϕ36F8与ϕ40H8的标准公差值相等。 (　)
7. 若零件尺寸的精确程度相同，则它们的上、下偏差也应相同。 (　)
8. 若零件实际尺寸正好等于基本尺寸，则该零件一定合格。 (　)
9. 偏差为零时也必须标注出“0”字。 (　)
10. 公差等级的代号数字越小，尺寸的精确程度越高。 (　)
11. ϕ25f8的基本偏差和标准公差分别为−0.022mm和0.033mm，其尺寸标注为$\phi 25f8(^{+0.011}_{-0.022})$。 (　)
12. 实际尺寸越接近基本尺寸，表明加工越精确。 (　)
13. 属同一公差等级的公差，不论基本尺寸如何，其公差值都相等。 (　)
14. 公差为绝对值概念，在公差带前必须加注“+”符号。 (　)
15. 尺寸$\phi 50^{+0.090}_{0}$与$\phi 50\pm0.045$的精确程度相等。 (　)
16. 未标注公差的尺寸操作工人可按经验自由加工。 (　)

17. 基本尺寸是理想的尺寸。 (　　)

18. 公差可以说是允许零件尺寸的最大偏差。 (　　)

19. 0.02mm 游标卡尺的主尺 50mm 对应副尺 49 格。 (　　)

20. 千分尺固定套管每相邻两刻线间的距离为 0.5mm。 (　　)

21. 游标卡尺和千分尺在测量前都应校对零位。 (　　)

22. 千分尺可准确地测出 1/100mm，并可估测到 1/1000mm。 (　　)

23. 0～25mm 千分尺的示值范围和测量范围是一样的。 (　　)

二、填空题

1. 允许尺寸变化的两个界限值称为_________。

2. 某一尺寸减其_____尺寸所得的代数差称为偏差。

3. 从 IT01～IT18，公差等级逐渐______，标准公差值逐渐_______。

4. 基本偏差 a～h(A～H)当与_______相配时构成间隙配合。

5. 尺寸公差带由______和______两个要素确定。

6. $\phi 45^{+0.025}_{0}$ 的基本偏差数值为__________mm。

7. 孔和轴具有____________最多时的尺寸称为最大实体尺寸。

8. 标准公差等级 IT01 与 IT10 相比，_____的精度较低。

三、选择题

1. 设计给定的尺寸为_______。零件完工后才有意义的尺寸为________。

   A. 理想尺寸　　B. 基本尺寸　　C. 极限尺寸　　D. 实际尺寸

2. 最小极限尺寸减其基本尺寸所得的代数差称为________。

   A. 上偏差　　B. 下偏差　　C. 实际偏差　　D. 基本偏差

3. 下列尺寸______为正确标注。

   A. $\phi 40^{-0.010}_{+0.029}$　　B. $\phi 40^{+0.029}_{-0.010}$　　C. $\phi 40(^{+0.029}_{-0.010})$　　D. $\phi 40\text{j}8^{+0.029}_{-0.010}$

4. 下列尺寸______为正确标注。

   A. $\phi 20^{+0.052}$　　B. $\phi 20^{+0.052}_{0}$　　C. $\phi 20^{+0.052}_{\ \ \ \ 0}$　　D. $\phi 20_{-0.052}$

5. 下列尺寸______为正确标注。

   A. $\phi 50^{+0.015}_{-0.015}$　　B. $\phi 50 \pm 0.015$　　C. $\phi 50^{-0.015}_{+0.015}$　　D. $\phi 50\text{js}7 \pm 0.015$

6. 由零件上、下偏差所限定的区域称为_____。

   A. 尺寸公差带图　　B. 尺寸公差带

   C. 配合公差带图　　D. 配合公差带

7. 尺寸公差带图中的零线表示_____尺寸。

   A. 最大极限　　B. 最小极限

   C. 基本　　D. 实际

8. 在公差与配合中，______确定了公差带相对于零线的位置；_______确定了公差带的大小。

A. 公差等级　　B. 上偏差　　C. 基本偏差　　D. 基本尺寸

9. 计量器具所能准确读出的最小单位数值称为计量器具的________.

A. 刻度值　　B. 刻线间距　　C. 分度值　　D. 示值误差

四、简答题

1. 试比较ϕ25h5、ϕ25h6、ϕ25h7 的基本偏差是否相同？它们的标准公差数值是否相同？
2. 游标卡尺常用来测量工件的哪些尺寸？
3. 游标卡尺的内量爪可用来测量什么尺寸？
4. 游标卡尺的深度测量杆用来测量什么部位？
5. 叙述精度为 0.02mm 的游标卡尺的刻线原理。
6. 游标卡尺如何读数？
7. 如何校对游标卡尺的零位？
8. 如何存放游标卡尺？
9. 千分尺微分筒的斜面上刻有多少条刻线？
10. 如何正确选择千分尺？
11. 什么是压线？什么是离线？
12. 如何校对千分尺零位？
13. 千分尺的隔热板有什么作用？
14. 一般用什么清洗剂清洗工件上的防锈油？
15. 工件清洗完毕应使用什么物品擦拭？

五、综合题

1. 试从公差表格，查取下列孔或轴的标准公差和基本偏差数值，并确定它们的上、下偏差。(1)ϕ70h11；(2)ϕ28k7；(3)ϕ40M8；(4)ϕ25z6；(5)ϕ30js7；(6)ϕ60J6

2. 下面三根轴哪根精度最高？哪根精度最低？说明理由。

(1) $\phi 70^{+0.105}_{+0.075}$　　(2) $\phi 250^{-0.015}_{-0.044}$　　(3) $\phi 10^{\ 0}_{-0.022}$

3. 试根据表中已有的数值，计算并填写该表空格中的数值(单位为 mm)。

基本尺寸	最大极限尺寸	最小极限尺寸	上偏差	下偏差	公　差
孔ϕ12	12.050	12.032			
轴ϕ80			−0.010	−0.056	
孔ϕ30		29.959			0.021
轴ϕ70	69.970			−0.074	

4. 设某配合的孔径为$\phi 15^{+0.027}_{\ 0}$，轴径为$\phi 15^{-0.016}_{-0.034}$，试分别计算其极限尺寸、极限间隙(或过盈)。

5. 试比较$\phi 25h5$、$\phi 25h6$、$\phi 25h7$ 的基本偏差是否相同？它们的标准公差数值是否相同？

6. 设基本尺寸为 30mm 的 N7 孔和 m6 的轴相配合，试计算极限间隙或过盈及配合公差。

7. 设某配合的孔径为$\phi 45^{+0.142}_{+0.080}$，轴径为$\phi 45^{\ 0}_{-0.039}$，试分别计算其极限间隙(或过盈)。

8. 试从 83 块一套的量块中选择合适的几块量块组成下列尺寸：①28.785mm；②45.935mm；③55.875mm。

9. 某轴直径为$\phi 50^{-0.025}_{-0.064}$，现拟用外径千分尺测量验收，核算是否可行？

10. 某轴直径为$\phi 35^{\ 0}_{-0.062}$，选择合适的计量器具并求出上、下验收极限。

第2章　形位公差与形位误差的检测

学习要点

- 掌握形位公差与形位误差的基本术语和定义：要素、理想要素、实际要素、轮廓要素、中心要素、被测要素、基准要素、单一要素、关联要素、形位公差、形位误差。
- 掌握形位公差的标注方法：形位公差框格、基准、理论正确尺寸、中心要素、基准要素、公差值等的标注。
- 掌握形位误差的检测方法：检测原则、最小区域法、直线度、平面度、圆度、圆柱度、线轮廓度、面轮廓度、平行度、垂直度、倾斜度、同轴度、对称度、位置度、圆跳动和全跳动的误差检测。
- 了解公差原则及应用情况：独立原则、包容要求、最大实体要求和最小实体要求及可逆要求的含义、标注和应用场合。
- 了解形状和位置公差的选用方法，主要包括形位公差项目的确定，基准要素的选择，形位公差值的确定及采用何种公差原则等四方面；了解未注形位公差的规定。
- 能熟练进行一般难度常见形位误差的检测。
- 能对形位误差检测中常见的问题进行分析。

项目案例导入

▶ 项目任务——检测图2.1所示零件的形状和位置误差。

引导问题

(1) 仔细阅读图2.1，分析零件的形状和位置公差要求。
(2) 回忆你学习过哪些形位公差知识。
(3) 在以前的实习中，有没有检测过形位误差？

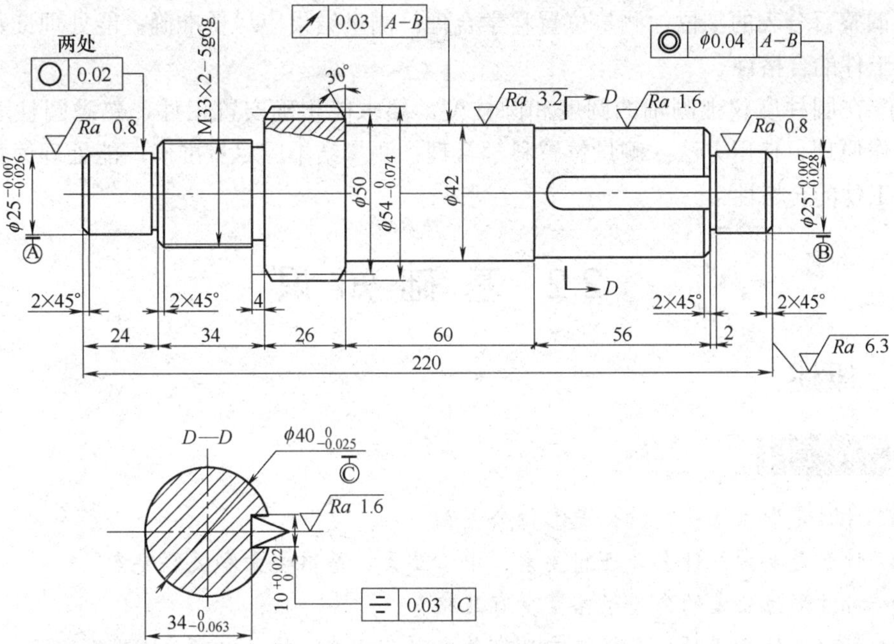

图 2.1　齿轮轴

2.1　齿轮轴形状和位置误差的检测

1. 项目目的

通过完成对齿轮轴和箱体的形状和位置误差检测这一任务，进一步巩固圆度、圆跳动、对称度的基本知识；掌握平台、V 形架、偏摆仪、百分表、磁力表座、圆度仪等计量器具的使用方法，会利用这些常用量具完成其他同等难易程度零件的检测。

2. 项目条件

准备用于学生检测实训的齿轮轴工件若干(根据学生人数确定，要求每工件对应的人数不超过 2～3 人，学生人数较多时建议分组进行)；具备与工件数对应的百分表、磁力表座、平台、V 形架、偏摆仪等常用计量器具；具备能容纳足够学生数的理论与实践一体化教室和相应的教学设备。

3. 项目内容及要求

(1) 在圆度仪上检测同轴度误差。要求能正确安装工件，熟悉圆柱度仪的结构、工作原理、使用方法；能准确读数；能处理读数，并判断被测工件的合格性。也可在偏摆仪或 V 型架上用测量跳动的方法来代替同轴度。

(2) 在偏摆仪上测齿轮轴键槽的对称度。要求能正确安置工件和百分表；测量位置科学合理；测量结果应尽量准确；能处理读数，并判断被测工件的合格性。

(3) 在偏摆仪上测齿轮轴的径向圆跳动。要求能正确安置工件、百分表和杠杆百分表；会调整百分表的零位；测量位置科学合理；测量结果应尽量准确；能处理读数，并判断被测工件的合格性。

(4) 在圆柱度仪上测轴的圆度和圆柱度。要求能正确安置工件，熟悉圆柱度仪的结构、工作原理、使用方法；测量位置科学合理；测量结果应尽量准确；能处理读数，并判断被测工件的合格性。

2.2 基础知识

2.2.1 概述

引导问题

(1) 什么是形位误差？什么是形位公差？

(2) 什么是要素？什么是理想要素、中心要素、基准要素和关联要素？

(3) 标注形位公差的公差框格至少有几格？

(4) 标注形位公差时公差框格中的有关内容有哪些？按什么顺序书写？

(5) 标注形位公差时什么时候需在公差值前加注 ϕ？

(6) 指引线指向轮廓要素时有什么规定？指向中心要素时有什么规定？

(7) 哪几个英文字母不能用来作为基准？

(8) 标注基准时，短横线的放置位置有什么规定？

(9) 形位公差带有哪四个要素？

(10) 理论正确尺寸的作用是什么？

零件在加工过程中由于机床、刀具、夹具、切削力等各种因素的影响，不仅会产生尺寸误差，还会产生形状和(或)位置误差(简称形位误差)。形状误差是指零件的实际形状与理想形状的差异；位置误差是指零件上各要素之间的实际相互位置与理想位置的差异。形位误差越大，零件的几何精度就越低，所以必须对零件规定形位公差，来限制形位误差以保证零件的互换性和使用要求。国家标准中有关形位公差的最新标准包括如下。

- GB/T 1182—1996《形状和位置公差　通则、定义、符号和图样表示法》
- GB/T 1184—1996《形状和位置公差　未注公差值》
- GB/T 16671—1996《形状和位置公差　最大实体要求、最小实体要求和可逆要求》
- GB/T 4249—1996《公差原则》
- GB/T 1958—2004《形状和位置公差　检测规定》

1. 零件的几何要素及其分类

形位公差研究的对象是几何要素(简称要素)，要素是指构成零件几何特征的点、线和面的总称。如图 2. 2 所示零件的球面、圆锥面、圆柱面、端面、轴线和球心等。

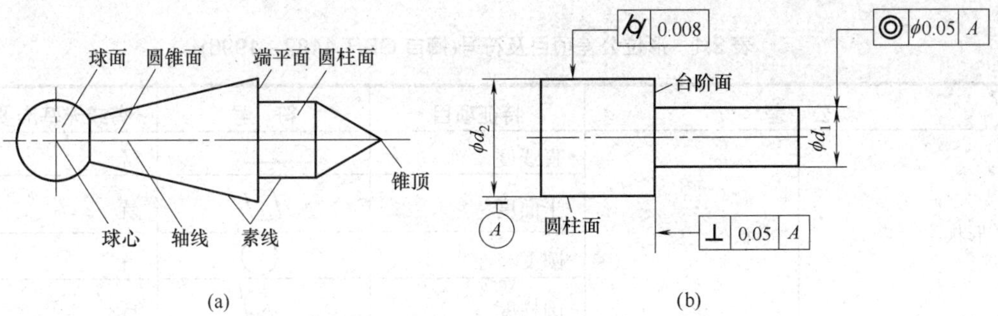

图 2.2　几何要素

几何要素可从以下几个不同角度进行分类。

1)　按存在状态分为理想要素和实际要素

(1)　理想要素是指具有几何学意义的要素，它没有任何误差，在实际零件上是不存在的。图样上表示设计意图的要素均为理想要素。

(2)　实际要素是指零件实际存在的要素，它是客观存在的但是人们又不能完全认识的，通常用测量得到的要素来代替实际要素。

2)　按结构特征分为轮廓要素和中心要素

(1)　轮廓要素是指构成零件外形的能直接为人们所感觉得到的点、线、面。比如图 2.2(a)中的球面、圆锥面、圆柱面、端平面等。

(2)　中心要素是指轮廓要素的对称中心所表示的点、线、面。其特点是不能直接被人们感觉到，只能通过相应的轮廓要素体现出来。比如图 2.2(a)中的球心、轴线等。

3)　按所处地位分为被测要素和基准要素

(1)　被测要素是指图样上给出了形状或(和)位置公差的要素，是检测的对象。如图 2.2(b)中的大台阶面和小圆柱面的轴线。

(2)　基准要素是指用来确定被测要素的方向或(和)位置的要素，在图样上用基准代号进行标注。如图 2.2(b)中大圆柱面的轴线。

4)　按功能关系分为单一要素和关联要素

(1)　单一要素是指仅对被测要素本身给出形状公差要求的要素。如图 2.2(b)中的大圆柱面。

(2)　关联要素是指与其他要素有功能关系的要素。图样上给出位置公差要求的要素就是关联要素。如图 2.2(b)中的台阶面和小圆柱面的轴线。

2. 形位公差的特征项目及符号

GB/T 1182—1996《形状和位置公差　通则、定义、符号和图样表示法》中规定了形状和位置公差的特征项目，各形位公差项目的名称及其符号如表 2.1 所示。

表 2.1　形位公差项目及符号(摘自 GB/T 1182—1996)

公差		特征项目	符号	有或无基准要求
形状	形状	直线度	⏤	无
		平面度	⏥	无
		圆度	○	无
		圆柱度	⌭	无
形状或位置	轮廓	线轮廓度	⌒	有或无
		面轮廓度	⌓	有或无
位置	定向	平行度	∥	有
		垂直度	⊥	有
		倾斜度	∠	有
	定位	位置度	⌖	有或无
		同轴(同心)度	◎	有
		对称度	⌯	有
	跳动	圆跳动	↗	有
		全跳动	⌰	有

3. 形位公差的标注

1)　公差框格的标注

根据 GB/T 1182—1996《形状和位置公差　通则、定义、符号和图样表示法》的规定，形位公差要求应在矩形方框中给出，该方框由两格或多格组成。框格中的内容按从左到右或者从下到上的顺序填写，具体内容由公差特征符号、公差值、基准(形状公差不标注基准)及指引线等组成。公差框格的高度为字体高的 2 倍，第一格宽度应等于框格的高度，第二格宽度应与标注内容的长度相适应，第三格及以后各格(如属需要)的宽度须与有关字母的宽度相适应，如图 2.3 所示。

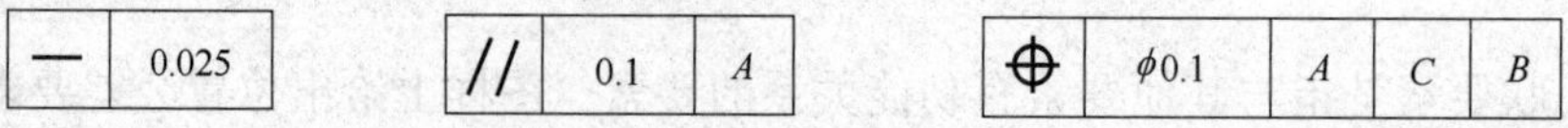

图 2.3　形位公差标注 1

公差值用线性值，如公差带是圆形或圆柱形的则在公差值前加注“ϕ”；如是球形的则加注“$S\phi$”，当一个以上要素作为被测要素，如 6 个要素，应在框格上方标明，如“6×”、“6 槽”，如图 2.4 所示。

如要求在公差带内进一步限定被测要素的形状，则应在公差值后面加注符号，如表 2.2 所示。

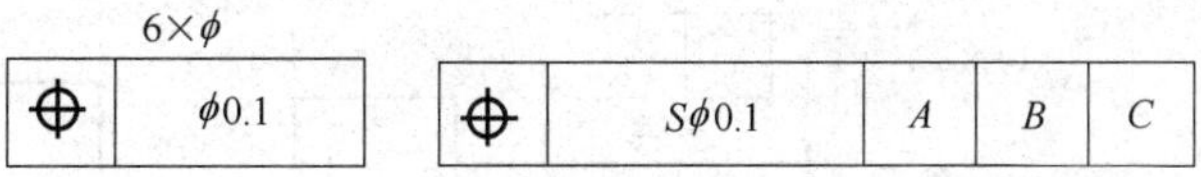

图 2.4　形位公差标注 2

表 2.2　形位公差标注中的特殊符号

含　义	符　号	举　例
只许中间向材料内凹下	(−)	— t (−)
只许中间向材料外凸起	(+)	▱ t (+)
只许从左至右减小	(▷)	⌭ t (▷)
只许从右至左减小	(◁)	⌭ t (◁)

如对同一要素有一个以上的公差特征项目要求时，为方便起见可将一个框格放在另一个框格的下面，如图 2.5 所示。

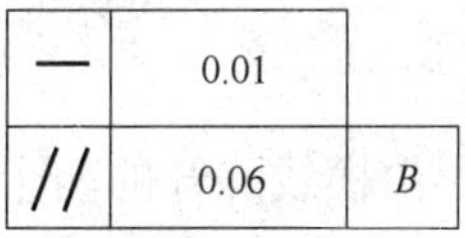

图 2.5　形位公差标注 3

2)　指引线与被测要素的标注

规定用带箭头的指引线将框格与被测要素相连，指引线可从框格的任一端引出，引出段必须垂直于框格；引向被测要素时允许弯折，但不得多于两次。

当被测要素是轮廓线或表面时，将箭头置于要素的轮廓线或轮廓线的延长线上(但必须与尺寸线明显地错开)，如图 2.6 所示。

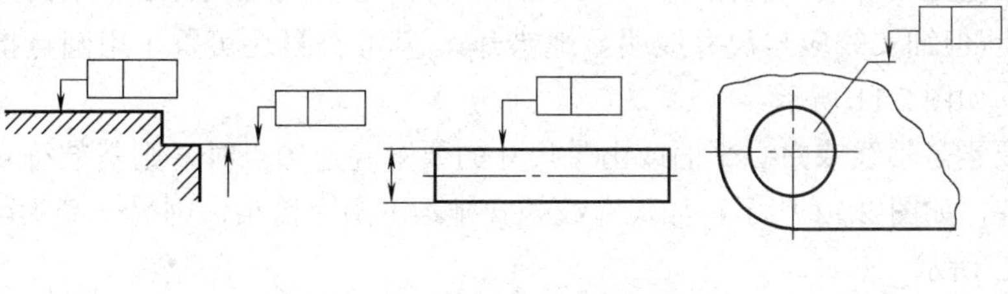

图 2.6　指引线与被测要素的标注 1

当指向实际表面时，箭头可置于带点的参考线上，该点指在实际表面上，如图 2.6 所示。

当公差涉及轴线、中心平面或由带尺寸要素确定的点时，则带箭头的指引线应与尺寸线的延长线重合，如图 2.7 所示。

对几个表面有同一数值的公差带要求时，其表示法可按图 2.8 所示的方法进行标注。

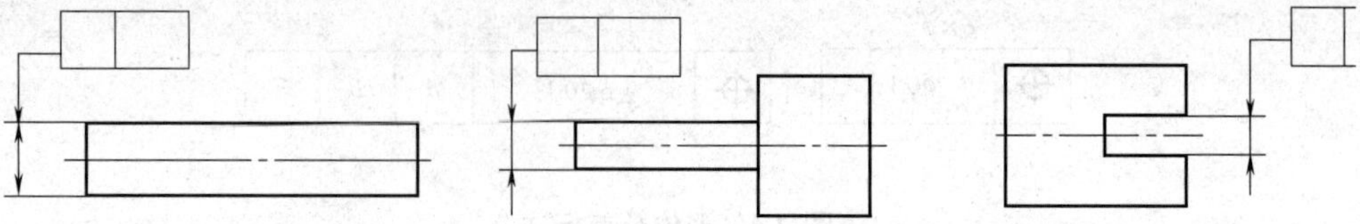

图 2.7　指引线与被测要素的标注 2

3)　基准的标注

相对于被测要素的基准，采用带圆圈的大写英文字母表示基准符号(为不致引起误解，字母 E、I、J、M、O、P、L、R、F 不采用)，圆圈用细实线与粗的短横线相连，表示基准的字母也应注在相应的公差框格内，如图 2.9 所示。

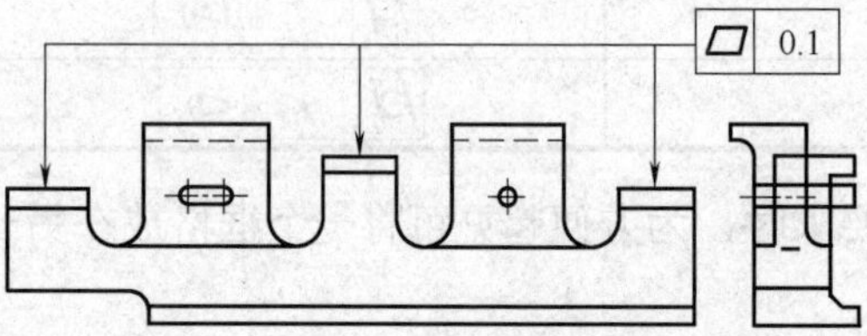

图 2.8　指引线与被测要素的标注 3

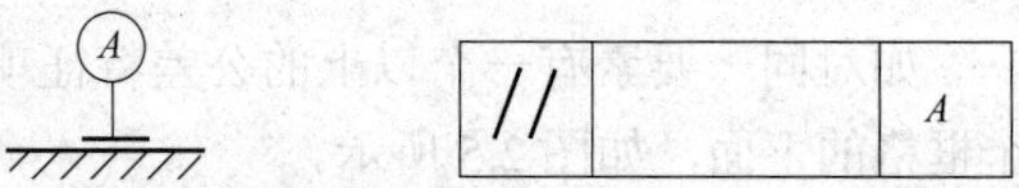

图 2.9　基准的标注 1

由两个要素组成的公共基准，用由横线隔开的两个大写字母表示，如图 2.10(a)所示；由两个或两个以上要素组成的基准体系，如多基准组合，表示基准的大写字母应按基准的优先次序从左至右分别置于各格中，如图 2.10(b)所示。

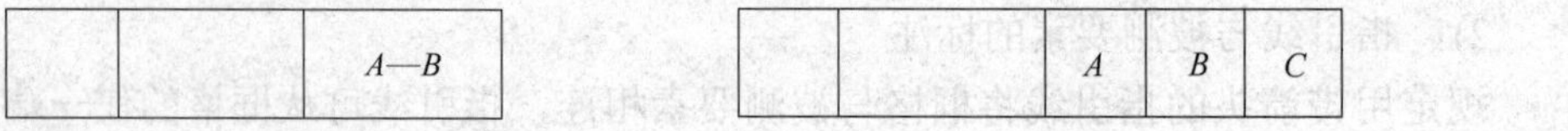

(a) 公共基准　　(b) 基准体系

图 2.10　基准的标注 2

当基准要素是轮廓线或表面时，带有基准字母的短横线应放置在要素的外轮廓上或在它的延长线上(但细实线应与尺寸线明显地错开)，基准符号还可置于用圆点指向实际表面的参考线上，如图 2.11 所示。

当基准要素是轴线或中心平面或由带尺寸的要素确定的点时，则基准符号中的细实线与尺寸线对齐，如图 2.12 所示。如尺寸线处安排不下两个箭头，则另一箭头可用短横线代替，如图 2.12 所示。

4)　理论正确尺寸

理论正确尺寸是用于确定被测要素的理想形状、理想方向或理想位置的尺寸(或角度)，在图样上用带方框的尺寸(或角度)数字表示。理论正确尺寸是表示被测要素或基准的一种没有误差的理想状态，因此理论正确尺寸(或角度)不带公差，如图 2.13 所示。

5)　对零件局部限制的规定

如对同一要素的公差值在全部被测要素内的任一部分有进一步的限制时，该限制部分

(长度或面积)的公差值要求应放在公差值的后面，用斜线相隔。这种限制要求可以直接放在表示全部被测要素公差要求的框格下面，如图 2.14 所示。

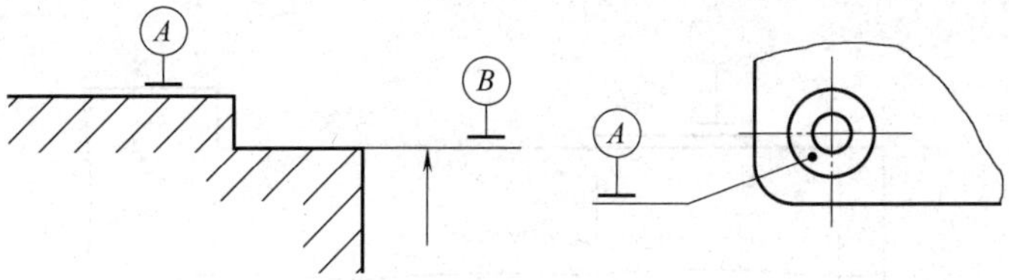

图 2.11　基准的标注 3

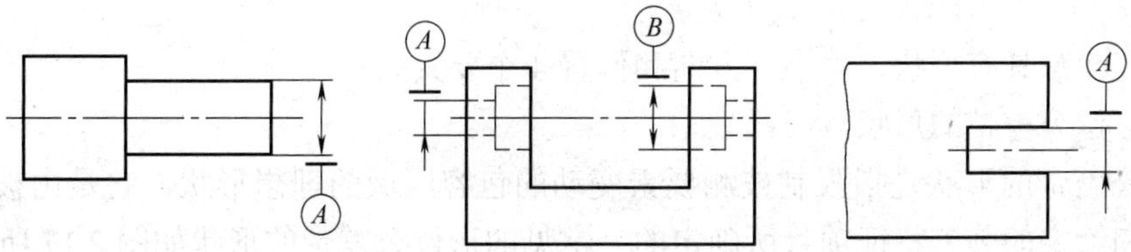

图 2.12　基准的标注 4

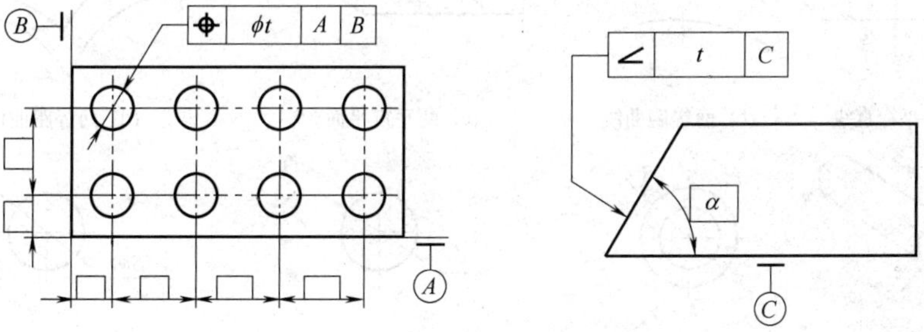

图 2.13

如仅要求要素某一部分的公差值，则用粗点划线表示其范围，并加注尺寸，如图 2.15 所示。

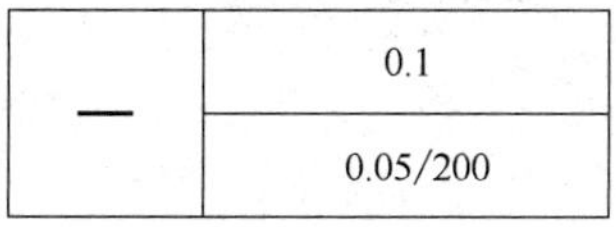

图 2.14　对公差值的进一步限制

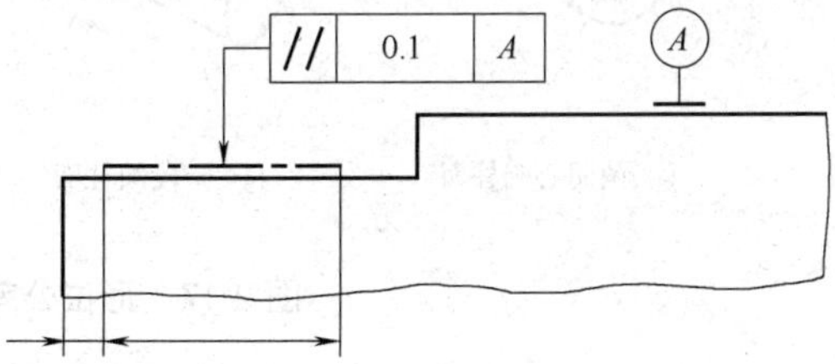

图 2.15　控制要素局部范围

如果只要求要素的某一部分作为基准，则该部分应用粗点划线表示并加注尺寸，如图 2.16 所示。

4. 形位公差带

形位公差带是限制被测要素的形状和(或)位置变动的一个区域，如果被测要素在这个给定的区域(公差带)内，则表示该被测要素的形状和(或)位置符合要求，否则被测要素的形状和(或)位置就不符合要求。

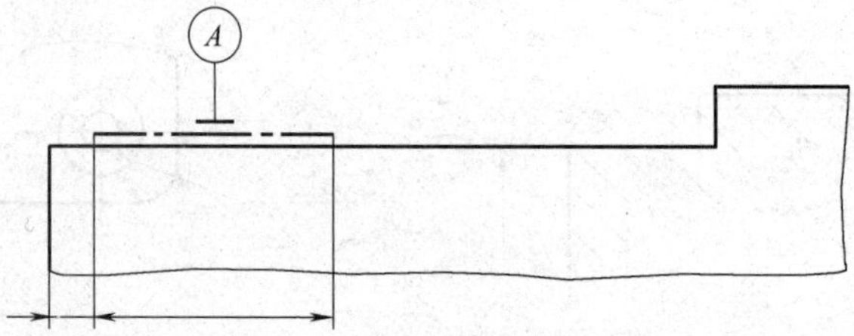

图 2.16　要素的一部分作基准

形位公差带具有形状、大小、方向和位置 4 个要素。

1)　形位公差带的形状

形位公差带的形状是指限制被测要素变动的包容区域的理想形状，它是由被测要素的理想形状和给定的公差特征项目所确定的，常见的形位公差带的形状如图 2.17 所示。

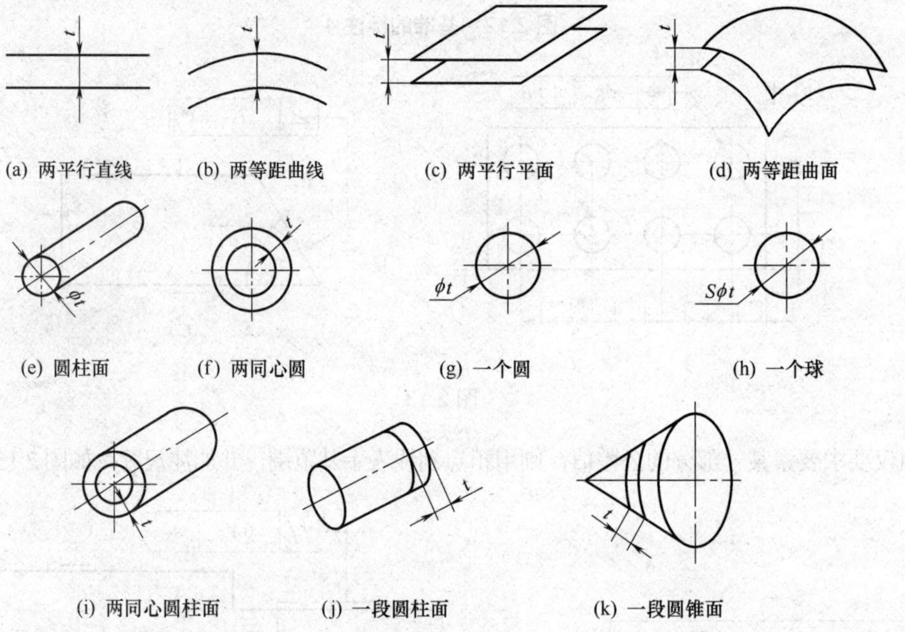

图 2.17　形位公差带的形状

2)　形位公差带的大小

形位公差带的大小指理想包容区域的宽度或者直径，如图 2.17 中的 t、ϕt、$S\phi t$ 等数值。

3)　形位公差带的方向

形位公差带的方向指形位误差的检测方向。对于定向、定位公差带而言公差带的方向就是公差框格指引线箭头所指示的方向；形状公差的公差带方向还与被测要素的实际状态有关。如图 2.18 所示，在图中直线度公差带和平行度公差带，指引线的方向都是一样的，但是公差带的方向却不一定相同。

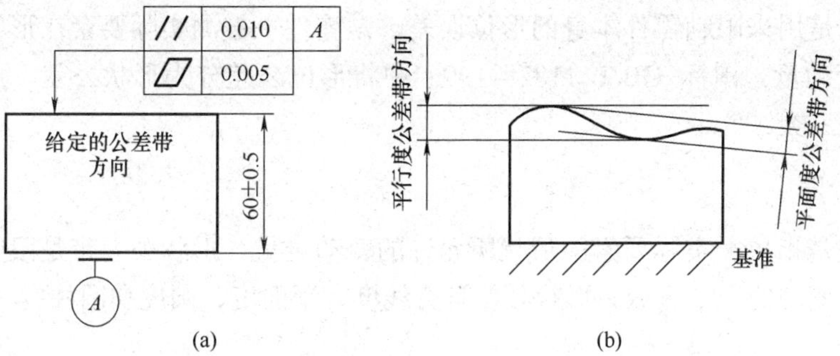

图 2.18　公差带的方向

4)　形位公差带的位置

形位公差带的位置是指形位公差带相对于被测要素的位置，分为固定和浮动两种。当公差带会随着被测要素的形状、方向、位置的变化而变化时，则说公差带的位置是浮动的；反之，如果公差带不会随着被测要素的形状、方向、位置的变化而变化，则说公差带的位置是固定的。

2.2.2　形位公差

引导问题

(1)　直线度公差分为哪几种？给定平面内的直线度公差带的形状是什么？给定方向的直线度公差带的形状是什么？任意方向的直线度公差带的形状是什么？

(2)　平面度公差带的形状是什么？

(3)　圆度公差带的形状是什么？

(4)　圆柱度公差带的形状是什么？

(5)　圆锥体可不可以标注圆度公差？圆锥体可不可以标注圆柱度公差？

(6)　圆度公差和圆柱度公差有什么区别？

(7)　平行度公差分为哪几种？给定一个方向上线对线的平行度公差带是什么？给定两个方向上线对线的平行度公差带是什么？任意方向上线对线的平行度公差带是什么？

(8)　线对面的平行度公差带的形状是什么？面对面的平行度公差带的形状是什么？

(9)　垂直度公差分为哪几种？给定一个方向上线对面的垂直度公差带是什么？给定两个方向上线对面的垂直度公差带是什么？任意方向上线对面的垂直度公差带是什么？

(10) 面对线的垂直度公差带是什么？

(11) 面对面的倾斜度公差带是什么？

(12) 对称度公差的被测要素和基准要素可以是哪些？

(13) 面对面的对称度公差带是什么？面对线的对称度公差带是什么？

(14) 同轴度公差的被测要素和基准要素只能是哪些？同轴度公差带是什么？

(15) 位置度的被测要素可以是哪些？

(16) 跳动公差是根据什么方法来定义的公差项目？

形位公差是用来限制零件本身的形位误差，是零件上被测实际要素在形状、方向或位置上允许的变动量。国标 GB/T 1182—1996 中将形位公差分为形状公差、形状或位置公差、位置公差三类。

1. 形状公差

形状公差是指单一实际要素的形状所允许的变动全量。形状公差带是限制单一实际被测要素的形状变动的一个区域。形状公差有直线度、平面度、圆度和圆柱度 4 个项目。下面分别介绍。

1) 直线度

直线度公差用于限制平面内或空间直线的形状误差，根据零件的功能要求可以分为给定平面内、给定方向和任意方向 3 种直线度公差。

(1) 给定平面内的直线度公差。

在给定平面内，直线度公差带是距离为公差值 t 的两平行直线之间的区域，如图 2.19 所示，要求被测表面的素线必须位于平行于图样所示投影面且距离为公差值 0.05 的两条平行直线内。

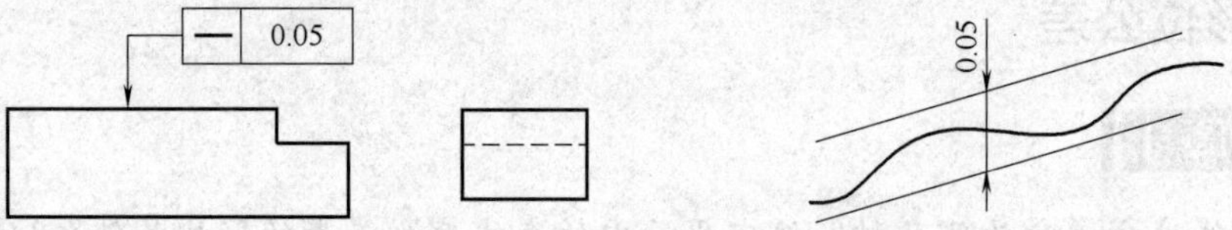

图 2.19 给定平面内的直线度

(2) 给定方向的直线度公差。

在给定方向上，直线度公差带是距离为公差值 t 的两平行平面之间的区域，如图 2.20 所示，对两平面相交的棱线只在一个方向上有直线度要求，该棱线必须位于距离为公差值 0.02 的两平行平面之间。

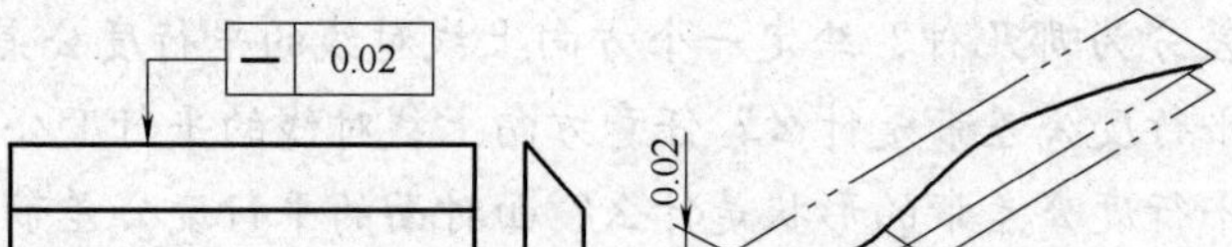

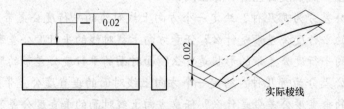

图 2.20 给定方向的直线度

(3) 任意方向的直线度公差。

要表示任意方向的直线度公差则应在公差值前加注“ϕ”，公差带是直径为 t 的圆柱面内的区域，如图 2.21 所示，要求被测圆柱面的轴线必须位于直径为公差值 $\phi 0.08$ 的圆柱面内。

2) 平面度

平面度公差用于限制被测实际平面的形状误差，公差带是距离为公差值 t 的两平行平面之间的区域。如图 2.22 所示，要求被测表面必须位于距离为公差值 0.08 的两平行平面之间，否则零件的平面度不合格。

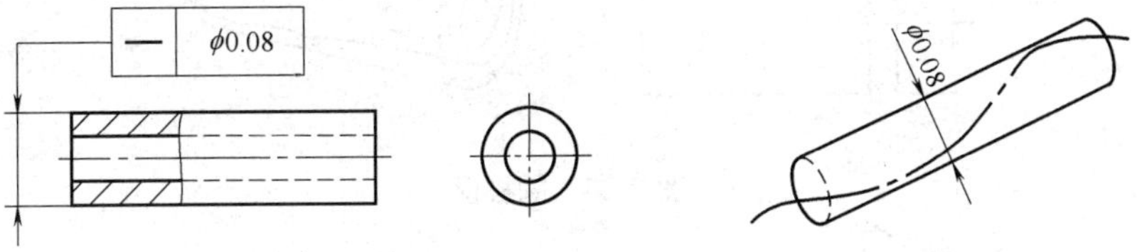

图 2.21　任意方向的直线度

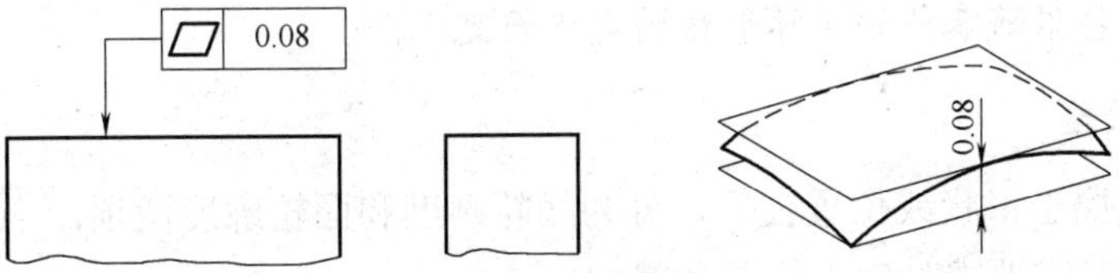

图 2.22　平面度

平面度公差既可以限制被测表面的平面度误差，同时还可以限制被测表面的直线度误差。显然在图 2.22 中上表面的直线度误差不应该超过 0.08。

3)　圆度

圆度公差是用来限制实际被测零件截面圆的形状变动的公差项目，圆度公差带是在同一正截面上，半径差为公差值 t 的两同心圆之间的区域。图 2.23(a)中，要求被测圆柱面任一正截面的圆周必须位于半径差为公差值 0.03 的两同心圆之间；图 2.23(b)中，要求被测圆锥面任一正截面上的圆周必须位于半径差为公差值 0.03 的两个同心圆之间。

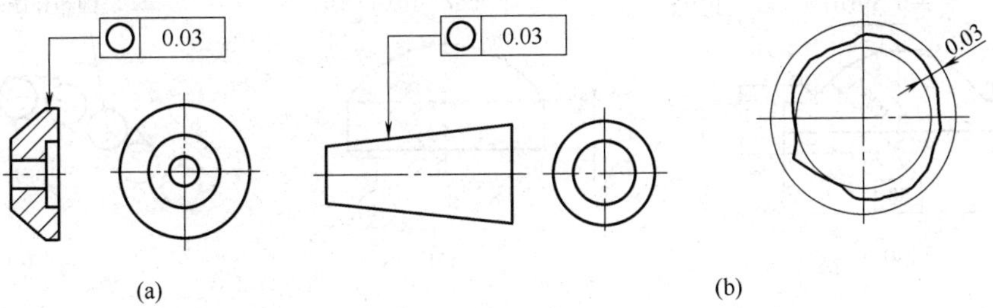

图 2.23　圆度

4)　圆柱度

圆柱度公差是用来限制实际被测圆柱面的形状变动的公差项目，其公差带是半径差为公差值 t 的两个同轴圆柱面之间的区域。如图 2.24 所示，要求被测圆柱面必须位于半径差为公差值 0.1 的两个同轴圆柱面之间。

圆柱度公差能综合控制圆柱体正截面和纵截面的形状误差。可以看出在图 2.24 中圆柱体的圆度误差、素线的直线度误差、过轴线的纵截面上两素线的平行度误差都不应该超过 0.1。

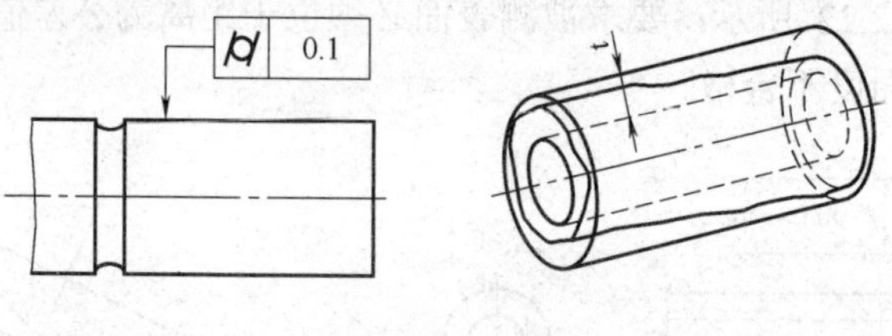

图 2.24　圆柱度

小结：形状公差 4 个项目都是针对单一要素的形状提出的，不涉及基准，因此公差带没有方向和位置的约束；而且这些项目对应的理想要素都不涉及尺寸问题，因此公差带的位置是浮动的，将跟随零件的实际形状的变化而变化。

2. 轮廓度公差

轮廓度公差属于形状或位置公差，分为线轮廓度和面轮廓度两项，当无基准要求时属于形状公差，有基准要求时属于位置公差。

1)　线轮廓度

线轮廓度公差是用来限制平面曲线或者曲面的截面轮廓的形状变动，其公差带是包络一系列直径为公差值 t 的圆的两包络线之间的区域。诸圆的圆心位于具有理论正确几何形状(及理想位置)的线上。图 2.25(a)是没有基准的情况，要求在平行于图样所示投影面的任一截面上，被测轮廓线必须位于包络一系列直径为公差值 0.04 且圆心位于具有理论正确几何形状的线上的两包络线之间。图 2.25(b)是有基准的情况，要求在平行于图样所示投影面的任一截面上，被测轮廓线必须位于包络一系列直径为公差值 0.04 且圆心在相对于基准 A 具有理想位置的理论正确几何形状的线上的两包络线之间，如图 2.25(c)所示。

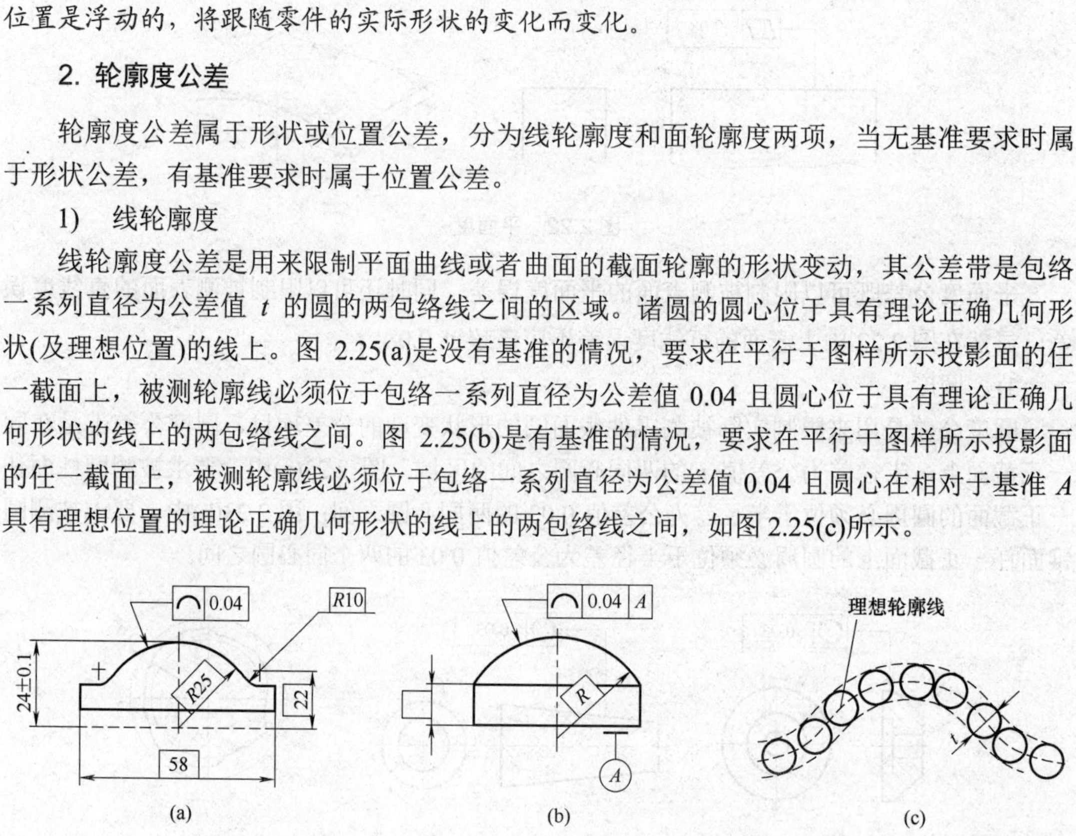

图 2.25　线轮廓度

2)　面轮廓度

面轮廓度用于限制曲面轮廓的形状变动，其公差带是包络一系列直径为公差值 t 的球的两包络面之间的区域，诸球的球心应位于具有理论正确几何形状(及理想位置)的面上。图 2.26(b)是没有基准的情况，要求被测轮廓面必须位于包络一系列球的两包络面之间，诸球的直径为公差值 0.02，且球心位于具有理论正确几何形状的面上。图 2.26(a)是有基准的情况，要求被测轮廓面必须位于包络一系列球的两包络面之间，诸球的直径为公差值 0.02，且球心位于具有理论正确几何形状并相对于基准 A 具有理想位置的面上。

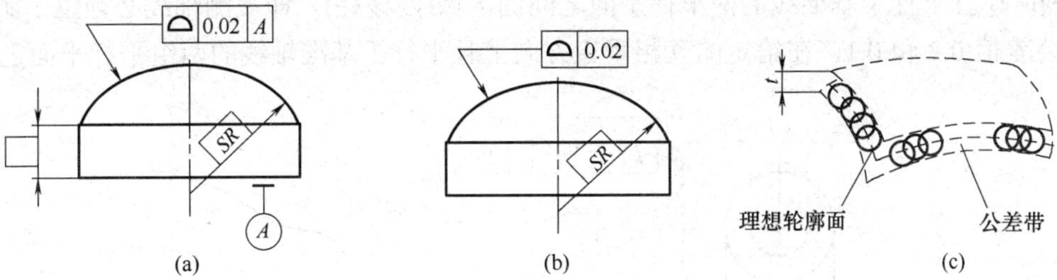

图 2.26　面轮廓度

应该注意面轮廓度公差可以同时控制被测曲面的面轮廓度误差和曲面上任一截面的线轮廓度误差。很明显，在图 2.26 中，线轮廓度误差不应该超过 0.02。

3. 位置公差

位置公差是关联实际要素对基准在方向和(或)位置上所允许的变动全量。位置公差带是限制关联实际要素对基准在方向和(或)位置上变动的区域。位置公差分为定向公差、定位公差和跳动公差三类。

1)　定向公差

定向公差是关联实际要素对基准在方向上所允许的变动全量。定向公差带是限制关联实际要素对基准在方向上的变动区域，因而公差带相对于基准有确定的方向。定向公差包括平行度、垂直度、倾斜度三项。定向公差的被测要素可以是线或面，基准也可以是线或面，所以每个定向公差又分为线对线、线对面、面对面、面对线 4 种形式。

(1)　平行度。

平行度公差用于限制被测实际要素对基准在平行方向上的变动，其公差带的形状有两平行面、相互垂直的两组平行面(四棱柱)、圆柱面等几种情况。

①　线对线的平行度。图 2.27 所示是给定一个方向上线对线的平行度，其公差带是距离为公差值 t 且平行于基准线、位于给定方向上的两平行平面之间的区域。即被测轴线必须位于距离为公差值 0.1 且在给定方向上平行于基准轴线 A 的两平行平面之间。

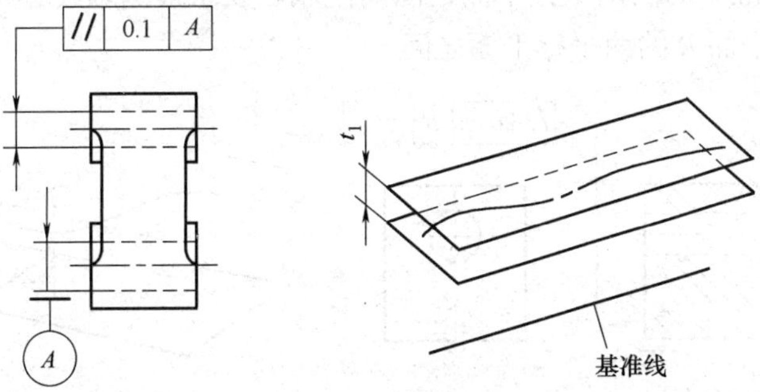

图 2.27　给定一个方向上线对线的平行度

图 2.28 所示是给定两个方向上线对线的平行度，其公差带是两对互相垂直的距离分别

为 t_1 和 t_2 且平行于基准线的两平行平面之间的区域(四棱柱)。即被测轴线必须位于距离分别为公差值 0.2 和 0.1，在给定的互相垂直方向上且平行于基准轴线的两组平行平面之间。

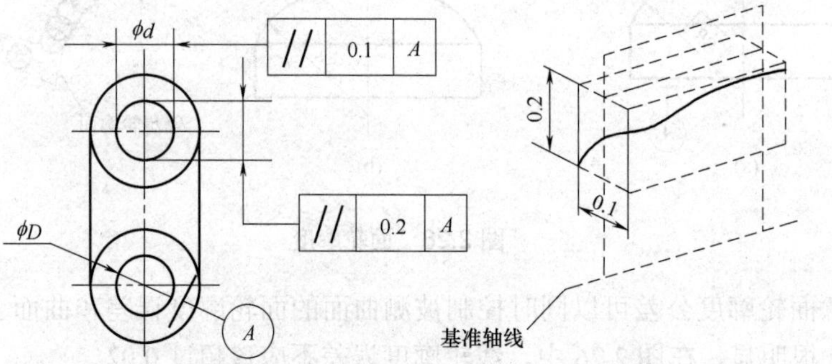

图 2.28　给定两个方向上线对线的平行度

图 2.29 所示是任意方向上线对线的平行度，在公差值前加注“ϕ”，其公差带是直径为公差值 t 且平行于基准线的圆柱面内的区域。要求被测轴线必须位于直径为公差值 0.03 且平行于基准轴线 A 的圆柱面内。

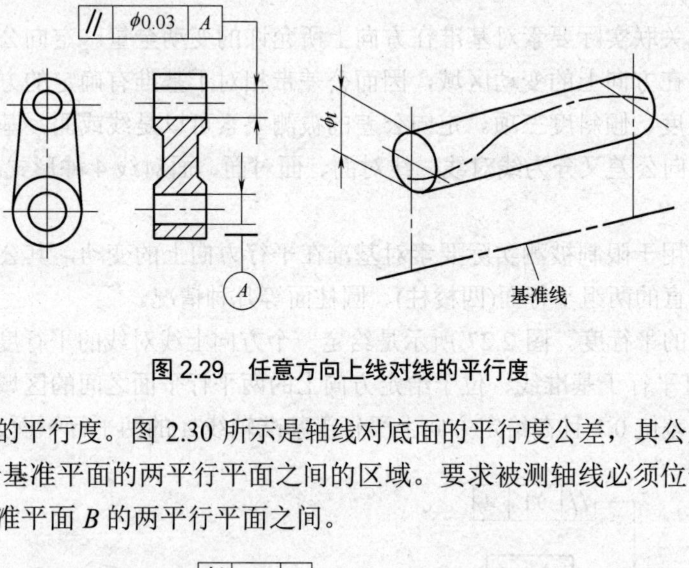

图 2.29　任意方向上线对线的平行度

② 线对面的平行度。图 2.30 所示是轴线对底面的平行度公差，其公差带是距离为公差值 t 且平行于基准平面的两平行平面之间的区域。要求被测轴线必须位于距离为公差值 0.01 且平行于基准平面 B 的两平行平面之间。

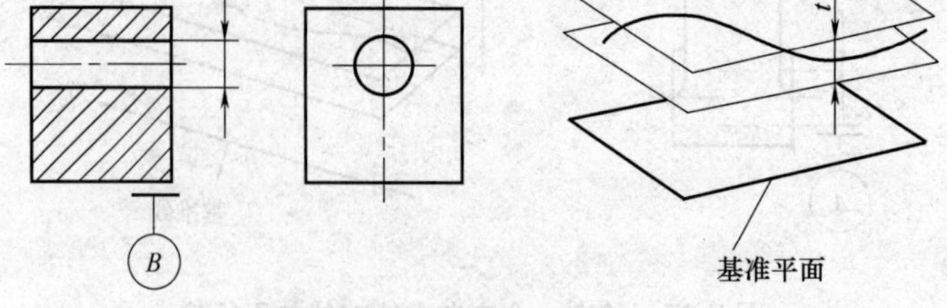

图 2.30　线对面的平行度

③　面对线的平行度。图 2.31 所示是面对线的平行度公差，其公差带是距离为公差值 t 且平行于基准线的两平行平面之间的区域。要求被测表面必须位于距离为公差值 0.1 且平行于基准轴线 C 的两平行平面之间。

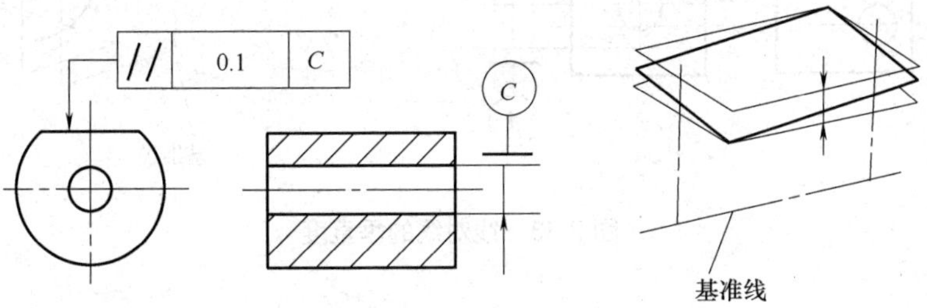

图 2.31　面对线的平行度

④　面对面的平行度。图 2.32 所示是面对面的平行度公差，其公差带是距离为公差值 t 且平行于基准面的两平行平面之间的区域。要求被测表面必须位于距离为公差值 0.01 且平行于基准平面 D 的两平行平面之间。

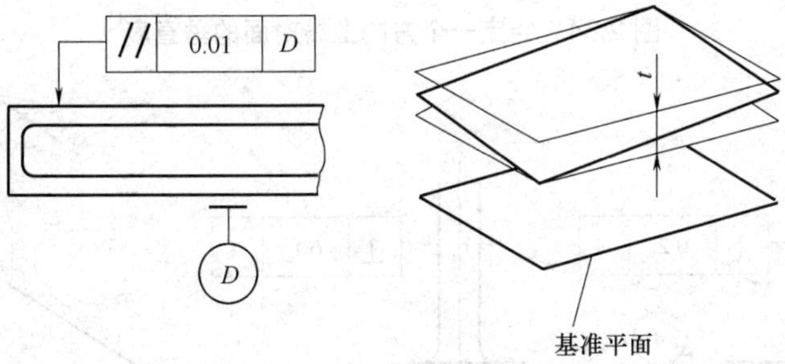

图 2.32　面对面的平行度

(2)　垂直度。

垂直度公差用于限制被测实际要素对基准在垂直方向上的变动，其公差带的形状有两平行面、相互垂直的两组平行面(四棱柱)、圆柱面等几种情况。

①　线对线的垂直度。图 2.33 所示是轴线对轴线的垂直度公差，其公差带是距离为公差值 t 且垂直于基准线的两平行平面之间的区域。要求被测轴线必须位于距离为公差值 0.06 且垂直于基准线 A(基准轴线)的两平行平面之间。

②　线对面的垂直度。图 2.34 所示是给定一个方向上线对面的垂直度公差，其公差带是距离为公差值 t 且垂直于基准面的两平行平面之间的区域。要求在给定方向上被测轴线必须位于距离为公差值 0.01 且垂直于基准表面 A 的两平行平面之间。

图 2.35 所示是给定两个方向上线对面的垂直度公差，其公差带是互相垂直的距离分别为 t_1 和 t_2 且垂直于基准面的两对平行平面之间的区域。要求被测轴线必须位于距离分别为公差值 0.2 和 0.1 的互相垂直且垂直于基准平面的两对平行平面(四棱柱)之间。

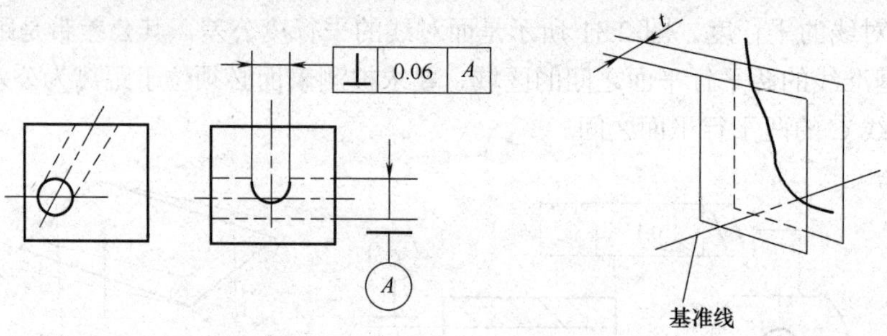

图 2.33　线对线的垂直度

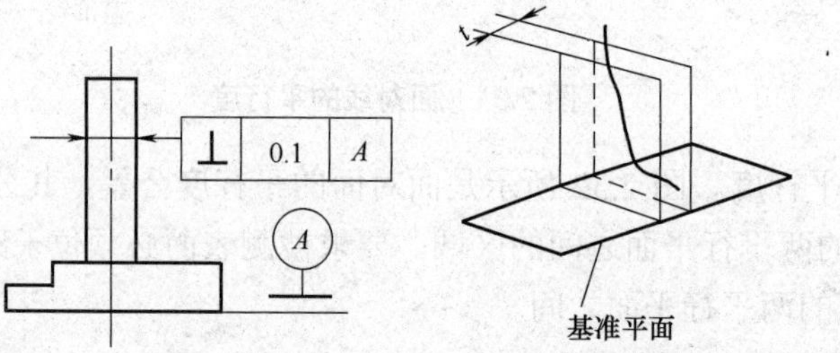

图 2.34　给定一个方向上线对面的垂直度

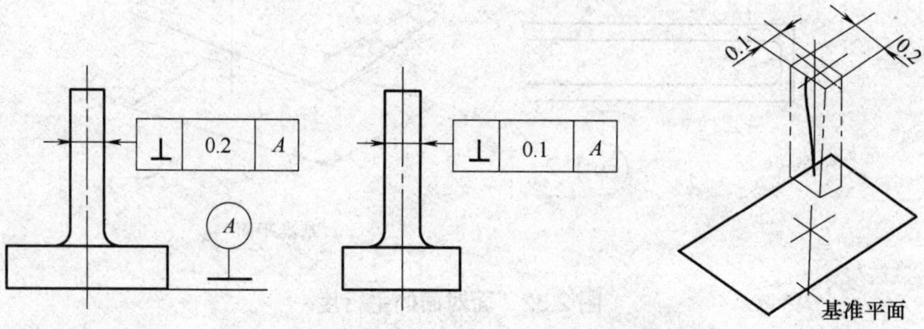

图 2.35　给定两个方向上线对面的垂直度

图 2.36 所示是任意方向上线对面的垂直度公差，在公差值前应加注“ϕ”，其公差带是直径为公差值 t 且垂直于基准面的圆柱面内的区域。要求被测轴线必须位于直径为公差值 0.01 且垂直于基准平面 A 的圆柱面内。

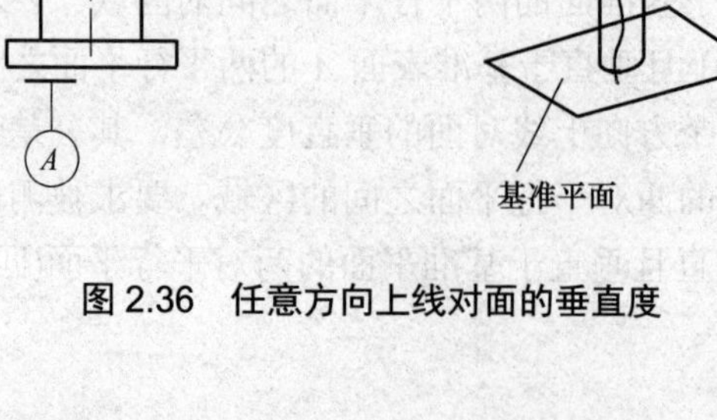

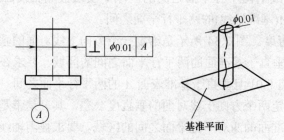

图 2.36　任意方向上线对面的垂直度

③　面对线垂直度。图 2.37 所示是面对线的垂直度公差，其公差带是距离为公差值 t 且垂直于基准线的两平行平面之间的区域。要求被测面必须位于距离为公差值 0.08 且垂直于基准线 A(基准轴线)的两平行平面之间。

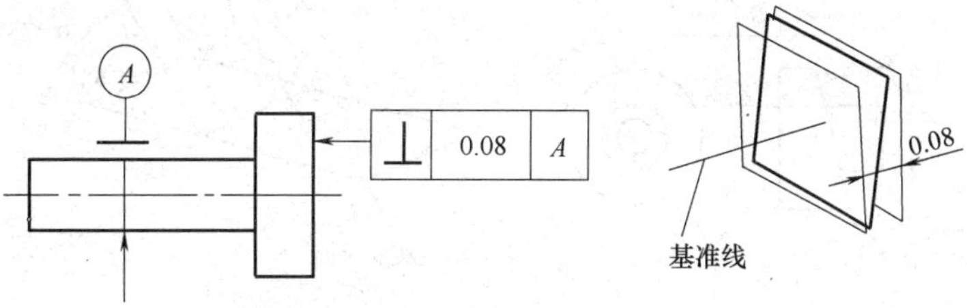

图 2.37　面对线的垂直度

④　面对面的垂直度。图 2.38 所示是面对面的垂直度公差，其公差带是距离为公差值 t 且垂直于基准面的两平行平面之间的区域。要求被测面必须位于距离为公差值 0.08 且垂直于基准平面 A 的两平行平面之间。

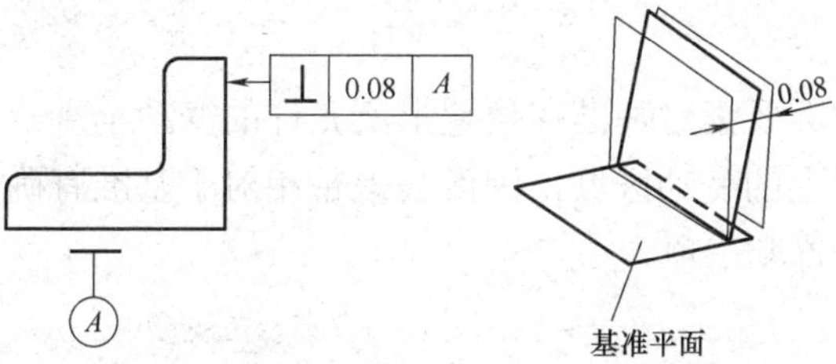

图 2.38　面对面的垂直度

(3)　倾斜度。

倾斜度公差用于限制被测实际要素对基准在给定的倾斜方向上的变动，其公差带的形状同样有两平行面、相互垂直的两组平行面(四棱柱)、圆柱面等几种情况。此处仅介绍面对面和面对线的倾斜度，其余情况可查阅相关资料。

①　面对面的倾斜度。图 2.39 所示是面对面的倾斜度公差，其公差带是距离为公差值 t 且与基准面成一给定角度的两平行平面之间的区域。要求被测表面必须位于距离为公差值 0.08 且与基准面 A(基准平面)成理论正确角度 40° 的两平行平面之间。

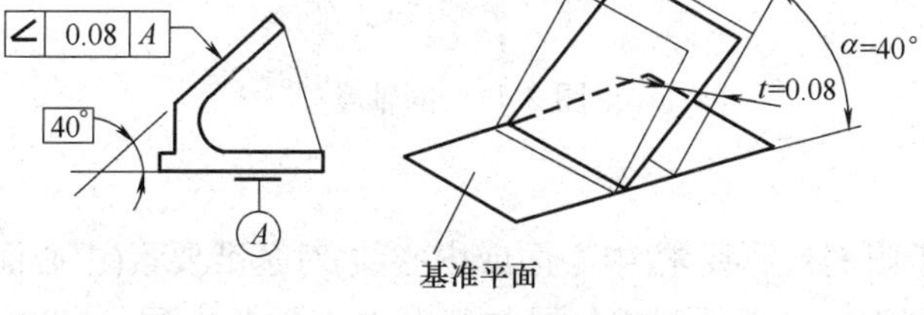

图 2.39　面对面的倾斜度

②　面对线的倾斜度。图 2.40 所示是面对线的倾斜度公差，其公差带是距离为公差值

t 且与基准线成一给定角度的两平行平面之间的区域。要求被测表面必须位于距离为公差值 0.1 且与基准线 A(基准轴线)成理论正确角度 75° 的两平行平面之间。

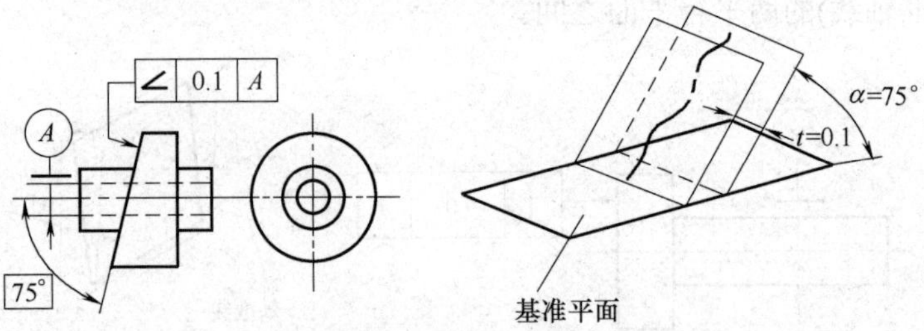

图 2.40　面对线的倾斜度

小结：从前面的分析可以看出，定向公差带相对于基准有确定的方向，但公差带的位置仍然是浮动的。定向公差带具有综合控制被测要素的方向和与其有关的形状误差的功能，如面对面的平行度公差除了可以限制被测要素对基准的平行度误差外还可以限制被测面的平面度误差。

2)　定位公差

定位公差是关联实际要素对基准在位置上所允许的变动全量。定位公差带是限制关联实际要素对基准在位置上的变动区域，因而公差带相对于基准有确定的位置。定位公差包括同轴度、对称度、位置度三项。

(1)　同轴度。

同轴度公差用于限制被测实际轴线对基准轴线是否在同一轴线上的位置误差，即要求被测轴线的理想位置与基准同轴，此时理论位置定位的理论正确尺寸为零，其公差带是直径为公差值 t 的圆柱面内的区域，该圆柱面的轴线与基准轴线同轴。如图 2.41 所示，要求大圆柱面的轴线必须位于直径为公差值 0.1 且与公共基准线 A-B(公共基准轴线)同轴的圆柱面内。

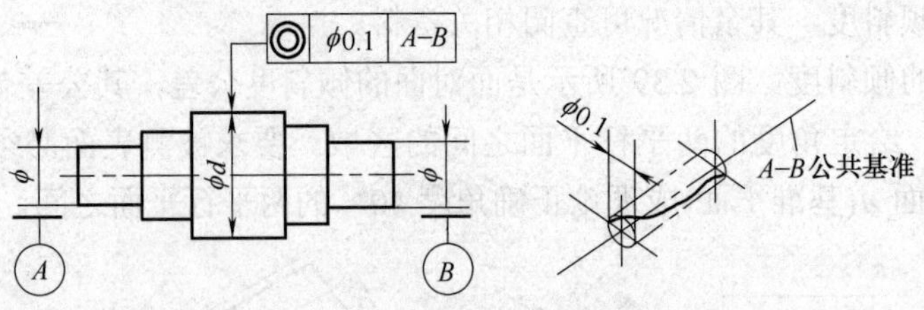

图 2.41　同轴度

(2)　对称度。

对称度公差用于限制被测要素(中心面或中心线)对基准要素(中心面或中心线)是否共面的误差，即要求被测中心要素的理想位置与基准中心要素共面，此时的理想位置定位的理论正确尺寸为零。对称度最常见的有面对线对称度和面对面对称度两种情况。

图 2.42 所示是面对面的对称度公差，其公差带是距离为公差值 t 且相对基准的中心平

面对称配置的两平行平面之间的区域。要求被测中心平面必须位于距离为公差值 0.08 且相对于基准中心平面 *A* 对称配置的两平行平面之间。

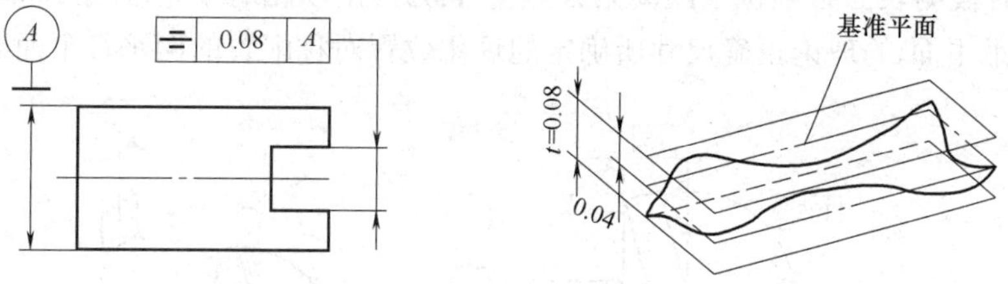

图 2.42　面对面的对称度

图 2.43 所示是面对线的对称度公差，其公差带是距离为公差值 *t* 且相对于基准轴线对称配置的两平行平面之间的区域。此时键槽的中心平面应位于距离为 0.1mm 的两平行平面之间，这两个平行平面对称配置在通过基准轴线的辅助平面两侧。

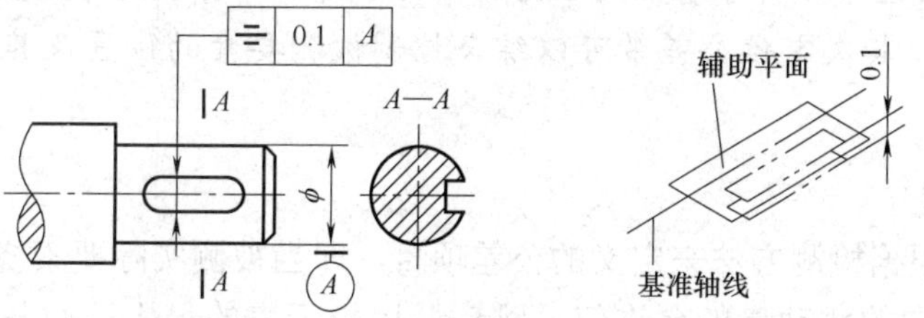

图 2.43　面对线的对称度

(3) 位置度。

位置度公差用于限制被测要素的实际位置对理想位置的变动量，理想位置由理论正确尺寸和基准共同确定。位置度的被测要素可以是点、线、面，公差带的形状有圆、球、圆柱、两平行直线、两平行平面、两组相互垂直的平行平面(四棱柱)等区域。下面介绍典型的位置度公差。

图 2.44 所示是线的位置度公差，其公差带是轴线位于理想位置的直径为公差值 *t* 的圆柱面内的区域，轴线的位置由三基面体系和理论正确尺寸确定。此时轴线应位于直径为 0.08，且相对于 *C*、*B*、*A* 基准表面的理论正确位置所确定的理想位置为轴线的圆柱面内。

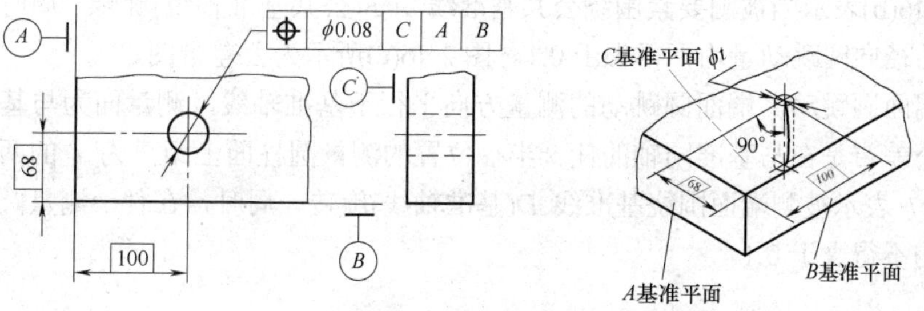

图 2.44　线的位置度

图 2.45 所示是面的位置度公差，其公差带是距离为公差值 t 且以面的理想位置为中心对称配置的两平行平面之间的区域。面的理想位置是由相对于三基面体系的理论正确尺寸确定的，此时被测表面必须位于距离为公差值 0.05，由以相对于基准线 B(基准轴线)和基准表面 A(基准平面)的理论正确尺寸所确定的理想位置对称配置的两平行平面之间。

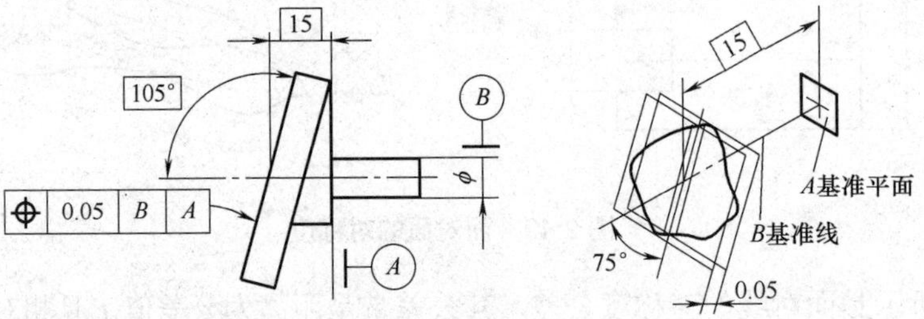

图 2.45　面的位置度

小结：定位公差带相对于基准用理论正确尺寸定位，有确定的位置，所以定位公差带的位置是固定的。其次定位公差带可以综合控制被测要素的位置及其有关的定向和形状误差。

3)　跳动公差

跳动公差是根据检测方法来定义的公差项目，即当被测实际要素绕基准轴线回转时，被测表面法线方向的跳动量的允许值。跳动量用指示表的最大读数与最小读数的差来表示。根据测量时指示表测头对被测表面是否做相对移动将跳动分为圆跳动和全跳动两类。

(1)　圆跳动。

圆跳动公差是指被测实际要素绕基准作无轴向移动旋转(跳动通常是围绕轴线旋转一整周，也可对部分圆周进行限制)时，位置固定的指示表在任一测量面内所允许的指示值的最大变动量。圆跳动公差适用于每一个不同的测量位置。根据测量方向相对于基准轴线的不同位置(测量面的不同)，圆跳动分为径向圆跳动、端面圆跳动和斜向圆跳动。

①　径向圆跳动。径向圆跳动的测量方向垂直于基准轴线，测量面为垂直于轴线的平面，其公差带是在垂直于基准轴线的任一测量平面内、半径差为公差值 t 且圆心在基准轴线上的两同心圆之间的区域。图 2.46(a)表示当被测要素围绕基准线 A(基准轴线)并同时受基准表面 B(基准平面)的约束旋转一周时，在任一测量平面内的径向圆跳动量均不得大于 0.1。图 2.46(b)表示当被测要素围绕公共基准线 A-B(公共基准轴线)旋转一周时，在任一测量平面内的径向圆跳动量均不得大于 0.1。图 2.46(c)所示为公差带图。

②　端面圆跳动。端面圆跳动的测量方向平行于基准轴线，测量面为与基准同轴的圆柱面，其公差带是在与基准同轴的任一半径位置的测量圆柱面上距离为 t 的两圆之间的区域。图 2.47 表示被测端面围绕基准线 D(基准轴线)旋转一周时，在任一测量圆柱面内轴向的跳动量均不得大于 0.1。

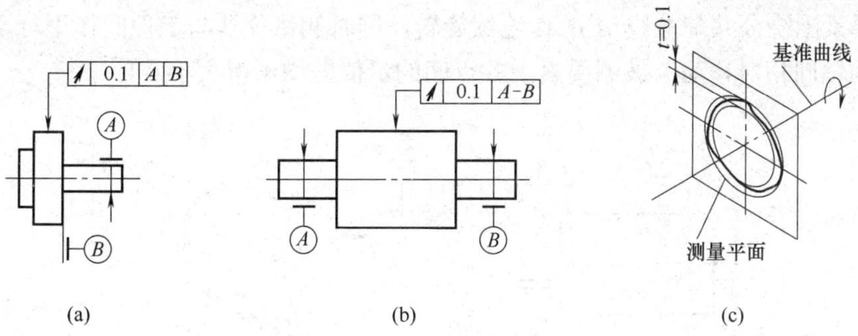

图 2.46　径向圆跳动

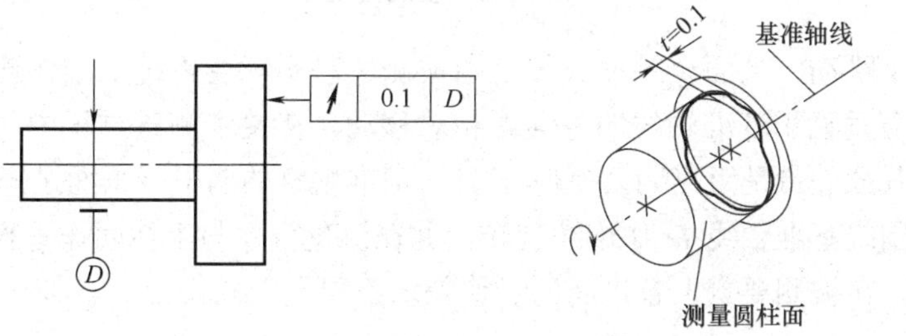

图 2.47　端面圆跳动

③　斜向圆跳动。斜向圆跳动的测量方向与基准轴线倾斜一定角度并与被测面垂直(另有规定除外)，测量面为素线与被测锥面的素线垂直或成一指定角度、轴线与基准轴线重合的圆锥面。其公差带是在与基准同轴的任一测量圆锥面上距离为 t 的两圆之间的区域。图 2.48 表示被测面绕基准线 C(基准轴线)旋转一周时，在任一测量圆锥面上的跳动量均不得大于 0.1。

(2)　全跳动。

全跳动公差是指被测关联实际要素绕基准作连续旋转，同时指示表的测头沿着给定的方向作直线移动，在整个测量过程中所允许的指示值的最大变动量。根据指示表移动的方向相对于基准轴线是平行还是垂直，将全跳动分为径向全跳动和端面全跳动两种。

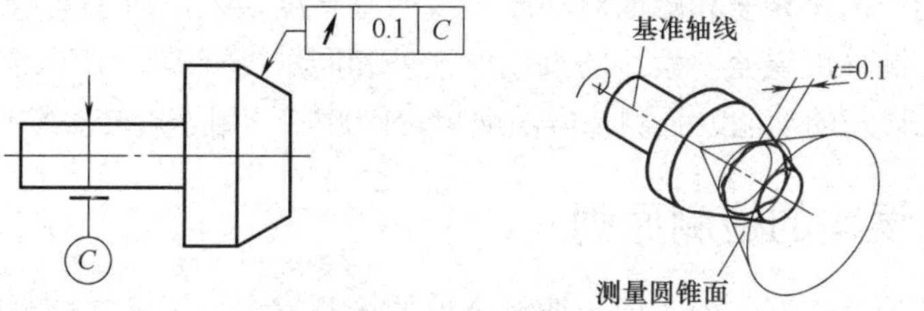

图 2.48　斜向圆跳动

①　径向全跳动。径向全跳动公差是指被测关联实际要素绕基准作连续旋转，同时指示表的测头沿着平行于基准轴线的方向做相对移动，在整个测量过程中所允许的指示值的最大变动量。其公差带是半径差为公差值 t 且与基准同轴的两圆柱面之间的区域。图 2.49

表示被测要素围绕公共基准线 *A-B* 作连续旋转，同时测量仪器与工件间作平行于公共基准轴线 *A-B* 的轴向相对移动，被测要素上各点间的示值差均不得大于 0.1。

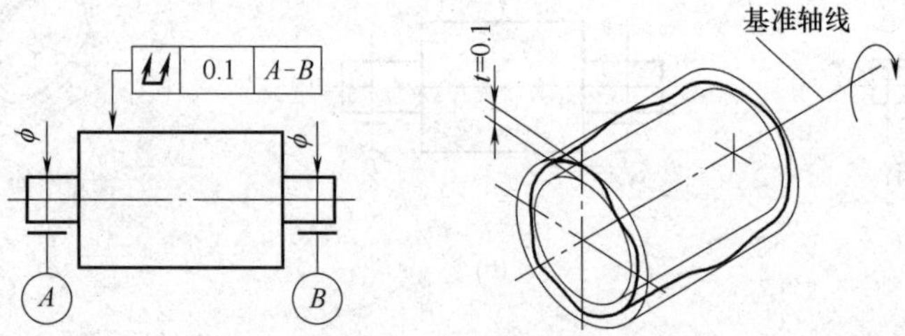

图 2.49　径向全跳动

② 端面全跳动。端面全跳动公差是指被测关联实际要素绕基准作连续旋转，同时指示表的测头沿着垂直于基准轴线的方向做相对移动，在整个测量过程中所允许的指示值的最大变动量。其公差带是距离为公差值 t 且与基准垂直的两平行平面之间的区域。图 2.50 表示被测要素围绕基准轴线 *D* 作连续旋转，并在测量仪器与工件间作垂直于基准轴线方向的相对移动时，在被测要素上各点间的示值差均不得大于 0.1。

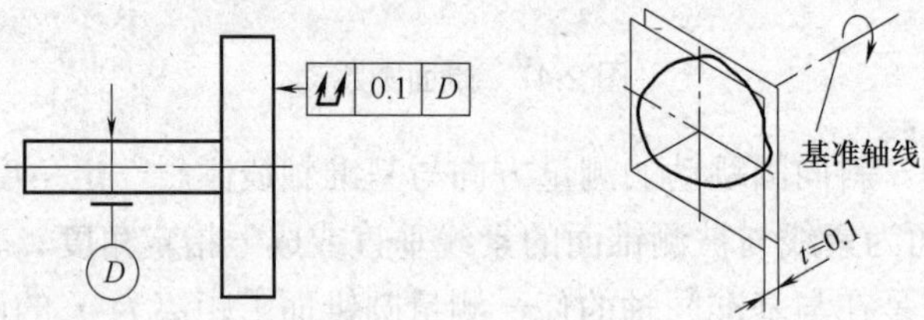

图 2.50　端面全跳动

小结：跳动公差带的轴线或圆心相对于基准轴线具有确定的方向或位置，例如，径向全跳动公差带的轴线与基准轴线同轴，端面全跳动公差带则垂直于基准轴线。但是跳动公差带的位置却是浮动的。

跳动公差带可以综合控制被测要素的形状、方向和位置公差。例如，端面全跳动公差可以控制端面的平面度误差和端面对基准轴线的垂直度误差，而径向全跳动公差带则可以控制圆度误差、圆柱度误差、素线的直线度误差和同轴度误差。由于跳动公差具有这种综合控制零件形位误差的功能，且测量方法简单，因此广泛用于旋转类零件。

2.2.3　形位误差的检测原则

形位误差的项目较多，为了便于选择合理的检测方案，正确地检测形位误差，国家标准《产品几何量技术规范(GPS)形状和位置公差检测规定(GB/T 1958—2004)》中规定了 5 项形位误差的检测原则，如表 2.3 所示。这些检测原则是对各种检测方法的概括，可以根据这些原则，结合被测要素的特点和要求，选择合理的检测方案，也可以根据这些原则，采用其他可行的检测方法和检测装置。

表 2.3　形位误差的检测原则

检测原则名称	说　明	示　例
与拟合要素比较原则	将被测提取要素与其拟合要素相比较，量值由直接法或间接法获得 拟合要素用模拟方法获得	量值由直接法获得 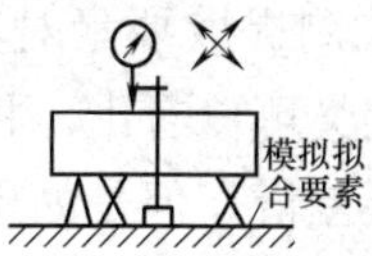 量值由间接法获得 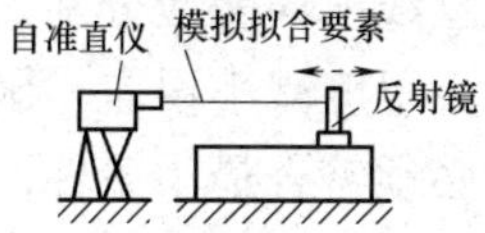
测量坐标值原则	测量被测提取要素的坐标值(如直角坐标值、极坐标值、圆柱面坐标值)，并经过数据处理获得形位误差值	测量直角坐标值 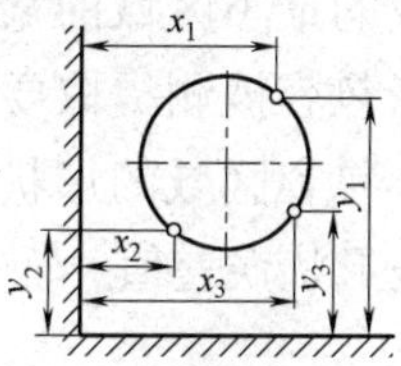
测量特征参数原则	测量被测提取要素上具有代表性的参数(即特征参数)来表示形位误差值	两点法测量圆度特征参数 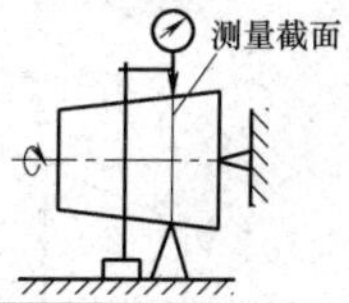
测量跳动原则	被测提取要素绕基准轴线回转过程中，沿给定方向测量其对某参考点或线的变动量。 变动量是指指示计最大与最小示值之差	测量径向跳动 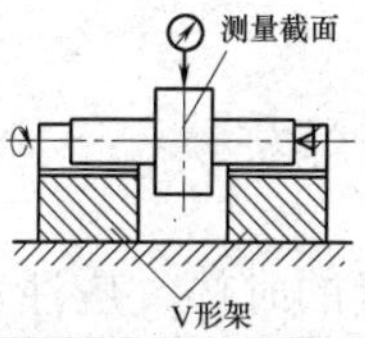
控制实效边界原则	检验被测提取要素是否超过实效边界，以判断合格与否	用综合量规检验同轴度误差 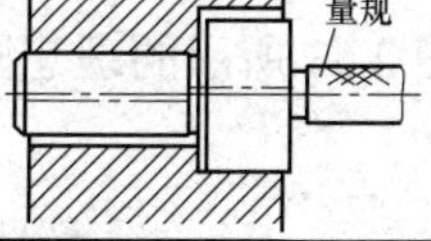

说明：GB/T 1958—2004 是对 GB/T 1958—1980《形状和位置公差检测规定》标准的修订，根据 GB/T 18780.1—2002 标准的规定，将标准中的有关概念作了相应的改动，如“被测实际要素”改为“被测提取要素”、“理想要素”改为“拟合要素”、“实际轴线”改为“提取中心线”、“实际中心面”改为“提取中心面”。

2.2.4 形状误差的评定

1. 最小条件与最小包容区域

形状误差是指被测提取要素对其拟合要素的变动量，拟合要素的位置应符合最小条件。从形状误差的定义可以看出，将被测提取要素与拟合要素进行比较，找到其最大变动量就可以得到形状误差值。但是如果拟合要素的位置发生变化，则最大变动量的值也会变化。如图 2.51 所示，在测量直线度误差时，当拟合要素分别处于 A_1B_1、A_2B_2、A_3B_3 三个位置时，根据定义直线度误差应分别为 h_1、h_2、h_3。显然 $h_1<h_2<h_3$，为了使形状误差值具有唯一性，且最大限度减小误差，国家标准规定，评定形状误差时，拟合要素相对于被测提取要素的位置必须符合最小条件，即被测提取要素对其拟合要素的最大变动量为最小。在图 2.51 中只有 A_1B_1 满足最小条件，h_1 即为直线度误差。其实 h_1 就是包容被测提取要素的两拟合要素构成的最小区域的宽度，所以形状误差值用最小区域的宽度或直径来表示。最小包容区域是指包容被测提取要素且具有最小宽度或直径的两拟合要素之间的区域，简称最小区域。最小包容区域的形状、方向、位置与相应的形状公差带的形状、方向、位置相同，其大小就是形状误差值。而公差带的大小则等于公差值，由设计给定。

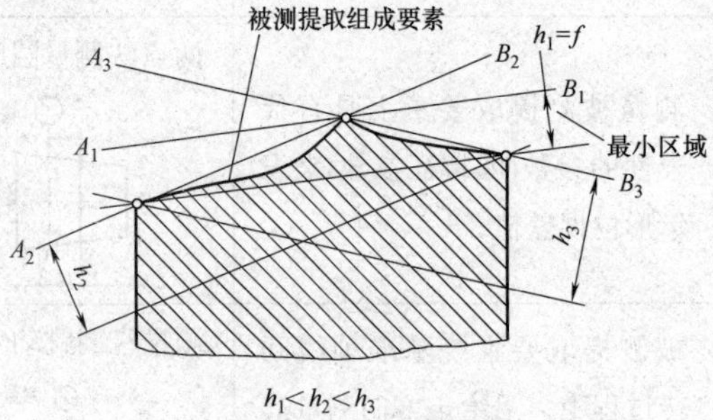

图 2.51 最小条件

在确定拟合要素的时候，应注意对于提取导出要素(中心线、中心面等)，其拟合要素位于被测提取导出要素之中，如图 2.52 所示的理想轴线 L_1；对于提取组成要素(线、面轮廓度除外)，其拟合要素位于实体之外且与被测提取组成要素相接触，如图 2.51 所示的理想直线 A_1B_1 和图 2.53 所示的理想圆 C_1。

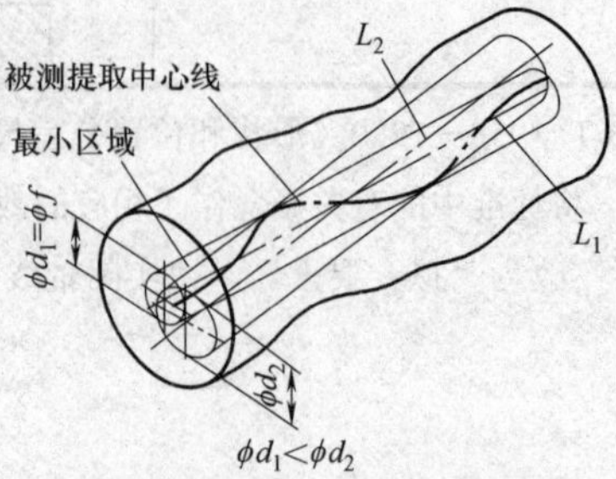

图 2.52 提取导出要素的拟合要素图

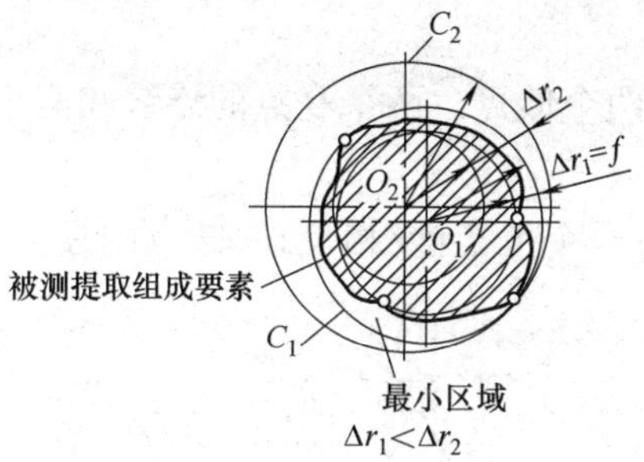

图 2.53　提取组成要素的拟合要素

2. 最小区域判别准则

具体在评定形状误差时最小包容区域应根据实际被测要素与包容区域的接触状态来判别。下面介绍直线度、平面度、圆度误差最小区域的判别法。

1)　直线度最小区域判别法

在给定平面内，由两平行直线包容提取要素时，成高低相间三点接触，表示被测提取要素已为最小区域所包容，如图 2.54 所示。

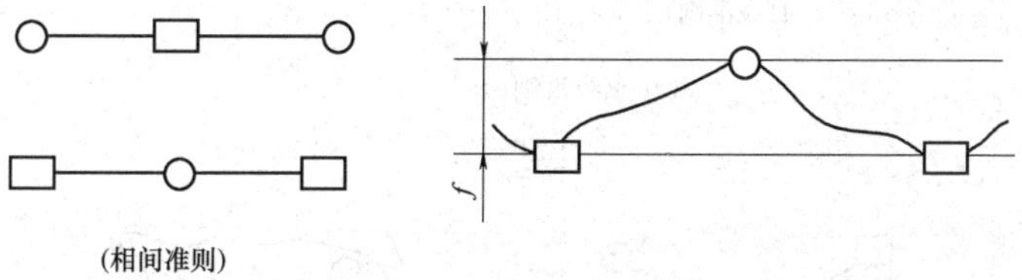

图 2.54　直线度最小区域判别法——相间准则

○—最高点；□—最低点

在给定方向上，由两平行平面包容提取线时，沿主方向(长度方向)上成高低相间三点接触(可按投影进行判别)，表示被测提取要素已为最小区域所包容，如图 2.55 所示。

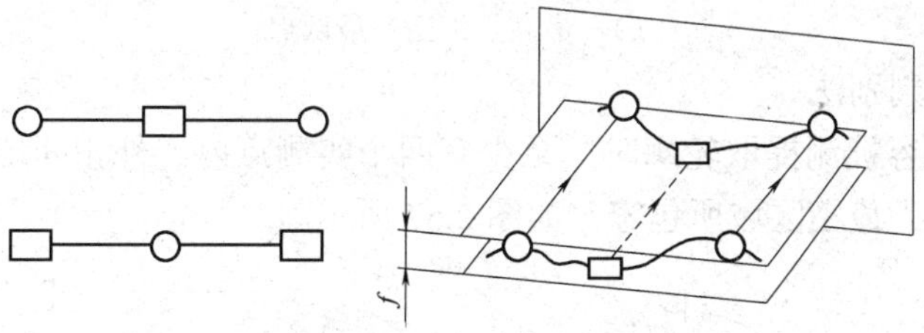

图 2.55　给定方向上直线度最小区域的判别

○—最高点；□—最低点

2)　平面度最小区域判别法

由两平行平面包容提取表面时，至少有三点或四点与之接触，有下列形式之一者表示被测提取要素已为最小区域所包容。

三角形准则：三个高点与一个低点(或相反)，低点的投影应落在三个高点连成的三角形内，如图 2.56(a)所示。

交叉准则：两个高点与两个低点，两个高点的连线和两个低点的连线在空间呈交叉状态，如图 2.56(b)所示。

直线准则：两个高点与一个低点(或相反)，低点的投影位于两个高点的连线上，如图 2.56(c)所示。

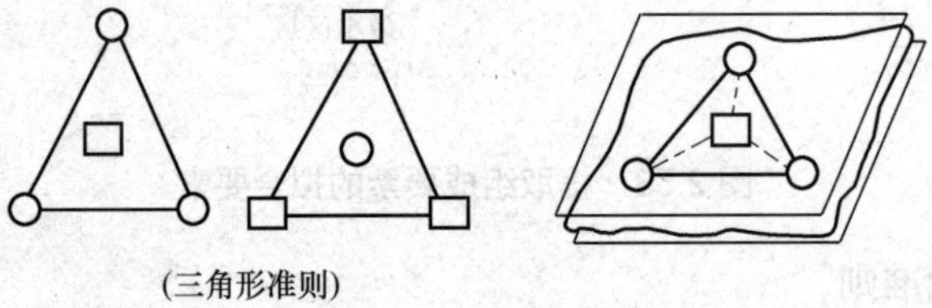

(a) 三角形准则

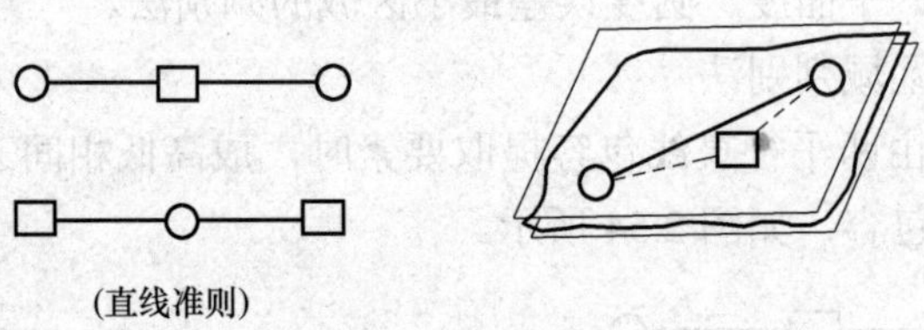

(b) 直线准则

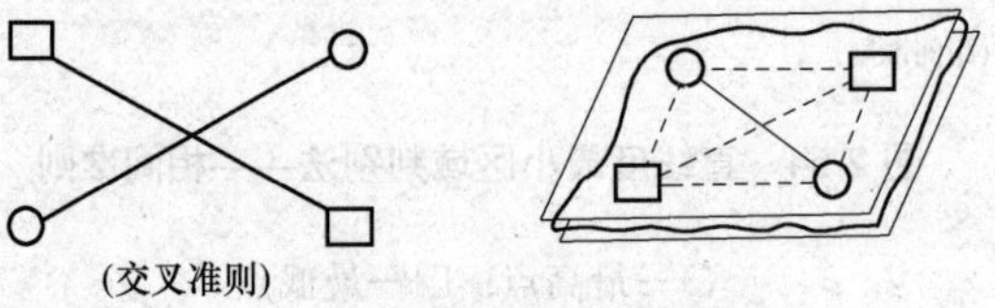

(c) 交叉准则

图 2.56　平面度最小区域判别法

○—最高点；□—最低点

3)　圆度误差判别法

由两同心圆包容被测提取轮廓时，至少有四个实测点内、外相间地在两个圆周上，此时被测提取要素已为最小区域所包容，如图 2.57 所示。

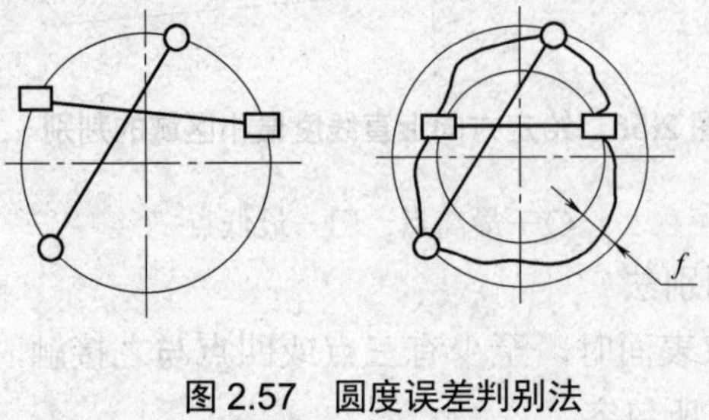

图 2.57　圆度误差判别法

○—与外圆接触的点；□—与内圆接触的点

2.2.5　位置误差的评定

1. 定向误差的评定

定向误差是指被测提取要素对一具有确定方向的拟合要素的变动量，拟合要素的方向由基准确定。定向误差值用定向最小包容区域(简称定向最小区域)的宽度或直径表示。

定向最小区域是指按拟合要素的方向包容被测提取要素时，具有最小宽度 f 或直径 ϕf 的包容区域，图 2.58 所示是面对面的平行度和线对面的垂直度的最小包容区域。各误差项目定向最小区域的形状分别和各自的公差带形状一致，但宽度(或直径)由被测提取要素本身决定。

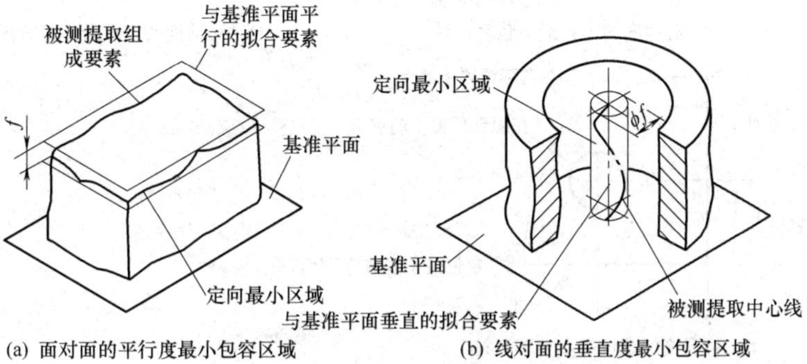

图 2.58　定向最小包容区域

2. 定位误差的评定

定位误差是指被测提取要素对一具有确定位置的拟合要素的变动量，拟合要素的位置由基准和理论正确尺寸确定。对于同轴度和对称度，理论正确尺寸为零。

定位误差值用定位最小包容区域(简称定位最小区域)的宽度或直径表示。定位最小区域是指以拟合要素定位包容被测提取要素时，具有最小宽度 f 或直径 ϕf 的包容区域，图 2.59 所示分别是对称度、同轴度、位置度的定位最小包容区域示例。可以看出各误差项目定位最小区域的形状分别和各自的公差带形状一致，但宽度(或直径)由被测提取要素本身决定。

3. 基准的建立和体现

由基准要素建立基准时，基准为该基准要素的拟合要素。拟合要素的位置应符合最小条件。测量时，基准和三基面体系也可采用近似方法来体现。体现基准最常用的方法是“模拟法”，即用具有足够精确形状的表面来体现基准平面、基准轴线、基准点。例如，用可胀式心轴或与孔成无间隙配合的圆柱形心轴的轴线来模拟孔的轴线，如图 2.60(a)所示；用与基准提取表面接触的平板或平台工作面来模拟基准平面，如图 2.60(b)所示；用同轴两顶尖或者 V 形架来模拟轴线，如图 2.60(c)所示，等等。

在具体测量时要注意，基准要素与模拟基准要素接触时，可能形成“稳定接触”，也可能形成“非稳定接触”，如图 2.61 所示。当基准要素与模拟基准要素之间自然形成符合最小条件的相对位置关系时即为稳定接触；否则为非稳定接触。测量时应进行调整，使基准要素与模拟基准要素之间尽可能达到符合最小条件的相对位置关系。

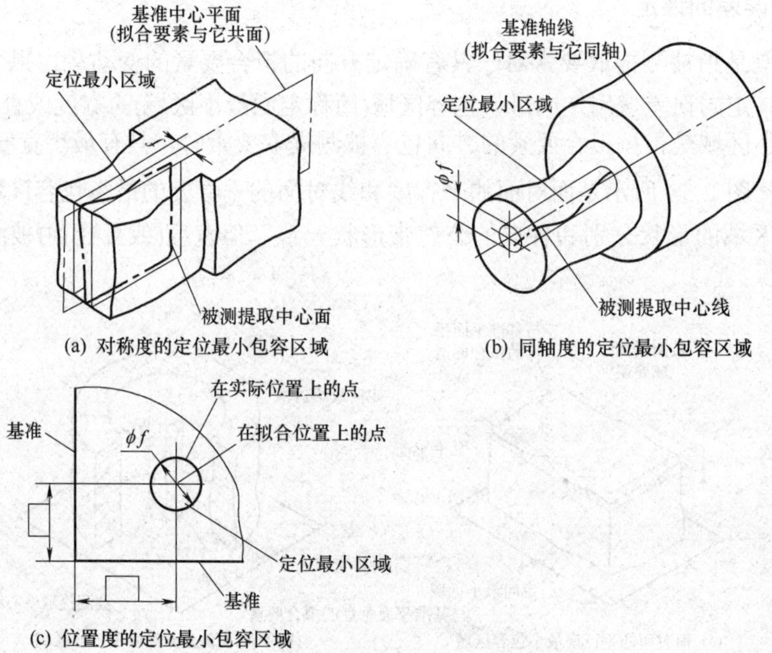

图 2.59　定位最小包容区域

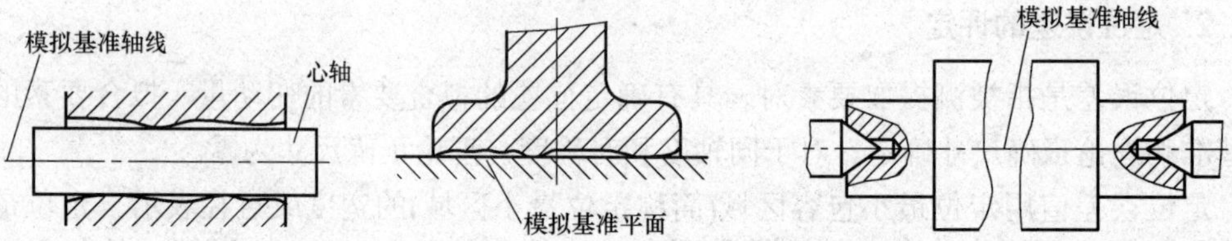

图 2.60　基准的体现

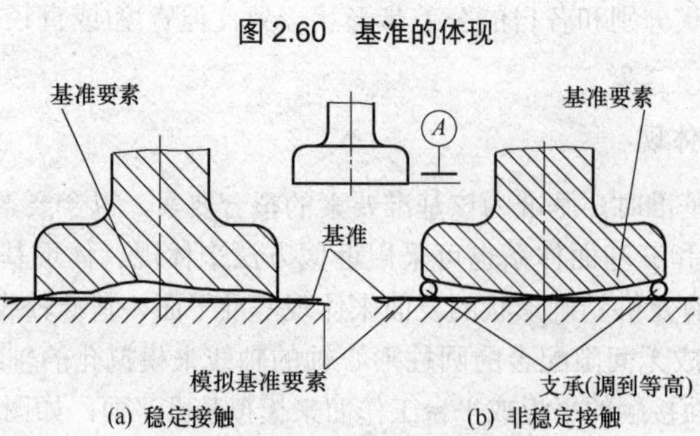

图 2.61　稳定接触和非稳定接触

2.3　形位误差检测实训

2.3.1　用框式水平仪测平板直线度误差

1. 工作任务

用框式水平仪检测平板的直线度为误差。

2. 直线度误差检测资讯

1)　节距法测直线度误差

(1)　节距法测直线度误差简介。

节距法是车间或计量室测量较长工件直线度误差常用的方法。其基本测量原理是：将被测直线按一定的跨距分段测量，将每段后点相对于前点的高度差测出来，经过数据处理(图解或计算)，求得所测直线的直线度误差值。节距法常用的测量仪器是水平仪或自准直仪。

水平仪是以自然水平面作为测量基准。测量时，先将被测要素调整到接近水平位置，使在测量过程中被测要素的变化不超过水平仪的示值范围。将水平仪放在跨距适当的桥板(或正弦尺)上并置于实际直线的一端，如图 2.62 所示。按桥板的跨距(即测量分段的长度)依次逐段首尾相接地移动桥板，至另一端为止，同时记录水平仪在各测量分段上的读数。水平仪上各段位置的读数，其实就是以该段前点的水平位置作为参考基准而后点相对于前点的高度差。根据各测点的读数，经过数据处理或作图，即可获得直线度误差值。

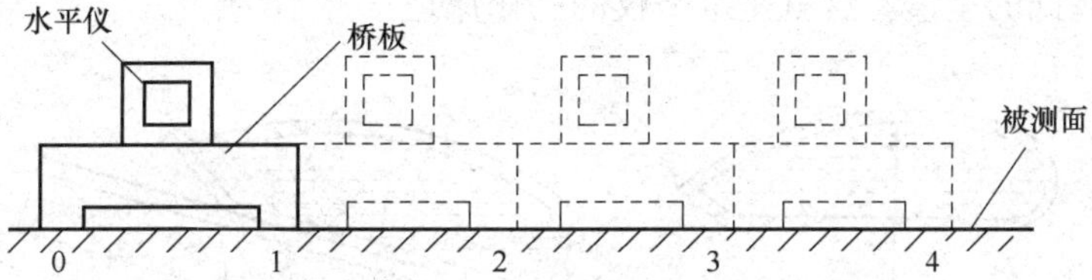

图 2.62　水平仪测直线度误差

(2)　框式水平仪的结构。

图 2.63 是框式水平仪的结构图，水平仪的主体 2 是用铸铁制成的框架式结构，四个外面都是工作面，并且相互垂直构成四个直角，在基座(底)工作面和一个侧工作面上各开出一条 V 形槽，即构成 V 形测量面。

(3)　框式水平仪的工作原理。

水平仪的工作原理是利用水准器气泡偏移来测量，实质是重力原理。如图 2.63 所示，水平仪的主水准器和副水准器固定在主体上。水准器是一个封闭的无色、透明弧形玻璃管，内部装有酒精或乙醚或其他流动性和挥发性好的液体，但管内的液体没有装满，管内留有一部分空间，液体挥发后成为气体充满这一空间。由于玻璃管是弧形的，所以管内的气体呈气泡形状，人能看到玻璃管内气泡的情况。

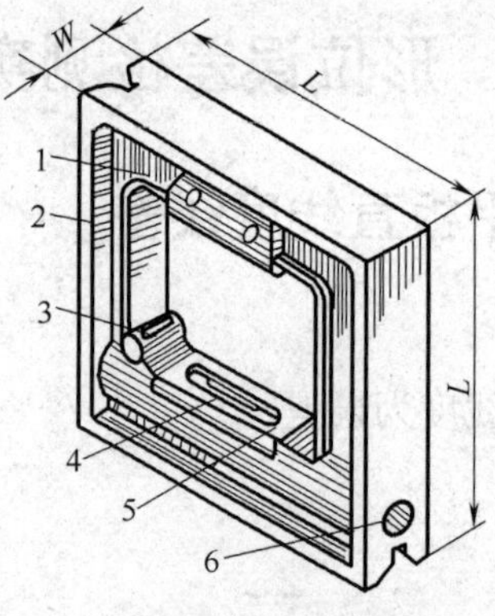

图 2.63 框式水平仪

1—隔热护板；2—主体(基座)；3—横向水准器(副水准器)；4—纵向水准器(主水准器)；5—盖板；6—“0”位调整窗口

由于重力的作用，不论水平仪放在什么位置，玻璃管内的液体均向低处流，气泡向高处升，所以，气泡永远停留在玻璃管内的最高处。当水平仪的基座工作面放在绝对的水平面位置时，气泡停留在玻璃管内的中央位置，如图 2.64(a)所示。当水平仪的基座工作面放在不是绝对的水平面位置时，气泡就偏移玻璃管的中央位置而移动，停留在玻璃管内的最高位置，如图 2.64(b)所示。基座工作面相对于水平面的倾角小，则气泡移动的距离就小；基座工作面相对于水平面的倾角大，则气泡移动的距离就大。因此，可以根据气泡移动的距离大小，从玻璃管外壁上的刻度读出水平仪基座工作面相对于水平面的倾角大小，或基座工作面两端高低的差值。这就是水平仪的工作原理。

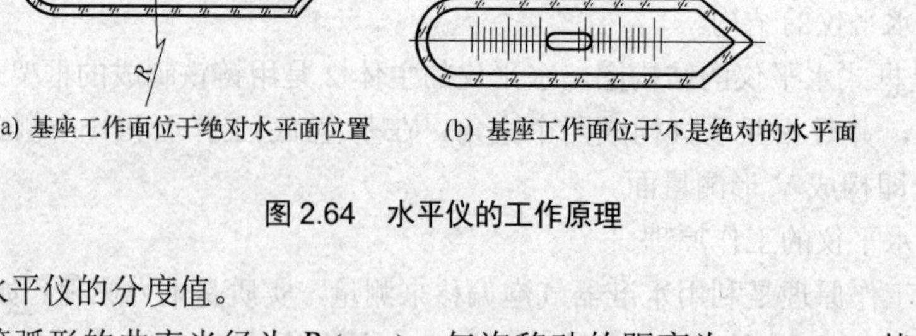

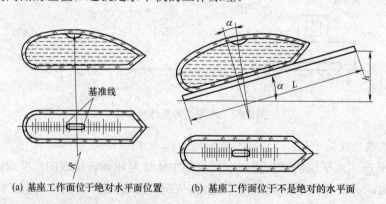

(a) 基座工作面位于绝对水平面位置　(b) 基座工作面位于不是绝对的水平面

图 2.64 水平仪的工作原理

(4) 框式水平仪的分度值。

假设玻璃管弧形的曲率半径为 R (mm)，气泡移动的距离为 C (mm)，基座工作面一端比另一端高造成的倾斜角为 α (弧度)，则：

$$C = R \times \alpha$$

从上式可见，气泡移动的距离 C 与玻璃管的曲率半径 R 和倾斜角 α 成正比。水平仪的分度值是指主水准器的气泡移动一个刻度所产生的倾斜，此倾斜以一米为基准长的倾斜高与底边的比表示，单位为 mm/m。换言之，水平仪的分度值是水平仪气泡移动一个分度所代表的量值，指水平仪气泡移动一个分度，工作面所需要倾斜的角度，分度值单位以 mm/m 表示。根据这一定义可得：

$$i = \frac{h}{l}\ (\mathrm{mm/m})$$

式中，i 为水平仪的分度值，单位为 mm/m；l 为底边(m)，取 l=lm；h 为倾斜高，单位为 mm。

按分度值不同，水平仪分为三组，如表 2.4 所示。

表 2.4　水平仪的分组

组　别	主水准泡分度值(mm/m)	副水准泡分度值(mm/m)
I	0.02	0.5～1.5
II	0.03～0.05	0.5～1.5
III	0.06～0.15	0.5～1.5

(5)　水平仪测直线度误差的方法与步骤。

①　选择合适的水平仪。

根据被测件的形状和精度要求选择水平仪的规格和分度值。为了保证检测精度，要根据被测量面的直线度、平面度和平行度等参数的公差要求选择水平仪。设被测量面的直线度等参数的公差为 t，所用水平仪的分度值为 τ，则可根据下述原则选取水平仪。

对于低精度表面(公差等级为 9 级～12 级)，取 i=(1/10～1/5)t；对于中等精度表面(5 级～8 级)，取 i=(1/5～1/3)t；对于高精度表面(1 级～4 级)，取 i=(1/3～1/2)t。

②　检查水平仪。

首先检查水平仪是否在检定周期内，如果不在检定周期内，则不得使用。其次检查其外观质量，要求水平仪工作面上不得有砂眼、气孔、裂纹、划伤、碰痕、锈蚀等缺陷；水准气泡清洁、透明，刻线清晰、均匀、无脱色现象；气泡移动平稳，无目力可见的跳动和停滞现象。经过这些检查均合格才能使用。

③　熟悉读数方法。

用水平仪测量直线度时，首先要确定水平仪读数值的正负和被测面倾斜方向之间的关系，然后再选择基准线进行读数。

读数值正负的确定：一般是根据主水准气泡的移动方向和水平仪的移动方向来确定水平仪读数值的正负，原则是，若气泡的移动方向与水平仪的移动方向一致，如图 2.65(a)所示，则读数值为正(+)，表示被测量范围向上倾斜；反之，若两者的移动方向相反，如图 2.65(b)，则读数值为负(−)，表示被测量范围向下倾斜。

读数方法的选择：读水平仪有两种方法，即数格法和平均值法。数格法是以基准线为准，数主水准气泡任一端离开基准线的格数作为水平仪的读数值。平均值法是取主水准气泡两端离开基准线格数之和的算术平均值，作为水平仪的读数。数格法比较简便，而平均值法可消除由于环境温度变化，使气泡变长或缩短而引起的读数误差。一般测量都喜欢用数格法。在做长时间的测量时，如果温度前后变化较大，应该用平均值法。读数中应注意：应从水平仪的上面与气泡垂直的方向观察气泡的位置，这样可以减少视差。读数时，还要避免人从口中和鼻孔中呼出的热气传到弧形玻璃管上。因为气泡对温度反应很敏感。

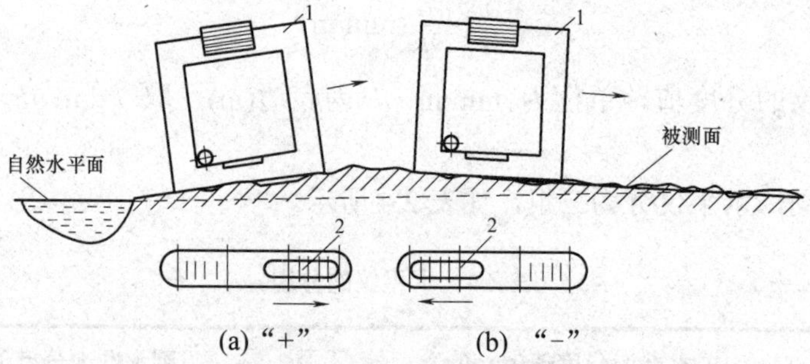

图 2.65　读数值正负的确定

1—水平仪；2—主水准气泡

④　根据被测零件的长度和水平仪长度(或桥板跨距)确定测量分段数。

⑤　测量并记录读数，为了准确起见，可以往返各测一次，取对应位置往返读数的平均值作为测量结果。

⑥　在坐标纸上描点、连线，用“最小区域法”或者“两端点连线法”求解直线度误差。下面举一个例子说明如何用图解法求直线度误差。

例 2-1　用分度值为 0.01mm/m 的水平仪测量 1.4m 长的导轨，桥板跨距 L=200mm，若各测点读数(格数)依次为 2、−1、3、2、0、−1、2，用图解法求该导轨直线度误差值。

解：

(1)　在坐标纸上建立坐标系，以 x 轴代表各测点的被测长度，y 轴代表各测点的累积值。选择合适的放大比例，使图上被测线起点和终点的连线与 x 轴夹角不大于 35°，以保证作图的评定精度。

(2)　按读数值在坐标纸上描点，如图 2.66(a)所示。各点的 x 坐标按照比例和节距值确定，y 坐标按照累加值确定，y 坐标如表 2.5 所示。

表 2.5　直线度误差数据处理

值	序　号							
	0	1	2	3	4	5	6	7
读数值(格)	0	2	−1	3	2	0	−1	2
累积值(格)	0	2	1	4	6	6	5	7

(3)　作误差折线图。依次连接各坐标点得到误差折线图，如图 2.66(b)所示。

(4)　评定直线度误差值。评定直线度误差值有两种方法：两端点连线法和最小区域法，分别如下。

①　两端点连线法。连接误差折线的起点和终点，以此连线作为评定直线度的基准线，取折线上各点对该基准线纵坐标距离的最大正值与最大负值的绝对值之和为被测长度直线度误差值，此处点在基准线之上取正值，在基准线之下取负值。本例中最大正值为 2，最大负值为−1，所以直线度误差值为 f=2+|−1|=3 格，如图 2.66(b)所示。

② 最小区域法。从直线的“走向”上观察误差折线，选择两个最低点连成直线 L_1，再平行于该直线并经过误差折线的最高点作一直线 L_2，就得到直线度的最小包容区域，沿 y 坐标的方向量取包容区域的宽度(即相当于几个坐标单位)，就是符合最小条件准则的直线度误差值，如图 2.66(c)所示。

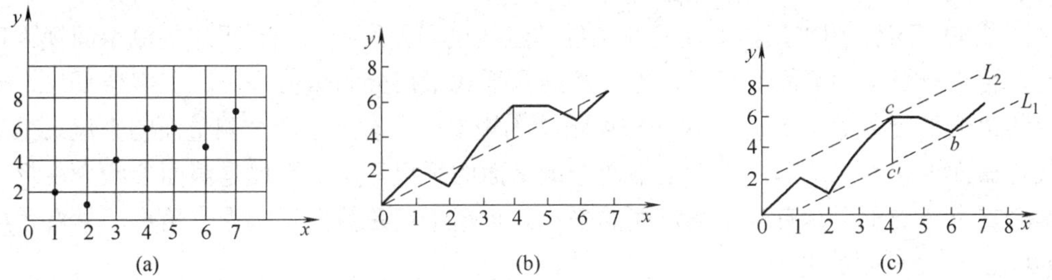

图 2.66　图解法求直线度误差

(5) 最后将格数转换成线值，得到直线度误差值为：

$$f=l\times i\times h=200\text{mm}\times 0.01\text{mm/m}\times 3=6\mu\text{m}$$

式中：l 为桥板的跨距；i 为水平仪分度值；h 为纵坐标值(格)。

2) 间隙法检测直线度误差

间隙法检测直线度误差是指用刀口形直尺、平尺、平晶、精密短导轨等模拟理想直线，与被测实际直线比较，根据间隙大小来确定直线度误差。

图 2.67 所示是用刀口形直尺测量直线度误差的示意图。刀口形直尺是用光隙法测量工件直线度误差和平面度误差的计量器具，其测量面呈刃口状，分为刀口尺、三棱尺、四棱尺。刀口尺只有一个测量面，三棱尺有三个互为 120° 的测量面，四棱尺有四个互为 90° 的测量面。测量时，让刀口形直尺的刃口与被测表面接触，调整刃口的位置，并用肉眼观察间隙的变化情况，在最大间隙为最小时，便符合最小条件，此时最大间隙即为直线度误差。当间隙较大时可用塞尺测出最大间隙值；当间隙较小时可借助标准光隙来判断间隙的大小或者根据颜色来判断间隙的大小。

标准光隙可以这样得到：如图 2.68 所示，在平面平晶上研合 1.002mm、1.003mm、1.004mm、1.005mm 的量块，再在上面放一刀口尺，则可以得到 0.001mm、0.002mm、0.003mm 的标准光隙。在具体测量时应将标准光隙放在旁边，将测量中刀口形直尺与被测表面之间形成的光隙直接与标准光隙比较，以估计被测间隙值。

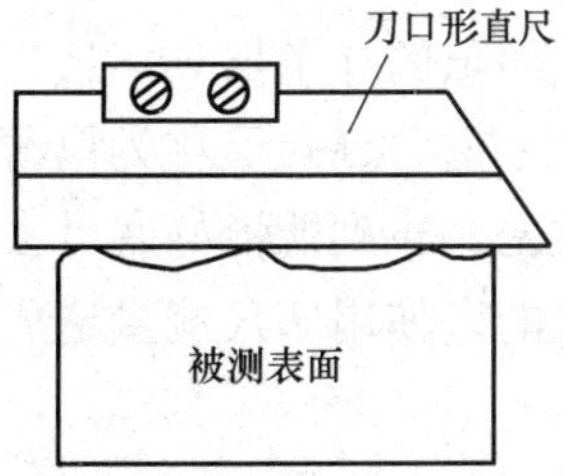

图 2.67　间隙法检测直线度误差

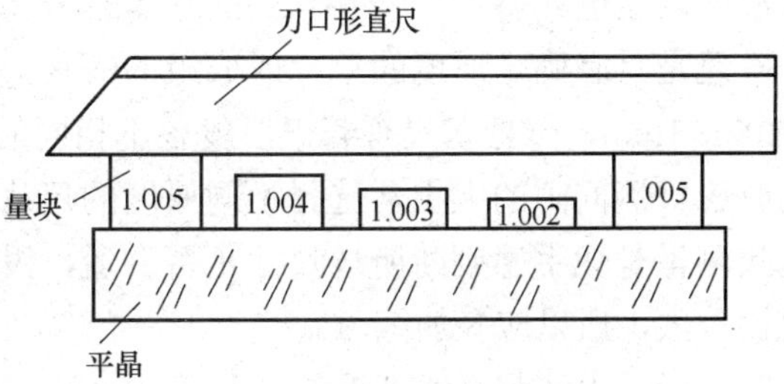

图 2.68　标准光隙

当光隙较小时，也可根据透光的颜色直接估计光隙的大小。一般光隙在 0.5～0.8μm 时呈蓝色；在 1.25～1.75μm 时呈红色；光隙呈白色时其大小已超过 2～2.5μm。

上述光隙法是一种简易的测量方法，被测长度一般小于 300mm，尺寸再大一些的刀口形直尺制造困难，且测量精度也不高。光隙法测量直线度误差需要较高的操作技巧，测量精度的高低与操作人员的经验密切相关。

图 2.69 所示是用平尺、塞尺检测圆柱体直线度误差的示意图。平尺的测量面视为理想平面，用于测量工件平面的形状误差。按结构形式平尺分为矩形平尺、工字形平尺、桥形平尺和角形平尺 4 种。矩形平尺是截面形状为矩形，具有上下两个测量面的平尺。工字形平尺是截面形状为工字形，具有上下两个测量面的平尺。桥形平尺是截面形状为弓形，且由两个支承座支承，具有一个测量面的平尺。角形平尺是截面形状为三角形，具有角度互为 60° 三个测量面的平尺。

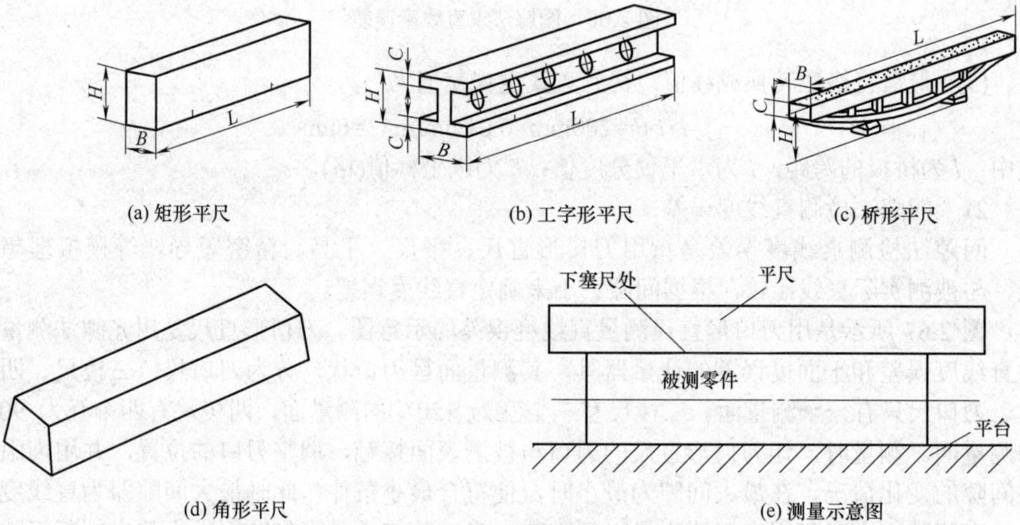

(a) 矩形平尺　(b) 工字形平尺　(c) 桥形平尺

(d) 角形平尺　(e) 测量示意图

图 2.69　平尺、塞尺检测直线度误差

检测时先将零件放在平台上，将平尺与被测直线接触，并使两者之间的最大间隙为最小，此时的最大间隙即为该被测素线的直线度误差值。具体误差值的大小可用塞尺测量，也可估计光隙。按上述方法均匀分布测量若干条素线，取其中最大的误差值作为被测零件的直线度误差值。

塞尺是具有确定厚度的单片或成组的薄片，是用于检验间隙的计量器具，尺片的厚度在 0.02～1mm，一把塞尺有若干厚度各不相同的尺片组装在一起，塞尺又称为厚薄规。在使用时应目测间隙的大小，选择不同厚度的尺片组，反复试塞，直到能恰好塞进去为止。用塞尺测量是凭手感判断所选尺寸是否合适，没有操作经验的人使用塞尺测量造成的测量误差比较大，所以应多加练习。

3)　指示表法测直线度误差

指示表法是通过指示表在测量基准上沿被测直线移动(或指示表固定，被测零件移动)，以测量基准体现被测直线的理想直线，按选定的布点读取由指示表示值反映出的测量数据，再经过数据处理评定出误差值。

图 2.70 所示是用指示表测量圆柱体素线的直线度误差的示意图。平板为测量基准，将被测零件支承在平板上并紧靠直角铁。测量时，将圆柱体素线等分成若干段，然后依次逐段测量并记录读数。根据记录的读数，用计算法(或图解法)按最小条件(也可按两端点连线法)即可求出该条素线的直线度误差值。具体测量时应在不同的轴截面内测量若干条素线，取其中最大的误差值作为该被测零件的直线度误差。

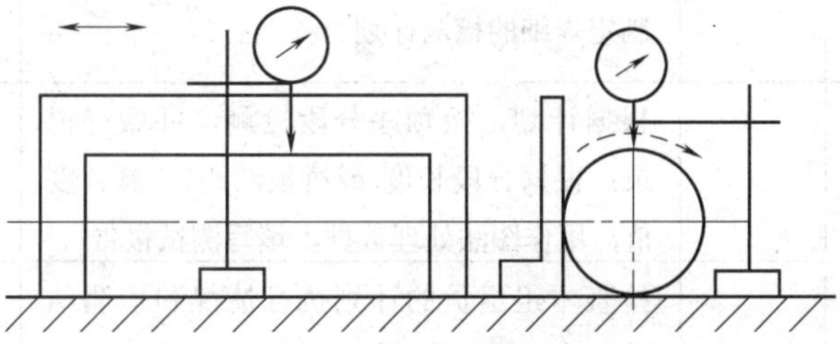

图 2.70　指示表测直线度误差 1

图 2.71 所示是用导轨作为测量基准，并将被测直线的两端调整至与测量基准等高且平行。测量时将被测直线等分为若干段，指示表在导轨上沿被测直线方向等距间断移动，指示表的示值为测点相对于测量基准的 X 坐标值，用计算法(或图解法)按最小条件(也可按两端点连线法)即可求出被测零件的直线度误差。

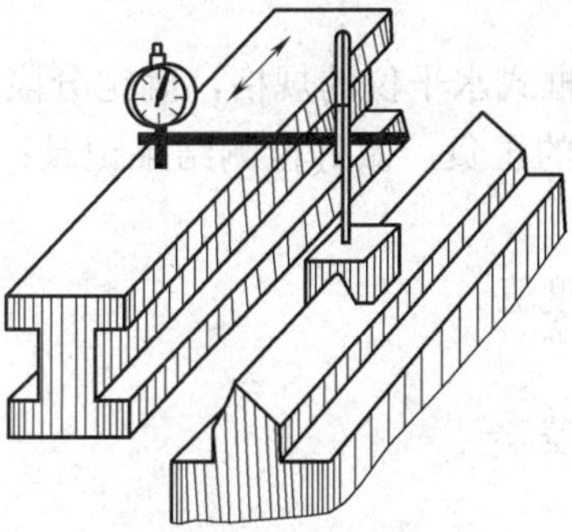

图 2.71　指示表测直线度误差 2

3. 工作计划

在检测实训过程中，各小组协同制定检测计划，共同解决检测过程中遇到的困难；要相互监督计划的执行与完成情况，并交叉互检，以提高检测结果的准确性。在实训过程中，要如实填写表 2.6 所示的“用框式水平仪检测平板的直线度误差工作计划及执行情况表”。

表 2.6　用框式水平仪检测平板的直线度误差工作计划及执行情况表

序 号	内 容	所用时间	要 求	完成/实施情况记录或个人体会、总结
1	研讨任务		理解任务，分析被测零件，确定被测平台的分段数；复习直线度误差检测的基本知识和框式水平仪的知识	
2	计划与决策		制定详细的检测计划	
3	实施检测		根据计划，按顺序分段检测，并做好记录；根据分段长度(或桥板跨距)计算分度值，用作图法处理数据，填写测试报告	
4	结果检查		检查本组组员的计划执行情况和检测结果，并组织交叉互检	
5	评估		对自己所做的工作进行反思，提出改进措施，谈谈自己的心得体会	

4. 检测实施

(1) 填写借用工件和计量器具的申请表。

(2) 领取工件和计量器具。

(3) 清洗工件和量具备用。

(4) 根据被测平板总长和框式水平仪的规格，确定分段长度。

(5) 分段检测，注意读数的正负，做好检测结果记录；最好往返各测一次，取两次读数的平均值。

(6) 计算框式水平仪的分度值。

(7) 数据处理。

(8) 图解法求解直线度误差。

(9) 判断合格性。

5. 用框式水平仪检测平板直线度误差的检查要点

(1) 分段是否合理？

(2) 往返检测同一位置读数差异的大小如何？

(3) 读数方法是否有误？如果有误，分析原因。

(4) 检测位置是否科学？

(5) 自己复查了哪些数据？结果如何？

(6) 与同组成员的互检结果如何？

(7) 直线图形和包容区域是否正确？

2.3.2　用三点法测平板的平面度误差

1. 工作任务

用三点法检测平板的平面度误差。

2. 平面度误差检测资讯

1)　指示表法测平面度误差

如图 2.72 所示，测量时用平板工作面作为测量基面，按一定的布点方式，用指示表逐点测量并记录读数，然后按一定的方法评定出平面度误差值。原则上应采用最小区域法评定平面度误差，但是在实际检测中经常采用近似的评定方法。一种方法是在测量前，调整被测实际表面上相距最远的三点距平板等高，然后在被测表面上均匀画线布点，逐点进行测量并记录读数，取各测量点中的最大读数值与最小读数值之差，作为被测表面的平面度误差值，此法称为三点法。另一种方法是将实际表面一个对角方向上的两个最远点调至相对于平板等高，再将另外一个对角方向上的两个最远点也调至相对于平板等高，然后在被测表面上均匀画线布点，逐点进行测量，取各测点中的最大读数值与最小读数值之差，即作为被测表面的平面度误差值，此法称为对角线法。

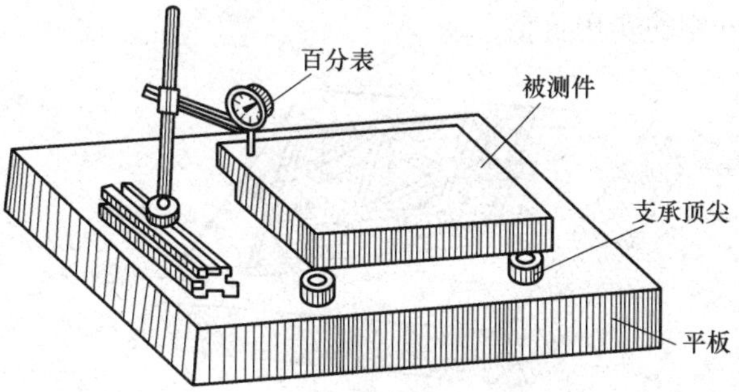

图 2.72　用指示表测平面度误差

对角线法和三点法都不符合最小条件，所以评定出的误差值均大于按最小区域法评定出的误差值。但是，由于这两种方法检测方便且经济实用，所以仍为实际测量所采用。如发生争议，应以最小区域法评定的结果作为仲裁依据。

2)　节距法测平面度误差

对于大型平面的精密测量常用节距法测平面度误差。其方法是按一定方式在被测平面上布线，然后用水平仪或自准直仪在每条划定的直线上按节距逐点测量，将各点的测量值转化成坐标值后按规定进行数据处理，就可以求得平面度误差值。

用节距法测量平面度误差，布线的合理性非常重要，直接影响测量精度和数据处理的难易程度。通常采用的布线方式有对角线法和网格布点法，如图 2.73 所示。用水平仪和自准直仪检测平面度的操作过程很简单，但是数据处理的工作量很大，稍不注意就会发生差错。如果将电子水平仪、自准直仪与计算机结合用于检测平面度，通过输出接口与计算机连接，直接采集和处理数据就方便多了。

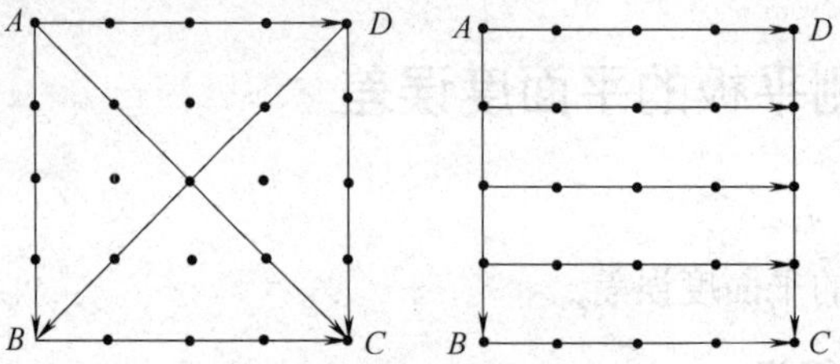

图 2.73　节距法布点形式

3)　接触斑点法测平面度误差

在刮研平面的过程中，经常用到一种定性的检验方法，即接触斑点法，如图 2.74 所示。这种方法是先在被测工件表面上均匀地涂上一薄层显示剂(如红丹粉)，再将一精度较高的标准平板(也称检验平板)扣在被测工件上(如果被测工件比较小，可将工件的被测面扣在平板的工作面上)。然后平稳地前、后、左、右往复移动(研磨)5～8 次，将检验平板取下后可以看到被测表面上的凸点变成了亮点即接触斑点。观察被测表面上出现的接触斑点，斑点越多，越细密均匀，表示工件的平面度误差越小。通常用规定 25cm×25cm 方形面积内斑点的数目不少于某个数值，来作为平面度误差的代用评定指标。接触斑点只能作为刮研表面平面度误差大小的定性评价依据，这种方法虽不符合国家标准，但是检测方法简单直观，在生产中仍有一定的实用价值。

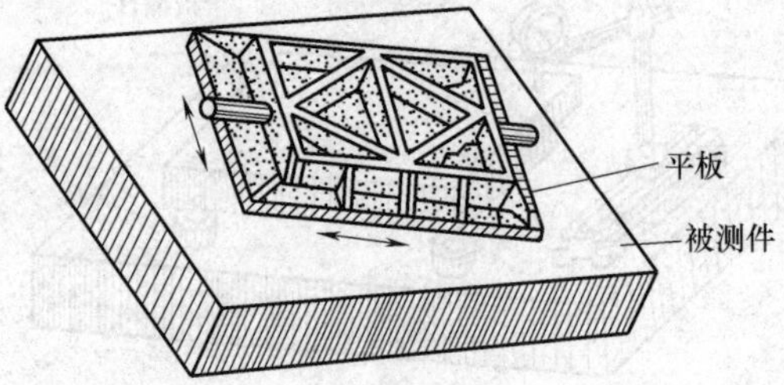

图 2.74　接触斑点法检验平面度

4)　间隙法测平面度误差

第一种办法是光隙法。与测直线度误差很相似，将被测平面内的任一直线与由刀口尺或平尺所体现的测量基准线间形成的光隙与标准光隙相比较，分多次测量不同方向的若干个截面中的直线度误差，取其中最大值作为平面度误差的近似值。

第二种办法是用平尺类量具体现理想平面，将平尺放在被测直线上，用塞尺直接检测，其最大塞入量即是该被测直线上的平面度误差近似值。依此方法检测被测平面的多个方向多处位置，取所有结果中的最大值作为被测工件的平面度误差的近似值。

第三种办法是把被测零件放在平台上，使被测面与平台工作面接触，用手轻微动零件一下，使零件稳定地不受外力的影响完全靠自重与平台接触，用塞尺测零件四周，测得的最大距离就是被测零件的平面度误差近似值。本办法简单、实用，特别适合于在生产现场对中小型盖、板类零件平面度误差的检测。

5)　干涉法测平面度误差

干涉法是利用光波干涉原理，根据平晶与被测平面贴合后出现的干涉条纹的形状和条数来确定平面度误差值。平晶是由光学玻璃制造，以光波干涉法测量平面的平面度、直线度、研合性以及平行度的计量器具。光波干涉现象是光波在屏幕上叠加后，屏幕上一些地方的光波的振动始终加强，而在另一些地方的光波振动始终减弱，振动加强的地方明亮，振动减弱的地方黑暗，于是在屏幕上形成明暗交替的条纹，称这些条纹为干涉条纹。

在检测工件平面度误差时，将平晶工作面和被测面擦净后，将平晶工作面扣在被测面上，如果被测面是理想平面，则平晶工作面与被测面紧密接触，没有空气层，所以看不到干涉条纹。如果被测面不是理想平面，而是凸凹不平的，则平晶工作面与被测面之间有空气层，就会产生变了形的干涉条纹。被测面平面度误差越大，干涉条纹变形越大。当偏差大到一定程度时，干涉条纹变成光圈。因此，可以根据干涉条纹的形状或光圈的数量计算出被测面的平面度误差。

(1)　根据干涉条纹计算平面度误差。

测量时若出现向一个方向弯曲的干涉条纹，如图 2.75(a)所示，调整平晶位置，使之出现 3～5 条干涉带，则平面度误差的近似值为：

$$f=\frac{\upsilon}{\omega}\times\frac{\lambda}{2}$$

式中：λ 为光波波长，白光的平均波长为 0.58 μm；υ 为干涉带弯曲量；ω 为干涉带间距，在检测时直接估计出 $\frac{\upsilon}{\omega}$ 的值。

(2)　根据光圈计算平面度误差。

若被测平面凹凸不平，则会出现环形干涉带，如图 2.75(b)，调整平晶的位置，使干涉带数目最少，则平面度误差的近似值为：

$$f=\frac{\lambda}{2}\times n$$

式中：n 为平晶直径方向上的光圈数。

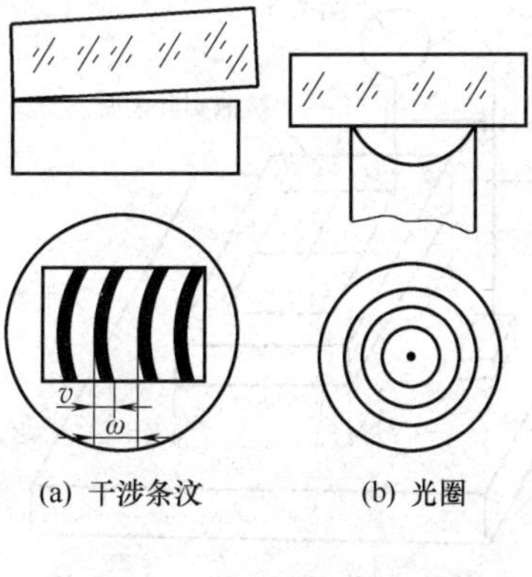

(a) 干涉条汶　　(b) 光圈

图 2.75　用平晶检验平面度

3. 工作计划

在检测实训过程中，各小组协同制定检测计划，共同解决检测过程中遇到的困难；要相互监督计划的执行与完成情况，并交叉互检，以提高检测结果的准确性。在实训过程中，要如实填写表 2.7 所示的“用三点法检测平面度误差工作计划及执行情况表”。

表 2.7　用三点法检测平面度误差工作计划及执行情况表

序　号	内　容	所用时间	要　求	完成/实施情况记录或个人体会、总结
1	研讨任务		分析检测要求，确定工件支撑方式	
2	决策与计划		确定所需要的计量器具和辅助工具，制定详细的检测计划	
3	实施检测		根据计划，调整工件，画线布点，逐点检测并做好记录，填写测试报告	
4	结果检查		检查本组组员的计划执行情况和检测结果，并组织交叉互检	
5	评估		对自己所作的工作进行反思，提出改进措施，谈谈自己的心得体会	

4. 检测实施

(1)　填写借用工件和计量器具的申请表。

(2)　领取工件和计量器具。

(3)　清洗工件、量具和辅助工具。

(4)　把可调支撑放在测量平台上，将其大致调到等高，并摆放成三角形，然后把工件(被测平板)放在支座上，如图 2.76 所示。

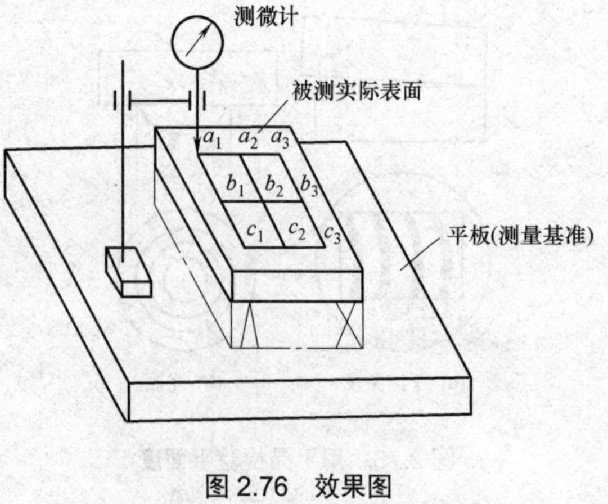

图 2.76　效果图

(5) 调整百分表位置，使其测杆垂直于测量平台，且测头与被测工件表面接触并压下 0.5～1mm (即百分表大指针转过半圈至一圈)。

(6) 用可调支撑调整被测表面，用指示表检测最远三点，反复调整直到被测表面与基准平台平行。

(7) 在被测表面上均匀画线布点，逐点进行测量并记录读数值。

(8) 处理测量数据，用最大值减去最小值的方法求平面度误差。

(9) 根据零件图的技术要求判定零件的合格性。

5. 三点法测平面度误差的检查要点

(1) 百分表测杆是否垂直于被测平面？

(2) 最远三点是否等高？

(3) 画线布点是否均匀？

(4) 读数方法是否有误？如果有误，分析原因。

(5) 自己复查了哪些数据？结果如何？

(6) 与同组成员的互检结果如何？

2.3.3 用两点法、三点法测圆度误差

1. 工作任务

用两点法、三点法测图 2.77 所示工件的圆度误差。

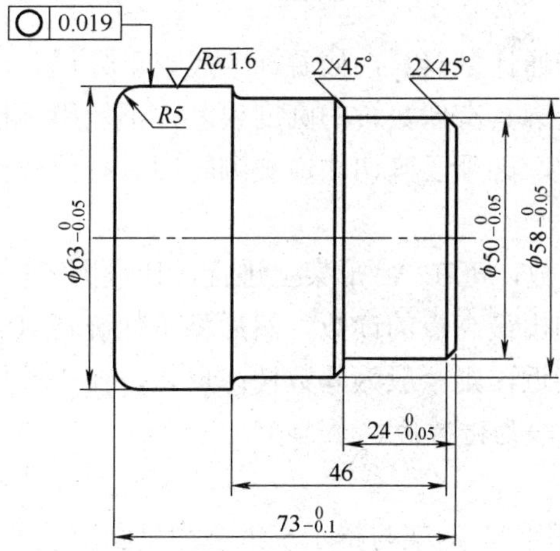

图 2.77　阶梯轴

2. 圆度误差检测资讯

圆度误差的检测方法很多，基本原理是采用“与理想要素比较原则”或“测量坐标值原则”，设法求出被测圆横向截面的实际轮廓信息，然后按要求评定其误差值；或者用“测量特征参数原则”，运用简便的方法，测量特征参数(如偶数棱圆的直径变化量)，然后经过数据处理得到圆度误差值。

1) 两点法

两点法又称直径测量法，如图 2.78 所示，指在垂直于被测圆柱面轴线的测量平面内，测量直径的变化量 Δ，取直径变化量的一半作为被测截面上的圆度误差($f=\Delta/2$)。在零件轴向的多个位置进行测量，取所有截面圆度误差的最大值作为零件的圆度误差值。两点法用代号“2”表示。

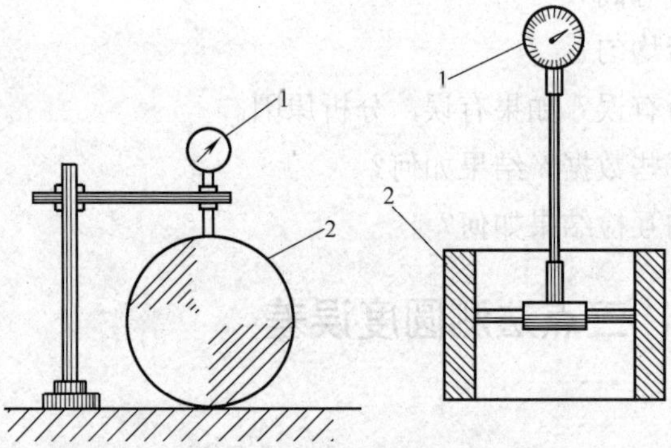

图 2.78 两点法测圆度误差

两点法测量时可以使用普通计量器具，如游标卡尺、千分尺、比较仪等，简便易行。但是此法只能用于检测被测轮廓具有偶数棱的圆度误差，不能用于检测奇数棱圆的圆度误差。因此，运用两点法检测时，必须已确切知道被测轮廓具有偶数棱的特征，才能获得较准确的测量结果。

判断被测表面的奇、偶棱数，可在 V 形架上进行，让被测零件置于 V 形架上回转，在横向测量截面内用指示表测出最高点的读数，然后将工件旋转 180° 再次测量，若指示表的示值与第一次相同或很接近，则一般为偶数棱；反之，在工件旋转 180° 后指示表的示值相对于第一次偏小，则一般为奇数棱。

2) 三点法

三点法测量圆度误差是利用 V 形架与指示表组合测量圆度误差，如图 2.79 所示。三点测量法可分为顶点式与鞍式两类。对于顶点式测量又分为对称式与非对称式。对称式是指测量方向与 V 形块两固定支承面的角平分线重合，非对称式是指测量方向与 V 形块两固定支承面的角平分线间成一角度 β，如图 2.79(c)所示。鞍式常用于大直径零件的测量。

V 形架(或固定支撑)的夹角 α 有 90°、120°、60°、72°、108° 五种。

三点法测量用代号“3”表示；顶式用“s”表示；鞍式用“R”表示，将以上代号和 V 形架(或固定支撑)的夹角 α、指示表安装位置的测量角 β 写在一起就构成了三点测量装置的代号。如：$3s\alpha$——三点顶式对称测量装置；$3R\alpha$——三点鞍式对称测量装置；$3s\dfrac{\alpha}{\beta}$——三点顶式非对称测量装置。

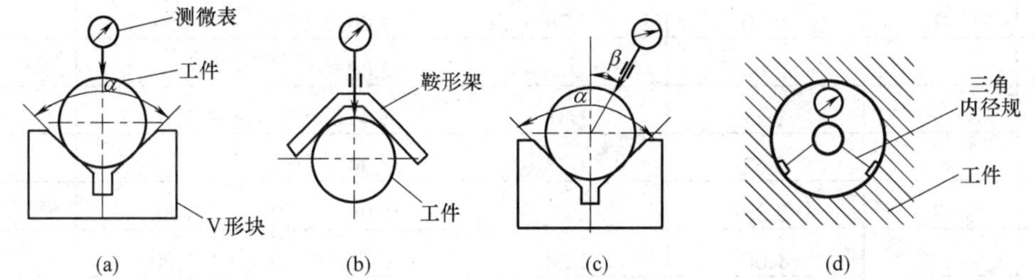

图 2.79　三点法测量示意图

图 2.80 所示的三点法测量装置是通常用来测量外表面圆度误差的，测量时，被测圆柱面的轴线应垂直于测量截面，同时固定轴向位置，将被测圆柱面回转一周过程中指示表测头在径向方向上示值的最大差值△除以反映系数 F 作为圆度误差值 f，即 $f=\Delta/F$。

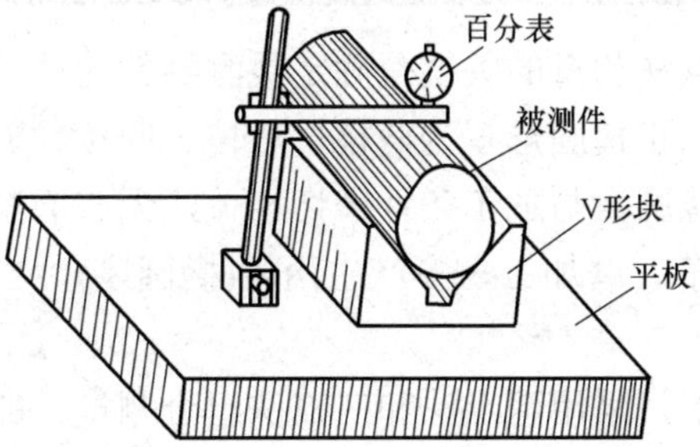

图 2.80　三点法测量装置

反映系数 F 的值如表 2.8 所示。

表 2.8　两点法测量及指示表和 V 形块对称安置的顶式三点法测量的反应系数 F

棱数 n	两点法 2	三　点　法				
		3S72°	3S108°	3S90°	3S120°	3S60°
2	2	0.47	1.38	1.00	1.58	
3		2.26	1.38	2.00	1.00	3
4	2	0.38		0.41	0.42	
5		1.00	2.24	2.00	2.00	
6	2	2.38		1.00	0.16	3
7		0.62	1.38		2.00	
8	2	1.53	1.38	2.41	0.42	
9		2.00			1.00	3

续表

棱数 n	两点法 2	三 点 法				
		3S72°	3S108°	3S90°	3S120°	3S60°
10	2	0.70	2.24	1.00	1.58	
11		2.00		2.00		
12	2	1.53	1.38	0.41	2.16	3
13		0.62	1.38	2.00		
14	2	2.38		1.00	1.58	
15		1.00	2.24		1.00	3
16	2	0.38		2.41	0.42	
17		2.62	1.38		2.00	
18	2	0.47	1.38	1.00	0.16	3
19				2.00	2.00	
20	2	2.70	2.24	0.41	0.42	
21				2.00	1.00	3

从前面的介绍看，三点法测量的关键是确定被测零件的棱数，这一点也是三点法测量的难点。生产中零件出现的正棱圆形多为两棱、三棱、四棱、五棱、七棱，更多棱数及均匀等分的情况是极少的。棱圆数与加工条件密切相关，无心磨削加工多产生三棱、五棱、七棱，采用顶针装夹进行车、磨加工，多产生两棱(椭圆度)，当三点或四点定位装夹零件时多产生三棱或四棱。

在棱数为未知的情况下，采用两点法和三点法组合测量，能取得较好的效果。经过推算，在进行组合测量时，大多数情况下反映系数等于 2。所以，组合测量时应在多个截面测量，取所有测得值中的最大值除以 2 作为工件的圆度误差。

3) 圆度仪法

圆度仪的测量原理是利用点的回转形成的基准圆与被测实际圆轮廓相比较而评定其圆度误差值。测量时，仪器测头与被测零件表面接触并作相对匀速转动，测头沿被测工件表面的正截面轮廓线划过，通过传感器将实际圆轮廓线相对于回转中心的半径变化量转变为电信号，经放大和滤波后自动记录下来，获得轮廓误差的放大图形，就可按放大图形来评定圆度误差；也可由仪器附带的电子计算装置运算，将圆度误差值直接显示并打印出来。圆度仪的测量示意图如图 2.81 所示。

4) 测坐标值法

此方法是将被测零件放置在设定的直角坐标系或极坐标系中，测量被测零件横向截面轮廓上各点的坐标值，然后按要求，用相应的方法来评定圆度误差值。

在极坐标系中测量圆度误差，需要有精密回转的分度装置(如分度台或分度头)结合指示表进行测量。图 2.82 所示即为在光学分度头上用测量极坐标法测圆度误差的示例。测量时，将被测工件装在光学分度头附带的顶尖之间，指示表固定不动，在起始位置将指示表指针调零位(起始点的读数为零)，按等分角旋转分度头，每转一个等分角即可从指示表上读取一个数值，该数值即为该点相对于参考圆半径的变化量。根据参考圆的半径将所得数值按一定比例放大后，标在极坐标纸上，就可绘制出轮廓误差曲线，根据该曲线即可评定圆度误差。按上述方法测量若干截面，取其中最大的误差值作为该零件的圆度误差。

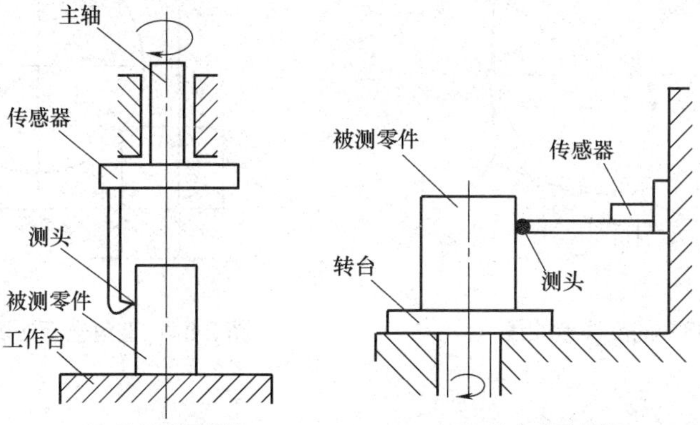

(a) 转轴式圆度仪　　(b) 转台式圆度仪

图 2.81　圆度仪的测量示意图

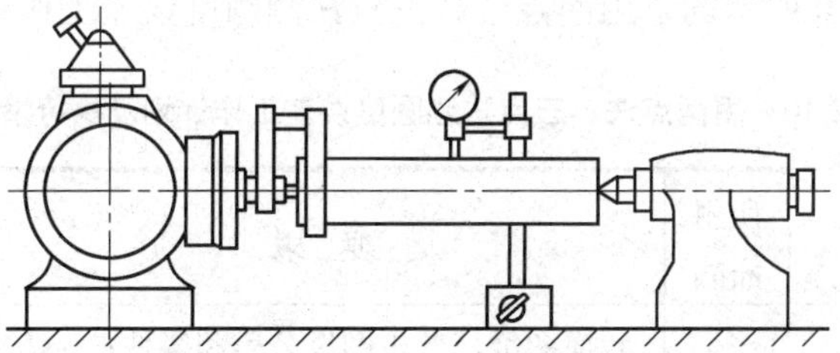

图 2.82　光学分度头测圆度误差

假设在对某一零件的横向截面轮廓按 30° 等分角测得各点相对于测量时参考圆的半径变化量如表 2.9 所示，则作图过程是：先取一适当的参考圆半径 R_0，将 ΔR 以适当的倍率放大后在极坐标系中顺次逐一描点连线即可得到轮廓误差曲线图，如图 2.83 所示。

表 2.9　坐标值法测圆度误差的数值

测点顺序	1	2	3	4	5	6	7	8	9	10	11	12
半径变化量 ΔR(μm)	0	−2	−4	−6	−2	+2	+3	−2	−3	+4	+2	−2

在直角坐标系中测圆度误差，应在坐标测量装置(如坐标测量机)或带电子计算机的测量显微镜上进行，测量同一截面轮廓上采样点的直角坐标值 $M_i(x_i, y_i)$，如图 2.84 所示。然后由计算机评定该截面的圆度误差。按上述方法测量若干截面，取其中最大的误差值作为该零件的圆度误差。

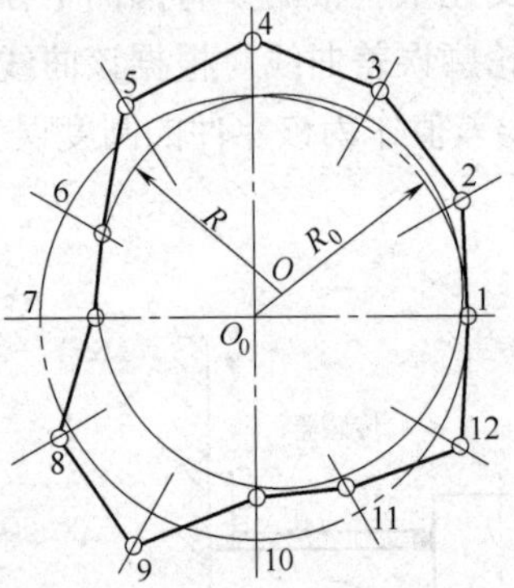

图 2.83　圆度误差曲线

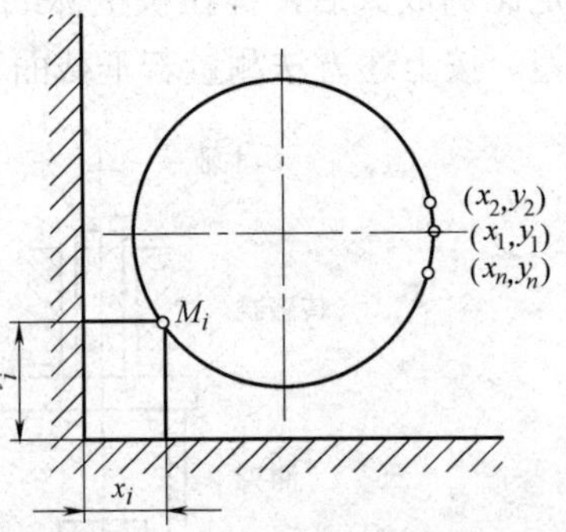

图 2.84　直角坐标法测圆度误差原理

3. 工作计划

在检测实训过程中，各小组协同制定检测计划，共同解决检测过程中遇到的困难；要相互监督计划的执行与完成情况，并交叉互检，以提高检测结果的准确性。在实训过程中，要如实填写表 2.10 所示的“用两点法、三点法测圆度误差工作计划及执行情况表”。

表 2.10　用两点法、三点法测圆度误差工作计划及执行情况表

序　号	内　容	所用时间	要　求	完成/实施情况记录或个人体会、总结
1	研讨任务		看懂图纸，分析圆度公差和零件加工方法；初步确定圆柱面的棱数，确定三点法的具体方案和检测位置	
2	计划与决策		制定详细的检测计划并确定所需要的计量器具	
3	实施检测		根据计划，按两点法、三点法分步实施，做好记录，填写测试报告	
4	结果检查		检查本组组员的计划执行情况和检测结果，并组织交叉互检	
5	评估		对自己所做的工作进行反思，提出改进措施，谈谈自己的心得体会	

4. 检测实施

(1) 填写借用工件和计量器具的申请表。

(2) 领取工件和计量器具。

(3) 清洗工件、量具和辅助工具。

(4) 用两点法检测工件圆度误差，注意可以用直接测量也可以用比较测量，根据具体情况选择测量方法；分截面计算工件圆度误差，然后在多个截面的圆度误差值中取最大值

作为工件的圆度误差。

(5) 用三点法检测工件圆度误差；注意安装方式和反映系数的选择；分截面计算工件圆度误差，然后在多个截面的圆度误差值中取最大值作为工件的圆度误差。

(6) 用组合测量的方法重新计算圆度误差，并与前面计算的结果进行对比分析。

(7) 根据测量结果判断合格性。

5. 用两点法、三点法测圆度误差的检查要点

(1) 截面划分是否科学？

(2) 三点法测量时，百分表安装位置和测杆方向是否正确？

(3) 读数方法是否有误？如果有误，分析原因。

(4) 三点法测量时的反映系数选取是否正确？

(5) 两点法、三点法、组合测量的数据比较。

(6) 自己复查了哪些数据？结果如何？

(7) 与同组成员的互检结果如何？

2.3.4　用指示表检测键槽对称度误差

1. 工作任务

用 V 形架、指示表检测图 2.1 所示零件的键槽对称度误差。

2. 对称度误差检测资讯

图 2.85 所示是用测量距离的方法测量零件中心平面相对于基准对称中心平面的对称度误差。测量时，将被测工件放在平板上，以平板表面作为测量基准，用指示表先测出图中表面 I 与平板表面间的距离，然后将被测工件翻转 180°，按同样方法测出表面II与平板表面间的距离。被测两表面对应点最大读数差的绝对值即为被测的对称度误差。

图 2.86 所示是测量键槽的对称度误差的示意图。将被测轴放在 V 形块上，在键槽内塞入量块(或专用的定位块)，逐渐调整被测轴，沿着垂直于轴线的方向移动指示表，调整量块高度，使其与平板表面平行，记下指示表读数 h_1，再将被测轴翻转 180°，用同样的方法调整测量，记下指示表读数 h_2。设被测轴键槽深度为 t，被测轴直径为 d，读数差为 $\Delta=|h_1-h_2|$，则在该横截面键槽中心平面的对称度误差值为：

$$f=\Delta\times t/(d-t)$$

式中：d 为轴的直径；t 为键槽深度。

上面测的是键槽在一个横截面内(垂直于轴线方向)的对称度误差值。完整的测量还应在键槽的长度方向多处测量，按照前面的方法分别求出每一横截面的对称度误差值，取其中的最大值作为被测键槽的对称度误差。

3. 工作计划

在检测实训过程中，各小组协同制定检测计划，共同解决检测过程中遇到的困难；要相互监督计划的执行与完成情况，并交叉互检，以提高检测结果的准确性。在实训过程

中，要如实填写表 2.11 所示的“用指示表检测键槽对称度误差工作计划及执行情况表”。

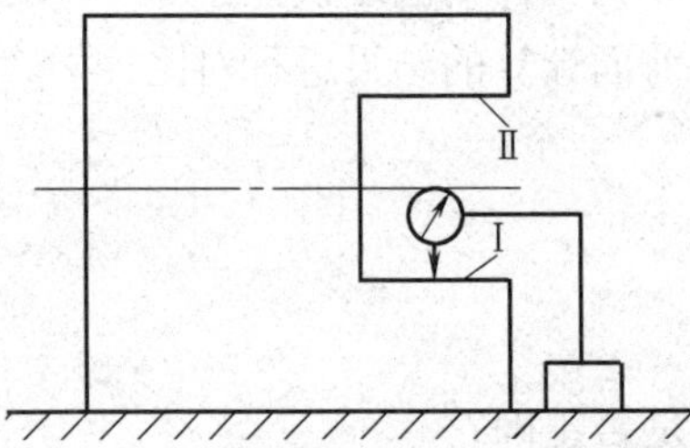

图 2.85 面对面的对称度误差测量

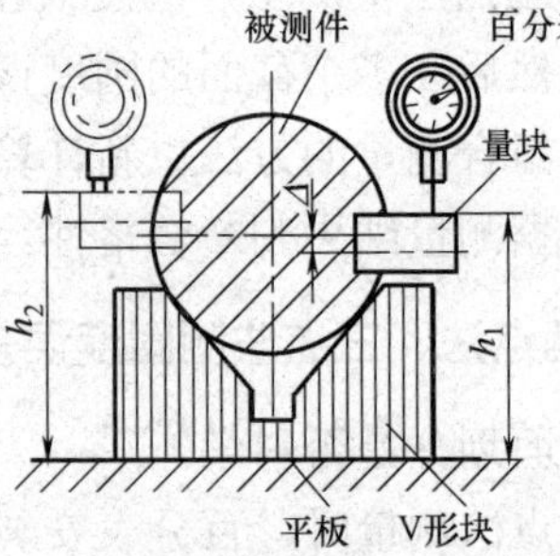

图 2.86 键槽对称度误差测量

表 2.11 用指示表检测键槽对称度误差工作计划及执行情况表

序号	内 容	责任人	所用时间	要 求	完成/实施情况记录或个人体会、总结
1	研讨任务	全体组员		分析对称度要求，确定工件支撑方式	
2	计划与决策	小组长		确定所需要的计量器具和辅助工具及定位块的尺寸，制定详细的检测计划	
3	实施检测	全体组员		根据计划，安装定位块，反复调整工件，检测，翻转工件后再次调整、检测，做好检测记录，填写测试报告	
4	结果检查	小组长		检查本组组员的计划执行情况和检测结果，并组织交叉互检	
5	评估	全体组员		对自己所做的工作进行反思，提出改进措施，谈谈自己的心得体会	

4. 检测实施

(1) 填写借用工件和计量器具的申请表。

(2) 领取工件和计量器具。

(3) 清洗工件和计量器具。

(4) 将定位块放在键槽中，然后将工件安放在 V 形架上。

(5) 逐渐调整被测轴，沿着垂直于轴线的方向移动指示表调整量块高度，使其与平板表面平行，记下指示表读数 h_1。

(6) 再将被测轴翻转 180°，用同样的方法调整测量，记下指示表读数 h_2。

(7) 测出被测轴键槽深度 t 和被测轴直径 d。

(8) 按公式 $f = \Delta \times t \mid (d - t)$ 计算对称度误差。

(9) 沿键槽的长度方向多处测量，分别求出每一位置的对称度误差值，取其中的最大值作为被测键槽的对称度误差。

(10) 根据图样要求判断合格性。

5. 用指示表检测键槽对称度误差的检查与评估

1)　检查要点

(1)　工件安装和定位块安装是否正确？

(2)　指示表测头的方向和压缩量是否正确？

(3)　读数方法是否有误？如果有误，分析原因。

(4)　检测位置(截面划分)是否科学？为什么？

(5)　自己复查了哪些数据？结果如何？

(6)　与同组成员的互检结果如何？

2)　评估策略

学生应该对自己所做的工作做一个评价；对计划、决策、实施、检查 4 个方面进行反思，提出改进措施。评估也是学生再次进行学习和提高的过程，因此应该要求学生认真对待，做到客观真实，杜绝假话、套话和空话。教师从学生的评价中可以发现学生进行的反思性学习品质和自我修正的能力。

2.3.5　用偏摆检测仪测轴的径向和端面圆跳动

1. 工作任务

在偏摆检查仪上用百分表检测图 2.1 所示零件 ϕ42 段的径向圆跳动；用杠杆百分表检测 ϕ40 段的端面圆跳动。

2. 跳动检测资讯

1)　圆跳动的检测

圆跳动分为径向圆跳动、端面圆跳动和斜向圆跳动 3 种，下面分别介绍这 3 种圆跳动的检测方法。

测量径向圆跳动时一般用顶尖、套筒或 V 形架来模拟基准轴线，如图 2.87 所示。用指示表在垂直于轴线的多个截面(测量面)上测量，在每个测量面上均在被测工件回转至少一周的基础上观察指示表的示值，分别记下最大读数值 Δ_{max} 和最小读数值 Δ_{min}，则该截面的径向圆跳动为：

$$f_1=\Delta_{max}-\Delta_{min}$$

然后移动指示表到另一个测量截面，按上述方法测量并求得截面上的径向圆跳动 f_2。依此类推，将所有拟定的截面全部测完后，比较 f_1、f_2、…、f_n 的大小，取最大值作为零件的径向圆跳动。

用顶尖法检测圆跳动，特别适合于设计图样上指定以零件上两顶尖孔的公共轴线为基准轴线的场合。对于带孔的盘套类零件，当能以标准心轴的两顶尖孔的公共轴线来模拟被测零件的基准轴线时，亦可用顶尖法检测其圆跳动。顶尖法检测圆跳动，具有较高的精度且不需额外的轴向定位装置。

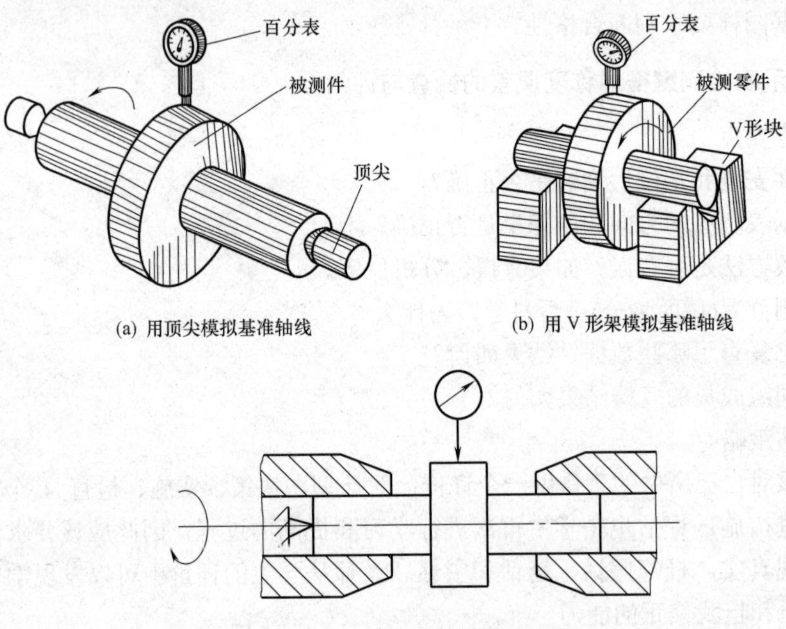

(a) 用顶尖模拟基准轴线　(b) 用 V 形架模拟基准轴线

(c) 用套筒模拟基准轴线

图 2.87　径向圆跳动的测量

用 V 形架法检测圆跳动方法简便，但是 V 形架法模拟基准轴线由于受到基准要素圆柱度误差、两轴颈同轴度误差、V 形架角度及指示表安置方向与 V 形架对称中心面的夹角的综合影响，其检测精度受限制。为了减少这些误差，可以将 V 形架支承部位做成刃口型，如图 2.88 所示。这样可以将轴颈圆柱度误差和同轴度误差的影响减小为只有支承部位两截面圆度误差的影响。当选择 V 形架角度 α 以及指示表安置方向与 V 形架对称中心面的夹角 β 分别为 $\alpha=90^\circ$、$\beta=45^\circ$；$\alpha=120^\circ$、$\beta=0^\circ$ 或者 $\alpha=60^\circ$、$\beta=30^\circ$ 时，可以尽量减小回转误差对测量结果的影响。

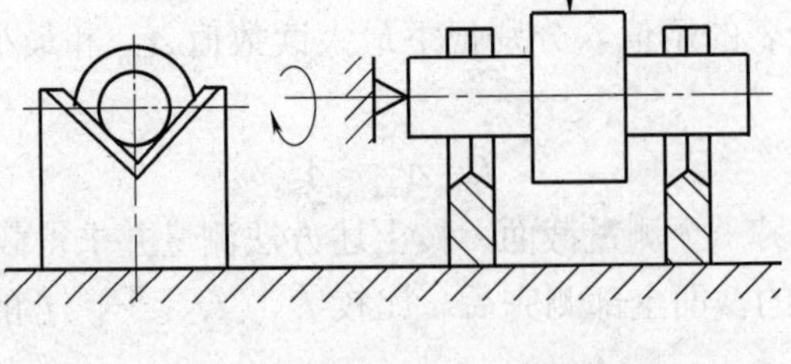

图 2.88　刃口型支承部位 V 形架测圆跳动

用 V 形架法测量圆跳动，应对被测零件作可靠的轴向定位，通常采用轴端定位法。当被测件有顶尖孔时，可在顶尖孔内放一较高精度的钢球，让钢球与固定挡板接触进行定位，如图 2.89(a)所示，其触点恰好处于被测零件的轴线上，这种定位方式的定位精度较高。当被测零件轴端为平面时，可用圆头销顶在被测零件的轴线处定位，如图 2.89(b)所示，当轴端为大孔时，可用大于轴端面的挡板进行轴向定位，如图 2.89(c)所示，此时该挡板与被测零件轴端接触的工作面应有较高的平面度，且要调整挡板使其工作面垂直于被测零件的回转轴线。除了轴端定位法有时还可以采用轴肩定位法。

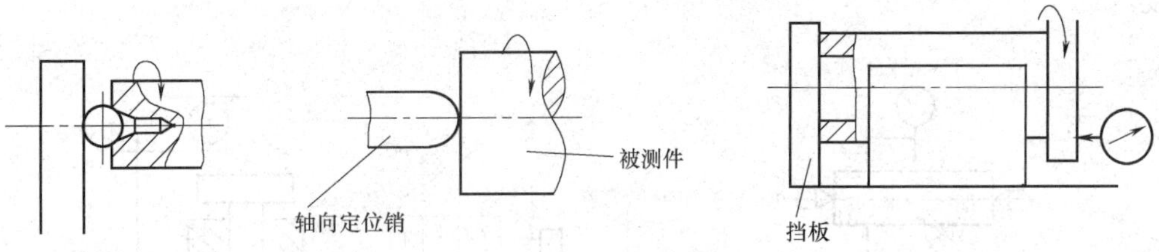

(a) 钢球加固定挡板定位　　(b) 圆头销定位　　(c) 挡板定位

图 2.89　轴向定位的几种方式

套筒法检测圆跳动，当零件基准轴线为单一基准时，用与基准轴颈最小外接的单个圆柱套筒轴线模拟，如图 2.90(a)所示；当基准轴线为两轴颈的公共轴线时，用包容两基准轴颈的两同轴最小外接圆柱套筒轴线模拟，如图 2.90(b)所示。测量时所用的套筒如能达到上述理想状况，则模拟基准轴线与定义十分接近，零件回转比较稳定且径向回转误差较小。但在实际应用时，套筒与基准轴颈之间总是存在一定的间隙，零件模拟基准轴线在回转时就不稳定，其径向回转误差与配合间隙的大小有关。要保证和提高套筒法检测跳动的精度，关键在于减小套筒与基准轴颈的配合间隙，这一点较难做到，因而套筒法未能得到广泛使用。套筒法对零件的轴向定位方法与 V 形架法相同。

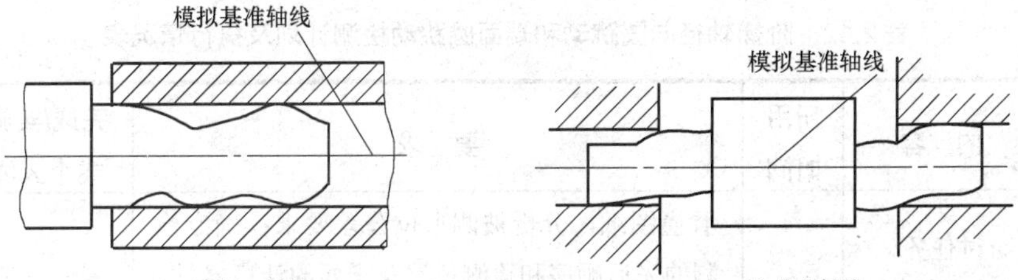

(a) 单一轴线　　(b) 公共轴线

图 2.90　套筒模拟基准轴线测圆跳动

2)　全跳动的检测

全跳动有径向全跳动和端面全跳动两种。测量径向全跳动时，指示表的测头方向与基准轴线垂直，且测量过程中指示表沿着平行于基准轴线的理想素线方向移动，整个过程中，指示表的最大与最小示值之差即为径向全跳动值，如图 2.91(a)所示。测量端面全跳动时，指示表测头的方向与基准轴线平行，测量过程中指示表沿着垂直于基准轴线的方向移动，整个过程中，指示表的最大与最小示值之差即为端面全跳动值，如图 2.91(b)和图 2.91(c)所示。

测量全跳动时，无论是径向全跳动还是端面全跳动，指示表通常采用等距的间断方式或按螺线式移动。检测全跳动时，基准轴线的体现方法、被测零件的轴向定位方式与检测圆跳动时相同。所用的检测仪器、设备与检测圆跳动时基本相同，只是在检测径向全跳动时必须有平行于基准轴线的测量基准，检测端面全跳动时必须有垂直于基准轴线的测量基准，这些测量基准应有足够的精度，以便于在测量时移动指示表，确保全跳动的测量精度。

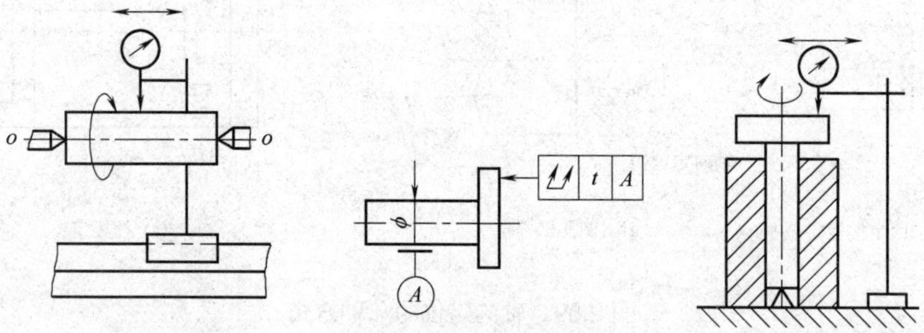

(a) 径向全跳动的检测　(b) 端面全跳动的检测　(c) 端面全跳动的检测

图 2.91　全跳动的检测

3. 工作计划

在检测实训过程中，各小组协同制定检测计划，共同解决检测过程中遇到的困难；要相互监督计划的执行与完成情况，并交叉互检，以提高检测结果的准确性。在实训过程中，要如实填写表 2.12 所示的“阶梯轴径向圆跳动和端面圆跳动检测计划及执行情况表”。

表 2.12　阶梯轴径向圆跳动和端面圆跳动检测计划及执行情况表

序 号	内 容	所用时间	要 求	完成/实施情况记录或个人体会、总结
1	研讨任务		看懂图纸，分析被测形位公差要求；确定检测的先后顺序和检测位置及需要的计量器具	
2	计划与决策		确定所需要的计量器具和辅助工具，制定详细的检测计划	
3	实施检测		根据计划，分截面按顺序分别检测径向圆跳动和端面圆跳动，做好记录，填写测试报告	
4	结果检查		检查本组组员的计划执行情况和检测结果，并组织交叉互检	
5	评估		对自己所做的工作进行反思，提出改进措施，谈谈自己的心得体会	

4. 检测实施

(1) 填写借用工件和计量器具的申请表。

(2) 领取工件和计量器具。

(3) 清洗工件、计量器具及辅助装置。

(4) 测量时被测工件安装在偏摆检查仪上的两顶尖之间，安装时应注意正确使用偏摆检查仪，防止损坏顶尖等重要部位。安装好工件后，应锁紧顶尖，防止工件跌落；测量径向圆跳动时应使用钟表式百分表，调整时，把百分表表座安放在偏摆检查仪导轨上，磁力表座的磁路打开，使表座连同百分表固定在偏摆检查仪的导轨上，调整百分表位置使百分表测量杆垂直于工件轴线，测头在被测圆截面的最高点上且压进 0.5～1 圈。

(5) 转动被测零件，观察指示器示值变化，记录被测零件在回转一周的过程中指示器的最大读数 M_1 与最小读数 M_2，则所测截面的径向圆跳动为：$f_{径}=|M_1-M_2|$。

(6) 按上述方法，测若干个截面，取各截面上所测得的径向圆跳动中最大值作为该零件的径向圆跳动量。

(7) 测量端面圆跳动时应使用杠杆百分表；调整时应使杠杆百分表测头的测量方向与工件轴线平行，使测头与被测端面接触并压下半圈左右；慢速旋转工件一周以上或数周，观察杠杆百分表示值的变化，记录被测零件在回转一周的过程中的最大读数 M_3 与最小读数 M_4，则所测端面圆跳动为：$f_{端}=|M_3-M_4|$。

(8) 在断面上多个位置测量，取所测得的端面圆跳动中最大值作为该零件的端面圆跳动量。

(9) 按零件图样的技术要求判定零件的合格性。

5. 齿轮轴圆跳动检测的检查要点

(1) 百分表和杠杆百分表的安装是否科学？重点检查测头的方向和压缩量。

(2) 截面选取是否科学？

(3) 读数方法是否有误？如果有误，分析原因。

(4) 自己复查了哪些数据？结果如何？

(5) 与同组成员的互检结果如何？

2.4 拓展实训

1. 用框式水平仪检测车床导轨的直线度误差

实训目的：通过完成车床导轨直线度误差的检测这一任务，进一步熟悉框式水平仪的使用方法和图解法求解直线度误差的方法。

实训要点：重点是练习框式水平仪的使用和读数方法，提高测量的准确性。

预习要求：框式水平仪的结构原理、使用方法、图解法求直线度误差。

实训过程：让学生自主操作，自主探索，自我提高；教师观察学生水平仪的操作和读数，发现严重错误和典型错误要及时指正，重点是让学生提高检测的熟练程度和准确性。

实训小结：对学生的操作过程中的典型问题进行集中评价。

2. 用心轴和指示表检测箱体孔轴线之间的平行度误差

实训目的：通过完成图 2.92 所示箱体孔轴线之间的平行度误差检测这一任务，进一步熟悉百分表、心轴的使用，拓展学生形位误差的检测能力。

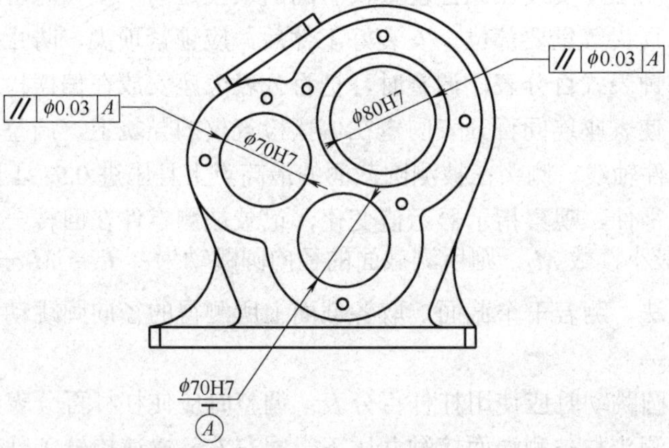

图 2.92　箱体

实训要点：重点是练习百分表和心轴的使用，提高安装调试检测系统的能力，提高测量的准确性。

预习要求：轴线对轴线平行度误差的检测。

实训过程：让学生自主操作，自主探索，自我提高；教师观察学生安装调试检测系统，发现严重错误和典型错误要及时指正，重点是让学生提高检测的熟练程度和准确性。

实训小结：对学生的操作过程中的典型问题进行集中评价。

2.5　实践中常见问题解析

1. 用框式水平仪测直线度误差时不能读数的处理

用框式水平仪测直线度误差时，如果出现气泡偏离太多而不能读数时，应想办法将被测工件调整至大致水平，先在被测工件的两端初测，保证两端都能读出数据，则在整个工件的各段一般都能顺利读出数据。

2. 框式水平仪读数结果的处理

框式水平仪的分度值(如 0.02mm/m)是指水平仪气泡移动一个分度，工作面所需要倾斜的角度或高度差，单位为 mm/m，因此用框式水平仪测量的实际是前后两点的高度差(或倾角)，因此气泡偏移 1 格所代表的高度差与水平仪(或者桥板)的长度和分度值有关，所以需要根据测量的实际情况按下式计算气泡偏移 1 格所代表的高度差：

$$h = L \times i$$

式中：L 为桥板的跨距；i 为水平仪分度值。

3. 两点法测圆度误差数据没按照测量截面处理

两点法测量时，在每个截面上应测量多次，并在每个截面上分别求出圆度误差值。不能将不同截面上的测量数据混在一起处理。

4. 安装调整百分表时测杆倾斜或者测头压缩量过大

在用百分表测量时，测头必须垂直于被测表面，调整时应沿两个方向观察是否垂直，并适当压缩 0.5～1mm(即大指针旋转半圈至一圈)。如果在测量时发现数据出现毫无规律的跳动，则应查看测头是否松动(有的测头和测杆之间是用螺纹联结的)，如果松动了用手旋紧即可。

5. 测量跳动时，指针在百分表零位附近变动时的读数不正确

如图 2.93 所示，当指针在百分表零位附近变动时，要特别注意读数的连续性(即第二次读数要参照第一次读数)，如果图 2.93(a)中读为 0.990mm，则图 2.93(b)中应读为 1.010mm；反之也可以将图 2.93(a)中读为-0.010mm，则图 2.93(b)中应读为+0.010mm。

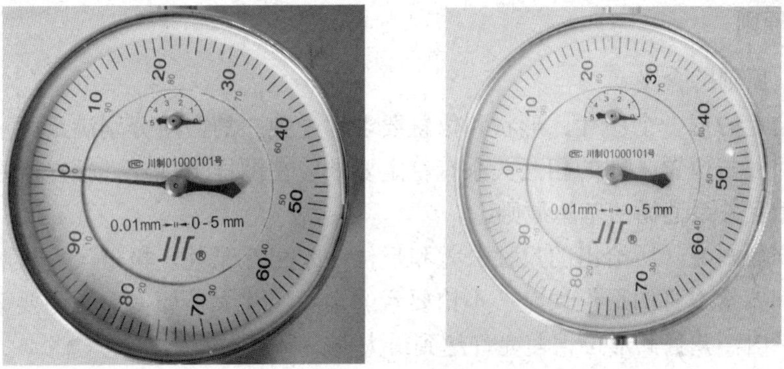

(a)　　　　(b)

图 2.93　指针在百分表零位附近

6. 三点法测平面度误差时，相邻点之间读数差异太大

首先应考虑被测表面本身是否存在很大的差异，如果不是，则应考虑是不是在测量时每测一个点都将磁力表架提起来了，这样是不科学的，因为经常提起和放下磁力表架可能导致松动和移位，在读数上就表现出有很大的差异，所以在检测平面度误差时，应将磁力表架一直放在平台上，通过来回推动来达到移动位置的目的。

2.6 拓 展 知 识

2.6.1 公差原则

引导问题

(1) 公差原则用来处理什么关系？

(2) 相关要求包括哪些要求？

(3) 独立原则的含义是什么？

(4) 包容要求的含义是什么？

(5) 最大实体要求及其可逆要求是什么？

(6) 最小实体要求及其可逆要求是什么？

任何零件都同时存在有形位误差和尺寸误差。而影响零件使用性能的，有时主要是形位误差，有时主要是尺寸误差，有时则主要是它们的综合结果而不必区分出它们各自的大小。因而在设计上，为了表达设计意图并为工艺和检测提供便利，应根据需要赋予要素的形位公差和尺寸公差以不同的关系。我们把处理形位公差和尺寸公差关系的原则称为公差原则。下面简单介绍 GB/T 4249—1996《公差原则》的主要内容。

公差原则分为独立原则和相关要求。其中相关要求又包括包容要求和最大实体要求、最小实体要求及可逆要求。

1. 独立原则

1) 独立原则的含义

图样上给定的每一个尺寸、形状和位置要求均是独立的，应分别满足要求。如果对尺寸和形状、尺寸与位置之间的相互关系有特定要求应在图样上规定。独立原则是尺寸公差和形位公差相互关系遵循的基本原则。

采用独立原则时，所给出的尺寸公差和形位公差相互无关，极限尺寸只用来控制实际尺寸，不控制要素本身的形位误差；不论要素的实际尺寸大小如何，被测要素均应在给定的形位公差带内，并且其形位误差允许达到最大值。

2) 独立原则的识别

凡是对给出的尺寸公差和形位公差未用特定符号或文字说明它们有联系者，就表示它们遵守独立原则。

3) 独立原则的应用

如果尺寸公差和形位公差按独立原则给出，总是可以满足零件的功能要求，故独立原则的应用十分广泛，是确定尺寸公差和形位公差关系的基本原则。图 2.94 所示是独立原则的标注示例。采用独立原则时，实际尺寸一般用两点法测量，形位误差使用通用量仪测量。

2. 相关要求

相关要求是指图样上给定的尺寸公差和形位公差相互有关的公差要求，包括包容要求、最大实体要求(包括可逆要求应用于最大实体要求)和最小实体要求(包括可逆要求应用于最小实体要求)。

1) 包容要求

(1) 包容要求的含义。

包容要求是表示实际要素应遵守其最大实体边界，其局部实际尺寸不得超出最小实体尺寸的一种公差原则。

(2) 体外作用尺寸(以下简称作用尺寸)。

指在被测要素的给定长度上，与实际孔体外相接的最大理想面或与实际轴体外相接的最小理想面的直径或宽度，如图 2.95 中的 ϕd_{ef}。对于关联要素，该理想面的轴线或中心平面必须与基准保持图样给定的几何关系，如图 2.95 中的 ϕd_{efr}，假设图样给出了圆柱面的轴线对轴肩 A 的垂直度公差。

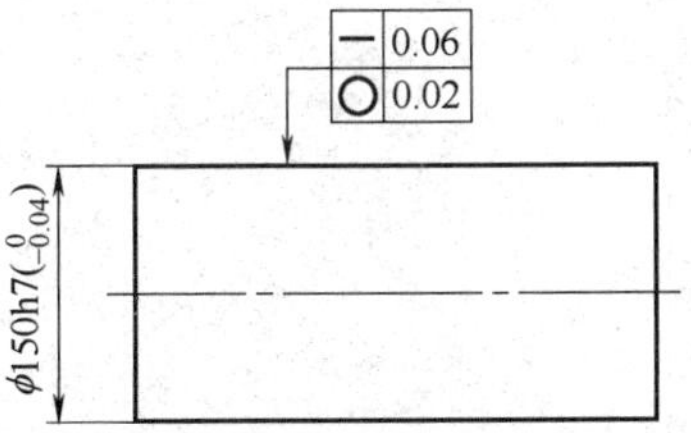

图 2.94　独立原则标注示例

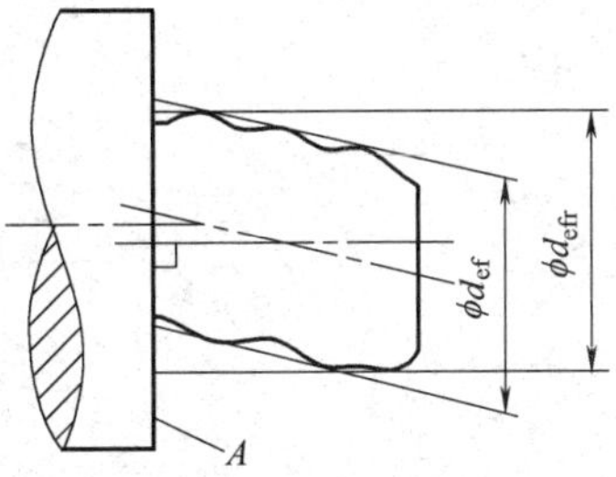

图 2.95　作用尺寸

(3) 包容要求的识别与标注。

按包容要求给出公差时，需在尺寸的上、下偏差后面或尺寸公差带代号后面加注符号“Ⓔ”，如图 2.96 所示；遵守包容要求而对形位公差需要进一步要求时，需另用公差框格注出形位公差，其值应小于尺寸公差，如图 2.97 所示。

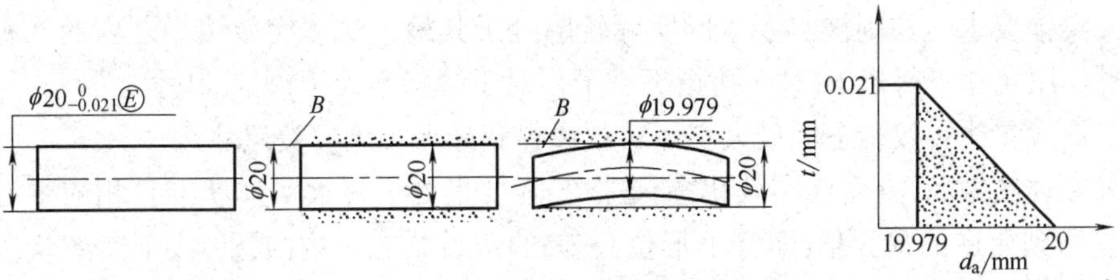

(a) 图示　　(b) 最大实体边界　　(c) 补偿关系及合格区域

图 2.96　包容要求

(4) 包容要求的应用。

包容要求适用于单一要素如圆柱表面或两平行表面。包容要求常常用于有配合要求的场合。要素遵守包容要求时，应该用光滑极限量规检验。

采用包容要求时实际轮廓要素应遵守最大实体边界，作用尺寸不超出(对于孔指不小于，对于轴指不大于)最大实体尺寸。按照此要求，如果实际要素达到最大实体状态，就不得有任何形位误差，即图 2.96 中，如果实际直径为 20 时，则零件不允许有任何形状误差；只有在实际要素偏离最大实体状态时，才允许存在与偏离量相当的形位误差，即图 2.96 中，如果实际直径小于 20 时(如 19.990)，则允许零件有直线度误差(误差值最大不得超过 0.01)。同理当实际直径为 19.979 时，直线度误差值最大可达到 0.021。这种尺寸对形位公差的补偿关系如图 2.96(c)所示。很自然，要素遵守包容要求时局部实际尺寸不能超出(对于孔指不大于，对于轴指不小于)最小实体尺寸，即图 2.96 中，零件的局部实际尺寸不得小于 19.979。

图 2.97 是遵守包容要求而对形位公差需要进一步要求时的情形，当孔的实际尺寸为 99.987 时，不允许存在形状误差；当孔的实际尺寸为 99.990 时，允许存在圆度误差，但误差值不得超过 0.003；当孔的实际尺寸为 99.997 时，圆度误差值最大不得超过 0.01；当孔的实际尺寸为 100 时，此时偏离最大实体尺寸已经达到 0.013，但是圆度误差值仍然不得超过 0.01。

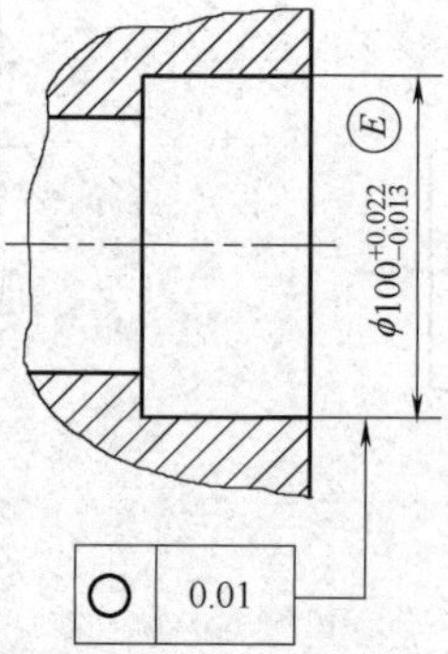

图 2.97　遵守包容要求而对形位公差需要进一步要求

2)　最大实体要求及其可逆要求

(1)　最大实体要求的含义。

最大实体要求是控制被测要素的实际轮廓处于其最大实体实效边界之内的一种公差原则，此时作用尺寸不得超出(对于孔指不小于，对于轴指不大于)实效尺寸。

(2)　最大实体实效状态、最大实体实效边界和最大实体实效尺寸。

最大实体实效状态(简称实效状态)是指实际要素处于最大实体状态且相应中心要素的形位误差达到允许的最大值(即等于形位公差)的假设状态。内(或外)接于实效状态下的孔(或轴)、尺寸最大(或最小)且具有理想形状的包容面称为单一要素的最大实体实效边界；内(或外)接于实效状态下的孔(或轴)、尺寸最大(或最小)且具有理想形状、方向或(和)位置的包容面称为关联要素的最大实体实效边界。最大实体实效边界简称为实效边界， 最大实体实效边界所具有的尺寸称为最大实体实效尺寸，简称为实效尺寸。

①　单一要素的实效尺寸按下式计算。

孔：实效尺寸=最小极限尺寸-中心要素的形状公差

轴：实效尺寸=最大极限尺寸+中心要素的形状公差

②　关联要素的实效尺寸按下式计算。

孔：实效尺寸=最小极限尺寸-中心要素的位置公差

轴：实效尺寸=最大极限尺寸+中心要素的位置公差

(3)　最大实体要求的标注。

按最大实体要求给出形位公差值时，在公差框格中形位公差值(包括零值)后面加注符号Ⓜ，如图 2.98 所示；最大实体要求用于基准要素时，在公差框格中的基准字母后面加注符号Ⓜ，如图 2.99 所示。遵守最大实体要求而需要对形位公差的增加量加以限制时，另用框格注出同项目形位公差，如图 2.100 中的“ϕ0.12”，表示无论在什么情况下形位公差值都不得超过 0.12mm。

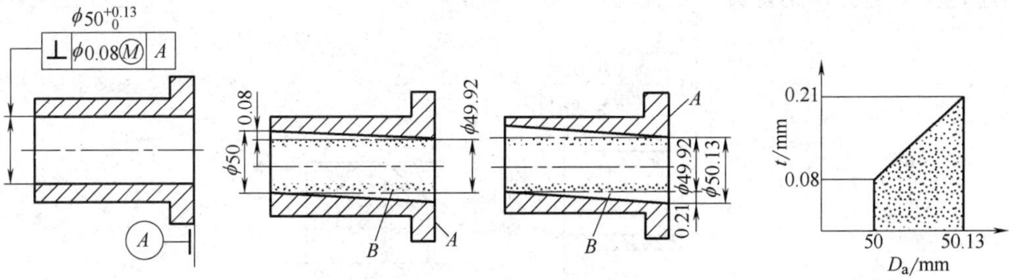

(a) 标注　(b) 实效边界　(c) 补偿关系图

图 2.98　最大实体要求用于被测要素

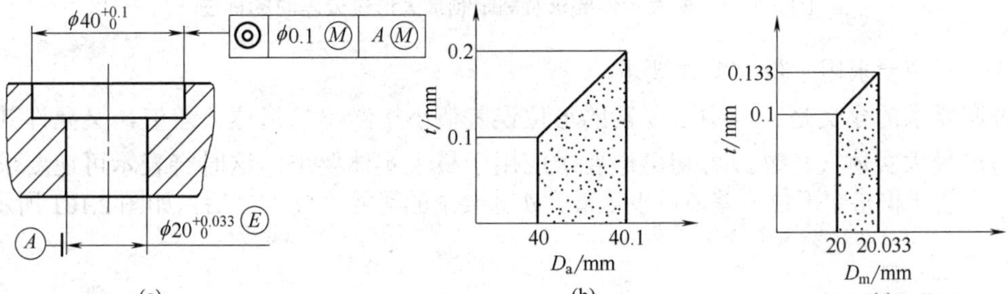

(a)　(b)　(c)

图 2.99　最大实体要求用于被测要素和基准要素

(4) 最大实体要求的应用。

最大实体要求适用于中心要素，不仅可以用于被测要素，也可以用于基准要素。主要用于只要求可装配性的场合，如轴承盖上用于穿过螺钉的通孔等。

最大实体要求用于被测要素时，被测要素的形位公差值是在该要素处于最大实体状态时给定的。如被测要素偏离最大实体状态，即其实际尺寸偏离最大实体尺寸时，形位公差值允许增大，其最大增大量为该要素的尺寸公差，如图 2.98 所示。图中当孔的尺寸为 50 时，垂直度公差为 0.08，即垂直度的最大误差不得超过 0.08；当孔的尺寸为 50.1 时，垂直度公差可以得到 0.1 的补偿，即垂直度误差可以增大但最大不超过 0.18；当孔的尺寸为 50.13 时，垂直度公差可以得到 0.13 的补偿，即垂直度误差可以进一步增大但最大不超过 0.21。

最大实体要求用于基准要素而基准要素本身不采用最大实体要求时，被测要素的位置公差值是在该基准要素处于最大实体状态时给定的。如基准要素偏离最大实状态，即基准要素的作用尺寸偏离最大实体尺寸时，被测要素的定向或定位公差值允许增大。

最大实体要求用于基准要素而基准要素本身也采用最大实体要求时，被测要素的位置公差值是在基准要素处于实效状态时给定的。如基准要素偏离实效状态，即基准要素的作用尺寸偏离实效尺寸时，被测要素的定向或定位公差值允许增大。此时，该基准要素的代号标注在使它遵守最大实体要求的形位公差框格的下面。

要素遵守最大实体要求时，局部实际尺寸是否在极限尺寸之间，用两点法测量；实体是否超越实效边界，用位置量规检验。

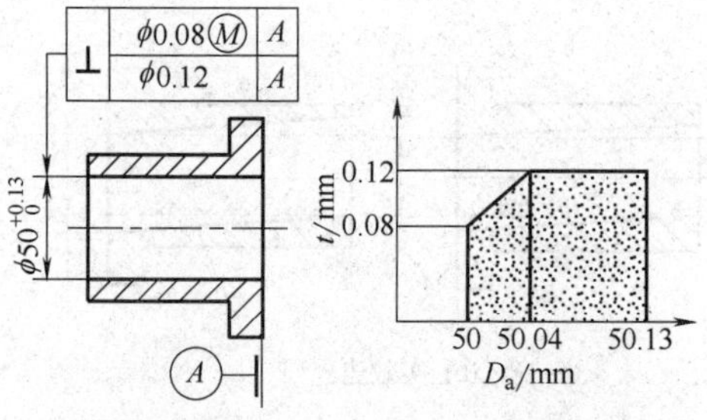

(a)　　(b)

图 2.100　最大实体要求及需限制最大形位公差时的标注

(5)　可逆要求用于最大实体要求。

可逆要求的含义是：当中心要素的形位误差值小于给出的形位公差值，又允许其实际尺寸超出最大实体尺寸时，可将可逆要求应用于最大实体要求。这时将表示可逆要求的符号“Ⓡ”置于框格中形位公差值后表示最大实体要求的符号“Ⓜ”之后，如图 2.101 所示。

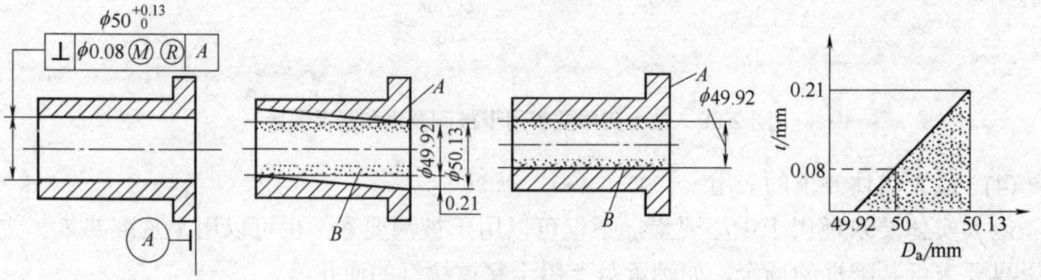

(a) 标注　　(b) 补偿与反补偿　　(c) 补偿关系与合格区域

图 2.101　可逆要求

可逆要求用于最大实体要求时，保留了最大实体要求时由于实际尺寸对最大实体尺寸的偏离而对形位公差的补偿，增加了由于形位误差值小于形位公差值而对尺寸公差的补偿(俗称反补偿)，允许实际尺寸有条件地超出最大实体尺寸(以实效尺寸为限)。此时，被测要素的实体是否超越实效边界，仍用位置量规检验；而其局部实际尺寸不能超出(对孔不能大于，对轴不能小于)最小实体尺寸，用两点法测量。

3)　最小实体要求及其可逆要求

(1)　最小实体要求。

最小实体要求是控制被测要素的实际轮廓处于其最小实体实效边界之内的一种公差要求。当其实际尺寸偏离最小实体尺寸时，允许其形位误差值超出其给出的公差值。此时应在图样上形位公差值之后标注符号“Ⓛ”，如图 2.102 所示。

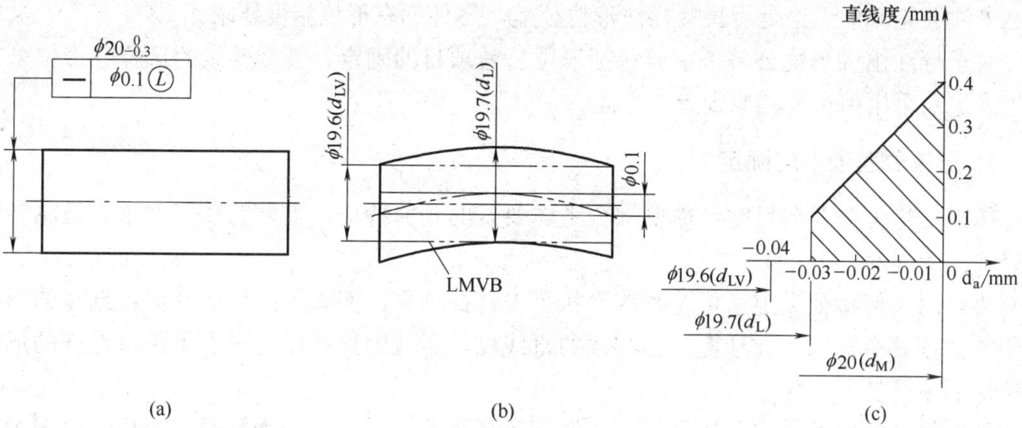

图 2.102　最小实体要求

最小实体要求适用于中心要素，主要用于需保证零件的强度和壁厚的场合。

(2) 可逆要求用于最小实体要求。

当其形位误差值小于给出的形位公差值，又允许其实际尺寸超出最小实体尺寸时，可将可逆要求应用于最小实体要求。此时应同时在其形位公差框格中最小实体要求的形位公差值后标注符号“Ⓡ”，如图 2.103 所示。

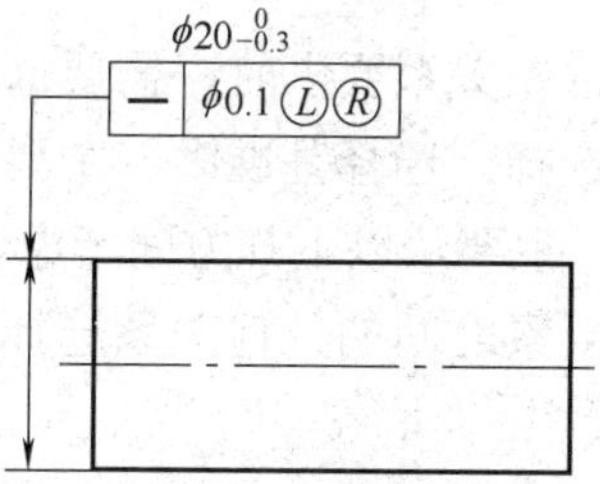

图 2.103　可逆要求用于最小实体要求

2.6.2　形状和位置公差的选用

引导问题

(1) 确定形位公差项目时需要考虑哪些因素?

(2) 选择基准时，应力求什么一致?

(3) 在同一要素上给出的形状公差值与位置公差值有什么关系?

(4) 公差原则主要根据什么要求进行选择?

(5) 未注形位公差的规定有哪些?

(6) 直线度、平面度、垂直度、对称度、圆跳动的未注公差值分为哪 3 种公差等级?

(7) 圆度未注公差值等于什么?

在机械图样上形位公差有两种表示方法，一种是用公差框格直接标注在图样上，另一种是未注公差。但无论是否直接标注形位公差，零件都有形位精度要求。

对于标注出的形位公差，主要包括形位公差项目的确定、基准要素的选择、形位公差值的确定及采用何种公差原则等4方面。

1. 形位公差项目的确定

在确定形位公差项目时，需要综合考虑要素的几何特征、零件的功能要求、检测方便及经济性等因素。

要素的几何特征限定了可选择的形状公差特征项目。例如，圆柱形零件可选择的形状公差特征项目有圆度、圆柱度、轴心线的直线度、素线的直线度；平面零件可选择的形状公差特征项目是平面度。

零件的功能要求决定了该零件必须控制的形位误差项目。特别是对装配后在机器中起传动、导向或定位等重要作用的或对机器的各种动态性能如噪声、振动有重要影响的零件，在设计时必须逐一分析、认真确定其形位公差项目。

一个零件通常有多个可选择的公差特征项目，没有必要全部选用，而是在分析零件功能要求的基础上，考虑检测的方便性、可能性和经济性，从中选择适当的特征项目。

总之，合理、恰当地确定形位公差项目的前提是设计者必须充分了解所设计零件的功能要求，同时还要熟悉零件的加工工艺和具备一定的检测经验。

2. 基准要素的选择

确定关联要素之间的方向或位置关系要求时，需要选择基准。基准要素的选择包括基准部位、基准数量和基准顺序的选择。选择基准时，主要应根据设计和使用要求，力求使设计、工艺和检测三者基准一致。主要从以下几方面考虑。

(1) 根据零件的功能要求及要素之间的几何关系选择基准。例如，对旋转轴，一般以安装轴承的轴颈的轴线作为基准。

(2) 从加工、测量角度考虑，应选择在夹具、量具中定位的相应要素作基准，并尽量使工艺基准、测量基准与设计基准统一。例如，以齿轮坯的中心孔作为齿轮的基准。

(3) 根据装配关系，应选择相互配合或相互接触的表面为各自的基准，以保证零件的正确装配。例如，以箱体的装配底面为基准等。

(4) 当采用多基准时，通常选择对被测要素使用要求影响最大的表面或定位最稳的表面作为第一基准。

3. 形位公差值的确定

设计产品时，应按国家标准提供的统一数系选择形位公差值。国家标准对圆度、圆柱度、直线度、平面度、平行度、垂直度、倾斜度、同轴度、对称度、圆跳动、全跳动，都划分为12个等级，数值如表2.13～表2.16所示；对位置度没有划分等级，只提供了位置度数系，如表2.17所示；没有对线轮廓度和面轮廓度规定公差值。

表 2.13　直线度、平面度公差值(摘自 GB/T 1184－1996 附录 B)

主参数 L mm	公差等级 1	2	3	4	5	6	7	8	9	10	11	12
	公差值，μm											
≤10	0.2	0.4	0.8	1.2	2	3	5	8	12	20	30	60
>10～16	0.25	0.5	1	1.5	2.5	4	6	10	15	25	40	80
>16～25	0.3	0.6	1.2	2	3	5	8	12	20	30	50	100
>25～40	0.4	0.8	1.5	2.5	4	6	10	15	25	40	60	120
>40～63	0.5	1	2	3	5	8	12	20	30	50	80	150
>63～100	0.6	1.2	2.5	4	6	10	15	25	40	60	100	200
>100～160	0.8	1.5	3	5	8	12	20	30	50	80	120	250
>160～250	1	2	4	6	10	15	25	40	60	100	150	300
>250～400	1.2	2.5	5	8	12	20	30	50	80	120	200	400
>400～630	1.5	3	6	10	15	25	40	60	100	150	250	500
>630～1000	2	4	8	12	20	30	50	80	120	200	300	600
>1000～1600	2.5	5	10	15	25	40	60	100	150	250	400	800
>1600～2500	3	6	12	20	30	50	80	120	200	300	500	1000
>2500～4000	4	8	15	25	40	60	100	150	250	400	600	1200
>4000～6300	5	10	20	30	50	80	120	200	300	500	800	1500
>6300～10 000	6	12	25	40	60	100	150	250	400	600	1000	2000

直线度、平面度主参数 L 图例：

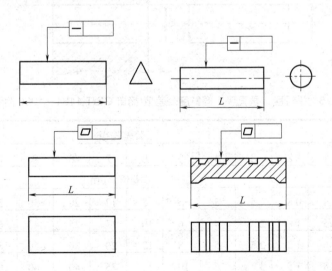

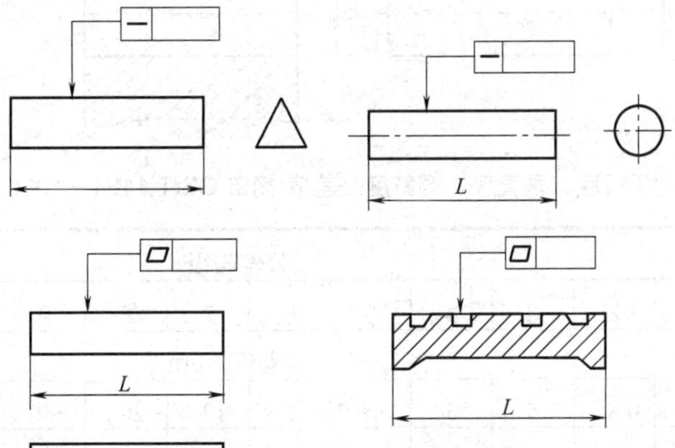

表 2.14　圆度、圆柱度公差值(摘自 GB/T 1184－1996 附录 B)

主参数 $d(D)$ mm	公差等级												
	0	1	2	3	4	5	6	7	8	9	10	11	12
	公差值，μm												
≤3	0.1	0.2	0.3	0.5	0.8	1.2	2	3	4	6	10	14	25
>3～6	0.1	0.2	0.4	0.6	1	1.5	2.5	4	5	8	12	18	30
>6～10	0.12	0.25	0.4	0.6	1	1.5	2.5	4	6	9	15	22	36
>10～18	0.15	0.25	0.5	0.8	1.2	2	3	5	8	11	18	27	43
>18～30	0.2	0.3	0.6	1	1.5	2.5	4	6	9	13	21	33	52
>30～50	0.25	0.4	0.6	1	1.5	2.5	4	7	11	16	25	39	62
>50～80	0.3	0.5	0.8	1.2	2	3	5	8	13	19	30	46	74
>80～120	0.4	0.6	1	1.5	2.5	4	6	10	15	22	35	54	87
>120～180	0.6	1	1.2	2	3.5	5	8	12	18	25	40	63	100
>180～250	0.8	1.2	2	3	4.5	7	10	14	20	29	46	72	115
>250～315	1.0	1.6	2.5	4	5	8	12	16	23	32	52	81	130
>315～400	1.2	2	3	5	7	9	13	18	25	36	57	89	140
>400～500	1.5	2.5	4	6	8	10	15	20	27	40	63	97	155

圆度、圆柱度主参数 $d(D)$图例：

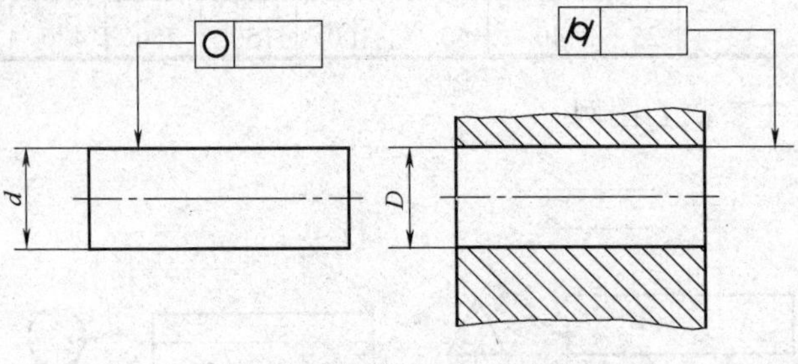

表 2.15　平行度、垂直度、倾斜度公差值(摘自 GB/T 1184－1996 附录 B)

主参数 $L, d(D)$ mm	公差等级											
	1	2	3	4	5	6	7	8	9	10	11	12
	公差值，μm											
≤10	0.4	0.8	1.5	3	5	8	12	20	30	50	80	120
>10～16	0.5	1	2	4	6	10	15	25	40	60	100	150
>16～25	0.6	1.2	2.5	5	8	12	20	30	50	80	120	200
>25～40	0.8	1.5	3	6	10	15	25	40	60	100	150	250
>40～63	1	2	4	8	12	20	30	50	80	120	200	300
>63～100	1.2	2.5	5	10	15	25	40	60	100	150	250	400

续表

主参数 $L, d(D)$ mm	公差等级											
	1	2	3	4	5	6	7	8	9	10	11	12
	公差值，μm											
>100～160	1.5	3	6	12	20	30	50	80	120	200	300	500
>160～250	2	4	8	15	25	40	60	100	150	250	400	600
>250～400	2.5	5	10	20	30	50	80	120	200	300	500	800
>400～630	3	6	12	25	40	60	100	150	250	400	600	1000
>630～1000	4	8	15	30	50	80	120	200	300	500	800	1200
>1000～1600	5	10	20	40	60	100	150	250	400	600	1000	1500
>1600～2500	6	12	25	50	80	120	200	300	500	800	1200	2000
>2500～4000	8	15	30	60	100	150	250	400	600	1000	1500	2500
>4000～6300	10	20	40	80	120	200	300	500	800	1200	2000	3000
>6300～10 000	12	25	50	100	150	250	400	600	1000	1500	2500	4000

平行度、垂直度、倾斜度主参数 L、$d(D)$图例：

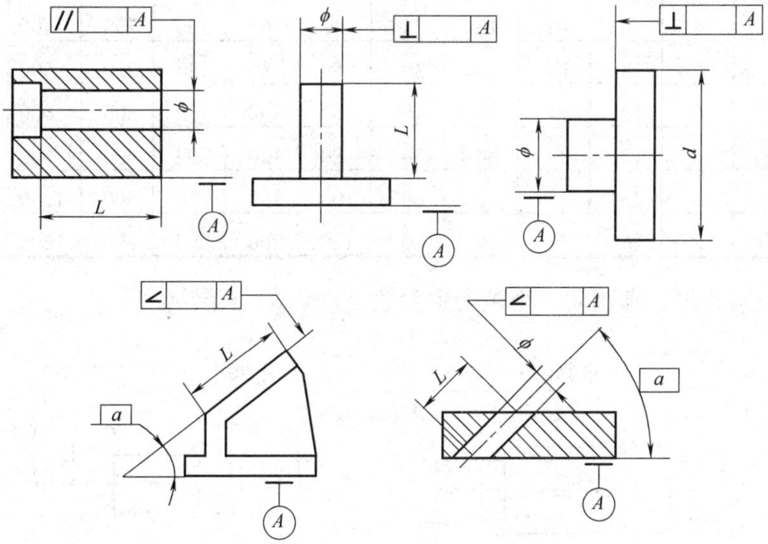

表 2.16　同轴度、对称度、圆跳动、全跳动公差值(摘自 GB/T 1184－1996 附录 B)

主参数 $d(D)$、B、L mm	公差等级 1	2	3	4	5	6	7	8	9	10	11	12
	公差值，μm											
≤1	0.4	0.6	1.0	1.5	2.5	4	6	10	15	25	40	60
>1～3	0.4	0.6	1.0	1.5	2.5	4	6	10	20	40	60	120
>3～6	0.5	0.8	1.2	2	3	5	8	12	25	50	80	150
>6～10	0.6	1	1.5	2.5	4	6	10	15	30	60	100	200
>10～18	0.8	1.2	2	3	5	8	12	20	40	80	120	250
>18～30	1	1.5	2.5	4	6	10	15	25	50	100	150	300
>30～50	1.2	2	3	5	8	12	20	30	60	120	200	400
>50～120	1.5	2.5	4	6	10	15	25	40	80	150	250	500
>120～250	2	3	5	8	12	20	30	50	100	200	300	600
>250～500	2.5	4	6	10	15	25	40	60	120	250	400	800
>500～800	3	5	8	12	20	30	50	80	150	300	500	1000
>800～1250	4	6	10	15	25	40	60	100	200	400	600	1200
>1250～2000	5	8	12	20	30	50	80	120	250	500	800	1500
>2000～3150	6	10	15	25	40	60	100	150	300	600	1000	2000
>3150～5000	8	12	20	30	50	80	120	200	400	800	1200	2500
>5000～8000	10	15	25	40	60	100	150	250	500	1000	1500	3000
>8000～10 000	12	20	30	50	80	120	200	300	600	1200	2000	4000

同轴度、对称度、圆跳动、全跳动主参数 $d(D)$、B、L 图例：

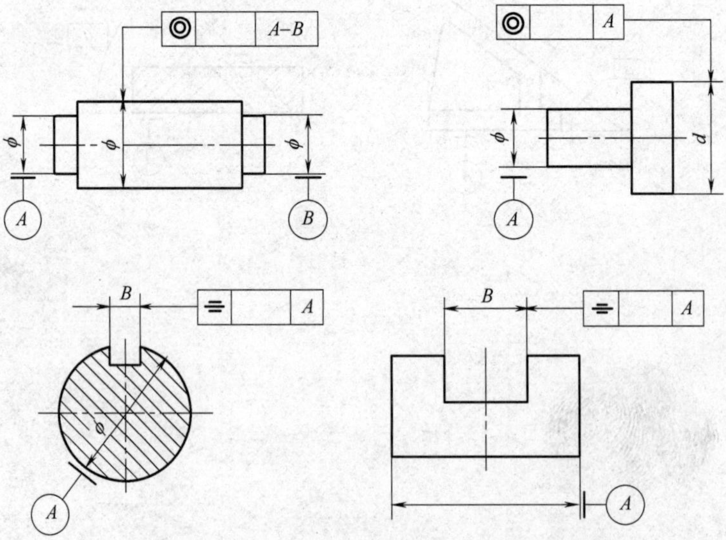

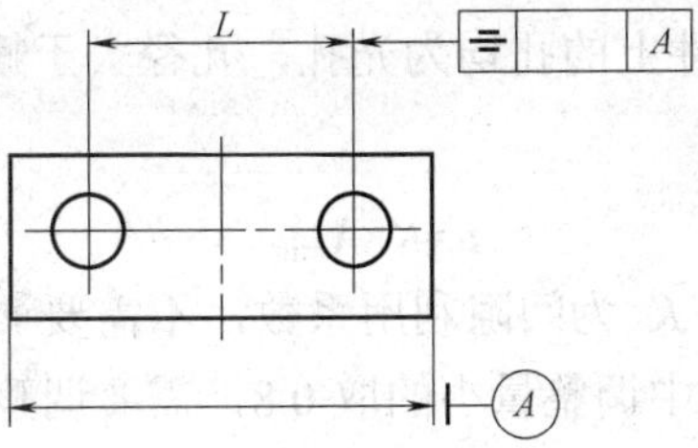

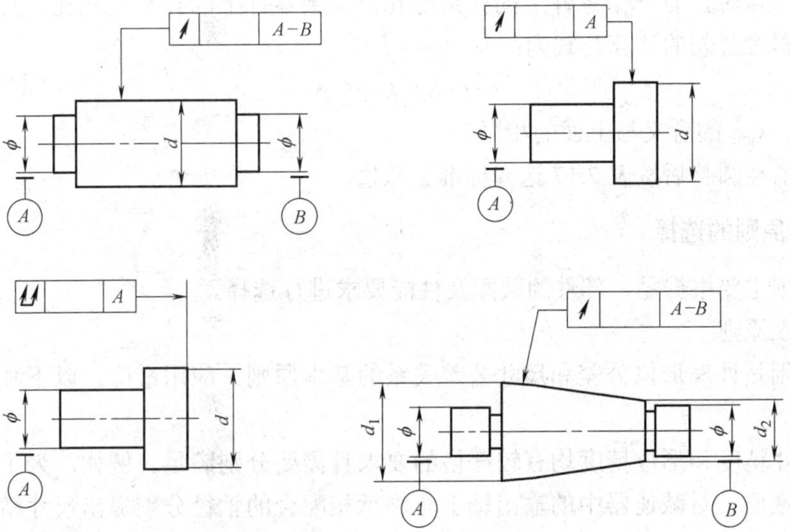

当被测要素为圆锥面时，取 $d=\dfrac{d_1+d_2}{2}$

表 2.17　位置度公差数系(摘自 GB/T 1184－1996 附录 B)

μm

系数	1	1.2	1.5	2	2.5	3	4	5	6	8
位置度公差值	1×10^n	1.2×10^n	1.5×10^n	2×10^n	2.4×10^n	3×10^n	4×10^n	5×10^n	6×10^n	8×10^n

注：n 为正整数。

设计人员应根据零件的功能要求选择公差值，并考虑加工的经济性和零件的结构、刚性等情况，通过类比或计算加以确定。同时还应考虑下列情况。

(1) 在同一要素上给出的形状公差值应小于位置公差值。如要求平行的两个表面，其平面度公差值应小于平行度公差值。

(2) 圆柱形零件的形状公差值(轴线的直线度除外)一般情况下应小于其尺寸公差值。

(3) 平行度公差值应小于被测要素和基准要素之间的距离公差值。

对于下列情况，考虑到加工的难易程度和除主参数外其他参数的影响，在满足零件功能要求的前提下，适当降低 1～2 级选用。如孔相对于轴；长径比(L/d)较大的轴或孔；距离较大的轴或孔；宽度较大(一般大于 1/2 长度)的零件表面等。

位置度公差通常需要计算后确定。对于用螺栓或螺钉联结两个或两个以上的零件，被联结零件的位置度公差按下列方法计算。

用螺栓联结时，被连接零件上的孔均为光孔，孔径大于螺栓的直径，位置度公差的计算公式为：

$$t = K \times X_{min}$$

式中：t 为位置度公差计算值；K 为间隙利用系数，不需要调整的连接 $K=1$；需要调整的连接 $K=0.8$ 或者 0.6，其中调整量小的取 0.8，需要调整量大则取 0.6；X_{min} 为通孔与螺栓(钉)间的最小间隙。

用螺钉联接时，有一个零件上的孔是螺孔，其余零件上的孔都是光孔，且孔径大于螺钉直径，位置度公差的计算公式为：

$$t = 0.5\,K \times X_{min}$$

式中：t、K、X_{min} 的含义与上面的相同。

对计算值经圆整后按表 2.17 选择标准公差值。

4. 公差原则的选择

公差原则主要根据零、部件的装配及性能要求进行选择。

1) 独立原则

独立原则是处理形位公差和尺寸公差关系的基本原则，应用最广。以下几种情况采用独立原则。

(1) 尺寸精度和形位精度均有较严格的要求且需要分别满足。例如，为了保证与轴承内圈的配合性质，对减速器中的输出轴上与轴承相配合的轴径分别提出尺寸精度和圆柱度要求。

(2) 尺寸精度和形位精度的要求相差较大。例如，印刷机的滚筒，其圆柱度要求较高，而尺寸精度要求较低，应分别提出要求。

(3) 有特殊功能要求的要素，往往对其单独提出与尺寸精度无关的形位公差要求。例如，对导轨的工作面提出直线度或平面度要求。

(4) 尺寸公差与形位公差无联系的要素。

2) 相关要求

包容要求用于需要严格保证配合性质的场合。

最大实体要求用于无配合性质要求、只要求保证可装配性的场合。

最小实体要求用于需要保证零件强度和最小壁厚的场合。

在不影响使用性能要求前提下，为了充分利用图样上的公差带以提高效益，可以将可逆要求用于最大(最小)实体要求。

5. 未注形位公差的规定

为了获得简化制图以及其他好处，对一般机床加工能够保证的形位精度，不必在图样上注出。实际要素的误差，由未注形位公差控制。国家标准对直线度与平面度、垂直度、对称度、圆跳动分别规定了未注公差值表，都分为 H、K、L 3 种公差等级。如表 2.18～表 2.21 所示。

表 2.18　直线度和平面度的未注公差值(摘自 GB/T 1184－1996)　mm

公差等级	基本长度范围					
	～10	＞10～30	＞30～100	＞100～300	＞300～1000	＞1000～3000
H	0.02	0.05	0.1	0.2	0.3	0.4
K	0.05	0.1	0.2	0.4	0.6	0.8
L	0.1	0.2	0.4	0.8	1.2	1.6

表 2.19　垂直度的未注公差值(摘自 GB/T 1184－1996)　mm

公差等级	基本长度范围			
	～10	＞100～300	＞300～1000	＞1000～3000
H	0.2	0.3	0.4	0.5
K	0.4	0.6	0.8	1
L	0.6	1	1.5	2

表 2.20　对称度的未注公差值(摘自 GB/T 1184－1996)　mm

公差等级	基本长度范围			
	～10	＞100～300	＞300～1000	＞1000～3000
H	0.5			
K	0.6		0.8	1
L	0.6	1	1.5	2

表 2.21　圆跳动的未注公差值(摘自 GB/T 1184－1996)　mm

公差等级	圆跳动公差值
H	0.1
K	0.2
L	0.5

对其他项目的未注公差值说明如下。

圆度未注公差值等于其尺寸公差值，但不能大于表 2.21 中径向圆跳动的未注公差值。圆柱度的未注公差未做规定。实际圆柱面的质量由其构成要素(截面圆、轴线、素线)的注出公差或未注公差控制。

平行度的未注公差值等于给出的尺寸公差值或是直线度(平面度)未注公差值中的较大者。

同轴度的未注公差未做规定，可考虑与表 2.21 中径向圆跳动的未注公差相等。

其他项目(线轮廓度、面轮廓度、倾斜度、位置度、全跳动)由各要素的注出或未注形位公差、线性尺寸公差或角度公差控制。

若采用标准规定的未注公差值，如采用 K 级，应在标题栏附近或在技术要求、技术文件(如企业标准)中注出标准号及公差等级代号，如 GB/T 1184—K。

本 章 小 结

本章介绍了形位公差的特征项目与符号及其标注方法、形位公差带的特点、各种形位公差的定义、形状误差的评定、位置误差的评定、形状误差的检测方法、位置误差的检测方法等基本内容；同时还拓展介绍了公差原则、形状和位置公差的选用等内容。学生通过完成“用框式水平仪测平板直线度误差”、“用三点法测平板的平面度误差”、“两点法、三点法测圆度误差”、“用指示表检测键槽对称度误差”、“用偏摆检查仪测轴的径向和端面圆跳动”这些任务，应初步达到能对常见零件的形位误差进行检测的目的。在实训中要注意培养学生的分析能力和训练正确安装调试计量器具与辅助装置的能力，逐步提高检测的科学性和准确性。

思考与练习

一、判断题

1. 实际要素即为被测要素。 ( )
2. 基准要素即为实际要素。 ( )
3. 关联要素包括给出了位置公差要求的要素和基准要素。 ( )
4. 框格箭头所指的方向为所需控制形位误差的方向。 ( )
5. 被测要素为中心要素时，框格箭头应与要素的尺寸线对齐。 ( )
6. 零件上同一被测要素的圆跳动量包含了全跳动量。 ( )
7. 所有形状公差项目的标注，均不得使用基准。 ( )
8. 圆柱度公差是控制圆柱形零件横截面和轴向截面内形状误差的综合性指标。 ( )
9. 当使用组合基准要素时，应在框格第 3 ~ 5 格中分别填写相应的基准字母。 ( )
10. 位置公差框格至少为 3 格。 ( )
11. 形状公差框格最多为 2 格。 ( )
12. 圆度不能控制圆锥面。 ( )
13. 圆柱度可以控制圆锥面。 ( )
14. 零件上同一被测要素的圆度误差包含了圆柱度误差。 ( )
15. 端面全跳动公差和平面对轴线的垂直度公差两者控制的效果完全相同。 ( )
16. 平行度是被测要素对基准要素的平行程度，同时控制了倾斜度误差。 ( )
17. 圆度和同轴度都用于控制回转零件的要素。 ( )
18. 圆柱度和径向全跳动公差带形状相同，二者可互换使用。 ( )

19. 形状误差与要素间的位置无关。（　）

20. 位置误差与要素的形状无关。（　）

21. 最小条件是指被测要素对基准要素的最大变动量为最小。（　）

22. 平面度误差包含了直线度误差，直线度误差反映了平面度误差。（　）

23. 某平面对基准平面的平行度误差为 0.05mm，那么这平面的平面度误差一定不大于 0.05mm。（　）

24. 圆柱度同时控制了圆柱正截面和轴截面内要素的综合误差。（　）

二、填空题

1. 在表 2.22 中填写出形位公差各项目的符号，并注明该项目是属于形状公差还是属于位置公差。

表 2.22　形位公差项目的符号及类别

项　目	符　号	形位公差类别	项　目	符　号	形位公差类别
同轴度			圆　度		
圆柱度			平行度		
位置度			平面度		
面轮廓度			圆跳动		
全跳动			直线度		

2. 按图 2.104 填写表 2.23。

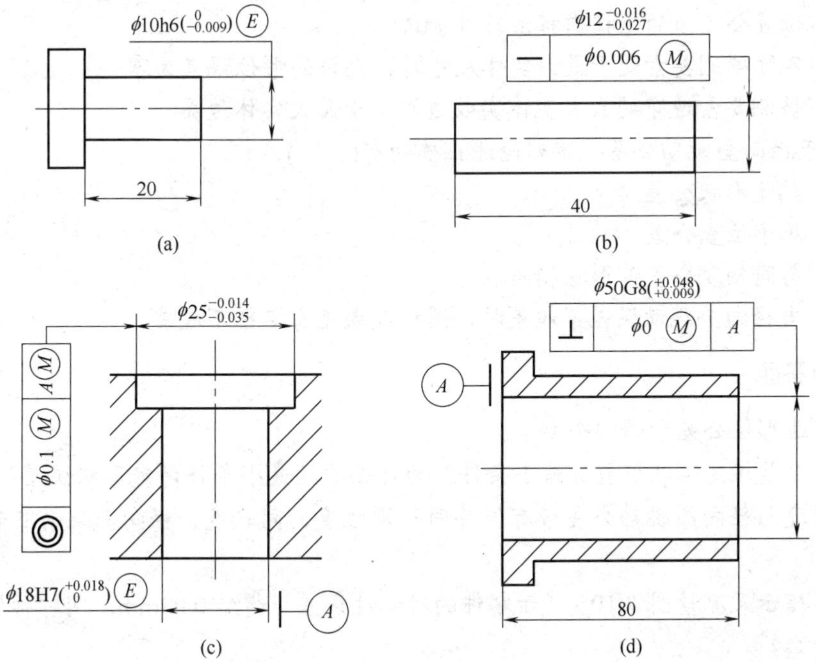

图 2.104　习题二第 2 题图

表 2.23 习题二第 2 题

序号	最大实体尺寸/mm	最小实体尺寸/mm	最大实体状态时的形位公差值/μm	可能补偿的最大形位公差值/μm	理想边界名称及边界尺寸/mm	实际尺寸合格范围/mm
a						
b						
c						
d						

三、选择题

1. 属于形状公差的有( )。

   A. 平行度 B. 平面度 C. 同轴度 D. 圆跳动

2. 下列公差带形状相同的有( )。

   A. 轴线对轴线的平行度与面对面的平行度

   B. 径向圆跳动与圆度

   C. 同轴度与径向全跳动

   D. 轴线对面的垂直度与轴线对面的倾斜度

3. 属于位置公差的有( )。

   A. 平行度 B. 平面度 C. 端面全跳动 D. 圆度

4. 被测要素采用最大实体要求的零形位公差时( )。

   A. 位置公差值的框格内标注符号 E

   B. 位置公差值的框格内标注符号 $\phi 0M$

   C. 实际被测要素处于最大实体尺寸时，允许的形位误差为零

   D. 被测要素遵守的最大实体实效边界等于最大实体边界

5. 对于径向全跳动公差，下列论述正确的有( )。

   A. 属于形状公差

   B. 属于位置公差

   C. 与同轴度公差带形状相同

   D. 当径向全跳动误差不超差时，圆柱度误差肯定也不超差

四、简答题

1. 试述形位公差带的四个要素。

2. 什么是评定形状误差的最小条件？为什么要按最小条件评定形状误差？

3. 圆度与径向圆跳动公差带有何异同？圆柱度、同轴度、径向全跳动三者公差带有何异同？

4. 用指示表测量图 2.105 所示零件的对称度误差，得Δ=0.03mm。问对称度误差是否超差，为什么？

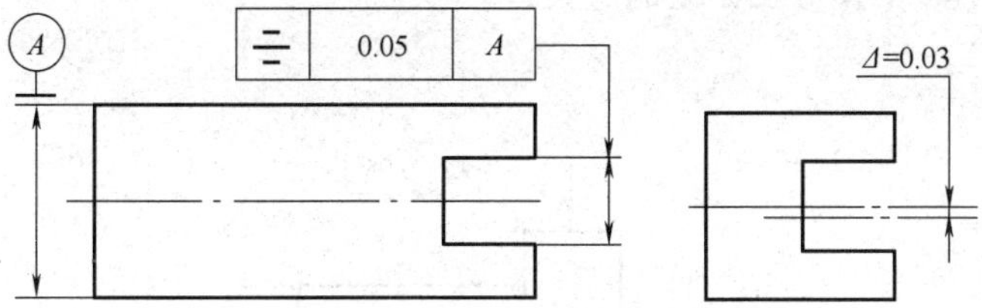

图 2.105　习题四第 4 题图

五、综合题

1. 用水平仪和桥板测量有效长度为 2000mm 的车床导轨的直线度误差，均匀布置测点，依次测量两相邻测点的高度差。采用水平仪的分度值为 0.01mm/m，桥板跨距 250mm，测点共 9 个。水平仪在各测点的示值(格数)依次为：0，+1，+1，0，−1，−1.5，+1，+0.5，+1.5。试用两端点连线和按最小条件作图分别求解该导轨的直线度误差值。

2. 将下列形位公差要求标注在图 2.106 上。

(1) 圆锥面的圆度公差为 0.01mm，圆锥素线直线度公差为 0.02mm。

(2) ϕ35H7 中心线对 ϕ10H7 中心线的同轴度公差为 0.05mm。

(3) ϕ35H7 内孔表面圆柱度公差为 0.005mm。

(4) ϕ20h6 圆柱面的圆度公差为 0.006mm。

(5) ϕ35H7 内孔端面对 ϕ10H7 中心线的端面圆跳动公差为 0.05mm。

(6) 圆锥面对 ϕ10H7 中心线的斜向圆跳动公差为 0.05mm。

3. 将下列形位公差要求标注在图 2.107 上。

(1) 底面的平面度公差 0.012mm。

(2) $\phi 20_{0}^{+0.021}$ mm 两孔的轴线分别对它们的公共轴线的同轴度公差 0.015mm。

(3) 两 $\phi 20_{0}^{+0.021}$ mm 孔的公共轴线对底面的平行度公差 0.01mm。

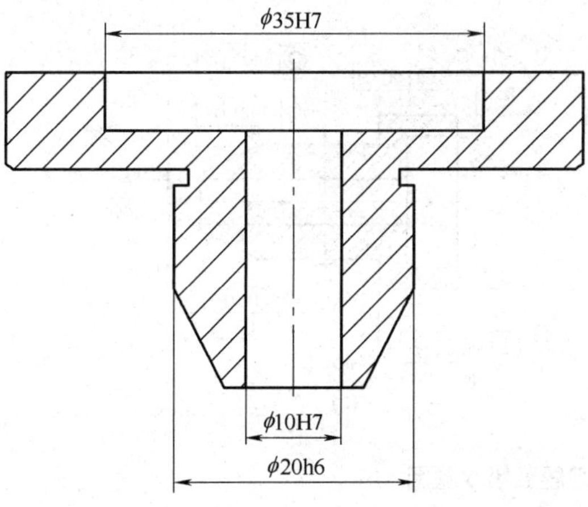

图 2.106　习题五第 2 题图

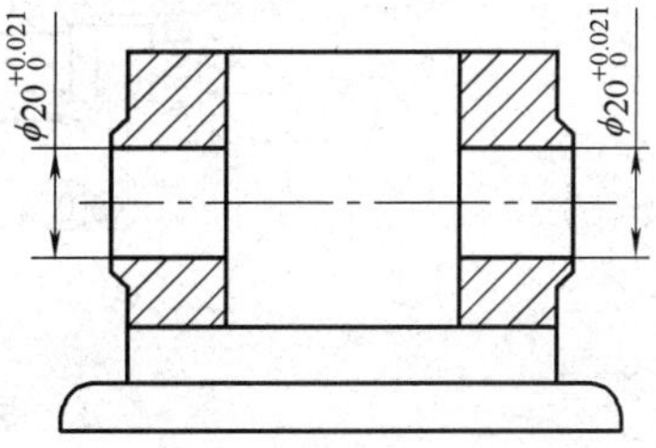

图 2.107　习题五第 3 题图

4. 解释图 2.108 中各形位公差的含义。

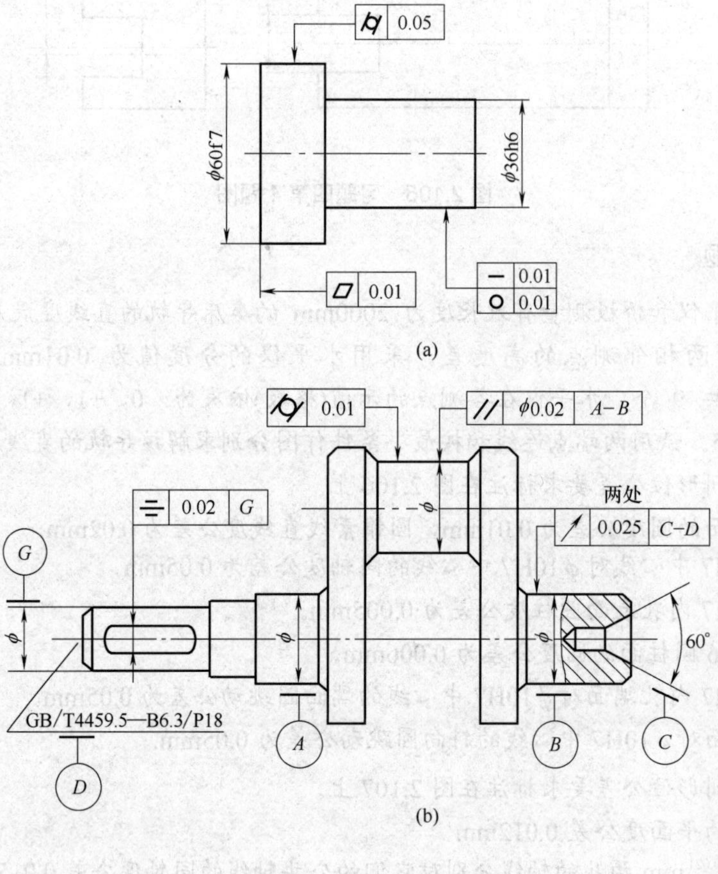

图 2.108　习题五第 4 题图

5. 指出图 2.109 中形位公差标注上的错误，并加以改正 (不变更形位公差项目)。

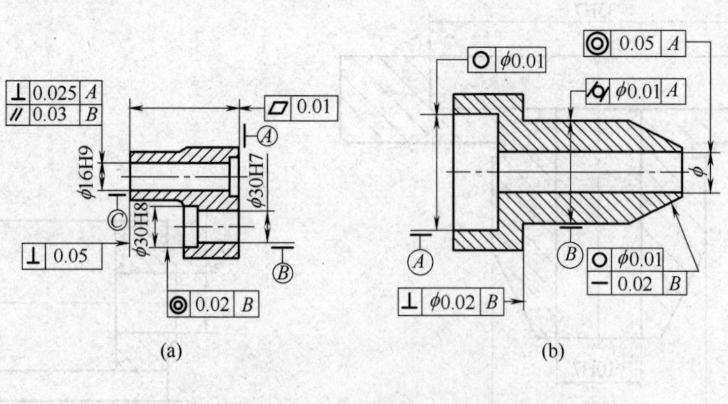

图 2.109　习题五第 5 题图

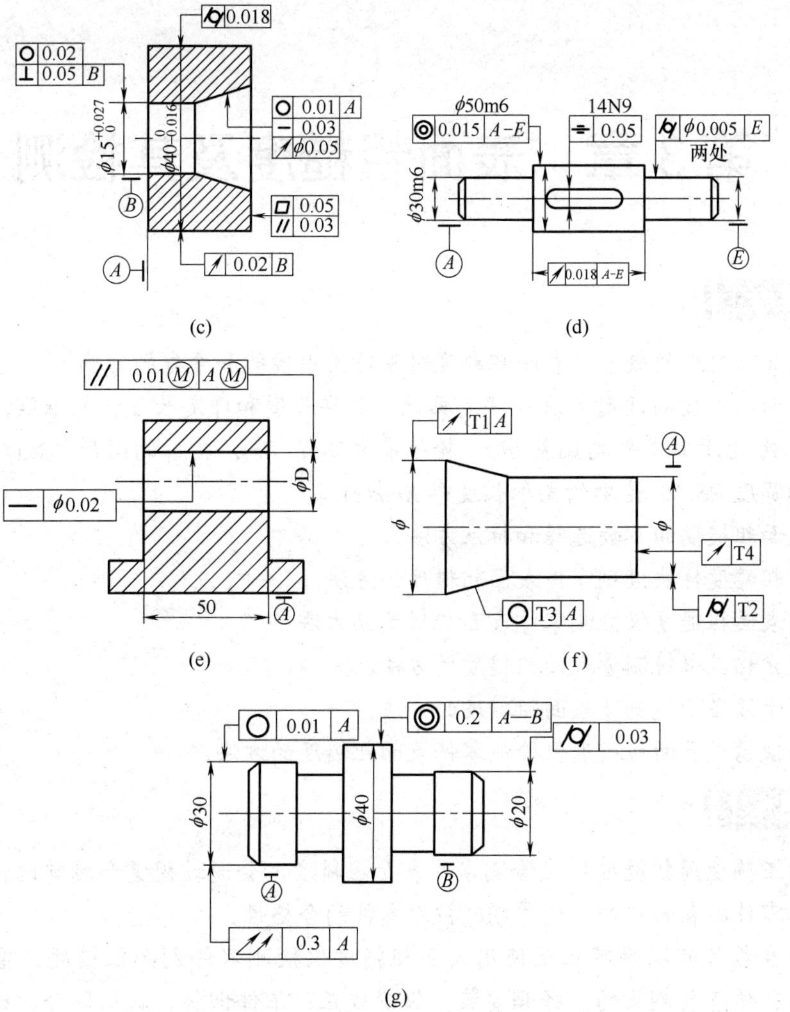
0.018
0.02
0.05 B
φ15 +0.027 0
φ40 0 −0.016
0.01 A
0.03
φ0.05
0.05
0.03
0.02 B
B
A
(c)
φ50m6
0.015 A−E
14N9
0.05
φ0.005 E
两处
φ30m6
0.018 A−E
A
E
(d)
0.01 Ⓜ A Ⓜ
φ0.02
φD
50
A
(e)
T1 A
A
φ
φ
T4
T3 A
T2
(f)
0.01 A
0.2 A—B
0.03
φ30
φ40
φ20
A
B
0.3 A
(g)

图 2.109　(续)

第 3 章　表面粗糙度及其检测

学习要点

- 表面粗糙度的概念；表面粗糙度对零件使用性能和寿命的影响。
- 表面粗糙度的评定方法和评定参数：取样长度和评定长度；基准线；轮廓的幅度参数(轮廓算术平均偏差 Ra；轮廓最大高度 Rz)；轮廓的间距参数(轮廓单元的平均宽度 RS_m)；轮廓的支承长度率 $Rmr(c)$。
- 表面粗糙度的参数选择和标注方法。
- 用粗糙度样块检测零件表面粗糙度的方法。
- 用表面粗糙度仪检测零件表面粗糙度的方法。
- 用光切显微镜测量表面粗糙度的方法。
- 用干涉显微镜测量表面粗糙度的方法。
- 用便携式表面粗糙度仪检测零件表面粗糙度的方法。

技能目标

- 能正确使用粗糙度样块检测零件表面粗糙度，会通过视觉和触觉比较初步得出被测零件的表面粗糙度值并判断被测零件的合格性。
- 能在教师的指导下正确使用表面粗糙度仪检测零件表面粗糙度，重点掌握开关机、传感器测头的选择和安装、仪器校正、工件调整、数据取舍、结果打印，会根据结果判断零件的合格性。
- 能在教师的指导下正确使用光切显微镜测量表面粗糙度，重点掌握开关机、物镜的选择和安装、放大倍数的确定、调整与读数、结果计算，会根据结果判断零件的合格性。
- 能在教师的指导下正确使用干涉显微镜测量表面粗糙度，重点掌握开关机，会根据结果判断零件的合格性。
- 能使用便携式表面粗糙度仪检测零件表面粗糙度，会正确读数并判断被测零件的合格性。

项目案例导入

▶ 项目任务——用粗糙度样块检测图 3.1 所示轴套的表面粗糙度值。

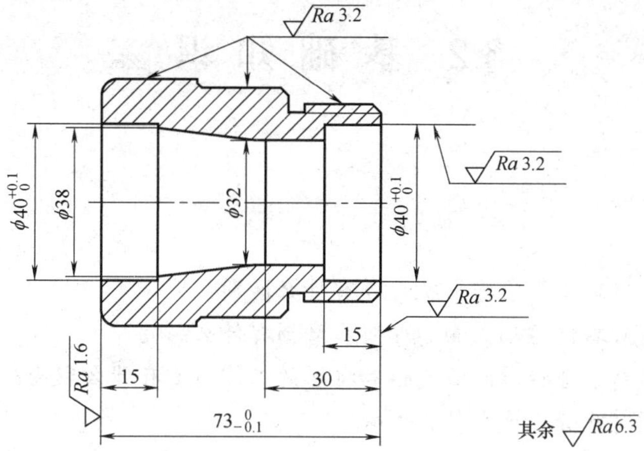

图 3.1　轴套

引导问题

(1) 你了解表面粗糙度的哪些知识？

(2) 以前绘图时你是如何标注表面粗糙度代号的？

(3) 你以前见过 *Ra* 和 *Rz* 这些符号吗？知道它们的含义吗？

3.1　用粗糙度样块检测轴套表面粗糙度

1. 项目目的

通过完成对阶梯轴各外圆面表面粗糙度的检测这一任务，掌握用粗糙度样块检测零件表面粗糙度的方法，会通过视觉和触觉比较初步得出被测零件的表面粗糙度值并判断被测零件的合格性。

2. 项目条件

准备用于学生检测实训的阶梯轴工件若干(根据学生人数确定，要求每工件对应的人数不超过 2～3 人，学生人数较多时建议分组进行)；具备与工件数对应的粗糙度样块；具备能容纳足够学生的理论与实践一体化教室和相应的教学设备。

3. 项目内容及要求

用粗糙度样块检测轴套的表面粗糙度。要求能根据被测零件的加工方法和材料，选择与之相配的表面粗糙度样块；会通过视觉和触觉定性地判断被测表面的粗糙度值，并判断零件的合格性。

3.2 基础知识

3.2.1 概述

引导问题

(1) 什么是表面粗糙度？它与形状误差有什么区别？

(2) 表面粗糙度对零件运动表面的摩擦和磨损有什么影响？

(3) 表面粗糙度对配合性质的稳定性和机器的工作精度有什么影响？

(4) 表面粗糙度对疲劳强度有什么影响？

1. 表面粗糙度的概念

经过机械加工以后的零件表面，总是要出现宏观和微观的几何形状误差，表面粗糙度反映的就是零件被加工表面上的微观几何形状误差。它主要是由加工过程中刀具和零件表面间的摩擦、切屑分离时表面金属层的塑性变形以及工艺系统的高频振动等原因形成的。表面粗糙度不同于主要由机床—刀具—工件系统的振动、发热、回转体不平衡等因素引起的介于宏观和微观几何形状误差之间的表面波度，而是指加工表面上具有的较小间距和峰谷所组成的微观几何形状特性。宏观几何形状误差、表面波度误差、表面粗糙度三者之间的区别，通常以一定的波距与波高之比来划分，如图 3.2 所示。一般比值大于 1000 者为宏观几何形状误差；小于 40 者为表面粗糙度；介于两者之间者为表面波度误差。

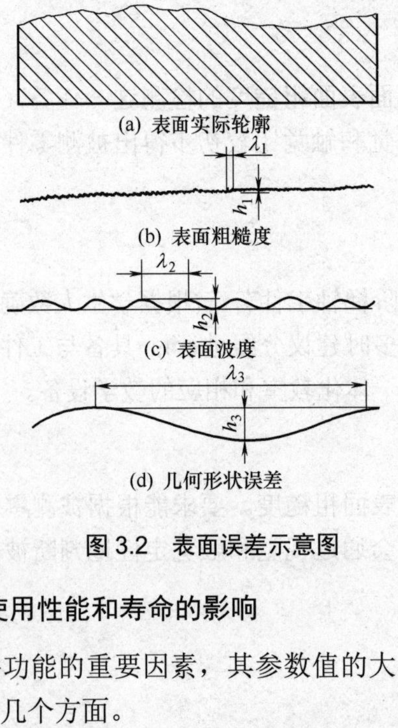

图 3.2 表面误差示意图

2. 表面粗糙度对零件使用性能和寿命的影响

表面粗糙度是保证零件功能的重要因素，其参数值的大小对零件的使用性能和寿命有直接影响，主要体现在以下几个方面。

1) 对零件运动表面摩擦和磨损的影响

零件实际表面越粗糙，则摩擦因数就越大，两个相对运动的表面峰顶间的实际有效接触面积就越小，使单位面积上的压力增大，零件运动表面磨损加快。但是，不能认为表面粗糙度数值越小，耐磨性就越好，因为表面过于光滑，不利于在该表面上储存润滑油，容易使运动表面间形成半干摩擦甚至干摩擦，反而使摩擦因数增大，从而加剧磨损。

2) 对配合性质的稳定性和机器的工作精度的影响

对间隙配合来说，表面粗糙则易磨损，使配合表面间的实际间隙逐渐增大；对过盈配合来说，粗糙表面轮廓的峰顶在装配时被挤平，实际有效过盈减小，降低了联结强度，从而影响到配合性质的稳定性，降低机器的工作精度。

3) 对疲劳强度的影响

零件表面越粗糙，表面微观不平度的凹谷一般就越深，应力集中就会越严重，零件在交变应力作用下，零件疲劳损坏的可能性就越大，疲劳强度就越低。

4) 对接触刚度的影响

表面越粗糙，表面间的实际接触面积就越小，单位面积受力就越大，这就会加剧峰顶处的局部塑性变形，使接触刚性降低，影响机器的工作精度和抗振性。

5) 对耐腐蚀性能的影响

表面越粗糙，则越容易使腐蚀性物质附着于表面的微观凹谷，并渗入到金属内层，造成表面锈蚀。

此外，表面粗糙度对联结的密封性、零件的外观质量和表面涂层的质量等都有很大的影响。因此，在零件的几何精度设计中，对表面粗糙度提出合理要求是一项不可缺少的重要内容。

3.2.2 表面粗糙度的评定

引导问题

(1) 什么是取样长度？
(2) 什么是评定长度？
(3) 基准线的作用是什么？
(4) 什么是轮廓最小二乘中线？
(5) 什么是轮廓算术平均中线？
(6) 什么是轮廓算术平均偏差 *Ra*？
(7) 什么是轮廓最大高度 *Rz*？

我国现行的表面粗糙度国家标准有 3 个：GB/T 3505—2000《表面结构术语、定义及参数》、GB/T 1031—1995《表面粗糙度参数及其数值》和 GB/T 131—2006《产品几何技术规范(GPS)技术产品文件中表面结构的表示法》。下面就这 3 个标准中的基本概念和应用进行阐述。

测量和评定表面粗糙度时，需要确定取样长度、评定长度、基准线和评定参数，并且应测量横向轮廓或垂直于切削方向的轮廓。

1. 取样长度和评定长度

1) 取样长度

取样长度是指在轮廓总的走向上量取的用于测量或评定表面粗糙度所规定的一段基准线长度。规定和选择取样长度是为了限制和减弱其他的截面轮廓形状误差，尤其是表面波纹对表面粗糙度测量结果的影响。表面越粗糙，取样长度应越大，取样长度范围内至少包含 5 个以上的轮廓峰和谷，如图 3.3 所示。国家规定的取样长度 l 如表 3.1 所示。

表 3.1 取样长度与评定长度的数值(摘自 GB/T 1031－1995)

Ra/μm	*Rz*/μm	*l*/mm	l_n (l_n=5l)
≥0.008～0.02	≥0.025～0.10	0.08	0.4
＞0.02～0.1	＞0.10～0.50	0.25	1.25
＞0.1～2.0	＞0.50～10.0	0.8	4
＞2.0～10	＞10.0～50	2.5	12.5
＞10.0～80.0	＞50.0～320	8	40

2) 评定长度

评定长度是指评定轮廓表面粗糙度所必须的一段长度，它可以包括一个或几个取样长度，如图 3.3 所示。由于被测表面上各处的表面粗糙度不一定很均匀，在一个取样长度上往往不能合理反映被测量表面的粗糙度，所以需要在几个取样长度上分别测量，取其平均值作为测量结果，一般 $l_n = 5l$ 。对均匀性好的表面可选 $l_n < 5l$ ，对均匀性较差的表面 $l_n > 5l$ 。

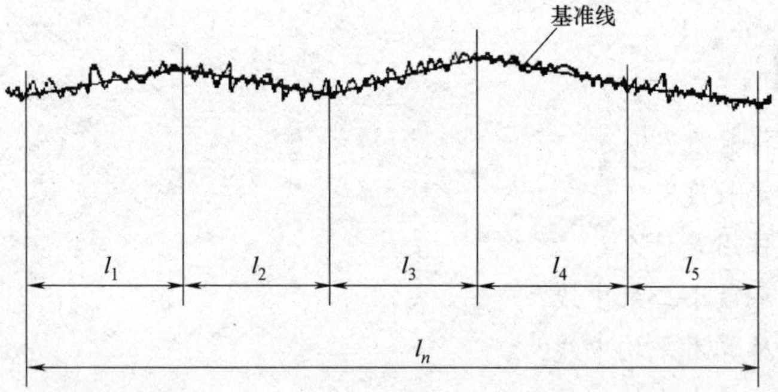

图 3.3 取样长度和评定长度

2. 基准线

基准线是指评定表面粗糙度参数值大小的一条参考线。基准线有以下两种。

1) 轮廓的最小二乘中线

轮廓的最小二乘中线是指具有理想轮廓的基准线，在取样长度内，使轮廓上各点到该基准线的距离的平方和为最小，如图 3.4 所示。即：

$$\sum_{i=1}^{n} y_i^2 = \min \tag{3-1}$$

式中：y_i 为轮廓偏距($i=1,2,\cdots,n$)。

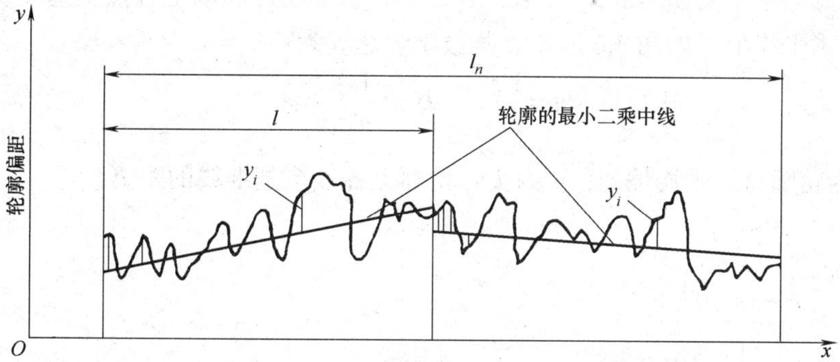

图 3.4　轮廓的最小二乘中线

2)　轮廓的算术平均中线

轮廓的算术平均中线是指具有理想轮廓形状并在取样长度内与轮廓走向一致的基准线，如图 3.5 所示，该基准线将实际轮廓分成上下两部分，而且使上部分面积之和等于下部分面积之和，即：

$$\sum_{i=1}^{n} F_i = \sum_{i=1}^{n} F_i' \tag{3-2}$$

式中：F_i 为直线上半部分的曲线与直线围成的面积 n；F_i' 为直线下半部分的曲线与直线围成的面积($i=1,2,\cdots,n$)。

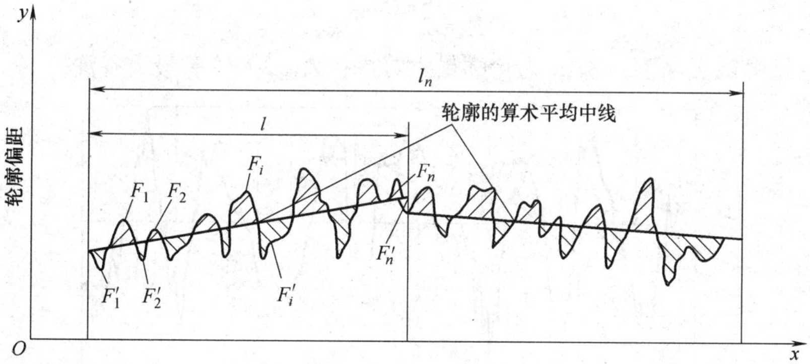

图 3.5　轮廓的算术平均中线

在轮廓图形上确定最小二乘中线的位置比较困难，规定轮廓的算术平均中线是为了用图解法近似确定最小二乘中线。通常轮廓的算术平均中线可用目测估计来确定。

3. 表面粗糙度评定参数

为了全面反映表面粗糙度对零件使用性能的影响，国标 GB/T 3505—2000 规定了表面粗糙度幅度参数、间距参数、混合参数以及曲线和相关参数。下面介绍几种主要的评定参数。

1) 轮廓的幅度参数

(1) 轮廓算术平均偏差 Ra：在取样长度内，被测实际轮廓上各点至基准线的距离 y_i 的绝对值的算术平均值，如图 3.6 所示。其数学表达式为：

$$Ra=\frac{1}{l}\int_0^l |y|\,\mathrm{d}x \approx \frac{1}{n}\sum_{i=1}^{n}|y_i| \tag{3-3}$$

式中：Ra 为轮廓算术平均偏差；y_i 为实际轮廓上各点至基准线的距离。

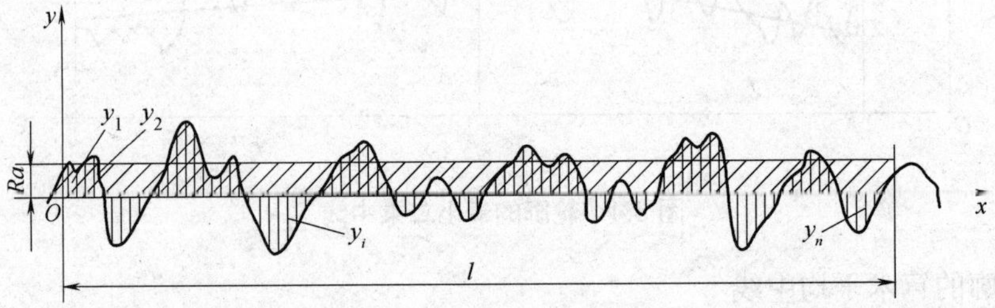

图 3.6　轮廓算术平均偏差 *Ra*

Ra 值越大，则表面越粗糙。*Ra* 参数能充分反映表面微观几何形状的特性，一般用电动轮廓仪进行测量，因此是普遍采用的评定参数。

(2) 轮廓最大高度 Rz：在取样长度内，最大轮廓峰高 Z_p 和最大轮廓谷深 Z_v 之和的高度，如图 3.7 所示。

用公式表示就是：

$$Rz=Z_{pmax}+Z_{vmax}$$

式中：Rz 为轮廓最大高度；Z_{pmax} 为轮廓最大峰高；Z_{vmax} 为轮廓最大谷深。

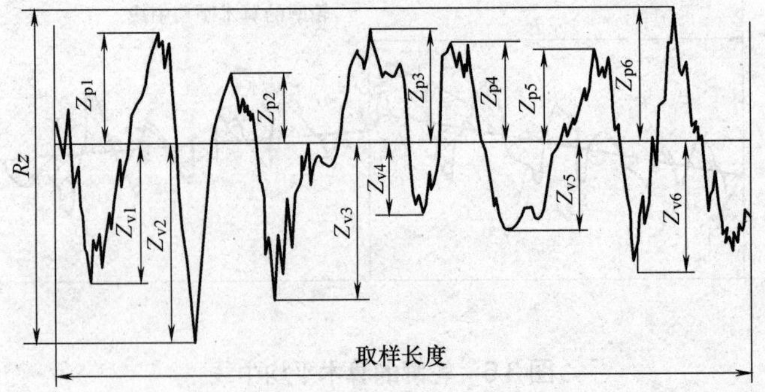

图 3.7　轮廓最大高度 *Rz*

特别注意：在 GB/T 3505—1983 中，符号 *Rz* 曾用于表示“微观不平度的十点高度”，现在使用中的一些表面粗糙度测量仪器大多是测量以前的 *Rz* 参数，因此当采用现行的技术文件和图样时必须小心慎重。因为用不同类型的仪器按不同的规定计算所得到的结果之间的差别并不都是非常微小而可忽略的。新国标中的 *Rz* 与旧国标中的 R_y 的含义是一致的。

Rz 用于控制不允许出现较深加工痕迹的表面，常标注于受交变应力作用的工作表面，如齿廓表面等。它不如 Ra 那么全面。

2) 轮廓的间距参数

轮廓单元的平均宽度 RS_m 是指在一个取样长度内粗糙度轮廓单元宽度 Xs 的平均值，如图 3.8 所示，用 RS_m 表示。即：

$$RS_m = \frac{1}{m}\sum_{i=1}^{m} Xs_i \tag{3-5}$$

式中：RS_m 为轮廓单元的平均宽度；Xs_i 为各轮廓单元的宽度。

GB/T 3505—2000 规定：粗糙度轮廓单元的宽度 Xs 是指 X 轴线与粗糙度轮廓单元相交线段的长度，如图 3.8 所示；粗糙度轮廓单元是指粗糙度轮廓峰和粗糙度轮廓谷的组合；粗糙度轮廓峰是指连接(轮廓和 X 轴)两相邻交点向外(从周围介质到材料)的轮廓部分；粗糙度轮廓谷是指连接两相邻交点向内(从周围介质到材料)的轮廓部分。在取样长度始端或末端，轮廓的向外部分或向内部分看做是一个粗糙度轮廓峰或轮廓谷。当在若干个连续的取样长度上确定若干个粗糙度轮廓单元时，在每一个取样长度的始端或末端评定的峰和谷仅在每个取样长度的始端计入一次。

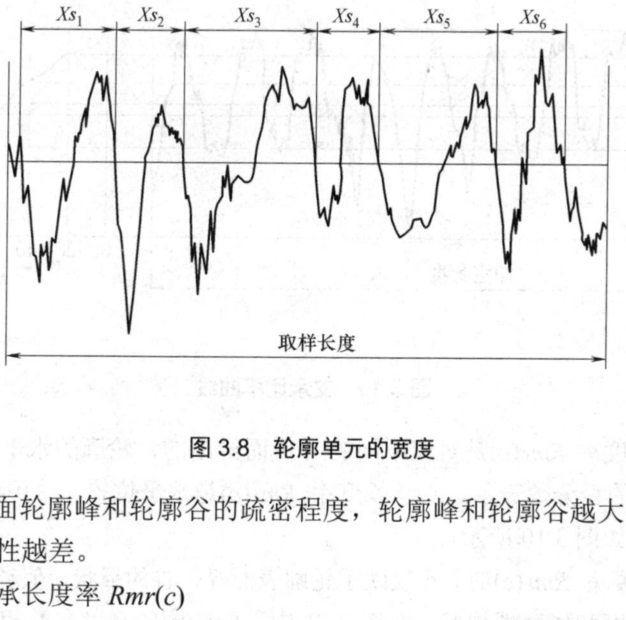

图 3.8 轮廓单元的宽度

RS_m 是反映表面轮廓峰和轮廓谷的疏密程度，轮廓峰和轮廓谷越大，轮廓峰和轮廓谷的间隔越稀，密封性越差。

3) 轮廓的支承长度率 $Rmr(c)$

为了帮助理解轮廓的支承长度率概念，先介绍实体材料长度的概念。轮廓的实体材料长度 $Ml(c)$是指在一个给定水平位置 c 上用一条平行于 X 轴的线与轮廓单元相截所获得的各段截线长度之和，如图 3.9 所示。即：

$$Ml(c) = Ml_1 + Ml_2 + \cdots + Ml_n \tag{3-6}$$

式中：$Ml(c)$为实体材料长度；Ml 为截线长度。

轮廓的支承长度率 $Rmr(c)$是指在给定水平位置 c 上轮廓的实体材料长度 $Ml(c)$与评定长度的比率。即：

$$Rmr(c)=\frac{Ml(c)}{l_n} \tag{3-7}$$

式中：$Rmr(c)$为轮廓的支承长度率；l_n为评定长度。

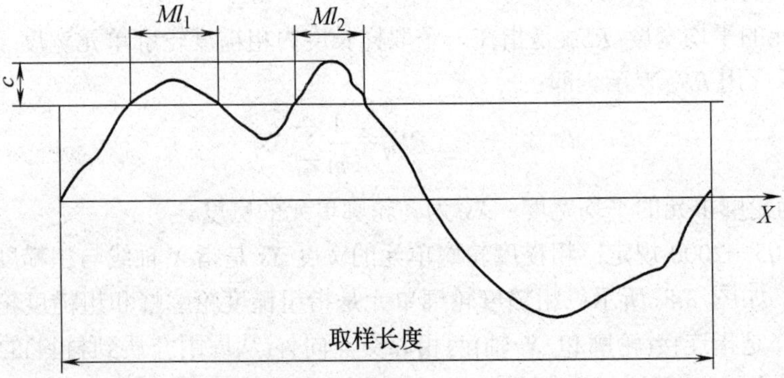

图 3.9　实体材料长度

轮廓的支承长度率曲线如图 3.10 所示。

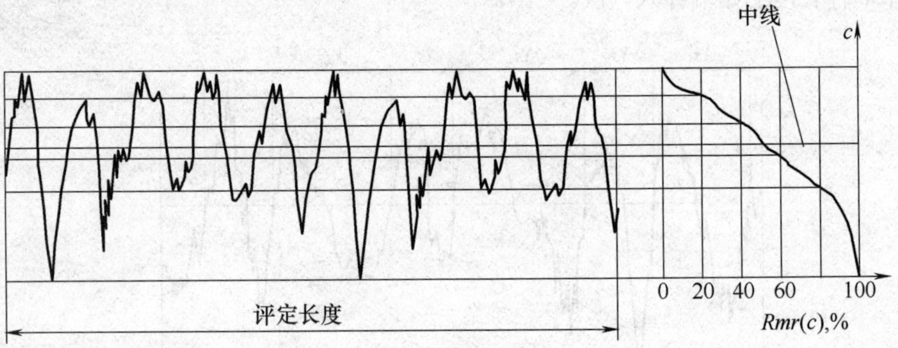

图 3.10　支承比率曲线

轮廓的支承长度率 $Rmr(c)$是对应不同的 c 值而给出的，轮廓的水平位置 c 可用微米或轮廓最大高度 Rz 的百分数表示。支承长度率 $Rmr(c)$是水平位置 c 的函数，其关系曲线称为支承比率曲线，如图 3.10 所示。

轮廓的支承长度率 $Rmr(c)$的大小反映了轮廓表面峰、谷的形状，值越大，表面实体材料长度越长，接触刚度和耐磨性越好。在图 3.11 中，两轮廓的高度参数相近，但是图 3.11(a)所示的接触刚度和耐磨性要好于图 3.11(b)。

在以上 4 个参数中，轮廓的算术平均偏差 Ra 和轮廓的最大高度 Rz 是幅度参数，称为基本参数，是标准中规定必须标注的参数。轮廓单元的平均宽度 RS_m 是反映间距特性的参数，轮廓的支承长度率 $Rmr(c)$是反映形状特性的参数，二者都称为幅度参数的附加参数。附加参数不能单独在图样上注出，只能作为幅度参数的辅助参数注出。

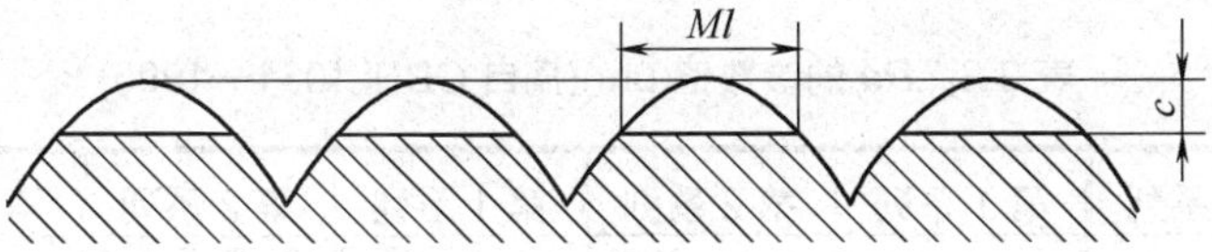

(a) 轮廓的支承长度率大

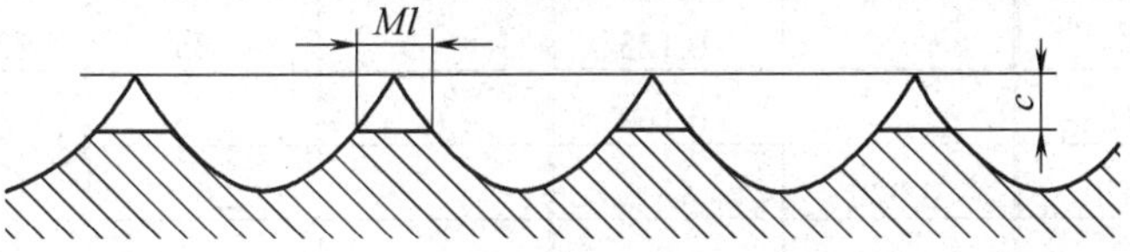

(b) 轮廓的支承长度率小

图 3.11　*Rmr*(*c*)对接触刚度和耐磨性的影响

3.2.3　表面粗糙度的选用

表面粗糙度的选用主要包括评定参数的选用和参数值的选用。其各个评定参数和参数值的大小是根据零件的功能要求和经济性来确定的。

1. 评定参数的选用

零件表面粗糙度对其使用性能的影响是多方面的。因此，在选用表面粗糙度评定参数时，应能充分合理地反映表面微观几何形状的真实情况，对大多数表面来说，一般只给出高度特征评定参数即可反映表面粗糙的特征。故在图样上一般只注出一个或两个高度参数，GB/T 1031—1995 推荐：当 *Ra* 值为 0.025～6.3μm 或 *Rz* 值为 0.1～25μm 时，优先选用 *Ra*。在上述范围内用电动轮廓仪能很方便地测出 *Ra* 的实际值。当 *Ra* 为 6.3～100μm 或 *Rz* 值为 25～400μm 和 *Ra* 值为 0.008～0.020μm 或 *Rz* 值为 0.032～0.08μm 时，用光切显微镜和干涉显微镜测 *Rz* 较为方便，所以当表面不允许出现较深加工痕迹，防止应力过于集中，从而保证零件的疲劳强度和密封性时，应选用 *Rz*。

一般情况下，选用幅度参数就可以控制零件的表面粗糙度，对于有特殊要求的表面，如喷涂均匀、涂层有极好的附着性和光洁性等，应选用 RS_m 作为附加参数。对于有较高支撑刚度和耐磨性的表面，应选用 *Rmr*(*c*)作为附加参数。

2. 评定参数值的选择

1)　表面粗糙度的参数值

表面粗糙度的评定参数值已经标准化，设计时应按国家标准 GB/T 1031—1995《表面粗糙度参数及其数值》规定的参数值系列选取，如表 3.2～表 3.5 所示。幅度参数值分为第一系列和第二系列，选用时应优先采用第一系列的参数值。

表 3.2　*Ra* 的参数值(μm)(摘自 GB/T 1031—1995)

第 1 系列	第 2 系列	第 1 系列	第 2 系列	第 1 系列	第 2 系列	第 1 系列	第 2 系列
	0.008						
	0.010						
0.012			0.125		1.25	12.5	
	0.016		0.160	1.6			16
	0.020	0.020			2.0		20
0.025			0.25		2.5	25	
	0.032		0.32	3.2			32
	0.040	0.040			4.0		40
0.050			0.50		5.0	50	
	0.063		0.63	6.3			63
	0.080	0.080			8.0		80
0.100			1.00		10.0	100	

表 3.3　*Rz* 的参数值(μm)(摘自 GB/T 1031—1995)

基本系列	补充系列	基本系列	补充系列	基本系列	补充系列	基本系列	补充系列	基本系列	补充系列	基本系列	补充系列
			0.125		1.25	12.5			125		1250
			0.160	0.16			16.0		160	1600	
		0.20			2.0		20	200			
0.025			0.25		2.5	25			250		
	0.032		0.32	3.2			32		320		
	0.040	0.40			4.0		40	400			
0.050			0.50		5.0	50			500		
	0.063		0.63	6.3			63		630		
	0.080	0.80			8.0		80	800			
0.100			1.0		10.0	100			1000		

表 3.4　RS_m 的数值(mm)(摘自 GB/T 1031—1995)

0.006	0.0125	0.025	0.05
0.1	0.2	0.4	0.8
1.6	3.2	6.3	12.5

注：这里的 RS_m 对应 GB/T 3505—83 的 S_m。

表 3.5　*Rmr*(*c*)(%)的数值(摘自 GB/T 1031—1995)

10	15	20	25	30	40	50	60	70	80	90

注：选用轮廓的支承长度率参数 *Rmr*(*c*)时，必须同时给出轮廓水平位置 *c* 值。它可用微米或 *Rz* 的百分数表示，百分数系列如下：*Rz* 的 5%，10%，15%，20%，25%，30%，40%，50%，60%，70%，80%，90%。

2)　表面粗糙度参数值总的选用原则

表面粗糙度参数值总的选用原则是：首先满足功能要求；其次顾及经济合理性；在满足功能要求的前提下，参数的允许值应尽可能大，以减小加工困难，降低生产成本。

在实际生产中，由于粗糙度和零件的功能关系十分复杂，很难全面而精细地按零件功能要求来准确地确定粗糙度的参数值，因此，具体选用时多用类比法来确定粗糙度的参数值。按类比法选择表面粗糙度参数值时，可先根据经验、统计资料初步选定表面粗糙度参数值，然后再对比工作条件作适当调整。调整时应注意以下几点。

(1)　同一零件上，工作表面的粗糙度值应比非工作表面小(但 t_p 值应大，以下同)。

(2)　摩擦表面的粗糙度值应比非摩擦表面小，滚动摩擦表面的粗糙度值应比滑动摩擦表面小。

(3)　对于相对运动速度高、单位面积压力大的表面，表面粗糙度参数值应小。

(4)　对于承受交变应力作用的零件，在容易产生应力集中的部位，如圆角、沟槽处，表面粗糙度值应小。

(5)　对于配合要求稳定的间隙较小的间隙配合和承受重载荷的过盈配合，它们的孔、轴表面粗糙度参数值应小。配合性质相同时，小尺寸结合面的粗糙度值应比大尺寸结合面小；同一公差等级时，轴的粗糙度值应比孔的小。

(6)　确定表面粗糙度参数值时，应注意它与形状公差值的协调，表 3.6 列出了在正常的工艺条件下，表面粗糙度参数值与尺寸公差及形状公差的对应关系，可供设计参考。尺寸的标准公差等级越高，则表面粗糙度参考值应越小。但尺寸的标准公差等级低的表面，其表面粗糙度值要求不一定低，如医疗器械、机床摇把等的表面对尺寸和形状精度的要求并不高，但表面粗糙度值要求却较小。

表 3.6　形状公差与表面粗糙度参数值的关系

形位公差 *t* 占 *T* 的百分比	表面粗糙度参数值占尺寸公差百分比	
t/*T*(%)	*Ra*/*T*(%)	*Rz*/*T*(%)
≈60	≤5	≤20
≈40	≤2.5	≤10
≈25	≤1.2	≤5

(7)　对于要求防腐蚀、密封性能好或外表美观的表面，表面粗糙度值应较小。

(8)　凡有关标准业已对表面粗糙度要求作出了具体规定(如与滚动轴承配合的轴颈和外壳孔、键槽、各级精度齿轮的主要表面等)，则应按该标准的规定确定表面粗糙度参数值的大小。表 3.7 和表 3.8 列出了不同表面粗糙度参数值的应用实例，孔、轴表面粗糙度参数推荐值，可供设计时参考。

表 3.7 表面粗糙度的表面特征、经济加工方法及应用举例

表面微观特性		Ra/μm	加工方法	应用举例
粗糙表面	微见刀痕	≤20	粗车、粗刨、粗铣、钻、毛锉、锯断	半成品粗加工过的表面，非配合的加工表面，如轴端面、倒角、钻孔、齿轮和带轮侧面、键槽底面、垫圈接触面
半光表面	微见加工痕迹	≤10	车、刨、铣、镗、钻、粗铰	轴上不安装轴承、齿轮处的非配合表面，紧固件的自由装配表面，轴和孔的退刀槽
	微见加工痕迹	≤5	车、刨、铣、镗、磨、拉、粗刮、滚压	半精加工表面，箱体、支架、盖面、套筒等和其他零件结合而无配合要求的表面，需要发蓝的表面等
	看不清加工痕迹	≤2.5	车、刨、铣、镗、磨、拉、刮、压、铣压	接近于精加工表面，箱体上安装轴承和镗孔表面，齿轮的工作面
光表面	可辨加工痕迹方向	≤1.25	车、镗、磨、拉、刮、精铰、磨齿、滚压	圆柱销、圆锥销、与滚动轴承配合的表，卧式车床导轨面，内、外花键定心表面
	微辨加工痕迹方向	≤0.63	精铰、精镗、磨、刮、滚压	要求配合性质稳定的配合表面，工作时受交变应力的重要零件，较高精度车床的导轨面
	不可辨加工痕迹方向	≤0.32	精磨、珩磨、研磨、超精加工	精密机床主轴锥孔，顶尖圆锥面，发动机曲轴、凸轮轴工作表面，高精度齿轮齿面
极光表面	暗光泽面	≤0.16	精磨、研磨、普通抛光	精密机床主轴轴颈表面，一般量规工作表面，汽缸套内表面，活塞销表面
	亮光泽面	≤0.08	超精磨、精抛光、镜面磨削	精密面床主轴轴颈表面，滚动轴承的滚珠，高压油泵中柱塞套配合表面
	镜状光泽面	≤0.04		
	镜面	≤0.01	镜面磨削、超精研	高精度量仪、量块的工作表面，光学仪器中的金属镜面

表 3.8 各类配合要求的孔、轴表面粗糙度参数的推荐值

<table>
<tr><th colspan="2">配合要求</th><th colspan="4">孔</th><th colspan="4">轴</th></tr>
<tr><td rowspan="5">轻度装卸
(如挂轮、滚刀等)</td><td rowspan="3">基本尺寸
mm</td><td colspan="8">尺寸公差等级</td></tr>
<tr><td>5</td><td>6</td><td>7</td><td>8</td><td>5</td><td>6</td><td>7</td><td>8</td></tr>
<tr><td colspan="8">Ra/μm 不大于</td></tr>
<tr><td>≤50</td><td>0.4</td><td>0.4～0.8</td><td>0.8</td><td>0.8～1.6</td><td>0.2</td><td>0.4</td><td>0.4～0.8</td><td>0.8</td></tr>
<tr><td>>50～500</td><td>0.8</td><td>0.8～1.6</td><td>1.6</td><td>1.6～3.2</td><td>0.4</td><td>0.8</td><td>0.8～1.6</td><td>1.6</td></tr>
</table>

续表

配合要求	基本尺寸 mm	孔 5	孔 6	孔 7	孔 8	轴 5	轴 6	轴 7	轴 8
过盈配合 ①按机械压入法装配 ②按热处理法装配	尺寸公差等级 / *Ra*/μm 不大于								
	≤50	0.2～0.4	0.8	0.8	1.6	0.1～0.2	0.4	0.4	0.8
	>50～120	0.8	1.6	1.6	1.6～3.2	0.4	0.8	0.8	0.8～1.6
	>120～500	0.8	1.6	1.6	1.6～3.2	0.4	1.6	1.6	1.6～3.2

配合要求		孔	孔	轴	轴
滑动轴承配合	尺寸公 差 等 级	6～9	10～12	6～9	10～12
	Ra/μm　不大于	0.8～1.6	1.6～3.2	0.4～0.8	0.8～3.2

配合要求		孔	孔	孔	孔	孔	孔	轴	轴	轴	轴	轴	轴
精密定心用的配合	径向跳动公差/μm	2.5	4	6	10	16	25	2.5	4	6	10	16	25
	Ra/μm　不大于	0.1	0.2	0.2	0.4	0.8	1.6	0.05	0.1	0.1	0.2	0.4	0.8
	液体湿摩擦条件 *Ra*/μm　不大于	0.2～0.8						0.1～0.4					

3.2.4　表面粗糙度的图形符号及其标注

表面粗糙度的评定参数及其数值确定后，还应按 GB/T 131—2006《产品几何技术规范(GPS)技术产品文件中表面结构的表示法》的规定把表面粗糙度要求正确地标注在图样上。

1. 表面粗糙度图形符号

表面粗糙度的图形符号及其含义如表 3.9 所示。

表 3.9　表面粗糙度的图形符号及其含义

符号名称	符　号	含　义
基本图形符号	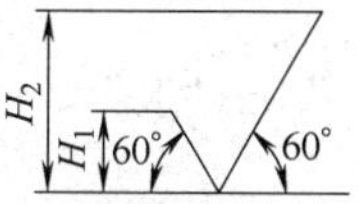	由两条不等长的与标注表面成 60°夹角的直线构成，在图样上用细实线画出。基本图形符号仅用于简化代号标注，没有补充说明时不能单独使用
扩展图形符号	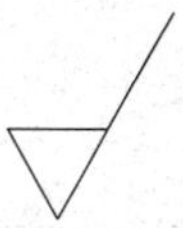	在基本图形符号上加一短横线，表示指定表面是用去除材料的方法获得，如通过机械加工获得的表面

续表

符号名称	符　号	含　义
扩展图形符号	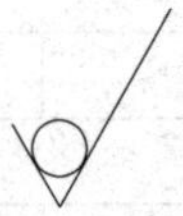	在基本图形符号上加一个圆圈，表示指定表面是用不去除材料方法获得，此图形符号也可用于表示保持上道工序形成的表面，不管这种状况是通过去除或不去除材料形成的
完整图形符号	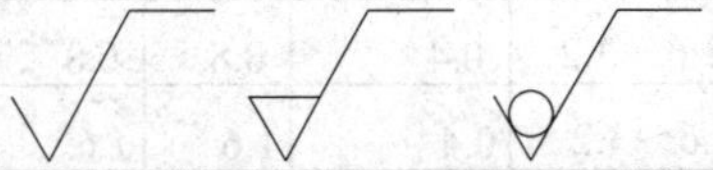	在以上各种符号的长边上加一横线，以便标注表面结构特征的补充信息

注：表面结构是表面粗糙度、表面波纹度、表面缺陷、表面纹理和表面几何形状的总称，本章只涉及表面粗糙度的标注，所以为了便于理解，将“表面结构的符号和代号”等名词简称为“表面粗糙度符号和代号”。

2. 表面粗糙度参数及其他补充要求在图形符号中的注写位置

为了明确表面粗糙度的要求，除了需要标注参数和数值外，必要时应标注补充要求，补充要求包括传输带、取样长度、加工工艺、表面纹理及方向、加工余量等。上述相关要求在图形符号中的标注位置如图 3.12 所示。

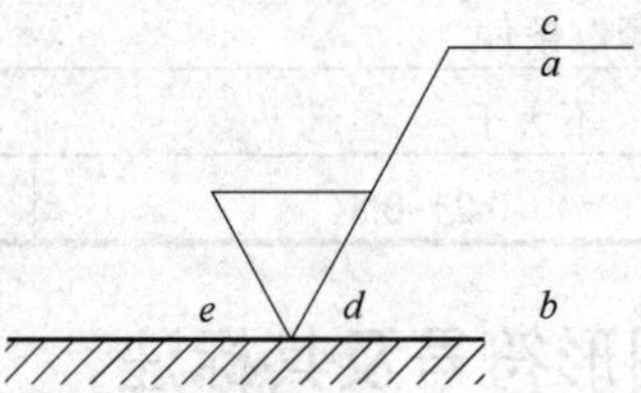

图 3.12　表面粗糙度代号注法

在图 3.12 中，位置 *a*～*e* 分别注写以下内容。

(1)　位置 *a*：注写表面结构的单一要求。

(2)　位置 *a* 和 *b*：注写两个或多个表面结构要求。

在位置 *a* 注写第一个表面结构要求，方法同(1)，在位置 *b* 注写第二个表面结构要求。如果要注写第三个或更多个表面结构要求，图形符号应在垂直方向扩大，以空出足够的空间。扩大图形符号时，*a* 和 *b* 的位置随之上移。

(3)　位置 *c*：注写加工方法、表面处理、涂层或其他加工工艺要求等。如“车”、“磨”、“镀”等。

(4)　位置 *d*：注写所要求的表面纹理和纹理的方向，如“=”、“X”、“M”等，其具体含义如表 5.11 所示。

(5)　位置 *e*：注写所要求的加工余量，以毫米为单位给出数值。

3. 表面粗糙度代号的标注

在表面粗糙度符号中注写了具体参数代号及数值等要求后称为表面粗糙度代号。表面粗糙度代号的标注示例及其含义如表 3.10 所示。

表 3.10 表面粗糙度代号的标注示例及其含义

表面粗糙度代号示例	含 义	补充说明
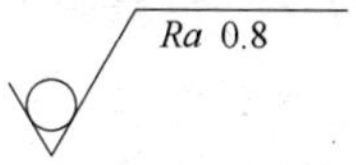	表示不允许去除材料，单向上限值，默认传输带，R 轮廓(粗糙度轮廓)，轮廓的算术平均偏差上限值为 0.8μm，评定长度为 5 个取样长度(默认)，“16%规则”(默认)	
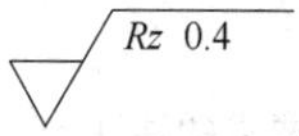	表示去除材料，单向上限值，默认传输带，R 轮廓(粗糙度轮廓)，轮廓最大高度的上限值为 0.4μm，评定长度为 5 个取样长度(默认)，“16%规则”(默认)	为了避免误解，在参数代号与极限值之间应插入空格(下同)
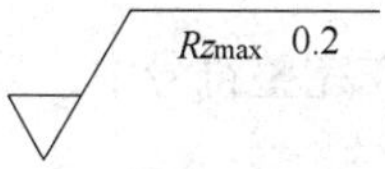	表示去除材料，单向上限值，默认传输带，R 轮廓(粗糙度轮廓)，轮廓最大高度的最大值 0.2μm，评定长度为 5 个取样长度(默认)，“最大规则”	
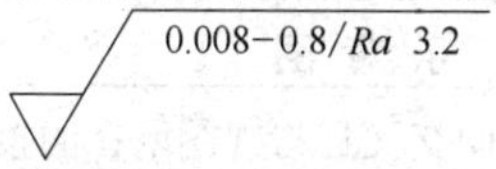	表示去除材料，单向上限值，传输带 0.008～0.8mm，R 轮廓(粗糙度轮廓)，轮廓算术平均偏差上限值为 3.2μm，评定长度为 5 个取样长度(默认)，“16%规则”(默认)	传输带“0.008～0.8”中的前后数值分别为短波(λ_s)和长波(λ_c)滤波器的截止波长，表示波长范围。此时取样长度等于 λ_c，则 l=0.8mm
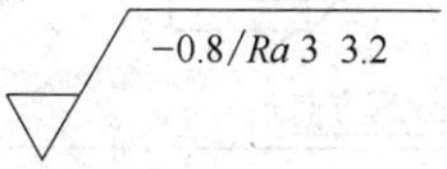	表示去除材料，单向上限值，传输带：根据 GB/T 6062，取样长度 0.8mm(λ_s 默认 0.0025mm)，R 轮廓，轮廓算术平均偏差上限值为 3.2μm，评定长度为 3 个取样长度，“16%规则”(默认)	传输带仅注出一个截止波长值(本例 0.8 表示 λ_c 值)时，另一截止波长值 λ_s 应理解成默认值，由 GB/T 6062 中查知 λ_s=0.0025mm
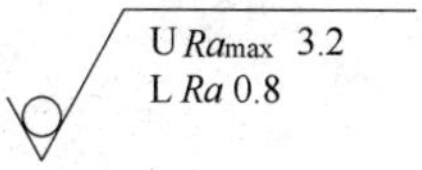	表示不允许去除材料，双向极限值，两极限值均使用默认传输带，R 轮廓，上限值：算术平均偏差 3.2μm，评定长度为 5 个取样长度(默认)，“最大规则”，下限值：算术平均偏差 0.8μm，评定长度为 5 个取样长度(默认)，“16%规则”(默认)	本例为双向极限要求，用“U”和“L”分别表示上限值和下限值。在不致引起歧义时，可不加注“U”和“L”

注：①“传输带”是指评定时的波长范围。传输带被一个截止短波的滤波器(短波滤波器)和另一个截止长波的滤波器(长波滤波器)所限制。

②“16%规则”是指同一评定长度范围内所有的实测值中，大于上限值的个数应少于总数的 16%，小于下限值的个数应少于总数的 16%。参见 GB/T 10610—1998。

③ 极值规则：整个被测表面上所有的实测值皆应不大于最大允许值，皆应不小于最小允许值。参见 GB/T 10610—1998。

4. 加工方法或相关信息的标注

轮廓曲线的特征对实际表面的表面结构参数值影响很大。标注的参数代号、参数值和传输带只作为表面结构要求，有时不一定能够完全准确地表示表面功能。加工工艺在很大程度上决定了轮廓曲线的特征，因此，一般应注明加工工艺。加工工艺用文字按图 3.13 和图 3.14 所示方式在完整符号中注明。

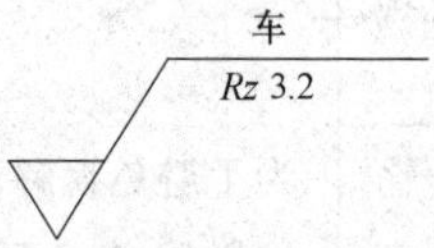

图 3.13　加工工艺和表面粗糙度要求的注法

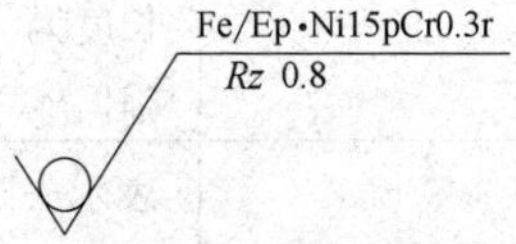

图 3.14　镀覆和表面粗糙度要求的注法

5. 表面纹理的注法

表面纹理及其方向用表 3.11 中规定的符号按照图 3.12 所示标注在完整符号中。采用定义的符号标注表面纹理不适用于文本标注。

表 3.11　表面纹理的标注

符　号	示 意 图	符　号	示 意 图
=	纹理平行于标注代号的视图投影面 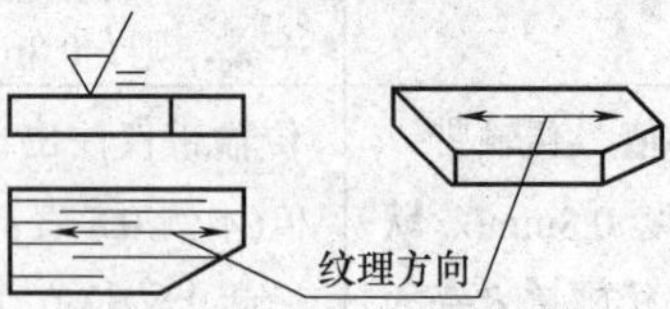	×	纹理呈两斜向交叉且与视图所在的投影面相交 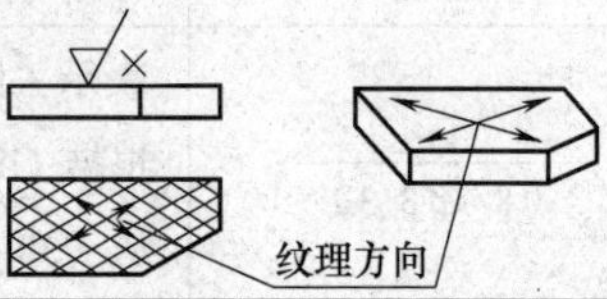
⊥	纹理垂直于标注代号的视图投影面 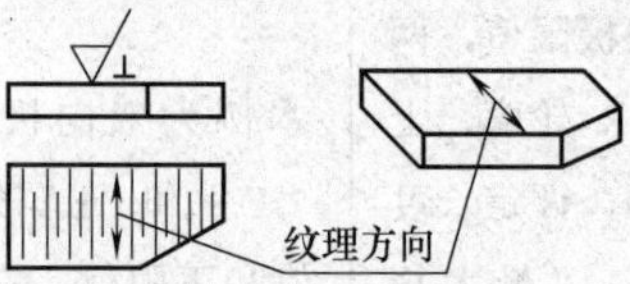	*C*	纹理呈近似同心圆且圆心与表面中心相关 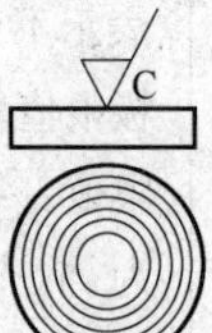
M	纹理呈多方向 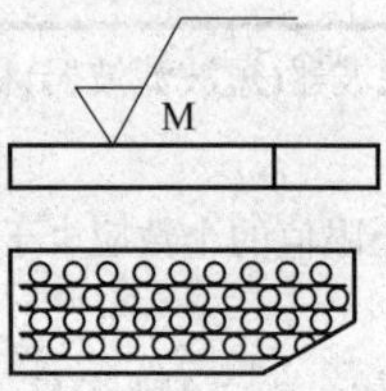	R	纹理呈近似放射状且与表面圆心相关 

续表

符　号	示 意 图	符　号	示 意 图
P	纹理呈微粒、凸起，无方向 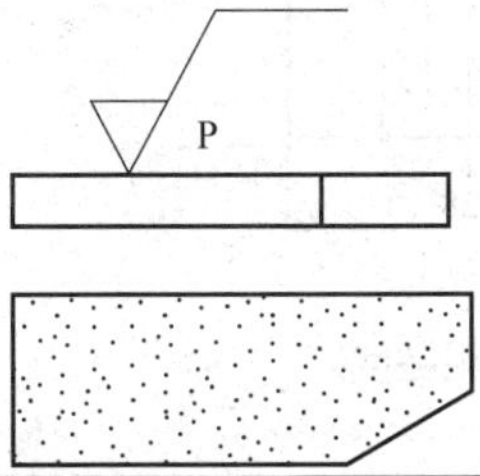		

6. 表面粗糙度代号在图样上的标注

表面粗糙度要求对每一表面一般只标注一次，并尽可能标注在相应的尺寸及其公差的同一视图上。除非另有说明，所标注的表面结构要求是对完工零件表面的要求。

表面粗糙度代号在图样上的注写和读取方向与尺寸的注写和读取方向一致，如图 3.15 所示；一般标注于可见轮廓线或其延长线上，符号应从材料外指向并接触表面，如图 3.16 所示；必要时也可用带箭头或者黑点的指引线引出标注，如图 3.17 所示；在不致引起误解时，也可以标注在给定的尺寸线上，如图 3.18 所示；表面粗糙度代号还可标注在形位公差框格的上方，如图 3.19 所示。

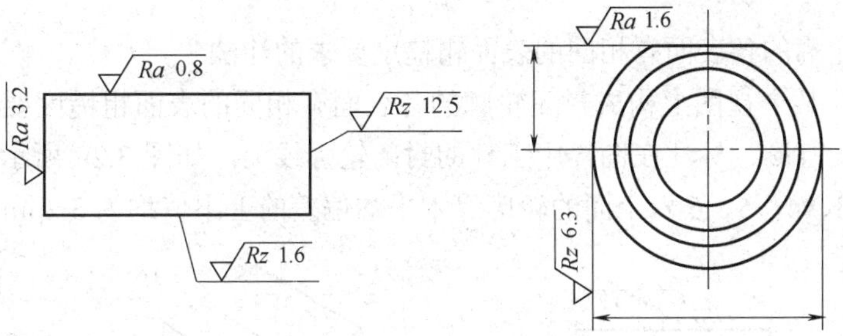

图 3.15　表面粗糙度代号的注写方向

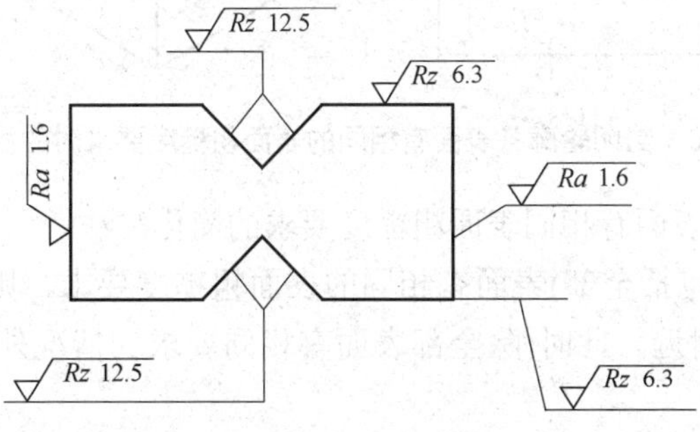

图 3.16　表面粗糙度在轮廓线上的标注示例

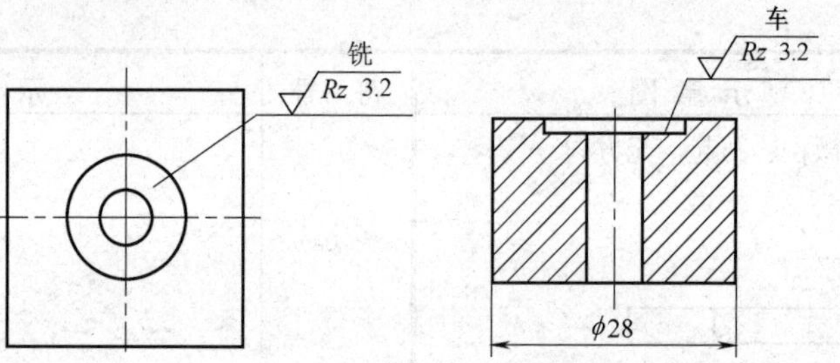

图 3.17　用指引线引出标注表面粗糙度

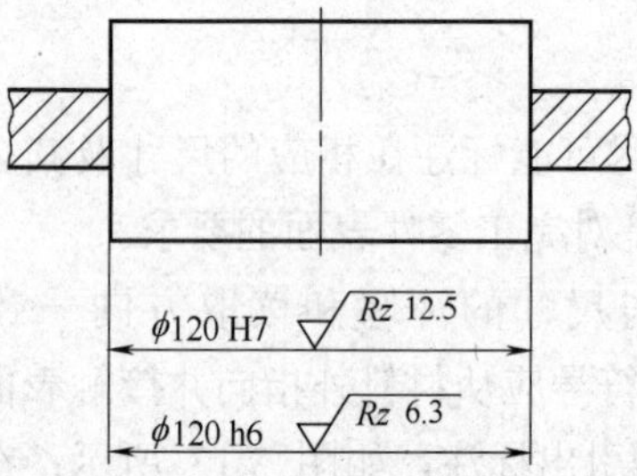

图 3.18　表面粗糙度代号标注在尺寸线上

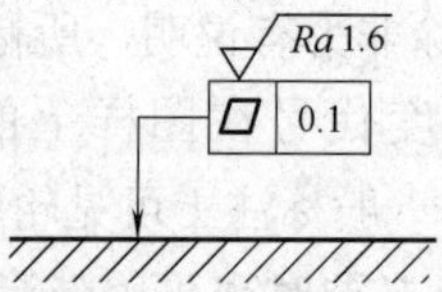

图 3.19　表面粗糙度代号标注在形位公差框格的上方

7. 表面结构要求在图样中的简化注法

1)　封闭轮廓的各表面有相同的表面粗糙度要求的注法

当在图样的某个视图上构成封闭轮廓的各表面有相同的表面粗糙度要求时，可在完整图形符号上加一圆圈，标注在图样中工件的封闭轮廓线上，如图 3.20 所示，表示构成封闭轮廓的 1、2、3、4、5、6 六个面的轮廓算术平均偏差的上限值均为 3.2μm。

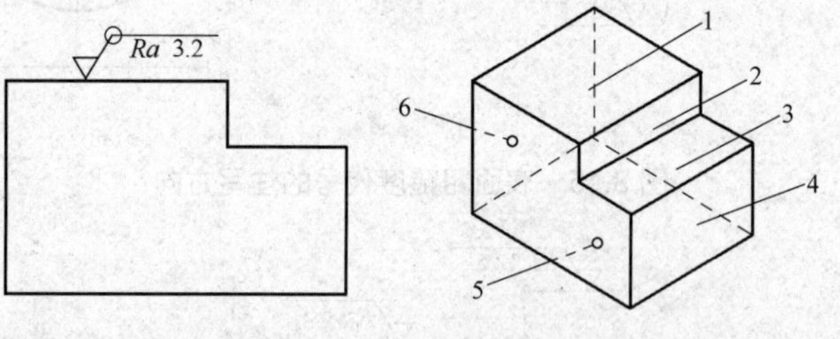

图 3.20　封闭轮廓各表面有相同的表面粗糙度要求时的标注

2)　多数(包括全部)表面有相同表面粗糙度要求的简化注法

如果在工件的多数(包括全部)表面有相同的表面粗糙度要求，则其表面结构要求可统一标注在图样的标题栏附近。此时(除全部表面有相同要求的情况外)，表面粗糙度代号的后面应包括如下内容。

(1)　在圆括号内给出无任何其他标注的基本符号，如图 3.21(a)所示。

(2)　在圆括号内给出不同的表面粗糙度要求，如图 3.21(b)所示。

那些不同的表面粗糙度要求应直接标注在图形中，如图 3.21 所示。

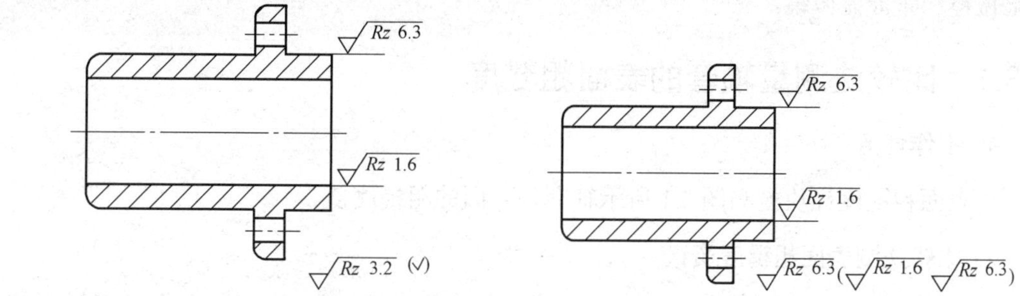

(a) 在圆括号内给出无任何其他标注的基本符号　　(b) 在圆括号内给出不同的表面粗糙度要求

图 3.21　多数表面有相同表面粗糙度要求的简化注法

3)　多个表面有相同粗糙要求的注法

当多个表面具有相同的表面粗糙度要求或图纸空间有限时，也可以采用简化注法。

(1)　用带字母的完整符号，以等式的形式，在图形或标题栏附近，对有相同表面结构要求的表面进行简化标注，如图 3.22 所示。

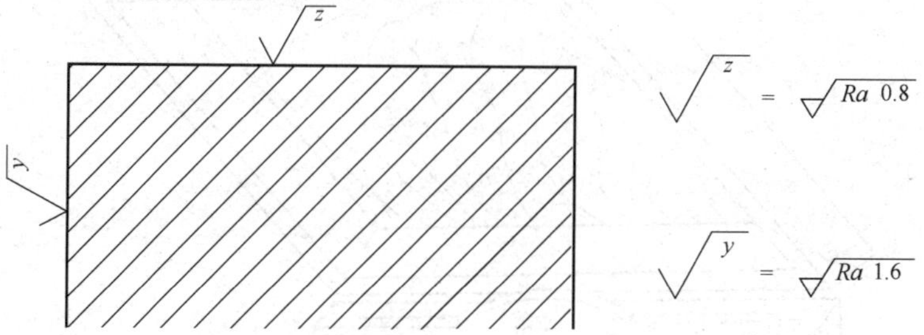

图 3.22　在图样空间有限时的简化注法

(2)　只用表面粗糙度符号，以等式的形式给出对多个表面共同的表面粗糙度要求，如图 3.23 所示。

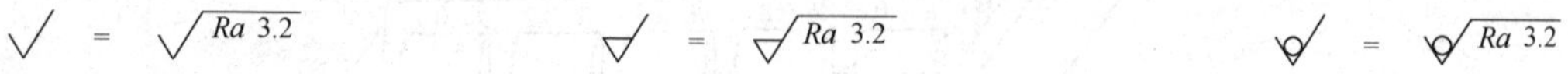

(a) 未指定工艺方法　　(b) 要求去除材料　　(c) 不允许去除材料

图 3.23　多个表面具有相同粗糙度要求的简化注法

3.3　表面粗糙度检测实训

测量表面粗糙度参数值时，若图样上没有特别注明测量方向，则应在数值最大的方向上测量。一般来说就是在垂直于表面加工纹理方向的截面上测量。对于没有一定加工纹理方向的表面(如电火花、研磨等加工表面)，应在几个不同的方向上测量，并取最大值作为测量结果。此外，测量时还应注意不要把表面缺陷，如沟槽，气孔、划痕等包括进去。

目前，在车间和计量室检测表面粗糙度常用的计量器具有粗糙度样块、粗糙度仪、光切显微镜和干涉显微镜。

3.3.1 比较法测量轴套的表面粗糙度

1. 工作任务

用表面粗糙度样块检测图 3.1 所示轴套各表面的粗糙度值。

2. 比较法测表面粗糙度资讯

比较法是将被测零件表面与表面粗糙度样块直接进行比较，通过人的视觉或触觉判断被测表面粗糙度的一种检测方法，图 3.24 是粗糙度样块的外形图。视觉比较是用人眼反复比较被测零件表面与粗糙度样板表面的加工痕迹、反光强弱、色彩差异，以帮助确定被测零件表面的粗糙度大小，必要时也可借助放大镜观察。触觉比较是用手触摸或者用手指划过被测零件表面与粗糙度样板表面，通过感觉比较被测零件表面与粗糙度样板表面在波峰高度和间距上的差异，从而判断被测表面粗糙度的大小。

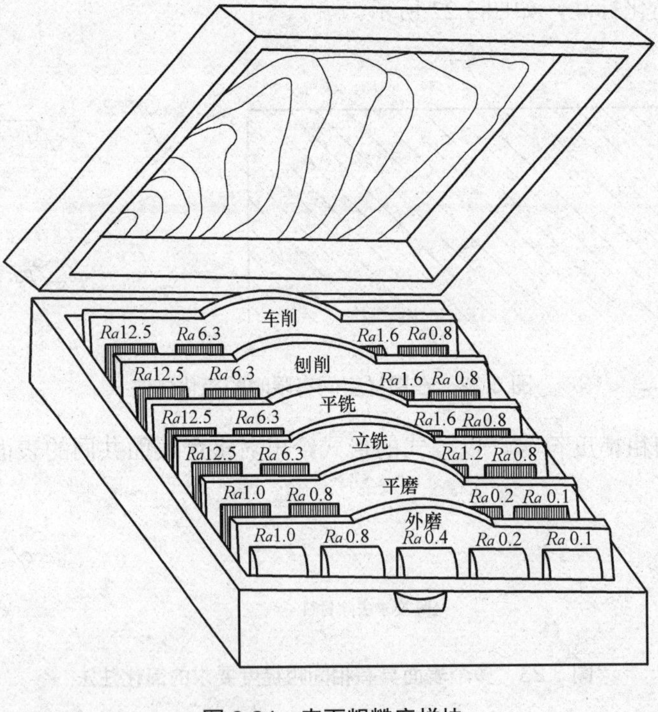

图 3.24 表面粗糙度样块

比较法简单易行，适合车间生产检验。缺点是评定的可靠性很大程度上取决于检验人员的经验，仅适用于评定表面粗糙度要求不高的工件。当零件批量较大时，也可从成批零件中挑选几个样品，经检定后作为表面粗糙度样块使用。

3. 工作计划

在检测实训过程中，各小组协同制定检测计划，共同解决检测过程中遇到的困难；要相互监督计划的执行与完成情况，并交叉互检，以提高检测结果的准确性。实训过程中，应如实填写表 3.12 所示的“表面粗糙度样块检测轴套的粗糙度工作计划及执行情况表”。

表 3.12　表面粗糙度样块检测轴套的粗糙度工作计划及执行情况表

序　号	内　容	所用时间	要　求	完成/实施情况记录或个人体会、总结
1	研讨任务		看懂图纸，分析被测表面的粗糙度要求	
2	计划与决策		制定详细的检测计划	
3	实施检测		根据计划，按顺序检测各表面粗糙度值，做好记录，填写测试报告	
4	结果检查		检查本组组员的计划执行情况和检测结果，并组织交叉互检	
5	评估		对自己所做的工作进行反思，提出改进措施，谈谈自己的心得体会	

4. 检测实施

(1) 填写借用工件和计量器具的申请表。

(2) 领取工件和粗糙度样块。

(3) 观察工件和粗糙度样块上是否有防锈油，如果有则进行清洗。

(4) 检查所使用的表面粗糙度样块和被测零件两者的材料及表面加工纹理方向应尽量一致(这样可以减少检测误差，提高判断准确性)。

(5) 用观察、触摸的方法仔细交替感受、比较粗糙度样块和工件，最后确定被测工件的粗糙度值。

(6) 每个表面在多个位置比较，取最大值作为最后结果。

5. 比较法测量轴套表面粗糙度的检查要点

(1) 被测表面的加工方法与粗糙度样块的加工方法是否一致?

(2) 被测工件的材料与粗糙度样块的材料是否一致?

(3) 与同组成员之间的互检结果如何?

3.3.2　用手持式粗糙度仪测量表面粗糙度

1. 工作任务

用手持式粗糙度仪检测图 3.1 所示轴套各表面的粗糙度值。

2. 手持式粗糙度仪测量表面粗糙度资讯

1) 手持式粗糙度仪的测量原理

用手持式粗糙度仪测量工件表面粗糙度时，将传感器放在工件被测表面上，由仪器内部的驱动机构带动传感器沿被测表面做等速滑行，传感器通过内置的锐利触针感受被测表面的粗糙度，此时工件被测表面的粗糙度引起触针产生位移，该位移使传感器电感线圈的电感量发生变化，从而在相敏整流器的输出端产生与被测表面粗糙度成比例的模拟信号，该信号经过放大及电平转换之后进入数据采集系统，DSP 芯片将采集的数据进行数字滤波和参数计算，测量结果在液晶显示器上读出，也可在打印机上输出，还可以与 PC 进行通信。

2) 手持式粗糙度仪的结构及功能

图 3.25 是北京时代公司生产的 TR200 手持式粗糙度仪的外形图，其主要结构和按键的功能如下。

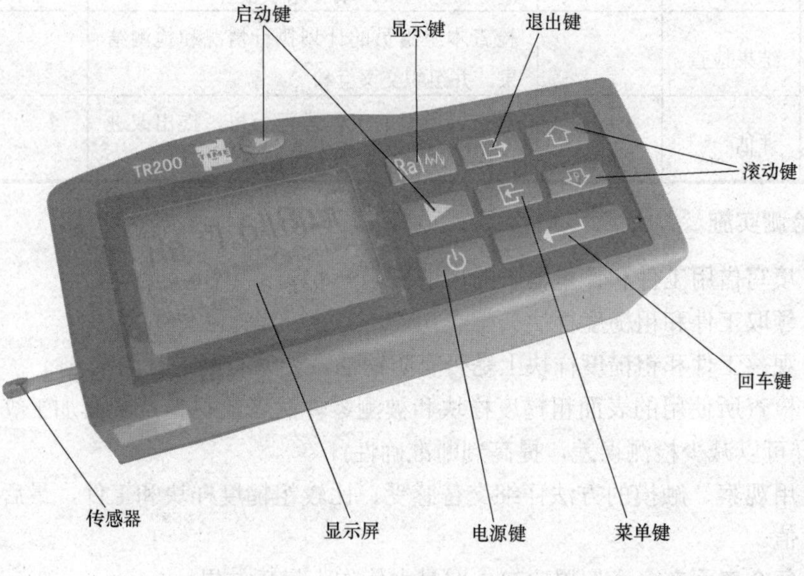

图 3.25 手持式粗糙度仪

(1) 传感器——是仪器的关键零件，通过内置的锐利触针感受被测表面并产生位移，使传感器电感线圈的电感量发生变化，从而产生与被测表面粗糙度成比例的模拟信号。

(2) 显示屏——显示测量结果及其他各种信息的液晶屏幕。

(3) 电源键——按下一次松开后，仪器开机，然后自动进入基本测量状态。

(4) 启动键——测量准备就绪后，按启动键进入测量和自动处理，并显示测量结果。

(5) 显示键——按显示键显示轮廓图形，配合“回车键”还可以改变图形放大倍数。

(6) 菜单键——进入菜单操作状态，配合“滚动键”和“回车键”可以改变测量条件(取样长度、评定长度、标准、量程、滤波器、显示参数等的选择)、进行功能选择(打印参数和轮廓、触针位置、示值校准)、进行系统设置(语言、单位、液晶背光、亮度等的选择)。

3) 基本使用方法

(1) 装卸传感器。

安装时，用手拿住传感器的主体部分，按图 3.26 所示将传感器插入仪器底部的传感器连接套中，然后轻推到底。拆卸时，用手拿住传感器的主体部分或保护套管的根部，慢慢地向外拉出。

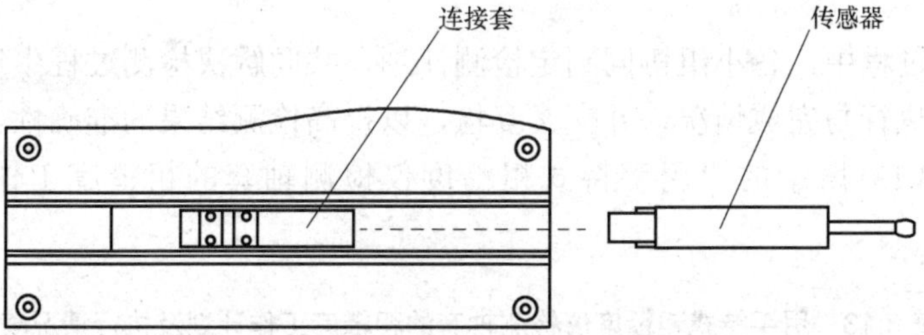

图 3.26 传感器的装卸

(2) 确定测量方向。

传感器的滑行轨迹必须垂直于工件被测表面的加工纹理方向，如图 3.27 所示。

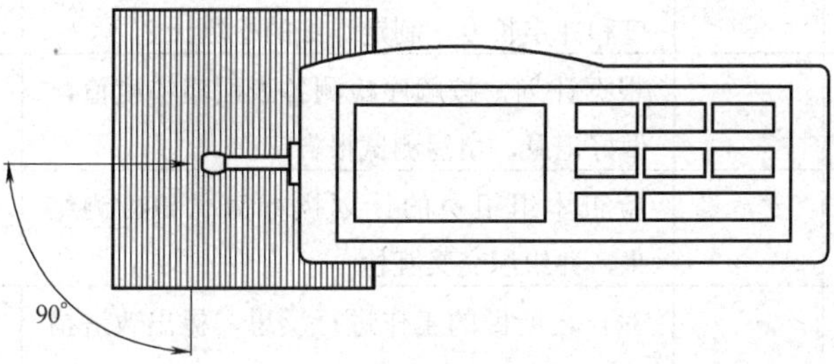

图 3.27 粗糙度仪的测量方向

(3) 正确选取安装位置。

在进行测量前，应将仪器正确、平稳、可靠地放置在工件被测表面上。图 3.28 是正确和错误的安装位置示意图。

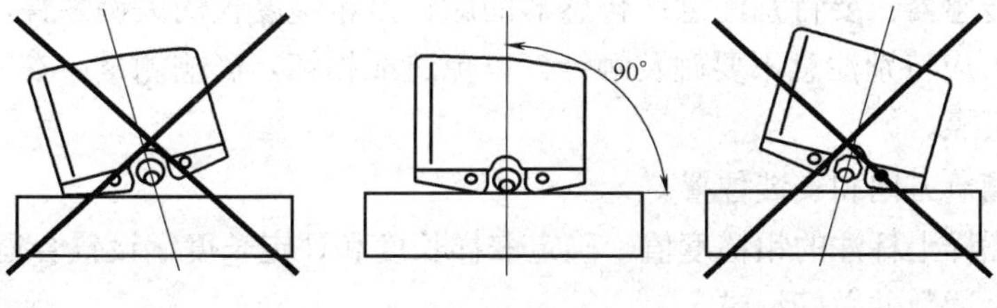

图 3.28 正确和错误的安装位置

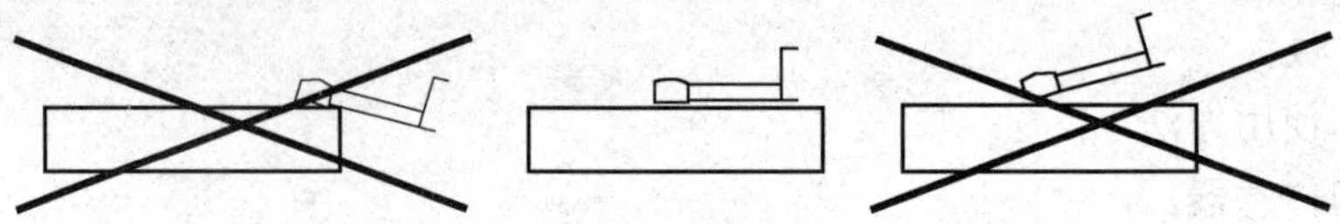

图 3.28 （续）

3. 工作计划

在检测实训过程中，各小组协同制定检测计划，共同解决检测过程中遇到的困难；要相互监督计划的执行与完成情况，并交叉互检，以提高检测结果的准确性。实训过程中，要如实填写表 3.13 所示的“用手持式粗糙度仪检测轴套的粗糙度工作计划及执行情况表”。

表 3.13 用手持式粗糙度仪检测轴套的粗糙度工作计划及执行情况表

序 号	内 容	所用时间	要 求	完成/实施情况记录或个人体会、总结
1	研讨任务		看懂图纸，分析被测表面的粗糙度要求	
2	计划与决策		确定各表面合理的检测位置并确定取样长度和评定长度，制定详细的检测计划	
3	实施检测		根据计划，按顺序检测各表面粗糙度值，做好记录，填写测试报告	
4	结果检查		检查本组组员的计划执行情况和检测结果，并组织交叉互检	
5	评估		对自己所做的工作进行反思，提出改进措施，谈谈自己的心得体会	

4. 检测实施

(1) 填写借用工件和计量器具的申请表。

(2) 领取工件和计量器具。

(3) 清洗工件。

(4) 安装传感器；要特别注意：传感器的触针是粗糙度仪的关键零件，在进行传感器装卸的过程中，应特别注意不要碰及触针，以免造成损坏，影响测量；在安装传感器时还应注意连接要可靠。

(5) 确定测量方向和安装位置。

(6) 根据图样上标注的粗糙度值，确定取样长度和评定长度，设置合适的测量条件。

(7) 检测、读数并做好记录。

(8) 根据测量结果判断表面粗糙度的合格性。

5. 用手持式粗糙度仪测量表面粗糙度的检查要点

(1) 传感器安装是否正确？

(2) 测量方向是否正确？

(3) 粗糙度仪安装位置是否科学？

(4) 测量条件设置是否合理？

(5) 用标准样板校准示值时，测得值是否超过标定值的±10%？

(6) 与同组成员的互检结果如何？

3.4 拓展实训

1. 用比较法测量阶梯轴的表面粗糙度

实训目的：通过完成对图 3.29 所示工件各表面粗糙度的比较测量，进一步熟悉和掌握粗糙度样块的使用方法。

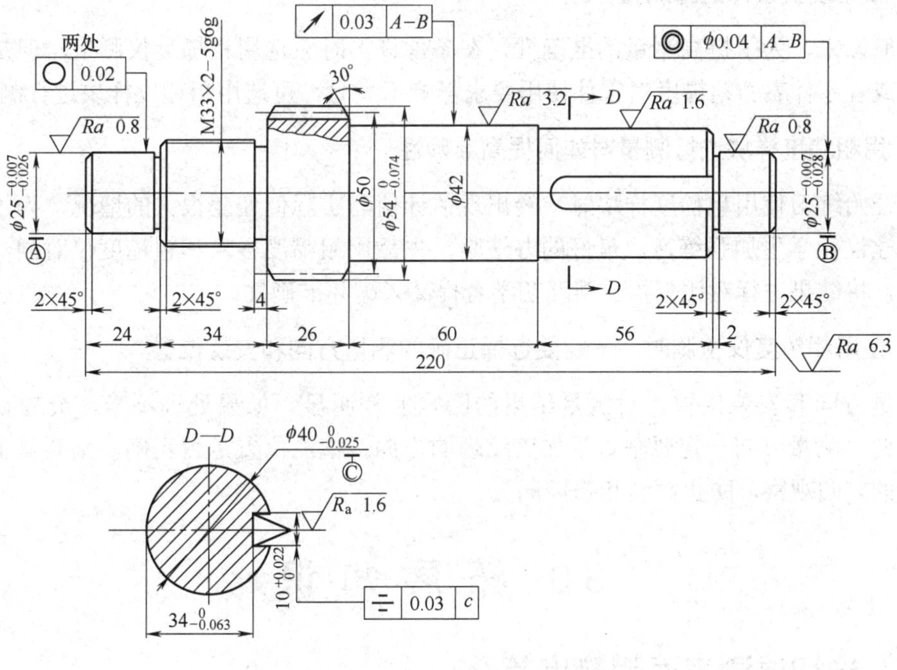

图 3.29　阶梯轴

实训要点：重点是练习视觉和触觉比较，提高估计的准确性。

预习要求：比较法测表面粗糙度。

实训过程：让学生自主操作，自主探索，自我提高；教师观察，发现严重错误和典型错误要及时指正，重点是让学生提高检测的准确性。

实训小结：对学生的操作过程中的典型问题进行集中讲评。

2. 用手持式粗糙度仪测量阶梯轴的表面粗糙度

实训目的：通过完成对图 3.29 所示工件各表面粗糙度的比较测量，进一步熟悉和掌握手持式粗糙度仪的使用方法。

实训要点：重点是练习测量条件的设置、测量方向和检测位置的确定，熟悉手持式粗糙度仪的基本操作。

预习要求：手持式粗糙度仪的原理、结构和使用方法。

实训过程：让学生根据说明书自主操作；教师观察，发现严重错误和典型错误要及时指正，重点是让学生熟悉仪器的使用方法；要特别提醒学生在操作过程中保护好传感器这一关键部件。

实训小结：对学生的操作过程中的典型问题进行集中讲评。

3.5 实践中常见问题解析

1. 根据现实条件选择测量方法

一般说来，为了提高测量的准确性，在条件许可时应选用粗糙度仪测量，但是在条件不具备或者零件表面粗糙度对零件使用要求影响不大时，可选用粗糙度样块进行测量。

2. 用粗糙度样块进行测量时如何提高准确性

刚开始练习使用粗糙度样块时，会出现估计值与实际值偏差很大的情况，为了提高准确性，建议让学生加强练习，最好的办法是，先后用粗糙度样块和粗糙度仪对同一零件进行检测，将结果进行对比分析，帮助初学者提高兴趣和准确性。

3. 使用粗糙度仪检测时，一定要选择正确的测量方向和安装位置

测量方向和安装位置，对测量结果的影响非常明显，如果处理不当，会导致测量不准。因此，测量方向一定要垂直于加工纹理的方向；检测位置是否正确，则要从上下、左右不同的方向观察，防止倾斜和损坏测头。

3.6 拓 展 知 识

3.6.1 光切法测表面粗糙度简介

光切法是利用光切原理测量表面粗糙度的方法。常用的仪器是光切显微镜(又称双管显微镜)，图 3.30 所示是上海光学仪器厂生产的 JBQ(9J)型光切显微镜。该仪器适用于测量用车、铣、刨等加工方法所加工的金属零件的平面或外圆表面。光切法主要用于测量 *Rz* 值，测量范围为 *Rz*0.2～25μm。

图 3.31 是光切显微镜的工作原理图，狭缝被光源发出的光线照射后，通过物镜发出一束光带以倾斜 45° 方向照射在被测量的表面上。具有齿状的不平表面，被光亮的具有平直

边缘的狭缝像的亮带照射后，表面的波峰在 s 点产生反射，波谷在 s' 点产生反射，通过观测显微镜的物镜，它们各成像在分划板的 a 和 a' 点。在目镜中观察到的即为具有与被测表面一样的齿状亮带，通过目镜的分划板与测微器测出 a 点至 a' 点之间的距离 N，则被测表面的微观平面度 h 为：

$$h=\frac{N}{V}\cos 45°=\frac{N}{\sqrt{2}V}$$

式中：V 为物镜放大倍数。

在被测表面 h 个不同的位置测量，所有 h 值中最大者 h_{max} 即为 Rz。

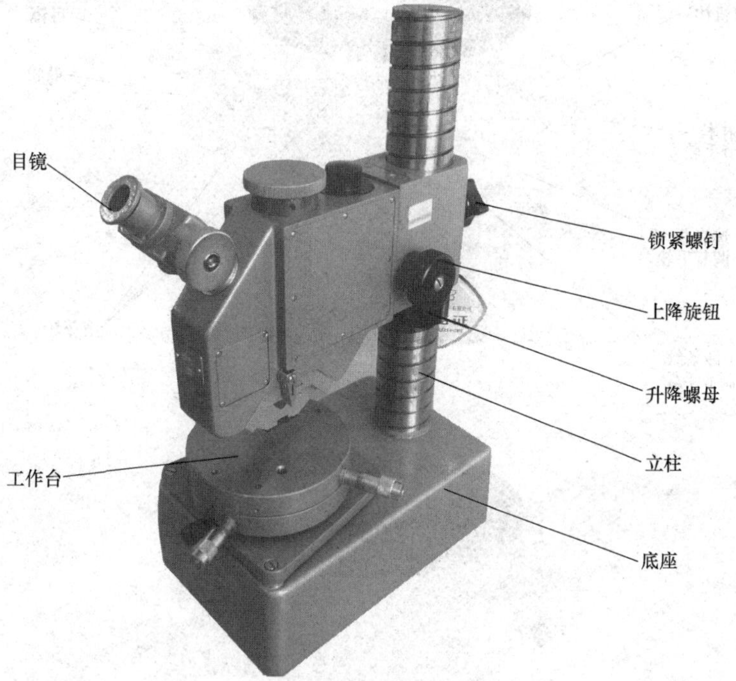

图 3.30　光切显微镜外形结构

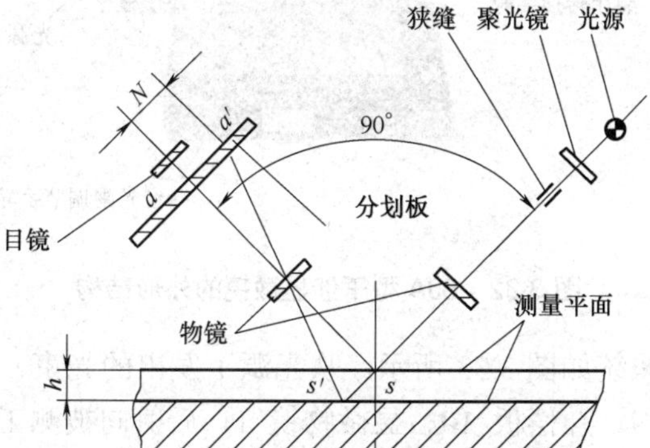

图 3.31　光切显微镜工作原理图

3.6.2　干涉法测表面粗糙度简介

干涉法是利用光波干涉原理测量表面粗糙度的一种测量方法。常用的仪器是干涉显微镜。干涉显微镜主要用于测量 *Rz* 值，因表面太粗不能形成干涉条纹，故用于测量表面粗糙度要求高的表面。测量范围为 *Rz*0.03～1μm，如图 3.32 所示是上海光学仪器厂生产的 6JA 型干涉显微镜的外形结构。

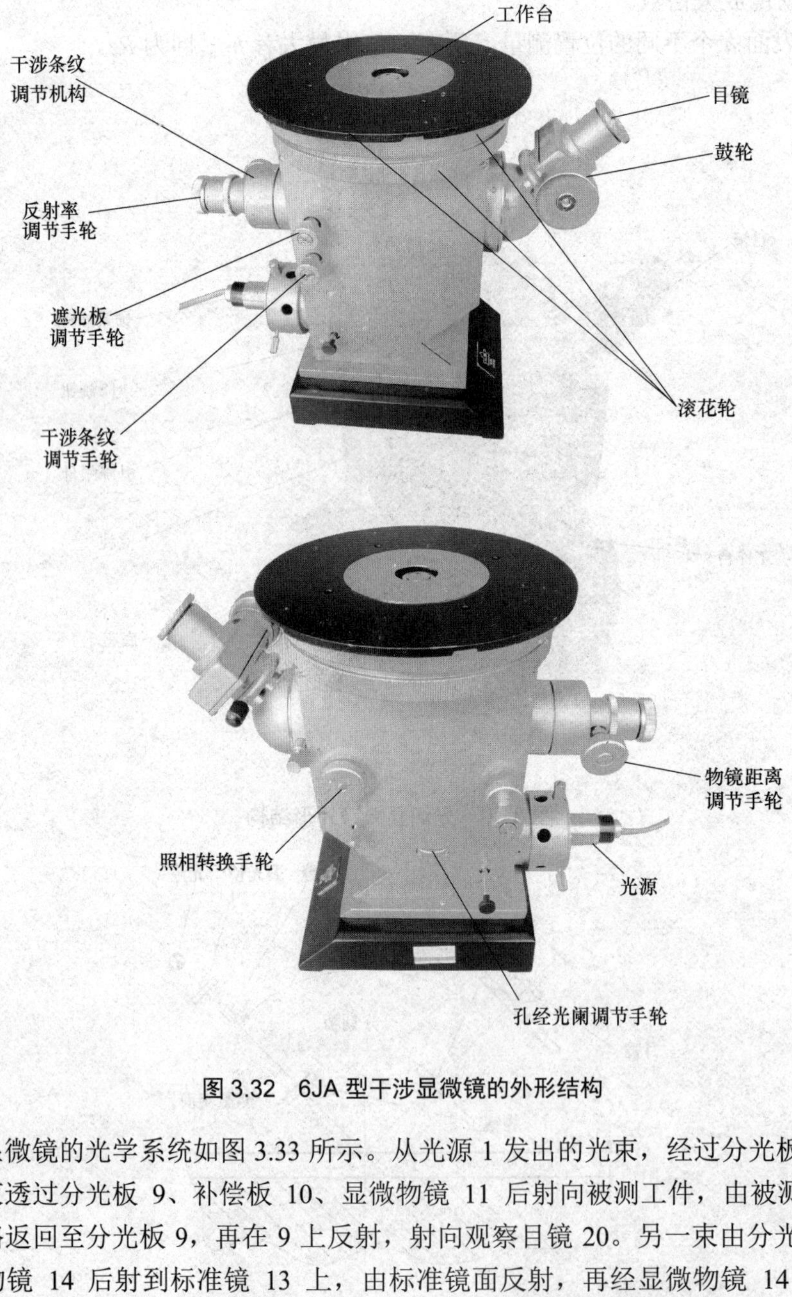

图 3.32　6JA 型干涉显微镜的外形结构

干涉显微镜的光学系统如图 3.33 所示。从光源 1 发出的光束，经过分光板 9 后分为两束光，一束透过分光板 9、补偿板 10、显微物镜 11 后射向被测工件，由被测工件表面反射后经原路返回至分光板 9，再在 9 上反射，射向观察目镜 20。另一束由分光板 9 反射后通过显微物镜 14 后射到标准镜 13 上，由标准镜面反射，再经显微物镜 14 并透过分光板 9，也射向观察目镜 20，它与第一束光线相遇，产生干涉，通过观察目镜 20 可以看到定位在工件表面上的干涉条纹，如图 3.34 所示。

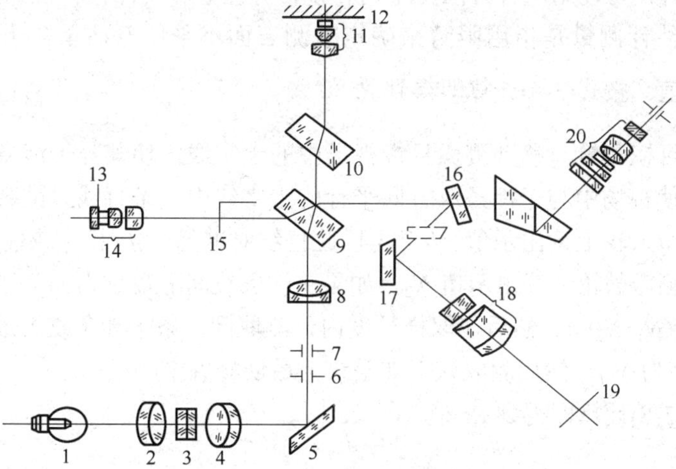

图 3.33　干涉显微镜光学系统图

1—光源；2，4，8—照明聚光镜；3—干涉滤色片；5，17—反光镜；6—视场光阑；7—孔径光阑；9—分光板；10—补偿板；11，14—显微物镜；12—被测工件；13—标准镜；15—遮光板；16—可调反光镜；18—照相物镜；19—照相底片；20—观察目镜

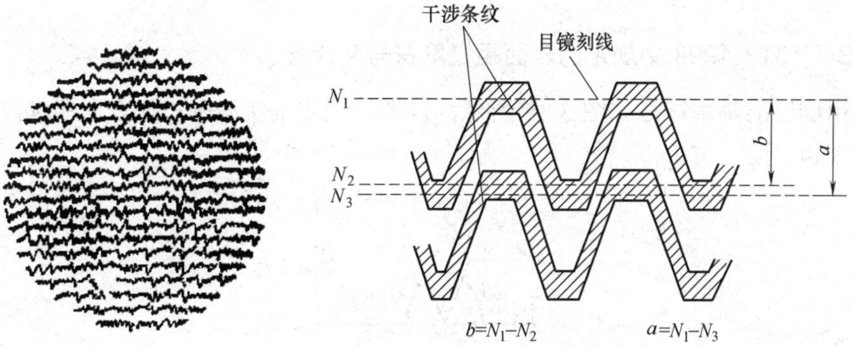

图 3.34　干涉条纹

分光板 9、补偿板 10、物镜 11、14 以及标准镜 13 都是经过精密加工，如果被测工件表面也同样精密，那么就可以得到直的等距平行的干涉条纹；如果被测表面存在微观不平度，假设在被测工件 12 的表面上存在一个深度为 t 的凸起或凹陷，则在目镜视场中此凸凹部分成像处的干涉条纹也相应弯曲，只要能测出干涉条纹的弯曲量 a 与两相邻干涉条纹之间的距离 b，便可按下式计算出表面轮廓的微观不平度值 h：

$$h=\frac{a}{b}\cdot\frac{\lambda}{2} \tag{3-8}$$

式中：h 为划痕或表面不平度深度值，单位为 μm；a 为干涉条纹的弯曲量；b 为两相邻干涉条纹之间的距离；λ 为光波波长，白光波长 λ=0.66μm，其他单色光可查阅仪器出厂证明书上所附的干涉滤色片鉴定证书上单色光的波长。

具体在测量时，可以用两种方法——用目视估计测量和用测微目镜测量。

(1) 用目视估计测量是指用眼睛来确定被测表面不平度弯曲量与干涉条纹间距的比值，即$\frac{a}{b}$的估计值。按式(3-8)计算即得到 Rz 值。

(2) 用测微目镜测量。移动测微目镜视场中的十字线，使其与干涉条纹的方向平行，转动测微鼓轮，使视场中与干涉条纹方向平行的十字线中一条直线对准某条干涉条纹峰顶的中心线，在测微鼓轮上读出示值 N_1，再以此直线对准另一条(相邻或任意的)干涉条纹峰顶的中心线，在测微鼓轮上读出示值 N_2，如果干涉条纹间隔数目为 n(为了准确起见，最好取 $n\geqslant 3$)，则 $b=(N_1\ N_2)/n$。然后在取样长度内，测取同一条干涉条纹上最高峰顶中心线的示值(图 3.34 中仍为 N_1)，然后测取该干涉条纹上最低峰谷中心线的示值 N_3，则得到 a 值，$a=|N_1-N_3|$，按式(3-8)计算即得到 Rz 值。

3.6.3 GB/T 131—1993 中表面粗糙度代号及其标注简介

GB/T 131—2006 于 2006 年 7 月 19 日发布，代替 GB/T 131—1993《机械制图　表面粗糙度符号、代号及其注法》，新标准要求于 2007 年 2 月 1 日起实施，由于标准的推广使用有一个过程，因此在目前大量的工程图样中，绝大多数都是采用 GB/T 131—1993 的规定标注的，了解旧标准的标注方法对于现阶段的工程实践非常有必要，现将有关内容介绍如下。

1. GB/T 131—1993 中规定的表面粗糙度符号和代号

表面粗糙度的基本符号如图 3.35 所示，在图样上用细实线画出。表面粗糙度符号及其意义如表 3.14 所示。

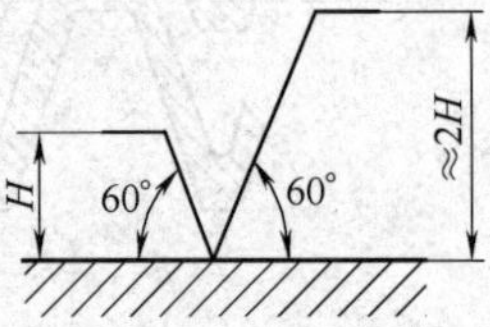

图 3.35　表面粗糙度的基本符号

表 3.14　表面粗糙度符号

符　号	意　义
	基本符号，表示表面可用任何方法获得。当不加注粗糙度参数值或有关说明(例如：表面处理，局部热处理状况等)时，仅适用于简化代号标注
	基本符号加一短划，表示表面是用去除材料的方法获得，如车、铣、钻、磨、剪切、抛光、腐蚀、电火花加工、气割等

续表

符　号	意　义
	基本符号加一小圆，表示表面是用不去除材料的方法获得，如铸、锻、冲压变形、热轧、冷轧、粉末冶金等或者是用于保持原供应状况的表面(包括保持上首工序的状况)
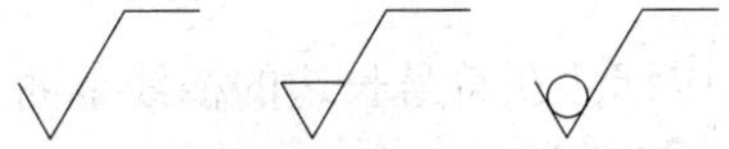	在上述三个符号的长边上均可加一横线，用于标注有关参数和说明
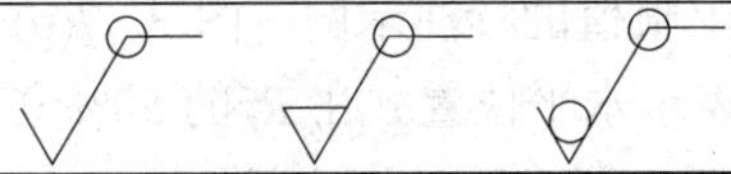	在上述三个符号上均可加一小圆，表示所有表面具有相同的表面粗糙要求

2. 表面粗糙度的标注

表面粗糙度数值及其相关规定在符号中的标注位置如图 3.36 所示。

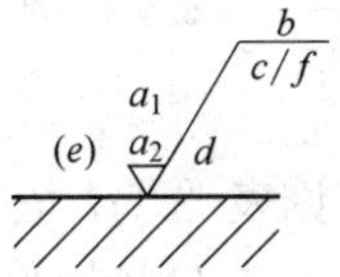

a_1、a_2—粗糙度高度参数代号及其数值，单位为 μm；
b—加工方法、镀覆、涂覆、表面处理或其他说明等；
c—取样长度(单位为 mm)或波纹度(单位为微米)；
d—加工纹理方向符号；
e—加工余量，单位为 mm；
f—粗糙度间距参数值(单位为 mm)或轮廓支承长度率

图 3.36　表面粗糙度代号注法

1)　表面粗糙度幅度参数的标注

幅度参数是表面粗糙度的基本参数，R_a、R_z 在代号中用数值表示，单位为微米(μm)，R_a 的参数值前可不标注参数代号，R_z 的参数值前需标注出相应的参数代号。当允许在表面粗糙度参数的所有实测值中超过规定值的个数少于总数的 16%时，应在图样上标注表面粗糙度参数的上限值或下限值。当要求在表面粗糙度参数的所有实测值中不得超过规定值时，应在图样上标注表面粗糙度参数的最大值或最小值。表 3.15 是表面粗糙度幅度参数的各种代号及其意义。

注：在 GB/T 131—2006 中参数代号采用大小写斜体，如 *Ra*、*Rz*，而 GB/T 131—1993 中参数代号采用下角标形式，如 R_a、R_z。

表 3.15　表面粗糙度幅度参数值标注示例及其含义

代　号	意　义	代　号	意　义
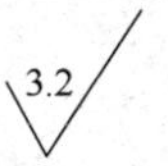 3.2	用任何方法获得的表面粗糙度，R_a 的上限值为 3.2μm	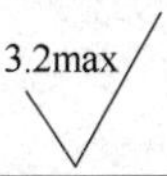 3.2max	用任何方法获得的表面粗糙度，R_a 的最大值为 3.2μm
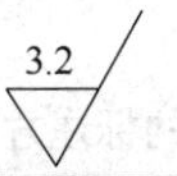 3.2	用去除材料方法获得的表面粗糙度，R_a 的上限值为 3.2μm	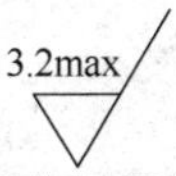 3.2max	用去除材料方法获得的表面粗糙度，R_a 的最大值为 3.2μm

续表

代　号	意　义	代　号	意　义
3.2 1.6	用去除材料方法获得的表面粗糙度，R_a 的上限值为 3.2μm，R_a 的下限值为 1.6μm	3.2max 1.6min	用去除材料方法获得的表面粗糙度，R_a 的最大值为 3.2μm，R_a 的最大值为 1.6μm

2)　表面粗糙度附加参数的标注

若需要标注表面粗糙度的附加参数 RS_m 或 $Rmr(c)$时，应标注在符号长边的横线下面，数值写在相应代号的后面。图 3.37 中，图 3.37(a)是 RS_m 上限值的标注示例；图 3.37(b)是 RS_m 最大值的标注示例；图 3.37(c)是 $Rmr(c)$的标注示例，表示水平位置 c 在 R_z 的 50%位置上，$Rmr(c)$为 70%，此时 $Rmr(c)$为下限值；图 3.37(d)是 $Rmr(c)$最小值的标注示例。

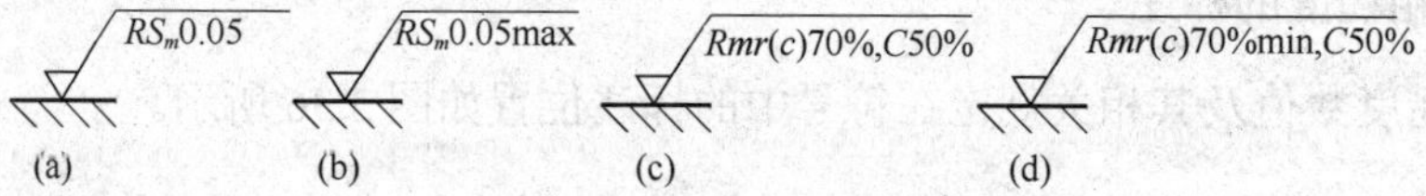

图 3.37　表面粗糙度的附加参数标注

3)　表面粗糙度其他项目的标注

按 GB 10610—89 的有关规定选用对应的取样长度时(见表 3.1)，在图样上可省略标注。当有特殊要求不能选用标准推荐值时，取样长度应标注在符号长边的横线下面，单位为 mm，如图 3.37 所示。

需要标注加工余量时，可在符号的左边加注加工余量数值，单位为 mm，如图 3.37 所示。

需要控制表面加工纹理方向时，可在符号的右边加注加工纹理方向符号，这一点与新国标的规定一致，如表 3.11 所示。

3. 表面粗糙度代(符)号在图样上的标注

表面粗糙度代(符)号在图样上一般标注于可见轮廓线上，也可标注于尺寸界线或其延长线上。符号的尖端应从材料的外面指向被注表面。

表面粗糙度代号在不同位置表面上的标注方法，如图 3.38 所示。图 3.39 所示是表面粗糙度要求在图样上的标注示例。

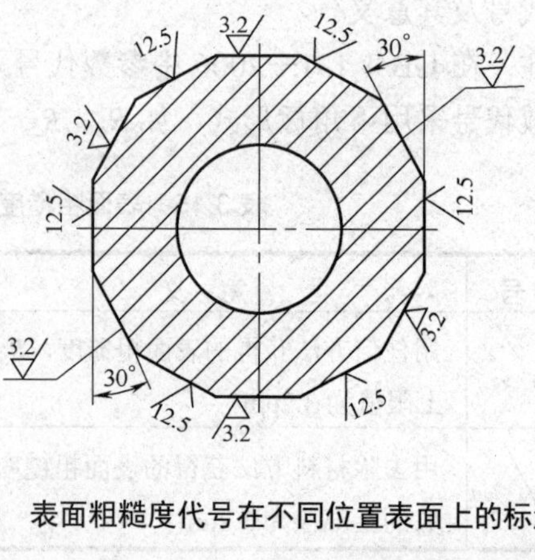

图 3.38　表面粗糙度代号在不同位置表面上的标注方法

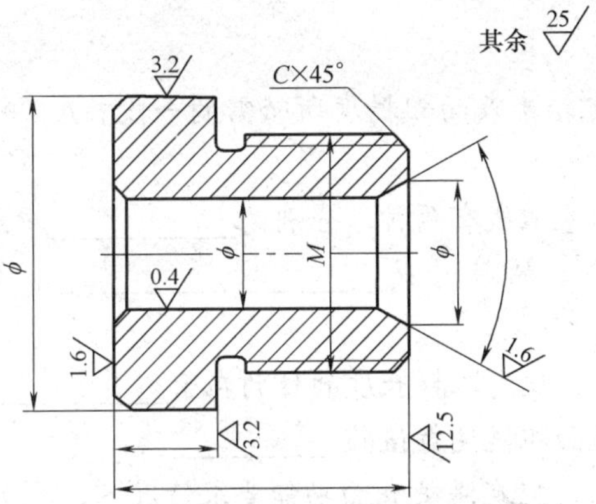

图 3.39　表面粗糙度在图样上的标注示例

3.7　本 章 小 结

本章介绍了表面粗糙度的概念、取样长度和评定长度、基准线、轮廓的幅度参数(轮廓算术平均偏差 *Ra*；轮廓最大高度 *Rz*)、轮廓的间距参数(轮廓单元的平均宽度 RS_m)、轮廓的支承长度率 *Rmr*(*c*)、表面粗糙度的参数选择和标注方法、用粗糙度样块检测零件表面粗糙度的方法、用表面粗糙度仪检测零件表面粗糙度的方法；同时还拓展介绍了用光切显微镜测量表面粗糙度、用干涉显微镜测量表面粗糙度、GB/T 131—1993 中规定的表面粗糙度符号和代号等内容。学生通过完成“比较法测量轴套的表面粗糙度”、“用手持式粗糙度仪检测轴套粗糙度值”等任务，应初步达到正确使用粗糙度样块和手持式粗糙度仪的目的。

思考与练习

一、判断题

1. 测量表面粗糙度时，一般应平行于加工纹理方向进行。　(　　)
2. 用表面粗糙度样块检测工件时，能得出精确的表面粗糙度值。　(　　)
3. 零件实际表面越粗糙，则零件运动表面磨损越快。　(　　)
4. 表面粗糙度的取样长度一般即为评定长度。　(　　)
5. *Ra* 测量方便，能充分反映表面微观几何形状高度的特征，是普遍采用的评定参数。　(　　)
6. 受交变载荷的零件，其表面粗糙度值应小。　(　　)
7. 零件的尺寸精度越高，通常表面粗糙度参数值相应取得越小。　(　　)
8. 零件的表面粗糙度数值要求越小，越易于加工。　(　　)
9. 表面粗糙度不划分等级，直接用参数及数值表示。　(　　)
10. *Rz* 对表面不允许出现较深的加工痕迹和小零件的表面质量有实用意义。　(　　)

二、填空题

1. 评定长度是指评定轮廓表面粗糙度所必需的一段长度，一般情况等于________倍取样长度。

2. 评定表面粗糙度的基准线有两种，分别是__________中线和___________中线。

3. 轮廓算数平均偏差的符号是_________________；轮廓的最大高度的符号是______________。

4. 测量表面粗糙度时，规定取样长度的目的在于_________________________。

5. 轮廓中线是评定表面粗糙度数值的_________线。

6. 表面粗糙度的选用，应在满足表面功能要求情况下，尽量选用_________的表面粗糙度数值。

三、选择题

1. 加工零件时产生表面粗糙度的主要原因是(　　)。

A. 进给不均匀　　B. 刀痕和振动

C. 机床的几何精度　　D. 切削深度

2. 表面粗糙度值越小，则零件的(　　)。

A. 耐磨性好　　B. 配合精度高

C. 抗疲劳强度差　　D. 加工容易

3. 表面粗糙度是(　　)误差。

A. 宏观几何形状　　B. 微观几何形状

C. 宏观相互位置　　D. 微观相互位置

4. 选择表面粗糙度评定参数值时，下列论述正确的有(　　)。

A. 同一零件上工作表面应比非工作表面参数值大

B. 受交变载荷的表面，参数值应大

C. 配合质量要求高，参数值应小

D. 尺寸精度要求高，参数值应小

5. 下列论述正确的有(　　)。

A. 表面粗糙度属于表面微观性质的形状误差

B. 表面粗糙度属于表面宏观性质的形状误差

C. 表面粗糙度属于表面波纹度误差

D. 介于表面宏观形状误差与微观形状误差之间的是波纹度误差

6. 表面粗糙度普遍采用(　　)参数。

A. *Ra*　　B. *Rz*　　C. *Ry*　　D. *Rq*

7. 表面粗糙度代(符)号在图样上应标注在(　　)。

A. 可见轮廓线上　　B. 尺寸界线上

C. 虚线上　　D. 符号尖端从材料外指向被标注表面

E. 符号尖端从材料内指向被标注表面

8. 只对零件切削加工，表面粗糙度无具体数值要求，可标注(　　)符号。

A. 　　B. 　　C. 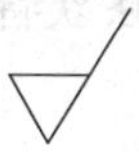　　D. 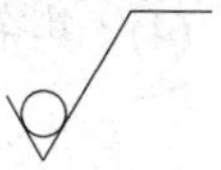

9. 同一零件，工作表面的粗糙度数值应_____非工作表面。

A. 大于　　B. 小于　　C. 等于　　D. 大于或等于

10. 同一表面的粗糙度数值____形状公差值。

A. 一定大于　　B. 一定小于　　C. 可以小于　　D. 可以大于

四、简答题

1. 表面粗糙度的含义是什么？它与形状误差和表面波度有何区别？
2. 表面粗糙度对零件的功能有何影响？
3. 为什么要规定取样长度和评定长度？两者之间的关系如何？
4. 国家标准 GB/T 3505—2000 规定评定表面粗糙度的幅度参数有哪些？

五、综合题

1. 将图 3.40 中的心轴、衬套的零件图画出，用类比法确定各个表面粗糙度参数项目及参数值，并将其标注在零件图上。

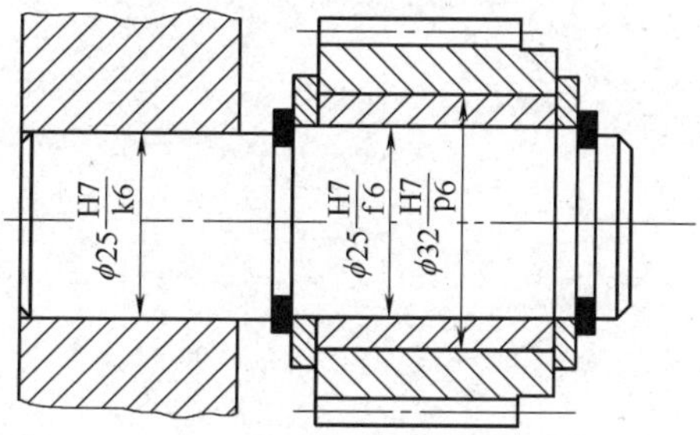

图 3.40　习题五第 1 题图

2. 试将下列的表面粗糙度轮廓技术要求标注在图 3.41 所示的机械加工的零件的图样上。

(1) ϕD_1 孔的表面粗糙度轮廓参数 *Ra* 的上限值为 3.2μm。

(2) ϕD_2 孔的表面粗糙度轮廓参数 *Ra* 的上限值为 6.3μm，最小值为 3.2μm。

(3) 零件右端面采用铣削加工，表面粗糙度轮廓参数 *Rz* 的上限值为 12.5μm，下限值为 6.3μm，加工纹理呈近似放射形。

(4) ϕd_1 和 ϕd_2 圆柱面粗糙度轮廓参数 *Rz* 的上限值为 25μm。

(5) 其余表面的表面粗糙度轮廓参灵敏 *Rz* 的上限值为 12.5μm。

3. 将表面粗糙度符号标注在图 3.42 上，要求：

(1) 用任何方法加工圆柱面 ϕd_3，*Ra* 最大允许值为 3.2μm。

(2) 用去除材料的方法获得孔 ϕd_1，*Ra* 最大允许值为 3.2μm。

(3) 用去除材料的方法获得表面 a，Rz 最大允许值为 3.2μm。

(4) 其余用去除材料的方法获得表面，Ra 允许值均为 25μm。

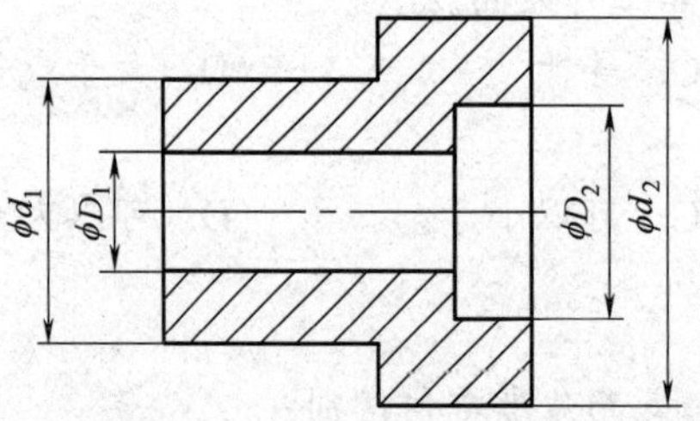

图 3.41 习题五第 2 题图

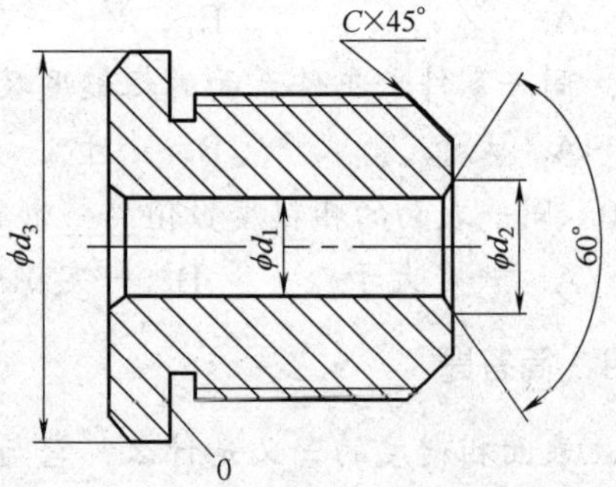

图 3.42 习题五第 3 题图

第 4 章　圆锥的极限与配合及角度与锥度的检测

学习要点

- 掌握圆锥配合的基本知识：术语和定义、圆锥配合的种类和特点、圆锥配合如何形成等。
- 掌握圆锥几何参数偏差对圆锥互换性的影响：直径偏差对基面距的影响、圆锥角偏差对基面距的影响、圆锥的形状误差对基面距的影响。
- 掌握圆锥公差的基本知识：锥度与角度系列、圆锥公差包括的三个方面、圆锥角的公差等级、圆锥角公差的标注和表示方法等。
- 掌握锥度和角度检测的主要内容：直接测量法、比较测量法、间接测量法。
- 掌握万能角度尺的结构和使用方法。
- 掌握正弦规的结构和使用方法。
- 掌握圆锥量规的结构和使用方法。
- 能熟练使用万能角度尺检测工件角度。
- 能熟练使用正弦规检测工件锥度。
- 能熟练使用圆锥量规检测工件是否合格。

技能目标

- 能正确、熟练使用万能角度尺检测工件角度；会组合万能角度尺，能准确读数；能判断被测角度合格性。
- 能正确、熟练使用正弦规检测工件锥度偏差；能计算并组合量块；能正确安装和调试测量装置；能准确读数并判断被测工件的合格性。
- 会使用圆锥量规检测工件的锥度和直径，会判断工件的合格性。

项目案例导入

▶ 项目任务——检测图 4.1 所示的莫氏 1#圆锥塞规的锥度偏差。

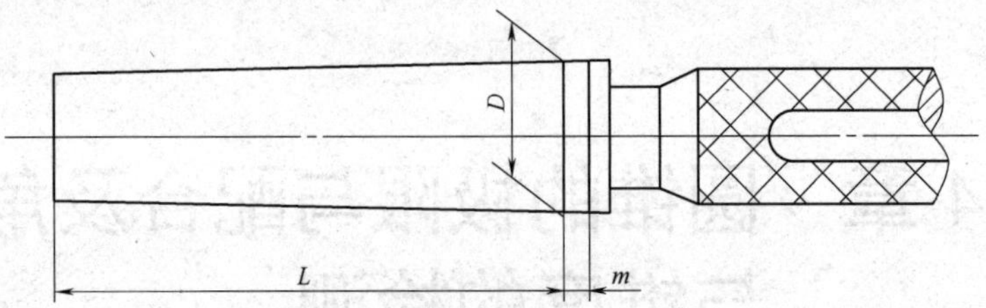

图 4.1　莫氏 1#圆锥塞规

引导问题

(1) 回忆以前在《机械制图》课程中学过的“锥度”的含义是什么？圆锥如何进行标注？
(2) 你在实习中见过哪些圆锥结构？
(3) 你以前用过(或者见别人用过)万能角度尺吗？它有些什么功能？
(4) 你以前用过(或者见别人用过)圆锥量规吗？它有些什么功能？
(5) 你以前用过(或者见别人用过)正弦规吗？它有些什么功能？

4.1　用正弦规检测锥度偏差的说明

1. 项目目的

通过完成对圆锥塞规锥度偏差的检测这一任务，掌握正弦规的结构及使用方法，会组合量块和正确使用百分表等常用量具。

2. 项目条件

准备用于学生检测实训的圆锥塞规若干(根据学生人数确定，要求每工件对应的人数不超过 2～3 人，学生人数较多时建议分组进行)；具备与工件数对应的游标卡尺、百分表、磁力表架、平台、量块；具备能容纳足够学生人数的理论与实践一体化教室和相应的教学设备。

3. 项目内容及要求

用正弦规检测圆锥塞规锥度偏差。要求能根据被测圆锥塞规选择正弦规的规格；能正确计算所需量块的高度，会清洗、研合量块，能正确使用百分表等常用量具；能科学确定相应的检测位置；能准确读数；能判断被测工件锥度偏差的合格性。

4.2　基 础 知 识

4.2.1　概述

引导问题

(1) 现行的有关圆锥配合的国家标准有哪些？

(2) 圆锥配合有哪些特点？

(3) 圆锥配合分为哪几类？各适用于什么场合？

(4) 圆锥配合的基本参数有哪些？什么是锥度？什么是圆锥角？什么是圆锥素线角？

(5) 圆锥长度与圆锥的结合长度有什么区别？

(6) 圆锥的直径公差与给定截面的圆锥直径公差有什么不同？

(7) 什么是基面距？

我国于 2001 年颁布了 GB/T 157—2001《圆锥的锥度与锥角系列》、GB/T 11334—2005《圆锥公差》、GB/T 12360—2005《圆锥配合》等标准。锥度与锥角的标准化，对保证圆锥配合的互换性具有重要意义。

1. 圆锥配合的特点

在机械行业中圆锥配合是机械设备常用的典型结构，圆锥配合的特点是：可自动定心，对中性良好，而且装拆简便，配合间隙或过盈的大小可以自由调整，能利用自锁性来传递扭矩，并且有良好的密封性等。但是，圆锥配合在结构上比较复杂，其加工和检测比较困难。

2. 圆锥配合的基本参数

(1) 圆锥表面：与轴线成一定角度，且一端相交于轴线的一条线段(母线)，围绕着该轴线旋转形成的表面，如图 4.2 所示。

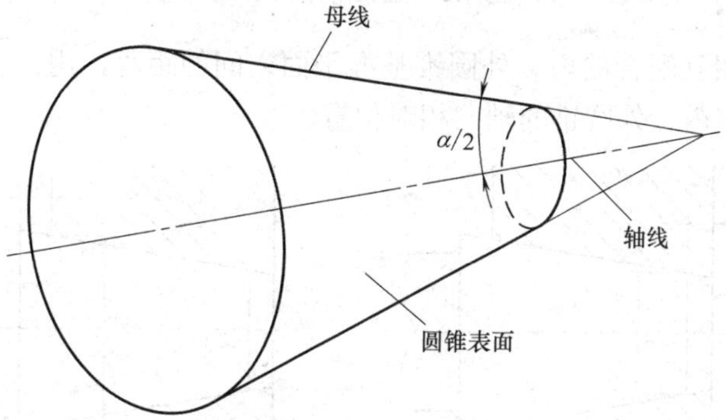

图 4.2 圆锥表面

(2) 圆锥：由圆锥表面与一定尺寸所限定的几何体，如图 4.2 所示。

(3) 圆锥直径：圆锥在垂直于其轴线的截面上的直径。常用的圆锥直径有：最大圆锥直径 D，内、外圆锥的最大直径分别用 D_i、D_e 表示；最小圆锥直径 d，内、外圆锥的最小直径分别用 d_i、d_e 表示；给定截面上的圆锥直径 $D_x(d_x)$，如图 4.3 所示。

(4) 圆锥长度：最大圆锥直径截面与最小圆锥直径截面之间的轴向距离。内、外圆锥长度分别为 L_i 和 L_e，如图 4.3 所示。

(5) 圆锥的结合长度 L_p：内、外圆锥结合部分的轴向距离。

(6) 圆锥角(锥角)α：在通过圆锥轴线的截面内，两条素线间的夹角，如图 4.3 所示。

圆锥素线角 $\alpha/2$：圆锥素线与轴线间的夹角，并且等于圆锥角的 1/2。

(7) 锥度 C：两个垂直于圆锥轴线截面的圆锥直径 D 和 d 之差与其两截面间的轴向距离 L 之比，即

$$C=\frac{D-d}{L} \tag{4-1}$$

锥度 C 与圆锥角 α 的关系为：$C=2\tan\frac{\alpha}{2}=1:\frac{1}{2}\cot\frac{\alpha}{2}$

锥度一般用比例或分式表示，例如，C=1∶20 或 1/20。

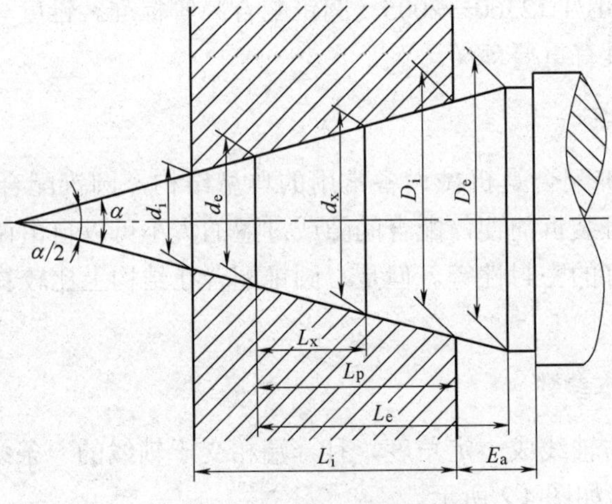

图 4.3　圆锥的几何参数

(8) 基面距：相互配合的内、外圆锥基准平面之间的距离，用 E_a 表示，如图 4.4 所示。基面距用来确定内、外圆锥的轴向相对位置。

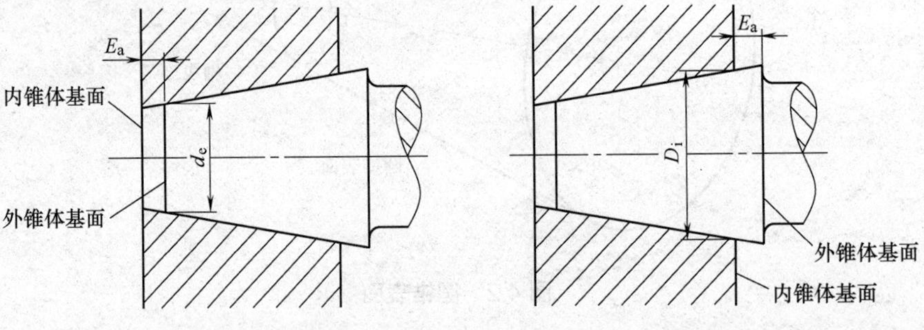

图 4.4　圆锥结合的基面距

3. 圆锥配合的形成方法

调整内、外圆锥轴向的相对位置，可得到不同的配合性质。

1)　结构型圆锥配合的形成方法

(1) 由内、外圆锥的结构确定装配的最终位置而形成配合。图 4.5 所示为由轴肩接触得到间隙配合。

(2) 由内、外圆锥基面之间的尺寸确定装配后的最终位置而形成的配合。图 4.6 所示

为由结构尺寸 E_a(基面距)得到过盈配合。

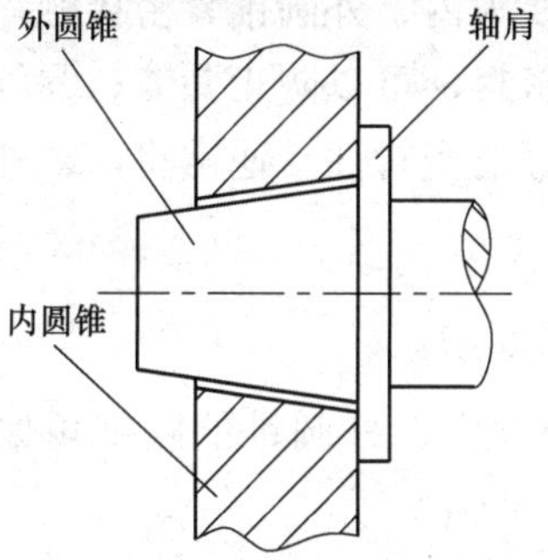

图 4.5　由结构形成的圆锥间隙配合

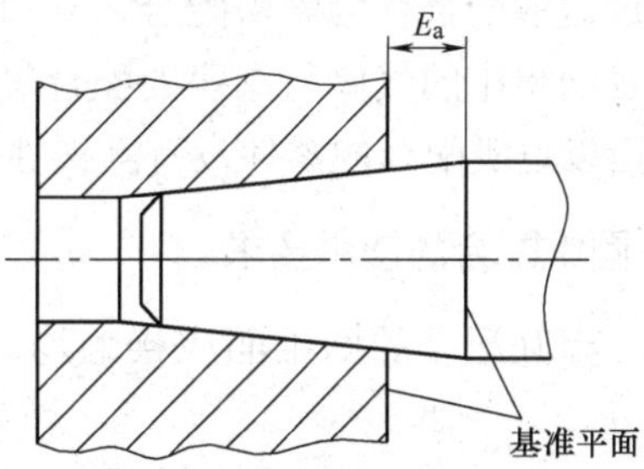

图 4.6　由基面距形成的圆锥过盈配合

2)　位移型圆锥配合的形成方法

(1)　由内、外圆锥实际初始位置 A 开始，作一定的相对轴向位移而形成配合。实际初始位置是指在不施加装配力的情况下相互结合的内、外圆锥表面接触时的轴向位置。这种形成方式可以得到间隙配合或过盈配合，如图 4.7 所示。

(2)　由内、外圆锥实际初始位置 A 开始，施加一定装配力产生轴向位移而形成配合。这种方式只能得到过盈配合，如图 4.8 所示。

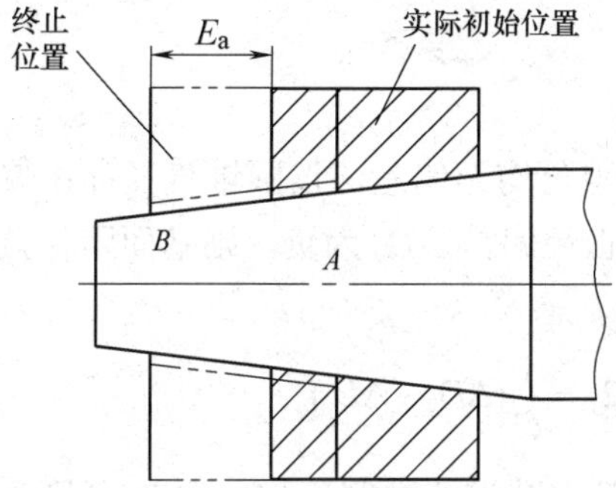

图 4.7　由轴向位移形成圆锥间隙配合

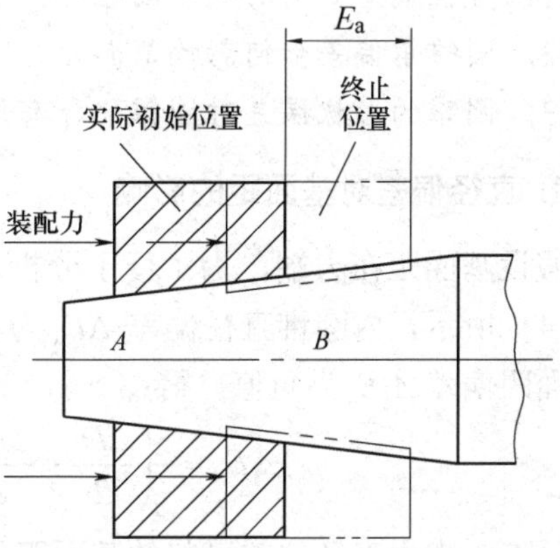

图 4.8　由施加装配力形成圆锥过盈配合

4. 圆锥配合的种类

1)　间隙配合

这类配合具有间隙，而且在装配和使用过程中间隙大小可以调整。常用于有相对运动的机构中。如某些车床主轴的圆锥轴颈与圆锥滑动轴承衬套的配合。

2)　过盈配合

这类配合具有过盈，自锁性好，能产生较大的摩擦力来传递转矩，拆装方便。如钻头(或铰刀)的圆锥柄与机床主轴圆锥孔的配合、圆锥形摩擦离合器中的配合等。

3) 过渡配合

可能具有间隙或过盈的配合称为过渡配合，其中要求内、外圆锥紧密接触，间隙为零或稍有过盈的配合称为紧密配合，它用于对中定心或密封，可以防止漏液、漏气。如锥形旋塞、发动机中的气阀与阀座的配合等。为了保证良好的密封性，通常将内、外锥面成对研磨，所以这类配合的零件没有互换性。

4. 圆锥配合的使用要求

(1) 相互配合的圆锥面应接触均匀。因此必须控制内、外圆锥的圆锥角偏差和形状误差。

(2) 基面距的变化应控制在允许的范围内。当内、外圆锥长度一定时，基面距太大，会使配合长度减小，影响结合的稳定性和传递转矩；基面距太小，会使间隙配合的圆锥为补偿磨损的轴向调节范围缩小。影响基面距的主要因素是内、外圆锥的直径偏差和圆锥素线角偏差。

4.2.2 圆锥几何参数偏差对圆锥互换性的影响

引导问题

(1) 直径偏差如何影响基面距？

(2) 圆锥角偏差如何影响基面距？

(3) 圆锥的形状误差对圆锥配合有何影响？

1. 直径偏差对基面距的影响

假设基面距在大端，为了便于分析，内、外圆锥角均无偏差，仅圆锥直径存在偏差。如图 4.9 所示，内圆锥直径偏差 ΔD_i 为正，外圆锥直径偏差 ΔD_e 为负，则基面距将减少。即基面距偏差 $\varDelta_1 E_a$ 为负值，得：

$$\varDelta_1 E_a = -\left(\frac{\Delta D_i}{2} - \frac{\Delta D_e}{2}\right) / \tan(\alpha/2) = \frac{1}{C}(\Delta D_e - \Delta D_i) \tag{4-2}$$

式中：$\varDelta_1 E_a$ 为由直径偏差引起的基面距偏差；C 为基本圆锥的锥度；ΔD_i、ΔD_e 分别为内、外圆锥直径偏差。

计算 $\varDelta_1 E_a$ 时应注意 ΔD_i 、ΔD_e 的正负号。

2. 圆锥角偏差对基面距的影响

假设以内锥大端直径为基本直径，内、外锥大端直径均无误差，仅斜角有误差。

(1) 当外锥角 $\alpha_e >$ 内锥角 α_i 时，如图 4.10(a)所示，则内、外锥在大端接触，基面距的变化可忽略不计。但是因接触面积小，易磨损；可能使内、外锥相对倾斜。

(2) 当外锥角 $\alpha_e <$ 内锥角 α_i 时，如图 4.10(b)所示，则内、外锥将在小端接触，由半角偏差所引起的基面距变动量为 $\varDelta_2 E_a$。

对常用工具锥，圆锥角很小，$C = \sin\alpha \approx 2\tan(\alpha/2)$

则：

$$\varDelta_2 E_a = 0.0006 L_p (\alpha_i/2 - \alpha_e/2) / C \tag{4-3}$$

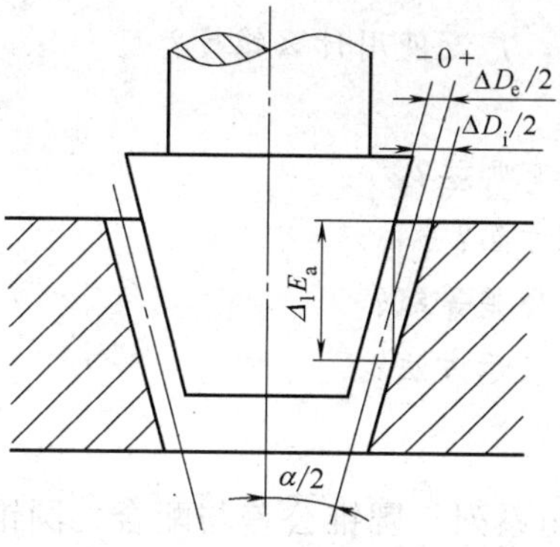

图 4.9　圆锥直径误差对基面距的影响

实际上，圆锥直径偏差和斜角偏差同时存在，当 $\alpha_i > \alpha_e$ 是圆锥角较小时，基面距的最大可能变动量为：

$$\Delta E_a = \Delta_1 E_a + \Delta_2 E_a = \frac{1}{C}\left[(\Delta D_e - \Delta D_i) + 0.0006 L_p\left(\frac{\alpha_i}{2} - \frac{\alpha_e}{2}\right)\right] \tag{4-4}$$

上式为基面距变动量的一般关系式。若已确定了两个参数的公差，利用上式可求出另一个参数的公差。其中 α_i、α_e 均以(′)为单位。

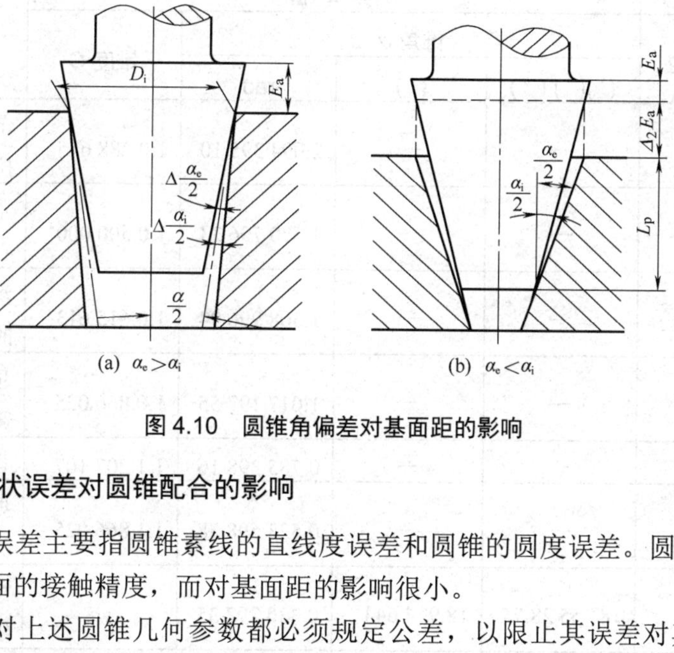

图 4.10　圆锥角偏差对基面距的影响

3. 圆锥的形状误差对圆锥配合的影响

圆锥的形状误差主要指圆锥素线的直线度误差和圆锥的圆度误差。圆锥的形状误差主要影响圆锥结合面的接触精度，而对基面距的影响很小。

综上所述，对上述圆锥几何参数都必须规定公差，以限止其误差对其配合性能的影响，从而满足配合的需要。

4.2.3　圆锥公差

引导问题

(1)　优先选用锥度与锥角的第几系列？

(2) 在机床、工具制造中，广泛使用什么锥度？
(3) 莫氏锥度共有几种？
(4) 圆锥配合的使用要求有哪些？
(5) 圆锥公差包括哪三个方面？
(6) 圆锥角公差共有多少公差等级？
(7) 圆锥角公差有哪两种表示方法？
(8) 圆锥角公差如何标注？

圆锥标准包括锥度和锥角系列、圆锥公差与配合、圆锥尺寸和公差标准、圆锥的检验等。

1. 锥度与锥角系列(GB/T 157—2001)

为了便于生产和控制圆锥，在设计时，应选用标准锥度或标准圆锥角。一般用途圆锥的锥度与锥角系列如表 4.1 所示，表中给出了圆锥角或锥度的推算值，优先选用第一系列。

表 4.1　一般用途圆锥的锥度与锥角系列(摘自 GB/T 157—2001)

基本值		推算值				应用举例
		锥角 α			锥度 C	
系列 1	系列 2	(°)(′)(″)	(°)	rad		
120°		—	—	2.094 395 10	1:0.288 675	节气阀、汽车、拖拉机阀门
90°		—	—	1.570 796 33	1:0.500 000	重型顶尖、重型中心孔、阀销锥体
	75°	—	—	1.308 996 94	1:0.615 613	沉头螺钉、小于 10 的螺锥
60°		—	—	1.017 197 55	1:0.866 025	顶尖、中心孔、弹簧夹头、埋头钻
45°		—	—	0.785 398 16	1:1.207 107	埋头铆钉
30°		—	—	0.523 598 78	1:1.866 025	摩擦轴节、弹簧卡头、平衡块
1:3		18° 55′28.7″	18.924 644°	0.330 297 35	—	受力方向垂直于轴线易拆开的联结
	1:4	14° 15′0.1″	14.250 033°	0.248 709 99	—	
1:5		11° 25′16.3″	11.241 186°	0.199 337 30	—	受力方向垂直于轴线的联结，锥形摩擦离合器，磨床主轴
	1:6	9° 31′38.2″	9.527 283°	0.166 282 46	—	

续表

基本值		推算值				应用举例
		锥角 α			锥度 C	
系列 1	系列 2	(°)(′)(″)	(°)	rad		
	1:7	8° 10′16.4″	8.171 234°	0.142 614 93	—	
	1:8	7° 9′9.6″	7.152 669°	0.124 837 62	—	重型机床主轴
1:10		5° 43′29.3″	5.724 810°	0.099 916 79	—	受轴向力和扭转力的联结处，主轴承受轴向力
	1:12	4° 46′18.8″	4.771 888°	0.083 285 16	—	
	1:15	3° 49′15.9″	3.818 305°	0.066 641 99	—	承受轴向力的机件，如机车十字头轴
1:20		2° 51′51.1″	2.864 192°	0.049 989 59	—	机床主轴，刀具刀杆尾部，锥形绞刀，心轴
1:30		1° 54′34.9″	1.909 683°	0.033 330 25	—	锥形绞刀、套式绞刀、扩孔钻的刀杆，主轴颈部
1:50		1° 8′45.2″	1.145 877°	0.019 999 33	—	锥销、手柄端部、锥形绞刀、量具尾部
1:100		34′22.6″	0.572 953°	0.009 999 92	—	受其静变负载不拆开的联接件，如心轴等
1:200		17′11.3″	0.286 478°	0.004 999 99	—	导轨镶条、受振动及冲击负载不拆开的联接件
1:500		6′52.5″	0.114 592°	0.002 000 00	—	

注：系列 1 中 120° ～1:3 的数值近似按 R10/2 优先数系列，1:5～1:500 按 R10/3 优先数系列(见 GB/T 321)

特殊用途圆锥的锥度与锥角系列如表 4.2 所示，它仅适用于某些特殊行业。在机床、工具制造中，广泛使用莫氏锥度。常用的莫氏锥度共有 7 种，从 0 号至 6 号，使用时只有相同号的莫氏内、外锥才能配合。

表 4.2　特殊用途圆锥的锥度与锥角(摘自 GB/T 157—2001)

基本值	推算值				用途
	圆锥角 α			锥度 C	
	(°)(′)(″)	(°)	rad		
11° 54′	—	—	0.207 694 18	1:4.797 451 1	纺织机械和附件
8° 40′	—	—	0.151 261 87	1:6.598 441 5	
7°	—	—	0.122 173 05	1:8.174 927 7	
7:24 (1:3.429)	16° 35′39.4″	16.594 29°	0.289 625 00	1:3.428 571 4	机床主轴工具配合
1:19.002	3° 0′53″	3.014 554°	0.052 613 90	—	莫氏锥度 No.5

续表

基本值	推算值				用途
	圆锥角 α			锥度 C	
	(°)(′)(″)	(°)	rad		
1:19.180	2° 59′12″	2.986590°	0.052 125 84	—	莫氏锥度 No.6
1:19.212	2° 58′54″	2.981618°	0.052 039 05	—	莫氏锥度 No.0
1:19.254	2° 58′31″	2.975117°	0.051 925 59	—	莫氏锥度 No.4
1:19.922	2° 52′32″	2.875402°	0.050 185 23	—	莫氏锥度 No.3
1:20.020	2° 51′41″	2.861332°	0.049 939 67	—	莫氏锥度 No.2
1:20.047	2° 51′26″	2.857480°	0.049 872 44	—	莫氏锥度 No.1

2. 圆锥公差

圆锥公差包括圆锥直径公差 T_D、圆锥角公差 AT 和圆锥形状公差 T_F 三个方面。

1) 圆锥直径公差 T_D

圆锥直径公差是指圆锥实际直径允许的变动量，用 T_D 表示，它适用于圆锥全长上。圆锥直径公差带是在圆锥的轴剖面内，两锥极限圆所限定的区域，如图 4.11 所示。一般以最大圆锥直径为基础。

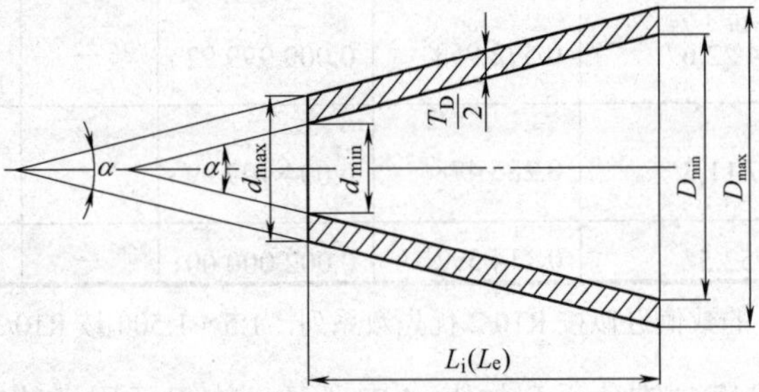

图 4.11 圆锥直径公差带

2) 圆锥角公差 AT(AT_D、AT_α)

圆锥角公差是指圆锥角的允许变动量。圆锥角公差带是两个极限圆锥角所限定的区域，如图 4.12 所示。圆锥角公差共分 12 个公差等级，用 ATl～AT12 表示，其中 ATl 最高，ATl2 最低，例如，AT6 表示 6 级圆锥角公差。各公差等级的圆锥角公差如表 4.3 所示。

圆锥角公差值按圆锥长度分尺寸段，其表示方法有以下两种。

(1) AT_α 以角度单位(微弧度、度、分、秒)表示圆锥角公差值(1μrad 等于半径为 lm 弧长为 1μm 所产生的角度，5μrad≈1"，300μrad≈1')。

(2) AT_D 以线值单位(μm)表示圆锥角公差值。在同一圆锥长度分段内，AT_D 值有两个，分别对应于 L 的最大值和最小值。

AT_α 和 AT_D 的关系如下：

$$AT_D = AT_\alpha \times L \times 10^{-3} \tag{4-5}$$

式中：AT_D 的单位为 μm；AT_α 的单位为 μrad；L 的单位为 mm。

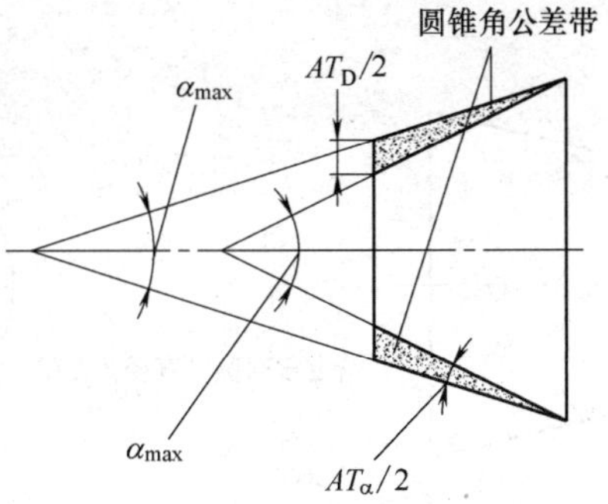

图 4.12　极限圆锥角和圆锥角公差带

表 4.3　圆锥角公差 AT_α 和 AT_D 值

基本圆锥长度 L/mm	圆锥角公差等级								
	AT4			AT5			AT6		
	AT_α		AT_D	AT_α		AT_D	AT_α		AT_D
	μrad	分秒	μm	μrad	分秒	μm	μrad	分秒	μm
>16～25	125	26″	>2.0～3.2	200	41″	>3.2～5.0	315	1'05"	>5.0～8.0
>25～40	100	21″	>2.5～4.0	160	33″	>4.0～6.3	250	52"	>6.3～10.0
>40～63	80	16″	>3.2～5.0	125	26″	>5.0～8.0	200	41"	>8.0～12.5
>63～100	63	13″	>4.0～6.3	100	21″	>6.3～10.0	160	33"	>10.0～16.0
>100～160	50	10″	>5.0～8.0	80	16″	>8.0～12.5	125	26"	>12.5～20.0
基本圆锥长度 L/mm	圆锥角公差等级								
	AT7			AT8			AT9		
	AT_α		AT_D	AT_α		AT_D	AT_α		AT_D
	μrad	分秒	μm	μrad	分秒	μm	μrad	分秒	μm
>16～25	500	1'43"	>8.0～12.5	800	2'54″	>12.5～20.0	1250	4'18″	>20～32
>25～40	400	1'22"	>10.0～16.0	630	2'10″	>16.0～25.0	1000	3'26″	>25～40
>40～63	80	1'05"	>12.5～20.0	500	1'43″	>20.0～32.0	800	2'45″	>32～50
>63～100	63	52″	>16.0～25.0	400	1'22″	>25.0～40.0	630	2'10″	>40～63
>100～160	50	41″	>20.0～32.0	315	1'05″	>32.0～50.0	500	1'43″	>50～80

例如，当 L=100，AT_α 为 9 级时，查表 4.3 得 AT_α=630μrad 或 2'10"，得：

AT_D=(630×100×10^{-3})μm=63μm

若 L=80，AT_α 仍为 9 级，则按式(4-5)计算得：

AT_D=(630×80×10^{-3})μm=50.4μm≈50μm

3)　给定截面圆锥直径公差 T_{DS}

给定截面圆锥直径公差是指在垂直于圆锥轴线的给定截面内圆锥直径的允许变动量，它仅适用于该给定截面的圆锥直径。其公差带是给定的截面内两同心圆所限定的区域，如图 4.13 所示。

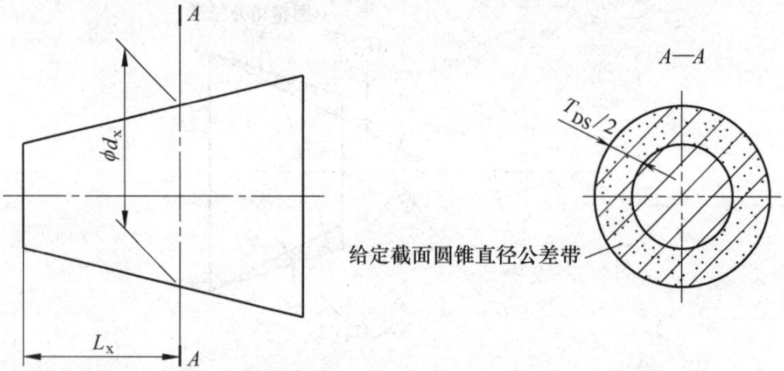

图 4.13　给定截面圆锥直径公差带

T_{DS} 公差带所限定的是平面区域，而 T_D 公差带所限定的是空间区域，两者是不同的。

表 4.4　莫氏工具圆锥的锥度公差和尺寸(GB/T 1443—1996)

莫氏圆锥号			0	1	2	3	4	5	6
内圆锥的最大直径			9.045	12.065	17.780	23.825	31.267	44.399	63.318
锥度 C			1:19.212 =0.052 05	1:20.047 =0.049 88	1:20.020 =0.049 95	1:19.922 =0.050 20	1:19.254 =0.051 94	1:19.002 =0.052 63	1:19.180 =0.052 14
锥角 α	基本尺寸		2° 58′54″	2° 51′26″	2° 51′41″	2° 52′32″	2° 58′31″	3° 00′53″	2° 59′12″
锥角 α	极限偏差	外圆锥		+1′05″ 0	+52″ 0			+41″ 0	+33″ 0
锥角 α	极限偏差	内圆锥		0 −1′05″	0 −52″			0 −41″	0 −33″

注：当锥度偏差换算为锥角偏差时，锥度偏差 0.000 01 相当于锥角偏差 2″。

4)　圆锥形状公差 T_F

圆锥形状公差包括素线直线度公差和横截面圆度公差。圆锥直径公差 T_D 可以控制圆锥形状误差，当圆锥的形状公差有更高的要求时，可另外给出形状公差。

5)　圆锥公差的标注方法

在 GB/T 15754—1995《技术制图 圆锥的尺寸和公差标注》标准中规定，如果锥角和圆锥的形状公差都被控制在直径公差带内，标注时应在圆锥直径的尺寸公差后面加注圆圈的符号 T，如图 4.14 所示。

给定圆锥直径公差，锥角为理论正确值 α 时，其标注如图 4.15 所示，此时圆锥直径公差带不仅限制各截面的直径，而且限制锥角偏差和圆锥形状误差。此方法适用于有配合性质要求的内、外锥体，如圆锥滑动轴承。

同时给出圆锥直径公差和锥角公差时，其标注如图 4.16 所示，此时圆锥直径公差仅适用于图样上标注的那个横截面，而其他横截面的公差带宽度还应满足圆锥角公差的要求。此种标注方法适用于对给定截面有较高精度要求的内、外锥体。

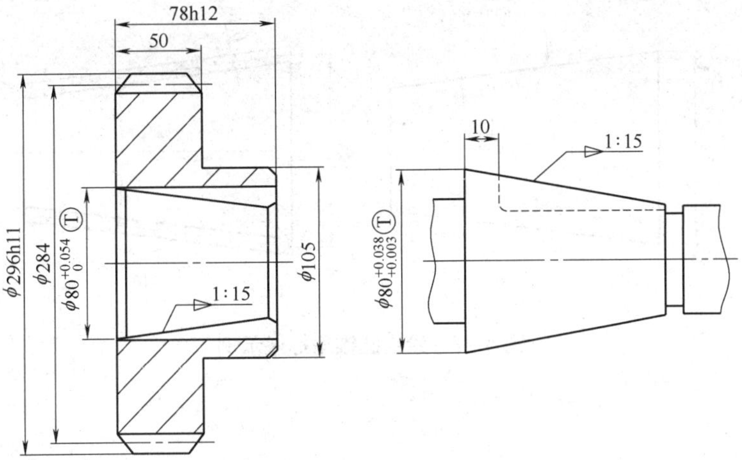

图 4.14　圆锥配合的标注示例

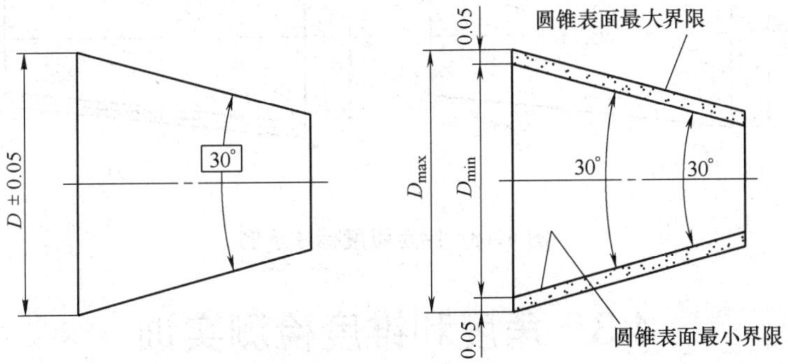

图 4.15　圆锥公差标注方法 1

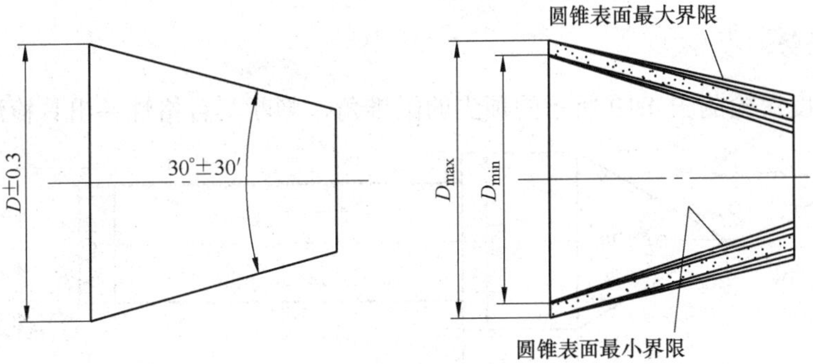

图 4.16　圆锥公差标注方法 2

一般圆锥公差按面轮廓度法标注，如图 4.17(a)和图 4.18(a)所示，它们的公差带分别如图 4.17(b)和图 4.18(b)所示。必要时还可以给出附加的形位公差要求，但只占面轮廓度公差的一部分，形位公差在面轮廓度公差带内浮动。

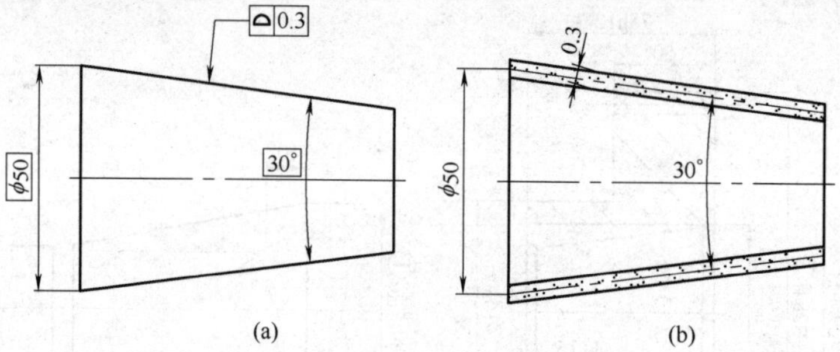

图 4.17　给定圆锥角标注示例

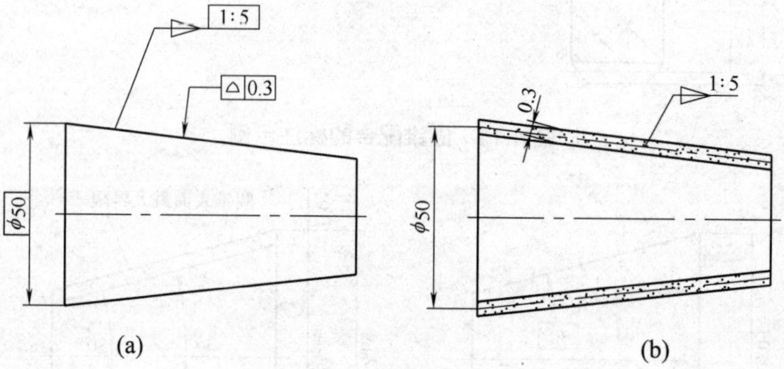

图 4.18　给定锥度标注示例

4.3　角度和锥度检测实训

4.3.1　用万能角度尺测角度

1. 工作任务

用万能角度尺检测图 4.19 所示的顶尖的圆锥角，判断其合格性并出具检测报告。

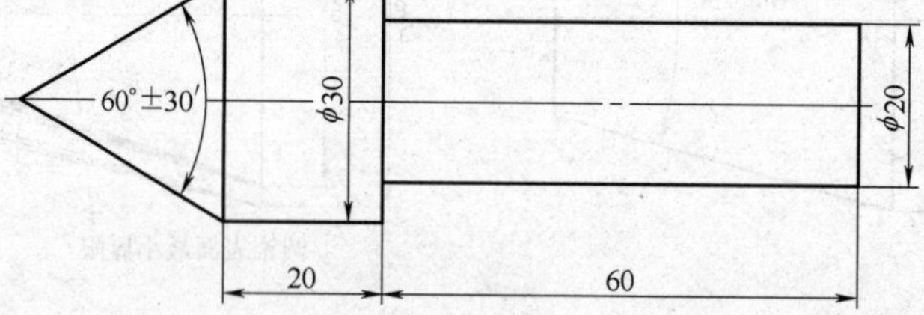

图 4.19　顶尖

2. 直接法测量角度和锥度资讯

直接测量法是用测量角度的量具和量仪直接测量，被测的锥度或角度的数值可在量具和量仪上直接读出。对于精度不高的工件，常用万能角度尺进行测量；对于精度高的工件，则需用光学分度头和测角仪进行测量。

在生产车间万能角度尺是常用的可直接测量被测工件角度的量具。常见的万能角度尺如图 4.20 所示，在主尺 1 上刻有 90 个分度和 30 个辅助分度。扇形板 4 上刻有游标，用卡块 7 可以把直角尺 5 及直角尺 6 固定在扇形板 4 上，主尺 1 能沿着扇形板 4 的圆弧面和制动头 3 的圆弧面移动，用制动头 3 可以把主尺 1 紧固在所需的位置上。这种游标万能角度尺的游标读数值有 2′和 5′两种，测量范围为 0°～320°。

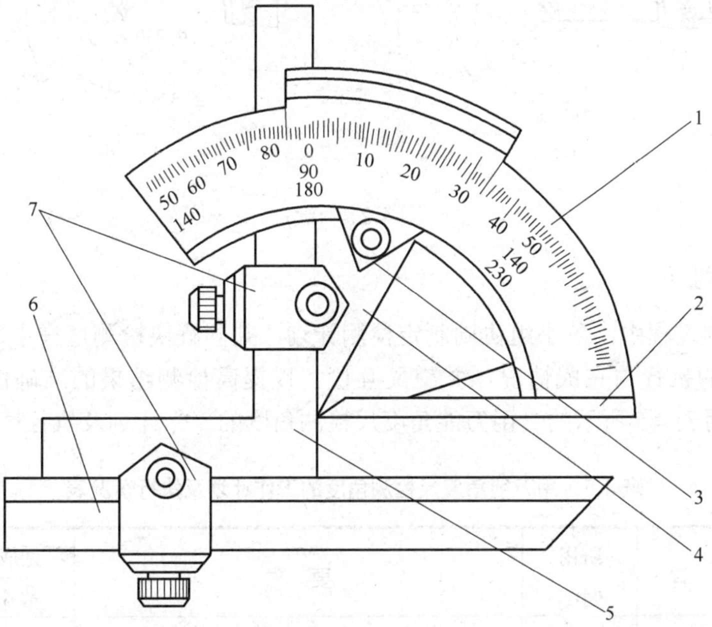

图 4.20　万能角度尺

1—主尺；2—基尺；3—制动头；4—扇形板；5—角尺；6—直尺；7—卡块

利用基尺、角尺、直尺的不同组合，可以分别得到 0°～50°、50°～140°、140°～230°、230°～320° 4 种组合，能测量 0°～320° 范围内的任意角度，如图 4.21 所示。

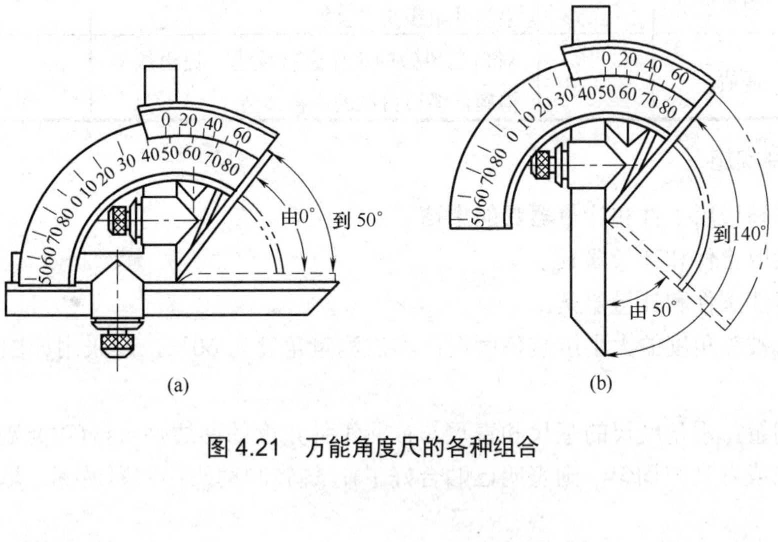

(a)　(b)

图 4.21　万能角度尺的各种组合

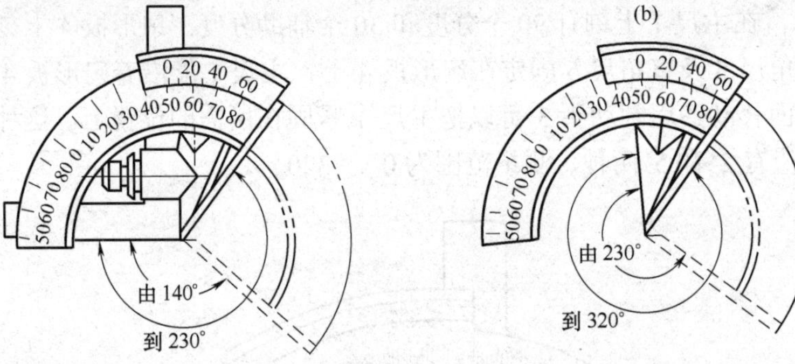

(c)　　　　　　　　(d)

图 4.21　(续)

3. 工作计划

在检测实训过程中，各小组协同制定检测计划，共同解决检测过程中遇到的困难；要相互监督计划的执行与完成情况，并交叉互检，以提高检测结果的准确性。在实训过程中，要如实填写表 4.5 所示的“用万能角度尺检测角度的工作计划及执行情况表”。

表 4.5　用万能角度尺检测角度的工作计划及执行情况表

序　号	内　容	所用时间	要　求	完成/实施情况记录或个人体会、总结
1	研讨任务		看懂图纸，分析被测圆锥角，获取直接法测量角度和锥度的资讯	
2	计划与决策		根据任务确定万能角度尺的规格、组合方式和检测位置，制定详细的检测计划	
3	实施检测		根据计划，按顺序检测各尺寸，做好记录，填写测试报告	
4	结果检查		检查本组组员的计划执行情况和检测结果，并组织交叉互检	
5	评估		对自己所做的工作进行反思，提出改进措施，谈谈自己的心得体会	

4. 检测实施

(1)　填写借用工件和计量器具的申请表。

(2)　领取工件和计量器具。

(3)　清洗工件和计量器具。

(4)　按被测角度的大小组装角度尺；本次测量角度为 60°，应采用如图 4.21(b)所示的组合方式。

(5)　测量：用角度尺的基尺和直尺与被测工件角度的两边贴合好(对光观察，工件边与尺边不透光或者光隙均匀，则表明已贴合好了)，旋转制动头，锁紧游标，取下工件读出角度值。

(6) 在不同的部位测量若干次(一般是 6～10 次)，并做好记录，取平均值作为最后结果；判断圆锥的合格性。

(7) 出具检测报告。

5. 用万能角度尺测角度的检查要点

(1) 万能角度尺的组合和安装是否正确？

(2) 检测位置及检测次数是否科学合理？

(3) 角度尺工作边与工件母线是否紧密贴合？

(4) 读数方法是否正确？

(5) 自己复查了哪些数据？结果如何？

(6) 与同组成员的互检结果如何？

4.3.2 用正弦规测圆锥塞规的锥度偏差

1. 工作任务

用正弦规检测图 4.1 所示的莫氏 1#圆锥塞规的锥度偏差，判断其合格性并出具检测报告。

2. 间接法测量锥度和角度的资讯

1) 正弦规简介

锥度和角度的间接测量法是指用正弦规、钢球、圆柱量规等测量器具，测量与被测工件的锥度或角度有一定函数关系的线值尺寸，然后通过函数关系计算出被测工件的锥度值或角度值。

正弦规是利用正弦函数原理精确地检验圆锥的锥度或角度偏差的工具。

正弦规的结构简单，如图 4.22 所示，主要由主体工作平面 1 和两个直径相同的圆柱 2 组成。为便于被检工件在正弦规的主体平面上定位和定向，装有侧挡板 4 和后挡板 3。

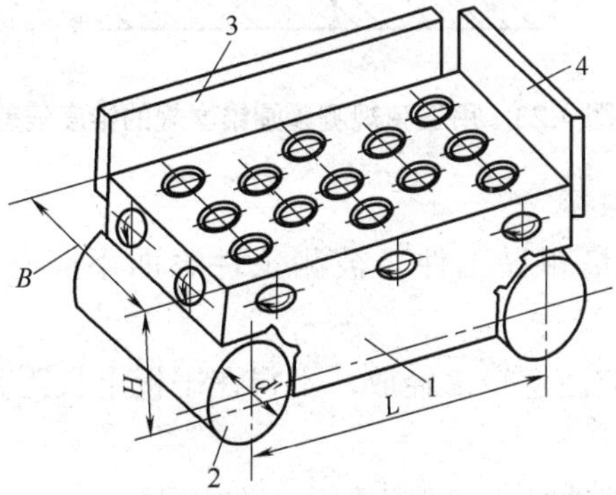

图 4.22　正弦规

1—主体工作平面；2—圆柱；3—后挡板；4—侧挡板

根据两圆柱中心间的距离和主体工作平面宽度，制成两种型式：宽型正弦规和窄型正弦规。

正弦规的两个圆柱中心距精度很高，如宽型正弦规 L=100mm 的极限偏差为±0.003mm；窄型正弦规 L=100mm 的极限偏差为±0.002mm。同时，工作平面的平面度精度，以及两个圆柱之间的相互位置精度都很高，因此，可以用作精密测量。

使用时，将正弦规放在平板上，圆柱之一与平板接触，另一圆柱下垫以量块组，则正弦规的工作平面与平板间组成一角度。其关系式为：

$$\sin\alpha = \frac{h}{L} \tag{4-6}$$

式中：α 为正弦规放置的角度；h 为量块组尺寸；L 为正弦规两圆柱的中心距。

2) 正弦规的测量原理

用正弦规检测圆锥塞规时，首先根据被检测的圆锥塞规的基本圆锥角按 $h=L\sin\alpha$ 算出量块组尺寸，然后将量块组放在平板上与正弦规圆柱之一相接触，此时正弦规主体工作平面相对于平板倾斜 α 角。放上圆锥塞规后，用百分表分别测量被检圆锥塞规上 a、b 两点，a、b 两点读数之差 h 对 a、b 两点间距离 l (可用直尺量得)之比值即为锥度偏差 ΔC，如图 4.23 所示。即：

$$\Delta C = \frac{h}{l} \tag{4-7}$$

如换算成锥角偏差 $\Delta\alpha$ (″)，可按下式近似计算：

$$\Delta\alpha = 2\times10^5\times\Delta C \tag{4-8}$$

式中：$\Delta\alpha$ 为圆锥角偏差，单位为(″)；l 为 a、b 两点间的距离。

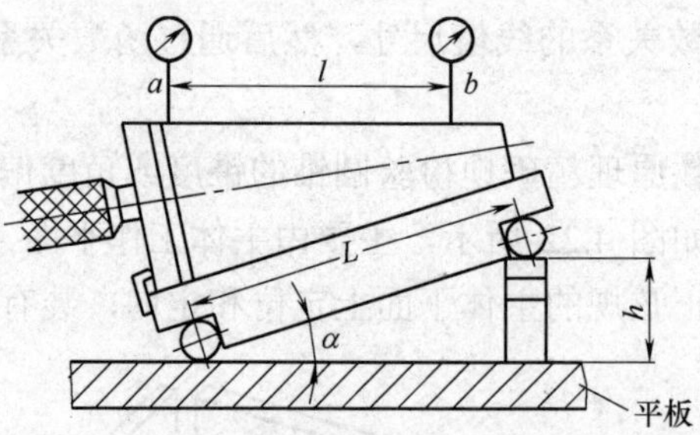

图 4.23　用正弦规测量圆锥塞规的锥度偏差

3) 正弦规的维护与保养

(1) 不能用正弦规测量粗糙工件，被测工件表面不应有毛刺、灰尘，也不应带有磁性。

(2) 使用正弦规时，应注意轻拿轻放，不得在平板上长距离拖拉正弦规，以防两圆柱磨损。

(3) 在正弦规上装卡工件时，应避免划伤工件表面。

(4) 两圆柱中心距的准确与否，直接影响测量精度，所以不能随意调整圆柱的紧固螺钉。

(5) 使用完毕，应将正弦规清洗干净并涂上防锈油。

3. 工作计划

在检测实训过程中，各小组协同制定检测计划，共同解决检测过程中遇到的困难；要相互监督计划的执行与完成情况，并交叉互检，以提高检测结果的准确性。在实训过程中，应如实填写表 4.6 所示的“用正弦规测锥度偏差工作计划及执行情况表”。

表 4.6　用正弦规测锥度偏差工作计划及执行情况表

序　号	内　容	所用时间	要　求	完成/实施情况记录或个人体会、总结
1	研讨任务		看懂图纸，分析被测锥度，获取间接法测量测量锥度和角度的资讯，熟悉正弦规的使用	
2	计划与决策		确定所需要的量块、计量器具和辅助工具，确定检测的先后顺序和检测位置，制定详细的检测计划	
3	实施检测		根据计划，按顺序检测，并做好记录，填写测试报告	
4	结果检查		检查本组组员的计划执行情况和检测结果，并组织交叉互检	
5	评估		对自己所做的工作进行反思，提出改进措施，谈谈自己的心得体会	

4. 检测实施

(1) 填写借用工件和计量器具的申请表。

(2) 领取工件和计量器具。

(3) 清洗工件和计量器具。

(4) 根据被测圆锥图样上标注的圆锥角和正弦规两圆柱的中心距，计算量块组的尺寸。然后选取量块，把它们清洗干净、擦干并研合在一起。

(5) 将正弦规、工件、检验平台清洗干净并擦干，把量块组放在平板上，把被测圆锥塞规固定在正弦规的工作面上。将正弦规的一端放在平板上，另一端用量块垫起，如图 4.23 所示。然后，在被测圆锥素线上取 a、b 两点(它们各距端面约 3mm)，把指示表架放在平板上测出 a、b 两点的示值，旋转圆锥塞规 90°，重复测量，如此操作，每隔 90°测一条素线两端示值，各取其平均值 $\overline{M_a}$ 和 $\overline{M_b}$。再用钢板尺或游标卡尺测出 a、b 两端的距离 l (或测出圆锥总长度减去 3×2mm)。

(6) 根据测量数据和公式 $\Delta c = \Delta h / l$ 计算出锥度偏差；或根据公式 $\Delta\alpha = 2\times10^5\times \Delta h / l$ 计算出圆锥角偏差。

(7) 根据图样技术要求判定其合格性。

(8) 出具检测报告。

(9) 清洗工件、量具、量块等，涂上防锈油。

5. 用正弦规测圆锥塞规锥度偏差的检查要点

(1) 读数方法是否有误？如果有误，分析原因。
(2) 检测位置是否科学？为什么？
(3) 自己复查了哪些数据？结果如何？
(4) 与同组成员的互检结果如何？

4.4 拓展实训

1. 用万能角度尺测图 4.24 所示锥套的角度

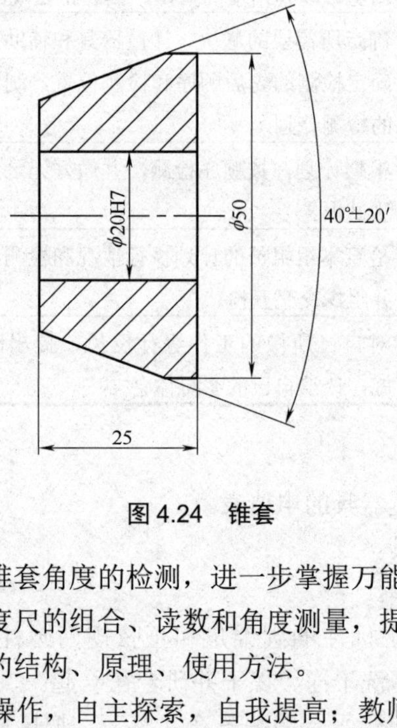

图 4.24　锥套

实训目的：通过完成对锥套角度的检测，进一步掌握万能角度尺的使用方法。

实训要点：练习万能角度尺的组合、读数和角度测量，提高测量的准确性。

预习要求：万能角度尺的结构、原理、使用方法。

实训过程：让学生自主操作，自主探索，自我提高；教师观察，发现严重错误和典型错误要及时指正，重点是让学生学会如何判断工件母线是否与角度尺边贴合和让学生提高检测的准确性。

实训小结：对学生的操作过程中的典型问题进行集中评价。

2. 用正弦规测图 4.25 所示外圆锥的锥度偏差

实训目的：通过完成对外圆锥锥度偏差的检测，进一步掌握正弦规的使用方法。

实训要点：量块尺寸的确定和组合量块、调试测量装置、合理确定测量位置、正确操作及读数、提高测量的准确性。

预习要求：正弦规的结构、原理、使用方法。

实训过程：让学生自主操作，自主探索，自我提高；教师观察，发现严重错误和典型问题要及时指正，重点是让学生掌握测量装置的准备、安装、调试并逐步提高检测的准确性。

实训小结：对学生的操作过程中的典型问题进行集中评价。

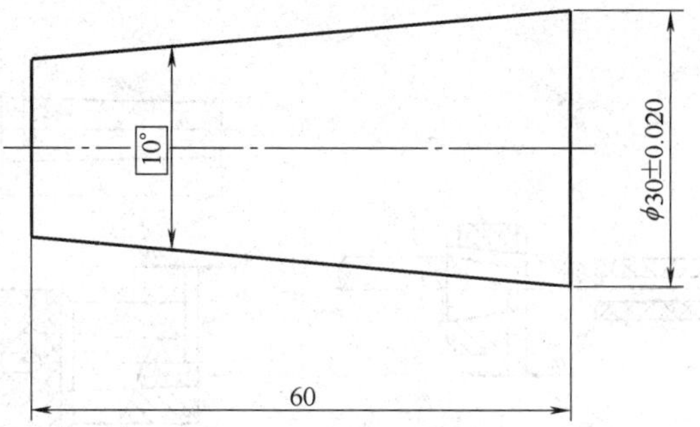

图 4.25　外圆锥

4.5　实践中常见问题解析

1. 万能角度尺的读数不准确

万能角度尺的读数方法和游标卡尺的读数方法是一样的，要仔细观察游标尺上哪条刻线与主尺刻线对齐，还要注意角度尺的分度值；直接读数无需估计值。

2. 万能角度尺的工作边与被测工件的母线不能贴合

出现这种问题的原因多数是万能角度尺的组合方式与被测角度不在同一范围，因此在测量前应根据被测角度的大小来确定采用哪种组合方式，并在测量中根据工件的大小反复调整角度尺，用对光的方法来判断是否贴合。

3. 正弦规测锥度偏差时，大端和小端读数差异太大

出现这种情况时，首先要检查量块的尺寸是否在正确，然后检查测量方法是否科学，要求应在一条母线上测出大端和小端的读数值后，再旋转工件测另一条母线。不能先在一端测出一个值后旋转工件在同一截面继续测第二个值，待一端测完后再去测另一端，这样不能保证 a 、b 两点的示值是同一母线上的值，会带来较大的误差。除此之外，还要注意检查百分表安装是否正确，测头是否松动。

4.6　采用比较法测量角度和锥度

比较测量法又称相对测量法。它是将角度量具与被测角度比较，用光隙法或涂色检验的方法估计被测锥度及角度的误差。其常用的量具有圆锥量规和锥度样板等。

圆锥量规的结构形式如图 4.26 所示。圆锥量规可以检验零件的锥度及基面距误差。检验时，先检验锥度，检验锥度常用涂层法，在量规表面沿着素线方向涂上 3～4 条均布的

红丹线，与零件研合转动 1/3～1/2 转，取出量规，根据接触面的位置和大小判断锥角误差；然后用圆锥量规检验零件的基面距误差，在量规的大端或小端处有距离为 m 的两条刻线或台阶，m 为零件圆锥的基面距公差。测量时，被测圆锥的端面只要介于两条刻线之间，即为合格。

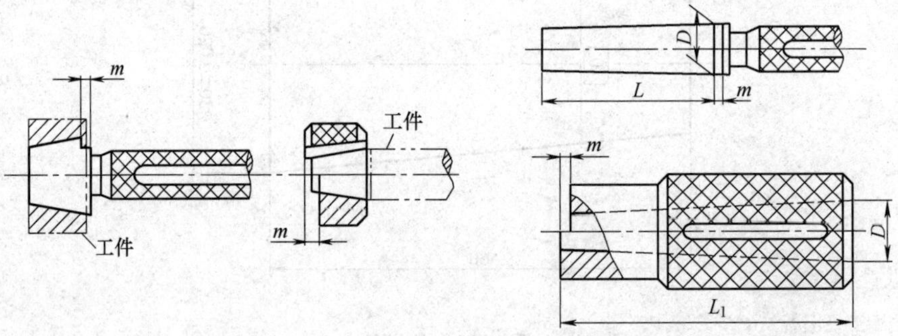

图 4.26 锥度量规

本 章 小 结

本章介绍了圆锥配合的基本参数、圆锥配合的形成方法、圆锥配合的种类、圆锥配合的使用要求、圆锥几何参数偏差对圆锥互换性的影响、圆锥公差及标注方法等基本内容；学生通过完成“用万能角度尺测角度”、“用正弦规测圆锥塞规的锥度偏差”这些任务，应初步达到正确使用万能角度尺和正弦规的目的。在实训中要注意多练习万能角度尺的组合、对齐、读数和正弦规测量装置的安装、调整、操作、读数，并通过拓展实训逐步提高检测的准确性。最后还拓展介绍了比较法测量角度和锥度等内容。

思考与练习

一、判断题

1. 万能角度尺的测量范围是 0°～180°。 (　　)
2. 正弦规测量后需经数据处理，得出工件的角度或锥度。 (　　)
3. 锥度的单位是 mm/m。 (　　)
4. 紧密配合的圆锥不具有互换性。 (　　)

二、填空题

1. 正弦规是间接测量零件________的精密量具。
2. 正弦规测量计算公式 $h=L\sin\alpha$ 中，h 是________，L 是________。
3. 圆锥配合分为________、________和________。

三、选择题

1. 万能角度尺的刻线原理与(　　)相似。

A. 游标卡尺　　B. 千分尺　　C. 百分表　　D. 正弦规

2. 万能角度尺只装直尺时的测量范围是(　　)；直尺和角尺全拆下时的测量范围是(　　)。

A. 0°～50°　　B. 50°～140°

C. 140°～230°　　D. 230°～320°

四、简答题

1. 试述圆锥配合的基本参数；圆锥结合有哪些特点？

2. 圆锥配合分为哪几类？各适用于什么场合？

3. 圆锥的直径公差与给定截面的圆锥直径公差有什么不同？

五、综合题

1. 一外圆锥的锥度 C=1∶20，大端直径 D=20，圆锥长度 L=60，试求小端直径 d、圆锥角 α 和素线角 $\alpha/2$。

2. 有一外圆锥，已知其最大直径 D_e=20mm，最小直径 d_e=15mm，圆锥长度 L_e=100mm，试求其锥度、锥角和圆锥素线角？

3. 某零件的锥角 $\alpha=30°+2'$，在中心距 C=100mm 的正弦规上测量。求：

(1) 应垫量块组高度 H。

(2) 若从百分表读出锥体素线 l=60mm，长度两端数值 M_a=+5μm，M_b=−10μm，求零件的实际锥角。

第 5 章　普通圆柱螺纹的公差及其检测

学习要点

- 掌握普通螺纹的基本牙型和主要几何参数：螺纹大径、中径、小径、螺距、单一中径、牙型角与牙型半角、螺纹旋合长度。
- 掌握螺纹几何参数对互换性的影响：螺距误差对互换性的影响、牙型半角误差对互换性的影响、中径误差对互换性的影响、作用中径及螺纹中径合格性的判断原则、螺纹大小径对互换性的影响。
- 掌握普通螺纹的公差与配合：普通螺纹的公差带、普通螺纹公差带与配合的选用、普通螺纹的标记。
- 掌握螺纹的检测方法：综合检测、单项检测。
- 掌握三针法测量螺纹中径的使用方法。
- 掌握螺纹千分尺的结构和使用方法。
- 掌握牙型半角检测的主要内容：影像法、干涉法和轴切法。
- 掌握螺距测量的主要内容：螺纹样板检测螺距、专用检具检测螺距、印模法检测螺距、工具显微镜检测螺距。
- (拓展)了解螺纹量规检验内、外螺纹的主要内容：量规的外形结构与功能、量规的分类、螺纹合格性判断原则及其对量规的要求、使用量规的注意事项。

技能目标

- 能正确用三针法检测螺纹单一中径；会正确选择量针直径；能准确读数并判断被测尺寸合格性。
- 能正确使用螺纹千分尺检测螺纹单一中径；会选择螺纹千分尺的测头并校对螺纹千分尺的零位；能正确确定修正值；能准确读数并判断被测中径的合格性；会利用测力装置控制测量力。
- 掌握工具显微镜的结构和操作方法；能正确使用工具显微镜检测螺纹的单一中径、螺距、牙型半角等参数；加深理解螺纹作用中径的概念；能判断被测各参数的合格性。

项目案例导入

▶ 项目任务——用螺纹千分尺检测图 5.1 所示螺柱单一中径。

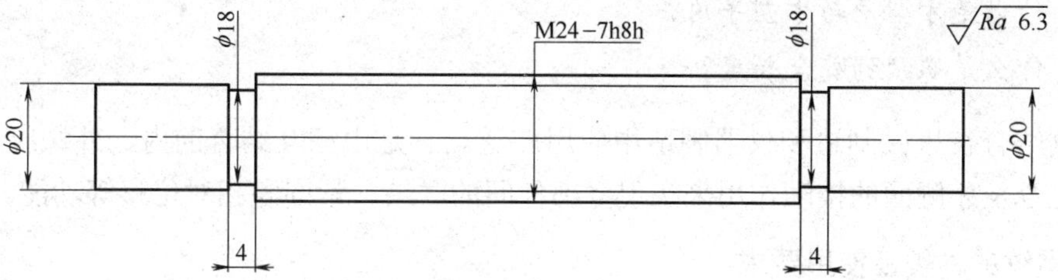

图 5.1　螺柱

引导问题

(1) 仔细阅读图 5.1，分析螺纹的标注。
(2) 根据以前积累的知识回答什么是螺纹的中径？什么是螺距？什么是牙型半角？
(3) 以前使用过螺纹千分尺吗？能概略说明如何使用螺纹千分尺吗？

5.1　用螺纹千分尺检测单一中径的检测说明

1. 项目目的

通过完成对螺柱单一中径的检测这一任务，掌握螺纹千分尺的结构及使用方法，会利用螺纹千分尺完成其他同等难易程度零件单一中径的检测。

2. 项目条件

准备用于学生检测实训的螺柱若干(根据学生人数确定，要求每工件对应的人数不超过 2～3 人，学生人数较多时建议分组进行)；具备与螺柱数对应的螺纹千分尺、工作台；具备能容纳足够学生的理论与实践一体化教室和相应的教学设备。

3. 项目内容及要求

用螺纹千分尺检测螺柱 M24-7h8h 的单一中径。要求能根据被测中径大小确定螺纹千分尺的规格；会根据螺距的大小选择测头；会校对螺纹千分尺的零位和处理修正值；能科学确定相应的检测位置；能准确读数；能判断被测中径的合格性。

5.2　基 础 知 识

5.2.1　螺纹的分类及普通螺纹的主要参数

引导问题

(1) 什么是联结螺纹？什么是传动螺纹？什么是紧密螺纹？
(2) 什么是螺纹大径？什么是螺纹小径？什么是螺距？
(3) 什么是螺纹中径？什么是单一中径？

(4) 什么是牙型角与牙型半角？

(5) 什么是螺纹的旋合长度？

螺纹结合在机械制造和仪器制造中应用广泛。它是由相互结合的内、外螺纹组成，通过相互旋合及牙侧面的接触作用来实现零部件间的联结、紧固和相对位移等功能。

1. 螺纹的种类及使用要求

螺纹结合按用途不同可分为以下 3 类。

(1) 联结螺纹：主要用于紧固和联结零件，因此又称紧固螺纹。其牙型为三角形，如米制普通螺纹。联结螺纹是使用最广泛的一种螺纹，要求其有良好的旋合性和联结的可靠性。

(2) 传动螺纹：主要用于传递动力或精确位移，要求具有足够的强度，保证动力传递的可靠，并要求传动比稳定，保证位移的精确。传动螺纹牙型有梯形、三角形、锯齿形和矩形等。

(3) 紧密螺纹：用于密封的螺纹联结，如联结管道用的螺纹。要求结合紧密，密封性好，不漏水、气或油。

本章主要介绍应用最广泛的公制普通螺纹的公差、配合及其误差检测。

2. 普通螺纹的基本牙型和主要几何参数

根据 GB/T 192—2003《普通螺纹基本牙型》规定，米制普通螺纹的基本牙型如图 5.2 所示。它是将高为 H 的等边三角形(原始三角形)截去顶部和底部所形成的螺纹牙型，称为基本牙型。

普通螺纹主要的几何参数有以下几种。

1) 大径(D 或 d)

指与内螺纹牙底或外螺纹牙顶相重合的假想圆柱体直径。国家标准规定普通螺纹大径的基本尺寸为螺纹的公称直径。

2) 小径(D_1 或 d_1)

指与内螺纹牙顶或外螺纹牙底相重合的假想圆柱体直径。普通螺纹小径与大径的基本尺寸之间的关系为：

$$d_1 = d - 1.0825P \tag{5-1}$$

$$D_1 = D - 1.0825P \tag{5-2}$$

3) 中径(D_1 或 d_1)

为一假想的圆柱体直径，该圆柱的母线通过螺纹的牙型上凸起和沟槽宽度相等的地方。普通螺纹中径与大径的基本尺寸之间的关系为：

$$d_2 = d - 0.6495P \tag{5-3}$$

$$D_2 = D - 0.6495P \tag{5-4}$$

注意：在同一螺纹配合中，内、外螺纹的中径、大径和小径的基本尺寸对应相同。

4) 螺距(P)

相邻两牙在中径线上对应两点间的轴向距离。

5)　单一中径

是一假想圆柱体直径，该圆柱体的母线通过牙型上沟槽宽度等于基本螺距一半$(P/2)$的地方，而不考虑牙体宽度大小。它在实际螺纹上可以测得，代表螺纹中径的实际尺寸。当螺距无误差时，中径等于单一中径；当螺距有误差时，则两者不相等，如图 5.3 所示。

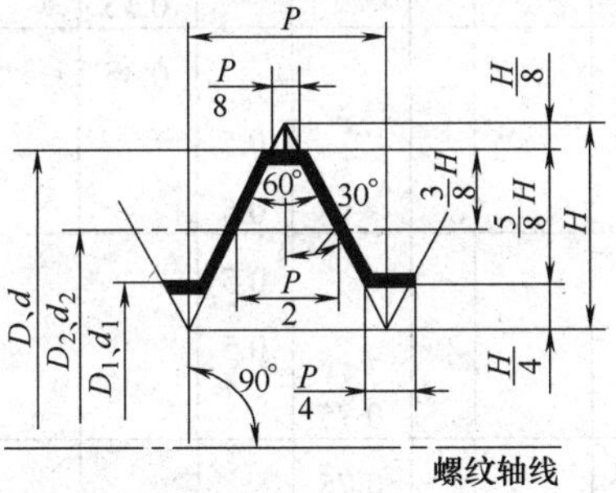

图 5.2　普通螺纹的基本牙型

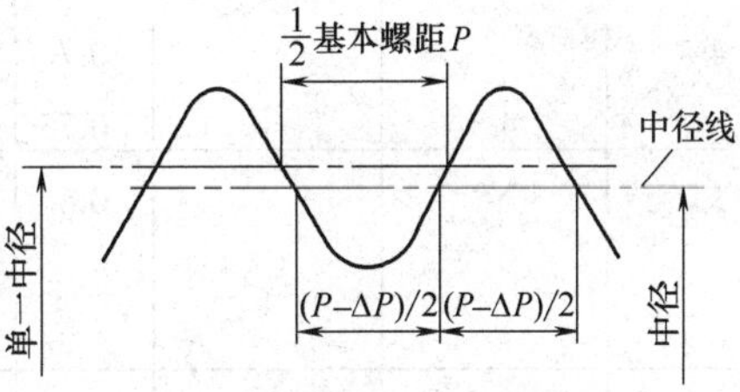

P— 基本螺距；ΔP — 螺距误差

图 5.3　单一中径与中径

6)　牙型角(α)与牙型半角$(\dfrac{\alpha}{2})$

牙型角是指在螺纹牙型上相邻两牙侧间的夹角，对于普通螺纹理论的牙型角$\alpha=60°$。

牙型半角是指牙侧与螺纹轴线的垂线间的夹角，对于普通螺纹理论的牙型半角$\dfrac{\alpha}{2}=30°$。牙型角正确时，其牙型半角可能有误差。

7)　螺纹旋合长度 L

指两配合螺纹沿螺纹轴线方向相互旋合部分的长度。

普通螺纹的直径与螺距系列值如表 5.1 所示，普通螺纹的基本尺寸如表 5.2 所示。

表 5.1　普通螺纹直径与螺距系列(摘自 GB/T 193—2003)　　单位：mm

公称直径 D、d			螺距 P										
第 1 系列	第 2 系列	第 3 系列	粗牙	细牙									
				3	2	1.5	1.25	1	0.75	0.5	0.35	0.25	0.2
1			0.25										0.2
	1.1		0.25										0.2
1.2			0.25										0.2
	1.4		0.3										0.2
1.6			0.35										0.2
	1.8		0.35										0.2
2			0.4									0.25	
	2.2		0.45									0.25	
2.5			0.45								0.35		

续表

公称直径 D、d			螺距 P										
第 1 系列	第 2 系列	第 3 系列	粗牙	距牙									
				3	2	1.5	1.25	1	0.75	0.5	0.35	0.25	0.2
3			0.5								0.35		
	3.5		0.6								0.35		
4			0.7							0.5			
	4.5		0.75							0.5			
5			0.8							0.5			
		5.5								0.5			
6			1						0.75				
	7		1						0.75				
8			1.25					1	0.75				
		9	1.25					1	0.75				
10			1.5				1.25	1	0.75				
		11	1.5			1.5		1	0.75				
13			1.75				1.25	1					
	14		2			1.5	1.25	1					
		15				1.5		1					
16			2			1.5		1					
		17				1.5		1					
	18		2.5		2	1.5		1					
20			2.5		2	1.5		1					
	22		2.5		2	1.5		1					
24			3		2	1.5		1					
		25			2	1.5		1					
		26				1.5		1					
	27		3		2	1.5		1					
		28			2	1.5		1					
30			3.5	(3)	2	1.5		1					
		32			2	1.5							
	33		3.5	(3)	2	1.5							
		35				1.5							
36			4	3	2	1.5							
		38				1.5							
	39		4	3	2	1.5							

表 5.2　普通螺纹的基本尺寸(摘自 GB/T 196—2003)　　单位：mm

公称直径(大径)D、d	螺距 P	中径 D_2、d_2	小径 D_1、d_1
4.5	0.75	4.013	3.688
	0.5	4.175	3.959
5	0.8	4.480	4.134
	0.5	4.675	4.459
5.5	0.5	5.175	4.959
6	1	5.350	4.917
	0.75	5.513	5.188
7	1	6.350	5.917
	0.75	6.513	6.188
8	1.25	7.188	6.647
	1	7.350	6.917
	0.75	7.513	7.188
9	1.25	8.188	7.647
	1	8.350	7.917
	0.75	8.513	8.188
10	1.5	9.026	8.376
	1.25	9.188	8.647
	1	9.350	8.917
	0.75	9.513	9.188
11	1.5	10.026	9.376
	1	10.350	9.917
	0.75	10.513	10.188
12	1.75	10.863	10.106
	1.5	11.026	10.376
	1.25	11.188	10.647
	1	11.350	10.917
14	2	12.701	11.835
	1.5	13.026	12.376
	1.25	13.188	12.647
	1	13.350	12.917
15	1.5	14.026	13.376
	1	14.350	13.917
16	2	14.701	13.835
	1.5	15.026	14.376
	1	15.350	14.917

续表

公称直径(大径)D、d	螺距 P	中径 D_2、d_2	小径 D_1、d_1
17	1.5	16.026	15.376
	1	16.350	15.917
18	2.5	16.376	15.294
	2	16.701	15.835
	1.5	17.026	16.376
	1	17.350	16.917
20	2.5	18.376	17.294
	2	18.701	17.835
	1.5	19.025	18.376
	1	19.350	18.917
22	2.5	20.376	19.294
	2	20.701	19.835
	1.5	21.026	20.376
	1	21.350	20.917
24	3	22.051	20.752
	2	22.701	21.835
	1.5	23.026	22.376
	1	23.350	22.917
25	2	23.701	22.835
	1.5	24.026	23.376
	1	24.350	23.917
26	1.5	25.026	24.376
27	3	25.051	23.752
	2	25.701	24.835
	1.5	26.026	25.376
	1	26.350	25.917
28	2	26.701	25.835
	1.5	27.026	26.376
	1	27.350	26.917

5.2.2 螺纹几何参数对互换性的影响

引导问题

(1) 螺距累积误差对螺纹互换性有什么影响?

(2) 牙型半角误差对螺纹互换性有什么影响?

(3) 单一中径对螺纹互换性有什么影响?

(4) 内、外螺纹自由旋合的条件是什么?

(5) 什么是作用中径以及螺纹中径合格性的判断原则?

螺纹联结的互换性要求是指螺纹的可旋合性和联结的可靠性。

影响螺纹互换性的几何参数有 5 个：大径、中径、小径、螺距和牙型半角，其主要因素是螺距误差、牙型半角误差和中径误差。因普通螺纹主要保证旋合性和联结的可靠性，故标准只规定中径公差，而不分别制定三项公差。

1. 螺距误差对互换性的影响

螺距误差包括与旋合长度无关的局部误差(ΔP)和与旋合长度有关的累积误差(ΔP_Σ)，而后者是影响互换性的主要因素，因此此处重点讨论螺距累积误差对互换性的影响。

我们以图 5.4 为例来分析，假设内螺纹具有理想牙型，外螺纹的中径及牙型半角均无误差，仅存在螺距误差，并假设在旋合长度内外螺纹的螺距累积误差为ΔP_Σ，这时内、外螺纹因产生干涉(图中阴影部分)而无法旋合或旋合困难。为了使有螺距误差的外螺纹可旋入理想牙型的内螺纹，应把外螺纹的中径减小一个数值(相当于将螺纹牙体切除一部分至图中细实线处)。因在车间生产条件下，很难对螺距逐个地分别检测，因而对普通螺纹不采用规定螺距公差的办法，而是采取将外螺纹中径减小或内螺纹中径增大，以保证达到旋合的目的。用螺距误差换算成中径的补偿值称为螺距误差的中径当量值，以 f_P(对外螺纹)或 F_p(对内螺纹)表示。从图中的△abc 可以推算出：

$$f_P/2=\left|\Delta P_\Sigma\right|/2\tan\frac{\alpha}{2}$$

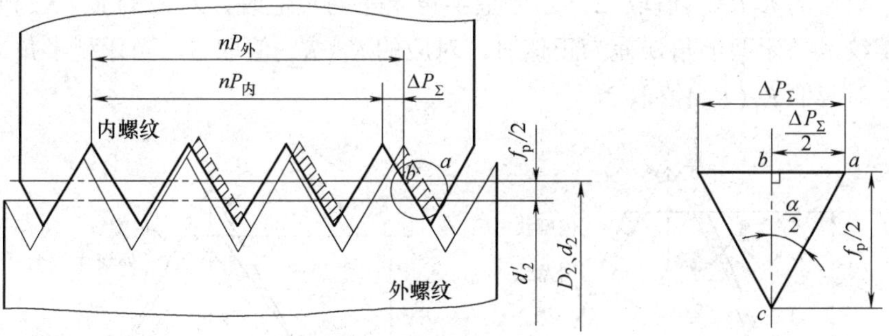

图 5.4　螺距误差对互换性的影响

普通螺纹牙型半角 $\frac{\alpha}{2}$=30°，故：

$$f_P=1.732\left|\Delta P_\Sigma\right| \tag{5-5}$$

由于 ΔP_Σ 不论正或负，都影响旋合性(只是干涉发生在牙侧左、右面的位置不同而已)，故 ΔP_Σ 应取绝对值。

内螺纹的推导过程和外螺纹类似，其计算公式也相同，即：

$$F_P = 1.732\left|\Delta P_\Sigma\right| \tag{5-6}$$

这里要注意理解：当外螺纹有螺距误差时，相当于使外螺纹的中径增大了，增大的量为 f_P，而当内螺纹有螺距误差时，相当于使内螺纹的中径减小了，减小的量为 F_P。

2. 牙型半角误差对互换性的影响

牙型半角误差可能是由于牙型角 α 本身不准确($\alpha \neq 60°$)或由于它与轴线的相对位置不正确而造成 $\left(\frac{\alpha}{2}左 \neq \frac{\alpha}{2}右\right)$，也可能是两者综合作用的结果。

为便于分析，设内螺纹具有理想牙型，外螺纹的中径和螺距与内螺纹相同，仅有半角误差。当外螺纹牙型半角小于内螺纹牙型半角时，即 $\Delta\frac{\alpha}{2}=\frac{\alpha}{2}外-30° <0$，如图 5.5(a)所示，则内、外螺纹在靠近大径处将发生干涉而不能旋合；当外螺纹牙型半角大于内螺纹牙型半角时，即 $\Delta\frac{\alpha}{2}=\frac{\alpha}{2}外-30° >0$，如图 5.5(b)所示，则内、外螺纹在靠近小径处将发生干涉而不能旋合。因在车间生产条件下，很难对牙型半角逐个地分别检测，因而对普通螺纹不采用规定牙型角公差的办法，而是采取将外螺纹中径减小或内螺纹中径增大，以保证达到旋合的目的，用牙型半角误差换算成中径的补偿值称为牙型半角误差的中径当量值，以 $f_{\frac{\alpha}{2}}$ (对外螺纹)或 $F_{\frac{\alpha}{2}}$ (对内螺纹)表示。根据三角形的正弦定理可以推算出：

$$f_{\frac{\alpha}{2}} = 0.073P\left(K_1\left|\Delta\frac{\alpha}{2}(左)\right| + K_2\left|\Delta\frac{\alpha}{2}(右)\right|\right) \tag{5-7}$$

式中：$f_{\frac{\alpha}{2}}$ 的单位为 μm；P 为螺距，单位为 mm；$\Delta\frac{\alpha}{2}(左)$、$\Delta\frac{\alpha}{2}(右)$ 分别为左、右牙型半角误差，单位为分(′)；K_1、K_2 为修正系数。对外螺纹，当牙型半角误差为正值时，对应的 $K_1(K_2)$值取 2，当牙型半角误差为负值时，对应的 $K_1(K_2)$值取 3；对内螺纹，当牙型半角误差为正值时，对应的 $K_1(K_2)$值取 3，当牙型半角误差为负值时，对应的 $K_1(K_2)$值取 2。

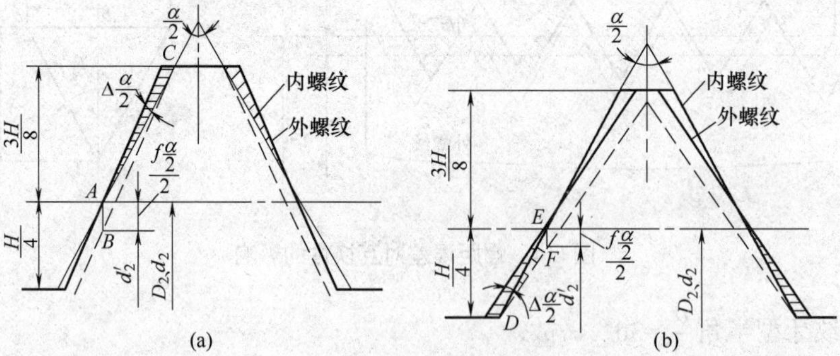

图 5.5　牙型半角误差对互换性的影响

也即当外螺纹有牙型半角误差时，相当于使外螺纹的中径增大了，增大的量为 $f_{\frac{\alpha}{2}}$，而当内螺纹有牙型半角误差时，相当于使内螺纹的中径减小了，减小的量为 $F_{\frac{\alpha}{2}}$。

3. 中径误差对互换性的影响

内、外螺纹的单一中径误差将直接影响螺纹的旋合性和结合强度。当外螺纹的中径大于内螺纹的中径时，会影响旋合性；反之，若外螺纹中径过小，则配合太松，难以使牙侧间接触良好，影响联结可靠性。因此，为了保证螺纹的旋合性，应该限制外螺纹的最大中径和内螺纹的最小中径；为了保证螺纹的联结可靠性，还必须限制外螺纹的最小中径和内螺纹的最大中径。

4. 作用中径及螺纹中径合格性的判断原则

1)　作用中径

前面已经讲过，当螺纹有了螺距误差或(和)牙型半角误差时，对内螺纹而言相当于螺纹中径变小了，对外螺纹而言相当于螺纹中径变大了，此变化后的中径称为作用中径，即螺纹配合中实际起作用的中径。

内螺纹的作用中径：
$$D_{2作用}=D_{2单一}-F_P-F_{\frac{\alpha}{2}} \tag{5-8}$$

外螺纹的作用中径：
$$d_{2作用}=d_{2单一}+f_P+f_{\frac{\alpha}{2}} \tag{5-9}$$

显然，使相互结合的内、外螺纹能自由旋合的条件是：$D_{2作用} \geqslant d_{2作用}$。

2)　螺纹中径合格性的判断原则

国家标准中没有单独规定螺距和牙型半角公差，只规定了中径公差，用中径公差来同时限制单一中径、螺距、牙型半角 3 个参数的变动。因而作用中径把螺距误差、牙型半角误差及单一中径误差三者联系在一起，是保证螺纹互换性的最主要参数。对外螺纹而言，要保证旋合性，则其作用中径不能大于中径的最大极限值，即：$d_{2作用} \leqslant d_{2\max}$；如果外螺纹的单一中径过小，则内、外螺纹的联结太松，无法保证联结的可靠性，所以单一中径不能小于中径的最小极限值，即：$d_{2单一} \geqslant d_{2\min}$。将这两方面综合考虑就得到判断外螺纹中径合格性的原则：

$$d_{2\min} \leqslant d_{2单一} \leqslant d_{2作用} \leqslant d_{2\max} \tag{5-10}$$

同理，可得到判断内螺纹中径合格性的原则：

$$D_{2\min} \leqslant D_{2作用} \leqslant D_{2单一} \leqslant D_{2\max} \tag{5-11}$$

可以用简短的一句话概括为：螺纹中径合格性的原则是单一中径和作用中径都应在中径的两个极限尺寸范围之内。

5. 螺纹大、小径对互换性的影响

为保证旋合，防止在大径和小径处发生干涉，应使内螺纹大、小径的实际尺寸大于外螺纹大、小径的实际尺寸。但是若内螺纹的小径过大或外螺纹的大径过小，将影响螺纹联结的可靠性，因此必须规定其内、外螺纹大径和小径的公差。

例 5-1　某公称直径为 20mm，螺距为 P=2.5mm，中径公差代号为 6g 的外螺纹，实际测得 $d_{2单一}$=18.176mm，ΔP_Σ=50μm，$\Delta\frac{\alpha}{2}$(左)=−80′，$\Delta\frac{\alpha}{2}$(右)=+60′。求外螺纹的作用中径，并判断其合格性。

解：

根据普通螺纹基本牙型的参数关系(或者查表 5.2)可求得中径的公称值：

$$d_2 = d - 0.6495P = 20\text{mm} - 0.6495 \times 2.5\text{mm} = 18.376\text{mm}$$

计算螺距误差的中径当量值：

$$f_P = 1.732\left|\Delta P_\Sigma\right| = 1.732 \times 50\mu\text{m} = 86.6\mu\text{m} = 0.0866\text{mm}$$

计算牙型半角误差的中径当量值：

$$f_{\frac{\alpha}{2}} = 0.073P\left(K_1\left|\Delta\frac{\alpha}{2}(左)\right| + K_2\left|\Delta\frac{\alpha}{2}(右)\right|\right) = 0.073 \times 2.5(3 \times 80 + 2 \times 60)\mu\text{m}$$

$$= 0.073 \times 2.5 \times 360\mu\text{m} = 65.7\mu\text{m} = 0.0657\text{mm}$$

计算作用中径：

$$d_{2作用} = d_{2单一} + f_P + f_{\frac{\alpha}{2}} = 18.176\text{mm} + 0.0866\text{mm} + 0.0657\text{mm} = 18.328\text{mm}$$

查表 5.8 求螺纹的基本偏差：$es = -0.042\text{mm}$

查表 5.7 求螺纹的中径公差：$T_{d2} = 0.170\text{mm}$

所以下偏差为：$ei = es - T_{d2} = -0.212\text{mm}$

则螺纹中径的极限尺寸为：

$d_{2\max} = 18.376\text{mm} - 0.042\text{mm} = 18.334\text{mm}$

$d_{2\min} = 18.376\text{mm} - 0.212\text{mm} = 18.164\text{mm}$

因为作用尺寸在两极限尺寸之间，所以此外螺纹合格。

5.2.3 普通螺纹的公差与配合

引导问题

(1) 普通螺纹有多少个精度等级？

(2) 螺纹的基本偏差有哪些？

(3) 螺纹的旋合长度分为哪几类？

(4) 普通螺纹公差带与配合的选用方法是什么？

(5) 螺纹特征代号和尺寸代号的标记是什么？

(6) 螺纹公差带代号的标记是什么？

1. 普通螺纹的公差带

普通螺纹国家标准(GB 197—2003)中规定了普通螺纹(一般用途米制螺纹)的螺纹公差和基本偏差。

1) 螺纹的公差等级

国家标准规定的螺纹的公差等级如表 5.3 所示。

表 5.3　螺纹的公差等级

螺纹直径	公差等级	螺纹直径	公差等级
内螺纹小径 D_1	4、5、6、7、8	外螺纹大径 d	4、6、8
内螺纹中径 D_2	4、5、6、7、8	外螺纹中径 d_2	3、4、5、6、7、8、9

其中，3 级精度最高，9 级精度最低，一般 6 级为基本级。各级公差值可分别查阅表 5.4～表 5.7 所示。

表 5.4　内螺纹小径公差 T_{D1}(摘自 GB197—2003)　μm

螺距 P/mm	公差等级				
	4	5	6	7	8
0.75	118	150	190	236	—
0.8	125	160	200	250	315
1	150	190	236	300	375
1.25	170	212	265	335	425
1.5	190	236	300	375	475
1.75	212	265	335	425	530
2	236	300	375	475	600
2.5	280	355	450	560	710
3	315	400	500	630	800
3.5	355	450	560	710	900
4	35	475	600	750	950
4.5	425	530	670	850	1060

表 5.5　外螺纹大径公差 T_d(摘自 GB 197—2003)　μm

螺距 P/mm	公差等级		
	4	6	8
0.2	36	56	—
0.25	42	67	—
0.3	48	75	—
0.35	53	85	—
0.4	60	95	—
0.45	63	100	—
0.5	67	106	—
0.6	80	125	—
0.7	90	140	—
0.75	90	140	—

续表

螺距 P/mm	公差等级		
	4	6	8
0.8	95	150	236
1	112	180	280
1.25	132	212	335
1.5	150	236	375
1.75	170	265	425
2	180	280	450
2.5	212	335	530
3	236	375	600
3.5	265	425	670
4	300	475	750
4.5	315	500	800
5	335	530	850
5.5	355	560	900
6	375	600	950
8	450	710	1180

表 5.6 内螺纹中径公差 T_{D2}(摘自 GB 197—2003) μm

基本大径 D/mm		螺距	公差等级				
>	≤	P/mm	4	5	6	7	8
0.99	1.4	0.2	40	—	—	—	—
		0.25	45	56	—	—	—
		0.3	48	60	75	—	—
1.4	2.8	0.2	42	—	—	—	—
		0.25	48	60	—	—	—
		0.35	53	67	85	—	—
		0.4	56	71	90	—	—
		0.45	60	75	95	—	—
2.8	5.6	0.35	56	71	90	—	—
		0.5	63	80	100	125	—
		0.6	71	90	112	140	—
		0.7	75	95	118	150	—
		0.75	75	95	118	150	—
		0.8	80	100	125	160	200
5.6	11.2	0.75	85	106	132	170	—
		1	95	118	150	190	236

续表

基本大径 D/mm		螺距	公差等级				
>	≤	P/mm	4	5	6	7	8
5.6	11.2	1.25	100	125	160	200	250
		1.5	112	140	180	224	280
11.2	22.4	1	100	125	160	200	250
		1.25	112	140	180	224	280
		1.5	118	150	190	236	300
		1.75	125	160	200	250	315
		2	132	170	212	265	335
		2.5	140	180	224	280	355
22.4	45	1	106	132	170	212	—
		1.5	125	160	200	250	315
		2	140	180	224	280	355
		3	170	212	265	335	425
		3.5	180	224	280	355	450
		4	190	236	300	375	475
		4.5	200	250	315	400	500
45	90	1.5	132	170	212	265	335
		2	150	190	236	300	375
		3	180	224	280	355	450
		4	200	250	315	400	500
		5	212	265	335	425	530
		5.5	224	280	355	450	560
		6	236	300	375	475	600

表 5.7　外螺纹中径公差 T_{d2}(摘自 GB 197—2003)　　单位：μm

基本大径 D/mm		螺距	公差等级						
>	≤	P/mm	3	4	5	6	7	8	9
0.99	1.4	0.2	24	30	38	48	—	—	—
		0.25	26	34	42	53	—	—	—
		0.3	28	36	45	56	—	—	—
1.4	2.8	0.2	25	32	40	50	—	—	—
		0.25	28	36	45	56	—	—	—
		0.35	32	40	50	63	80	—	—
		0.4	34	42	53	67	85	—	—
		0.45	36	45	56	71	90	—	—

续表

基本大径 D/mm		螺距 P/mm	公差等级						
>	≤		3	4	5	6	7	8	9
2.8	5.6	0.35	34	42	53	67	85	—	—
		0.5	38	48	60	75	95	—	—
		0.6	42	53	67	85	106	—	—
		0.7	45	56	71	90	112	—	—
		0.75	45	56	71	90	112	—	—
		0.8	48	60	75	95	118	150	190
5.6	11.2	0.75	50	63	80	100	125	—	—
		1	56	71	90	112	140	180	224
		1.25	60	75	95	118	150	190	236
		1.5	67	85	106	132	170	212	265
11.2	22.4	1	60	75	95	118	150	190	236
		1.25	67	85	106	132	170	212	265
		1.5	71	90	112	140	180	224	280
		1.75	75	95	118	150	190	236	300
		2	80	100	125	160	200	250	315
		2.5	85	106	132	170	212	255	335
22.4	45	1	63	80	100	125	160	200	250
		1.5	75	95	118	150	190	236	300
		2	85	106	132	170	212	265	335
		3	100	125	160	200	250	315	400
		3.5	106	132	170	212	265	335	425
		4	112	140	180	224	280	355	450
		4.5	118	150	190	236	300	375	475
45	90	1.5	80	100	125	160	200	250	315
		2	90	112	140	180	224	280	355
		3	106	132	170	212	265	335	425
		4	118	150	190	236	300	375	475
		5	125	160	200	250	315	400	500
		5.5	132	170	212	265	335	425	530
		6	140	180	224	280	355	450	560
90	180	2	95	118	150	190	236	300	375
		3	112	140	180	224	280	355	450
		4	125	160	200	250	315	400	500
		6	150	190	236	300	375	475	600
		8	170	212	265	335	425	530	670

续表

基本大径 D/mm		螺距	公差等级						
>	≤	P/mm	3	4	5	6	7	8	9
180	355	3	125	160	200	250	315	400	500
		4	140	180	224	280	355	450	560
		6	160	200	250	315	400	500	630
		8	180	224	280	355	450	560	710

从前面的表中可以发现：在同一公差等级中，内螺纹中径公差比外螺纹中径公差大32%，这是因为内螺纹较难加工。

国家标准对内螺纹的大径和外螺纹的小径不规定具体公差值，而只是规定内、外螺纹牙底实际轮廓不得超过按基本偏差所确定的最大实体牙型，即保证旋合时不发生干涉。

2)　螺纹的基本偏差

国家标准对内螺纹的中径和小径规定采用 G、H 两种公差带位置，以下偏差 *EI* 为基本偏差，如图 5.6 所示。

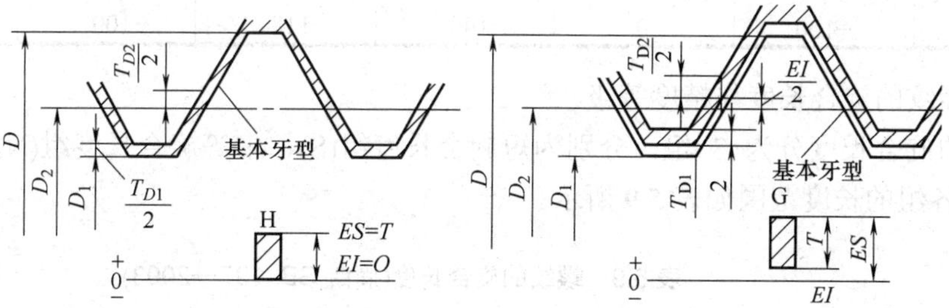

图 5.6　内螺纹的公差带

国家标准对外螺纹的中径和大径规定了 e、f、g、h 4 种公差带位置，以上偏差 *es* 为基本偏差，如图 5.7 所示。

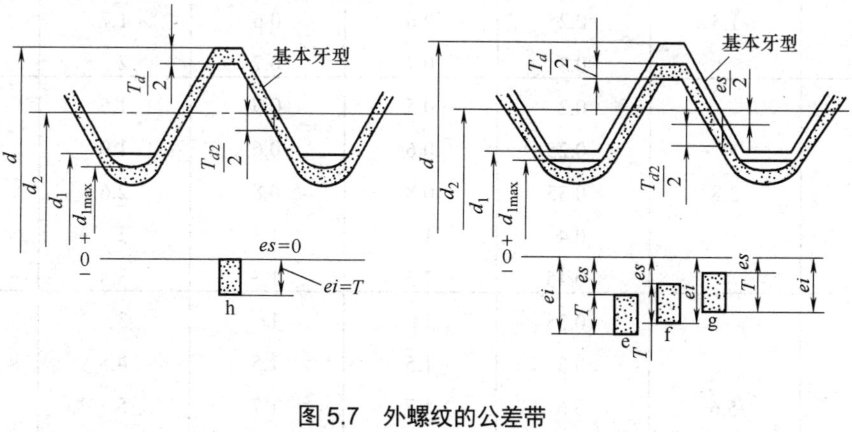

图 5.7　外螺纹的公差带

普通螺纹的基本偏差值如表 5.8 所示。

表 5.8　内、外螺纹的基本偏差(摘自 GB 197—2003)　μm

螺距 P/mm	基本偏差					
	内螺纹		外螺纹			
	G	H	e	f	g	h
	EI	EI	es	es	es	es
2	+38	0	−71	−52	−38	0
2.5	+42	0	−80	−58	−42	0
3	+48	0	−85	−63	−48	0
3.5	+53	0	−90	−70	−53	0
4	+60	0	−95	−75	−60	0
4.5	+63	0	−100	−80	−63	0
5	+71	0	−106	−85	−71	0
5.5	+75	0	−112	−90	−75	0
6	+80	0	−118	−95	−80	0
8	+100	0	−140	−118	−100	0

3)　螺纹的旋合长度与精度等级

螺纹的旋合长度分为 3 组，分别为短旋合长度组(S)、中等旋合长度组(N)和长旋合长度组(L)。各组的长度范围如表 5.9 所示。

表 5.9　螺纹的旋合长度(摘自 GB 197—2003)　mm

基本大径 D、d		螺距 P	旋合长度			
			S	N		L
>	≤		≤	>	≤	>
0.99	1.4	0.2	0.5	0.5	1.4	1.4
		0.25	0.6	0.6	1.7	1.7
		0.3	0.7	0.7	2	2
1.4	2.8	0.2	0.5	0.5	1.5	1.5
		0.25	0.6	0.6	1.9	1.9
		0.35	0.8	0.8	2.6	2.6
		0.4	1	1	3	3
		0.45	1.3	1.3	3.8	3.8
2.8	5.6	0.35	1	1	3	3
		0.5	1.5	1.5	4.5	4.5
		0.6	1.7	1.7	5	5
		0.7	2	2	6	6
		0.75	2.2	2.2	6.7	6.7

续表

基本大径 D、d		螺距 P/mm	旋合长度			
			S	N		L
>	≤		≤	>	≤	>
2.8	5.6	0.8	2.5	2.5	7.5	7.5
5.6	11.2	0.75	2.4	2.4	7.1	7.1
		1	3	3	9	9
		1.25	4	4	12	12
		1.5	5	5	15	15
11.2	22.4	1	3.8	3.8	11	11
		1.25	4.5	4.5	13	13
		1.5	5.6	5.6	16	16
		1.75	6	6	18	18
		2	8	8	24	24
		2.5	10	10	30	30
22.4	45	1	4	4	12	12
		1.5	6.3	6.3	19	19
		2	8.5	8.5	25	25
		3	12	12	36	36
		3.5	15	15	45	45
		4	18	18	53	53
		4.5	21	21	63	63

长旋合长度旋合后稳定性好，且有足够的联结强度，但加工精度难以保证，当螺纹误差较大时，会出现螺纹副不能旋合的现象。短旋合长度，加工容易保证，但旋合后稳定性较差。一般情况下应采用中等旋合长度。集中生产的紧固件螺纹，图样上没有注明旋合长度时，制造时螺纹公差均按中等旋合长度考虑。

根据螺纹的公差等级和旋合长度，将螺纹分为精密、中等及粗糙 3 种精度等级。精密级用于精密螺纹，如要求配合性质、变动较小的螺纹，中等级用于一般用途螺纹，粗糙级用于要求不高或制造螺纹有困难的场合，例如，在热轧棒料上和深盲孔内加工螺纹。

螺纹的精度等级是衡量螺纹质量的综合指标。对于不同旋合长度组的螺纹，应采用不同的公差等级，以保证同一精度下螺纹配合精度和加工难易程度相当。

2. 普通螺纹公差带与配合的选用

由螺纹公差等级和不同的基本偏差代号，可得到各种公差带。为减少刀具、量具的规格数量，提高经济效益，国家标准对内螺纹推荐了 13 个选用公差带，如表 5.10 所示；对外螺纹推荐了 18 个选用公差带，如表 5.11 所示。

表 5.10 内螺纹的推荐公差带(摘自 GB 197—2003)

公差等级	公差带位置 G			公差带位置 H		
	S	N	L	S	N	L
精密	—	—	—	4H	5H	6H
中等	(5G)	**6G**	(7G)	**5H**	**6H**	**7H**
粗糙	—	(7G)	(8G)	—	7H	8H

表 5.11 外螺纹的推荐公差带(摘自 GB 197—2003)

公差等级	公差带位置 e			公差带位置 f			公差带位置 g			公差带位置 h		
	S	N	L	S	N	L	S	N	L	S	N	L
精密								(4g)	(5g4g)	(3h4h)	**4h**	(5h4h)
中等		**6e**	(7e6e)		**6f**		(5g6g)	**6g**	(7g6g)	(5h6h)	6h	(7h6h)
粗糙			(9e8e)					8g	(9g8g)			

上面两表中公差带优先选用顺序为：粗字体公差带、一般字体公差带、括号内公差带。带方框的粗字体公差带用于大量生产的紧固件螺纹。除特殊情况外，表 5.10 和表 5.11 以外的其他公差带不宜选用。

表 5.10 中的内螺纹公差带能与表 5.11 中的外螺纹公差带形成任意组合，但是，为了保证内、外螺纹间有足够的螺纹接触高度，推荐完工后的螺纹零件宜优先组成 H/g、H/h 或 G/h 配合。对公称直径小于等于 1.4mm 的螺纹，应选用 5H/6h、4H/6h 或更精密的配合。

对于涂镀螺纹的公差带，如无其他特殊说明，推荐公差带适用于涂镀前螺纹。涂镀后，螺纹实际轮廓上的任何点不应超越按公差位置 H 或 h 所确定的最大实体牙型。对于镀层较厚的螺纹可选 H/f、H/e 等配合。

3. 普通螺纹的标记

一个完整的螺纹标记由螺纹特征代号、尺寸代号、螺纹公差代号及其他有必要进一步说明的个别信息组成。

1) 螺纹特征代号和尺寸代号的标记

螺纹特征代号用字母“M”表示，单线螺纹的尺寸代号为“公称直径×螺距”，公称直径和螺距数值的单位为 mm。对于粗牙螺纹，螺距项可以省略。多线螺纹的尺寸代号为“公称直径×*Ph*(导程)*P*(螺距)”，公称直径、导程和螺距数值的单位为 mm。如果要进一步表明螺纹的线数，可在后面增加括号说明(使用英语进行说明，如双线为 two starts；三线为 three starts；四线为 four starts)。例如：

公称直径为 8mm 的单线粗牙(螺距为 1.25mm)螺纹标记为：M8。

公称直径为 8mm，螺距为 1mm 的单线细牙螺纹标记为：M8×1。

公称直径为 16mm，螺距为 1.5mm，导程为 3mm 的双线螺纹标记为：M16×*Ph*3*P*1.5 或 M16×*Ph*3*P*1.5(two starts)。

2)　螺纹公差带代号的标记

公差带代号包含中径公差带代号和顶径(指外螺纹的大径和内螺纹的小径)公差带代号。中径公差带代号在前，顶径公差带代号在后。各直径的公差带代号由表示公差等级的数值和表示公差带位置的基本偏差代号(内螺纹用大写字母外螺纹用小写字母)组成。如果中径公差带代号与顶径公差带代号相同，只标注一个公差带代号即可。螺纹尺寸代号与公差带间用“-”号隔开。例如：

中径公差带为 5g，顶径公差带为 6g，公称直径为 10mm，螺距为 1mm 的单线细牙外螺纹标记为：M10×1-5g6g。

中径公差带和顶径公差带均为 6g，公称直径为 10mm 的单线粗牙外螺纹的标记为：M10-6g。

中径公差带为 5H，顶径公差带为 6H，公称直径为 10mm，螺距为 1mm 的单线细牙内螺纹标记为：M10×1-5H6H。

中径公差带和顶径公差带均为 6H，公称直径为 10mm 的单线粗牙内螺纹标记为：M10-6H。

3)　有必要说明的其他信息的标记

标记内有必要说明的其他信息包括螺纹的旋合长度和旋向。

对短旋合长度组和长旋合长度组的螺纹，应在公差带代号后分别标注“S”和“L”代号，并用“-”号分隔开，中等旋合长度组螺纹不标注旋合长度代号。对左旋螺纹，应在旋合长度代号之后标注“LH”代号，并用“-”号分隔开，右旋螺纹不标注旋向代号。

下面以一个完整的螺纹标记加以说明。

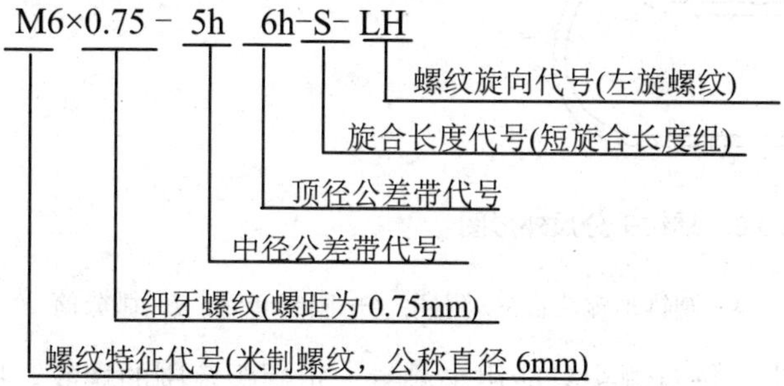

5.3　螺纹的检测实训

5.3.1　用螺纹千分尺检测外螺纹单一中径

1. 工作任务

用螺纹千分尺检测图 5.1 所示零件的单一中径。

2. 螺纹千分尺资讯

1) 螺纹千分尺的结构和测量原理

螺纹千分尺的另一个名字叫螺纹百分尺，其构造与外径千分尺相似，如图 5.8 所示，差别仅仅在于两个测量头的形状，另外，螺纹千分尺的测量头使用的是插入式。螺纹千分尺的测量头做成和螺纹牙型相吻合的形状，即一个为 V 形测量头，与螺纹牙型凸起部分相吻合；另一个为圆锥形测量头，与螺纹牙型沟槽相吻合，如图 5.9 所示。

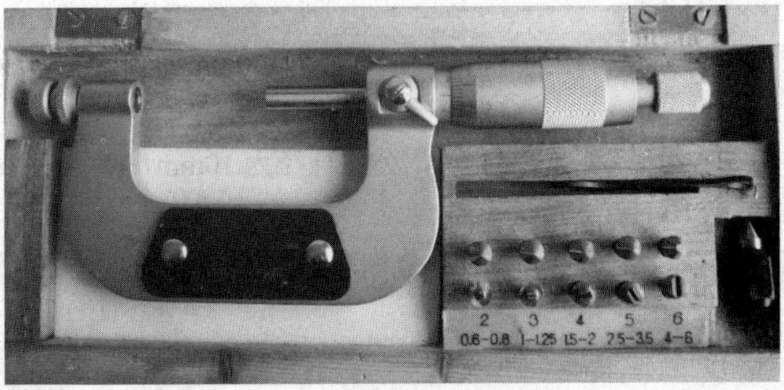

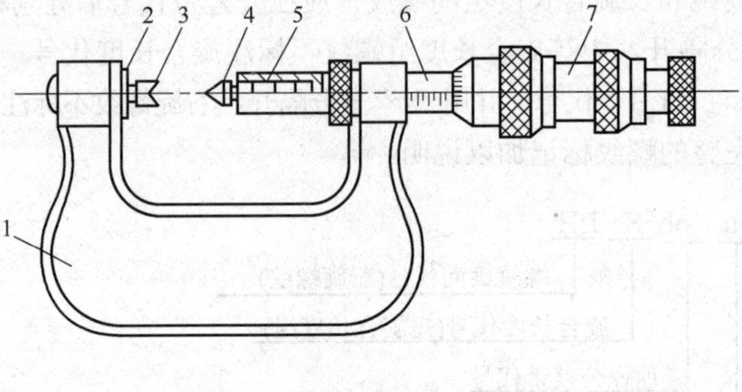

图 5.8 螺纹千分尺外形图

1—弓架；2—架砧；3—V 形测头；4—圆锥形测头；5—测杆；6—固定套筒；7—微分筒

这种螺纹千分尺有一套可换测头，每对测头只能用来测量一定螺距范围的螺纹。所以螺纹千分尺的测量范围分两个方面：千分尺的测量范围和每对测头所能测量螺距的范围。千分尺的测量范围有：0～25mm、25～50mm、50～75mm、75～100mm、100～125mm、125～150mm、150～175mm、175～200mm。

用螺纹千分尺测量外螺纹中径时，测得的数值是螺纹中径的实际尺寸，它不包括螺距误差和牙型半角误差在中径上的当量值。但是螺纹千分尺的测头是根据牙型角和螺距的标准尺寸制造的，当被测量的外螺纹存在螺距和牙型半角误差时，测头与被测量的外螺纹不能很好地吻合，所以测出的螺纹中径的实际尺寸误差比较大，一般误差在 0.05～0.20mm，因此螺纹千分尺只能用于工序间测量或对粗糙级的螺纹工件测量。

2) 螺纹千分尺的使用注意事项

螺纹千分尺的使用注意事项与外径千分尺类似，但螺纹千分尺有如下特殊注意事项。

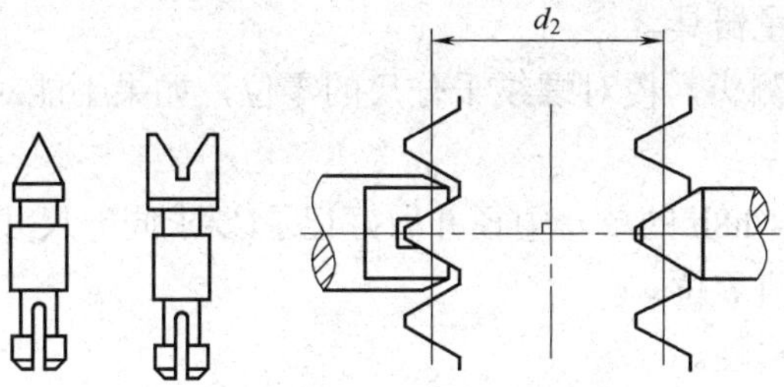

(a) 测头　　(b) 测量示意图

图 5.9　螺纹千分尺的测头和测量示意图

(1) 测量前，先根据螺距选择合适的测头。

(2) 安装螺纹测头时一定要注意：锥形测头安装在活动量砧上，V 形测头安装在固定量砧上，不能装反了。

(3) 测量时，两量砧连线一定要与工件轴线垂直，且找到最大直径处才能读数。

(4) 测量完毕后，须复查螺纹千分尺零位，误差不能超过±0.005mm。

3. 工作计划

在检测实训过程中，各小组协同制定检测计划，共同解决检测过程中遇到的困难；要相互监督计划的执行与完成情况，并交叉互检，以提高检测结果的准确性。实训过程中，应如实填写表 5.12 所示的“螺纹千分尺测单一螺纹中径工作计划及执行情况表”。

表 5.12　螺纹千分尺测单一螺纹中径工作计划及执行情况表

序　号	内　容	所用时间	要　求	完成/实施情况记录或个人体会、总结
1	研讨任务		看懂图纸，分析被测工件，确定检测位置及需要的计量器具	
2	计划与决策		确定螺纹千分尺的规格，制定详细的检测计划	
3	实施检测		根据计划，按要求检测螺纹单一中径，并做好记录，填写测试报告	
5	结果检查		检查本组组员的计划执行情况和检测结果，并组织交叉互检	
6	评估		对自己所做的工作进行反思，提出改进措施，谈谈自己的心得体会	

4. 检测实施

(1) 填写借用工件和计量器具的申请表。

(2) 领取工件和计量器具。

(3) 清洗工件和计量器具。

(4) 根据螺距选择测头，校对螺纹千分尺的零位，如果不能对零，则进行调整或者按照修正值处理。

(5) 检测螺柱 M24-7h8h 的单一中径并做好记录(要求同一尺寸测 6 次)。

(6) 检测完毕，复查零位。

(7) 判断螺纹的合格性。

5. 用螺纹千分尺检测单一中径的检查要点

(1) 测头选择和安装是否正确？

(2) 零位是否正确？

(3) 读数方法是否正确？

(4) 检测位置是否科学？是否测到了直径位置？

(5) 自己复查了哪些数据？结果如何？

(6) 与同组成员的互检结果如何？

5.3.2 用三针法检测螺纹单一中径

1. 工作任务

用三针法检测图 5.10 所示零件的单一中径。

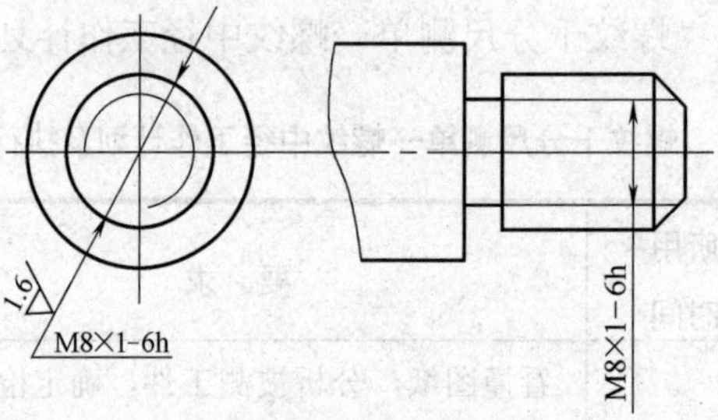

图 5.10 螺纹塞规

2. 三针法测中径资讯

1) 三针法的测量原理

用三针法测量螺纹中径是将 3 根直径相同的量针，按图 5.11 所示那样放在螺纹牙型沟槽中间，用接触式量仪或测微量具测出 3 根量针外母线之间的跨距 M，根据已知的螺距 P、牙型半角 $\frac{\alpha}{2}$ 及量针直径 d_0 的数值算出中径 d_2。即：

$$M = d_2 + 2(A - B) + d_0$$

$$A = \frac{d_0}{2\sin\frac{\alpha}{2}} \qquad B = \frac{P}{4}\cot\frac{\alpha}{2}$$

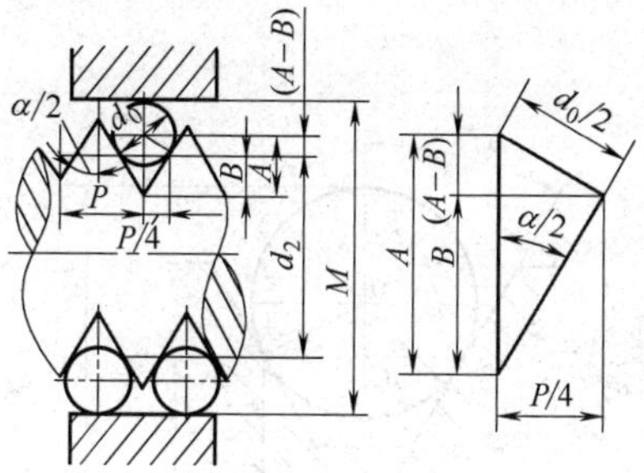

图 5.11　三针法测量螺纹中径

$$M = d_2 + 2\left(\frac{d_0}{2\sin\frac{\alpha}{2}} - \frac{P}{4}\cot\frac{\alpha}{2}\right) + d_0$$

或者

$$d_2 = M - d_0\left(1 + \frac{1}{\sin\frac{\alpha}{2}}\right) + \frac{P}{2}\cot\frac{\alpha}{2}$$

对于公制普通螺纹 α =60°，则：

$$d_2 = M - 3d_0 + 0.866P \tag{5-12}$$

从上述公式可知，三针法的测量精度，除与所选量仪的示值误差和量针本身的误差有关外，还与被检螺纹的螺距误差和牙型半角误差有关。为了消除牙型半角误差对测量结果的影响，应选最佳量针 $d_{0\,(最佳)}$，使它与螺纹牙型侧面的接触点，恰好在中径线上，如图 5.12 所示。

$$\angle CAO = \frac{\alpha}{2} \qquad AC = \frac{P}{4} \qquad OA = \frac{d_{0\,(最佳)}}{2}$$

$$\cos\frac{\alpha}{2} = \frac{AC}{OA} = \frac{P}{2d_{0\,(最佳)}}$$

$$d_{0\,(最佳)} = \frac{P}{2\cos\frac{\alpha}{2}} = \frac{P}{\sqrt{3}} \tag{5-13}$$

三针法的测量精度比目前常用的其他方法的测量精度要高，而且在生产条件下，应用也较方便。

2)　量针

从前面的推导可以看出，若对每一种螺距给以相应的最佳量针的直径，这样，量针的种类将达到很多，为了适应各种类型的螺纹，对量针的直径进行合并以减少规格，当量针直径偏离最佳量针直径很小时，不会对中径检测产生大的影响。经标准化了的量针直径如表 5.13 所示。

图 5.13 是量针的结构图，量针分为 I、II、III 3 种型号，量针的精度分成 0 级和 1 级两种：0 级三针用于测量中径公差为 4～8μm 的螺纹塞规或螺纹工件，1 级三针用于测量中

径公差大于 8μm 的螺纹零件。

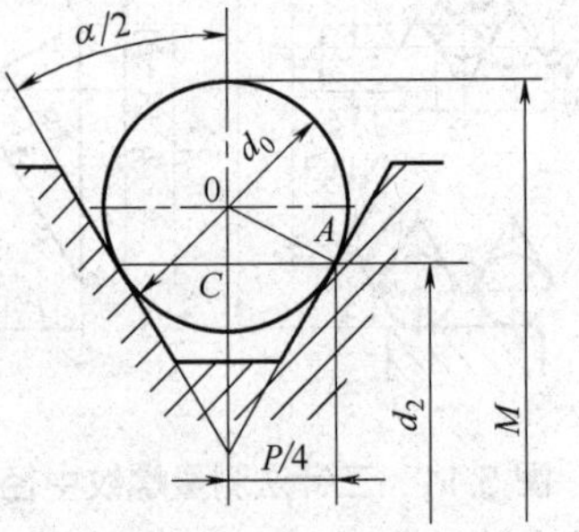

图 5.12 最佳量针

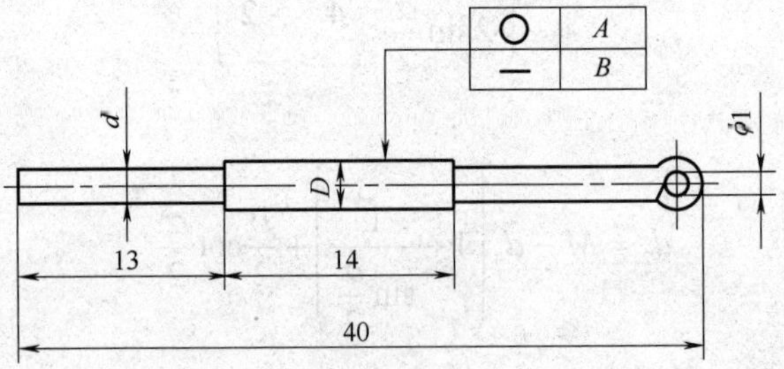

(a) Ⅰ型

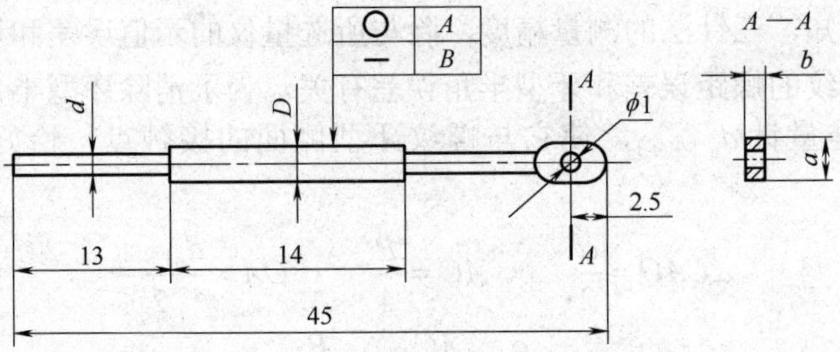

(b) Ⅱ型

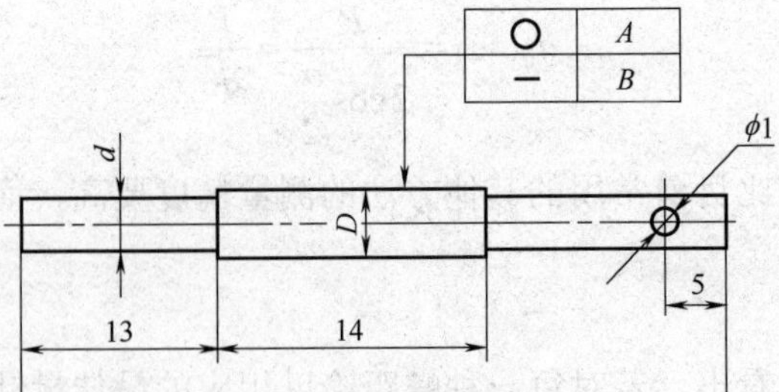

(c) Ⅲ型

图 5.13 量针的结构图

用三针法测量螺纹中径时，建议根据被测螺纹的螺距按表 5.13 所示选用相应公称直径的量针。

表 5.13　量针的基本尺寸

序　号	量针直径 mm	量针型式	螺　纹			
			适用螺距			
			公制 mm	英制(每英寸上的牙数)		梯形 mm
				55°	60°	
1	0.118	Ⅰ型	0.2	—	—	—
			(0.225)	—	—	—
2	0.142		0.25	—	—	—
3	0.185		0.3	—	—	—
			—	—	80	—
			0.35	—	72	—
			0.4	—	64	—
4	0.25		0.45	—	56	—
5	0.291		0.5	—	48	—
6	0.343		0.6	—	—	—
			—	—	44	—
			—	—	40	—
7	0.433		0.7	—	—	—
			0.75	—	36	—
			0.8	—	32	—
8	0.511		—	—	28	—
9	0.572		1.0	—	27	—
			—	—	26	—
			—	—	24	—
10	0.724	Ⅱ型	1.25	20	20	—
11	0.796		—	18	18	—
12	0.866		1.5	16	16	—
13	1.008		1.75	14	14	—
			—	—	—	2
14	1.157		2.0	12	13	—
			—	—	12	—
15	1.302		—	11	$11\frac{1}{2}$	2'
			—	—	11	—
16	1.441		2.5	10	10	—
17	1.553		—	9	9	3

续表

序 号	量针直径 mm	量针型式	螺 纹			
			适用螺距			
			公制 mm	英制(每英寸上的牙数)		梯形 mm
				55°	60°	
18	1.732		3.0	—	—	3′
19	1.833		—	8	8	—
20	2.05		3.5	7	$7\frac{1}{2}$	4
			—	—	7	—
21	2.311		4.0	6	6	4′
22	2.595		4.5	—	$5\frac{1}{2}$	5
23	2.886		5.0	5	5	5′
24	3.106	II型	—	—	—	6
25	3.177		5.5	$4\frac{1}{2}$	$4\frac{1}{2}$	6′
26	3.55		6.0	4	4	—
27	4.12		—	$3\frac{1}{2}$	—	8
28	4.4		—	$3\frac{1}{4}$	—	8′
29	4.773		—	3	—	—
30	5.15		—	—	—	10
31	6.212		—	—	—	12

注：① 按表 A1 选择量针的直径测量头螺纹中径时，除标有“*”符号外，由于螺纹牙形半角偏差而产生的测量误差甚小，可以不计。

② 当用量针测量梯形螺纹中径出现量针表面低于螺纹外径和测量通端梯形螺纹塞规中径时，按带“*”号的相应螺距来选择量针。此时必须计入牙形半角偏差对测量结果的影响。

在实际测量中，如果成套的三针中没有所需的最佳量针直径时，可选择与最佳量针直径相近的三针来测量。

测量 M 值所用的计量器具的种类很多，如外径千分尺或杠杆千分尺，应根据工件的精度要求来选择。图 5.14 是采用杠杆千分尺来测量 M 值的示意图。杠杆千分尺的测量范围有 0～25mm，25～50mm，50～75mm，75～100mm 4 种。分度值为 0.002mm。它有一个活动量砧 1，其移动量由指表 7 读出。测量前将尺体 5 装在尺座上，然后校对千分尺的零位。使刻度套管 3、微分筒 4 和指示表 7 的示值都分别对准零位。测量时，当被测螺纹放入或退出两个量砧之间时，必须按下右侧的按扭 8 使量砧离开，以减少量砧的磨损。在指示表 7 上装有两个指针，用来标出被测螺纹中径上、下偏差的位置，以提高测量效率。

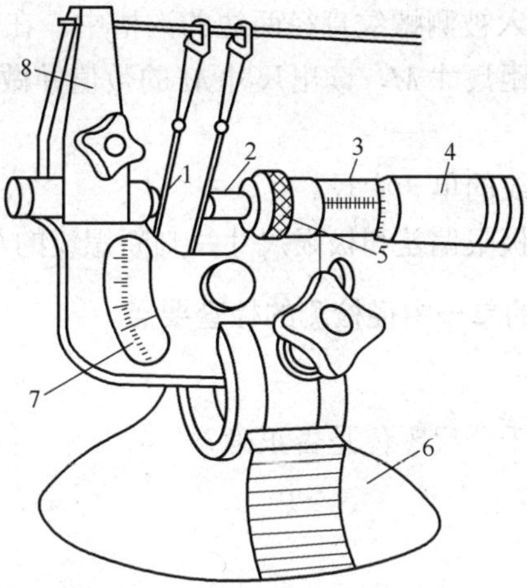

图 5.14　杠杆千分尺测量 M 值

3. 工作计划

在检测实训过程中，各小组协同制定检测计划，共同解决检测过程中遇到的困难；要相互监督计划的执行与完成情况，并交叉互检，以提高检测结果的准确性。在实训过程中，要如实填写表 5.14 所示的“三针法测螺纹单一中径的工作计划及执行情况表”。

表 5.14　三针法测螺纹单一中径的工作计划及执行情况表

序　号	内　容	所用时间	要　求	完成/实施情况记录或个人体会、总结
1	研讨任务		看懂图纸，分析被检工件，确定检测位置及需要的计量器具	
2	计划与决策		确定测量中径需要的量具规格和量针直径；制订详细的检测计划	
3	实施检测		根据计划，按要求检测螺纹单一中径，并做好记录，填写测试报告	
4	结果检查		检查本组组员的计划执行情况和检测结果，并组织交叉互检	
5	评估		对自己所做的工作进行反思，提出改进措施，谈谈自己的心得体会	

4. 检测实施

(1) 填写借用工件和计量器具的申请表。

(2) 领取工件和计量器具。

(3) 清洗工件和计量器具。

(4) 校对外径千分尺或杠杆千分尺的零位，如果不能对零，进行调整或者按照修正值处理。

(5) 把三根量针分别放入被测螺纹直径两边的沟槽中。在圆周均布的三个轴向截面内互相垂直的两个方向测量针距尺寸 M，读出尺寸 M 的数值并做好记录，取平均值作为最后结果。

(6) 按有关公式计算螺纹的单一中径。

(7) 查表求螺纹中径的极限偏差和极限尺寸；判断螺纹的合格性。

5. 螺纹塞规 M8×1-6h 的单一中径检测的检查要点

(1) 量针直径是否正确？

(2) 外径千分尺或杠杆千分尺零位是否正确？

(3) 检测位置是否科学？

(4) 读数方法是否有误？

(5) 自己复查了哪些数据？结果如何？

(6) 与同组成员的互检结果如何？

5.3.3 用工具显微镜测量螺纹塞规主要参数

1. 工作任务

用工具显微镜检测图 5.15 所示螺纹塞规的单一中径、螺距和牙型半角。

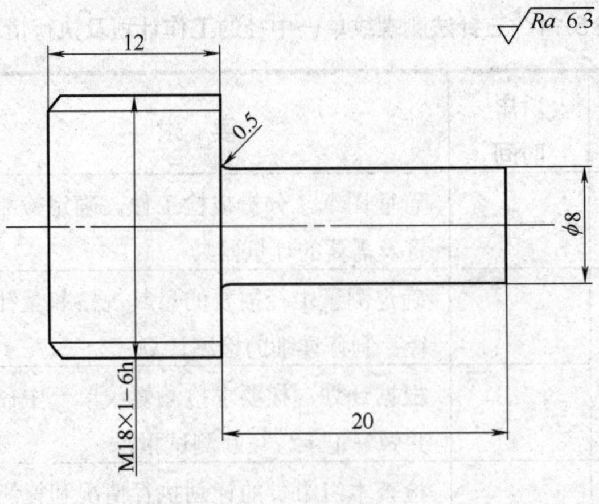

图 5.15 螺纹塞规

2. 工具显微镜测螺纹资讯

1) 工具显微镜的测量原理

工具显微镜是一种以影像法作为测量原理的精密光学仪器，其瞄准显微镜借米字形分划板上的刻线来瞄准置于工作台上的被测件，通过移动滑台可先后对各被测位置进行瞄准定位。仪器的 X、Y 滑台上各装有一精密的长度基准元件——玻璃毫米分划尺，读数系统将毫米刻线清晰地显示在投影屏上，再由测微器作细分读数，因此便可精确地确定滑台的坐标值。在测量过程中，每进行一次瞄准后，需作一次读数，同一坐标的两次读数之差，即为先后瞄准两个被测位置时该坐标滑台的位移量，也就是被测尺寸的测量值。

角度测量的基本原理也与上述相似，在供测量角度的附件中设置有精密的传动轴系、角度基准元件——光学度盘及相应的角度读数装置。

工具显微镜适用于测量精密螺纹的基本参数(大径、中径、小径、螺距、牙型半角)，也可以测量轮廓复杂的样板、成形刀具、冲模以及其他各种零件的长度、角度、半径等，因此在工厂的计量室和车间中应用普遍。在工具显微镜上使用的测量方法有影像法、轴切法、干涉法等。

2)　工具显微镜的结构

图 5.16 所示为大型工具显微镜。它的主要组成部分为：底座，立柱，工作台及纵、横向千分尺，光学投影系统和显微镜系统。

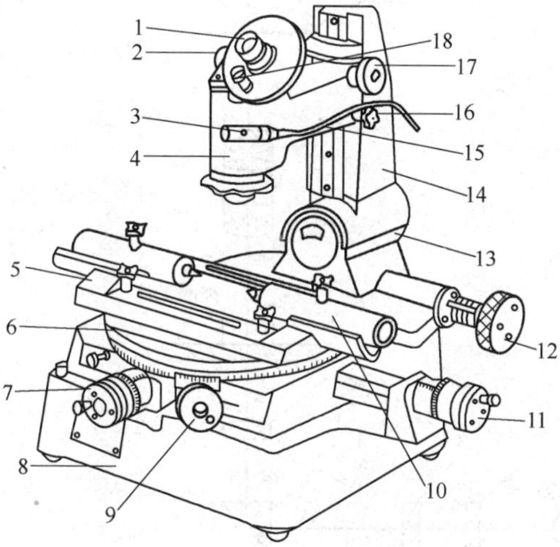

图 5.16　大型工具显微镜

1—目镜；2—米字线旋转手轮；3—角度读数目镜光源；4—显微镜筒；5—顶尖座；6—圆工作台
7—横向千分尺；8—底座；9—圆工作台转动手轮；10—顶尖；11—纵向千分尺；12—立柱倾斜手轮
13—连接座；14—立柱；15—支臂；16—锁紧螺钉；17—升降手轮；18—角度示值目镜

图 5.17 为大型工具显微镜的光学系统图，由光源 1 发出的光束经光阑 2、滤光片 3、反射镜 4、聚光镜 5 成为平行光束，透过玻璃工作台 6 后，对被测工件进行投影。被测工件的投影轮廓经物镜组 7、反射棱镜 8 放大成像于目镜 10 焦平面处的米字线分划板 9 上。通过目镜 10 观察到放大的轮廓影像，在角度示值目镜 11 中读取角度值。此外，可用反射光源照亮被测工件的表面，同样可通过目镜 10 观察到被测工件轮廓的放大影像。

影像法测量螺纹是指由照明系统射出的平行光束对被测螺纹进行投影，由物镜将螺纹投影轮廓放大成像于目镜 10 中，用目镜分划板上的米字线瞄准螺纹牙廓的影像，利用工作台的纵向、横向千分尺和角度示值目镜读数，来实现螺纹中径、螺距和牙侧角的测量。

3)　工具显微镜测螺纹的方法

(1)　影像法测量牙型半角。

因普通螺纹的螺旋升角不大，易得到清晰的牙型轮廓，所以用影像法检测较为简捷。测量过程大致如下：首先根据螺纹牙型大小选择放大倍数适当的物镜，然后校正角度目镜的零位并按螺旋升角将显微镜头旋转一角度，如图 5.18(a)所示，调整焦距直至得到清晰的牙型轮廓。按图 5.18 所示，在牙侧对线并读出角度值；测量时应分别在左、右牙侧读出左、右半角，如图 5.18(b)和图 5.18(c)所示。

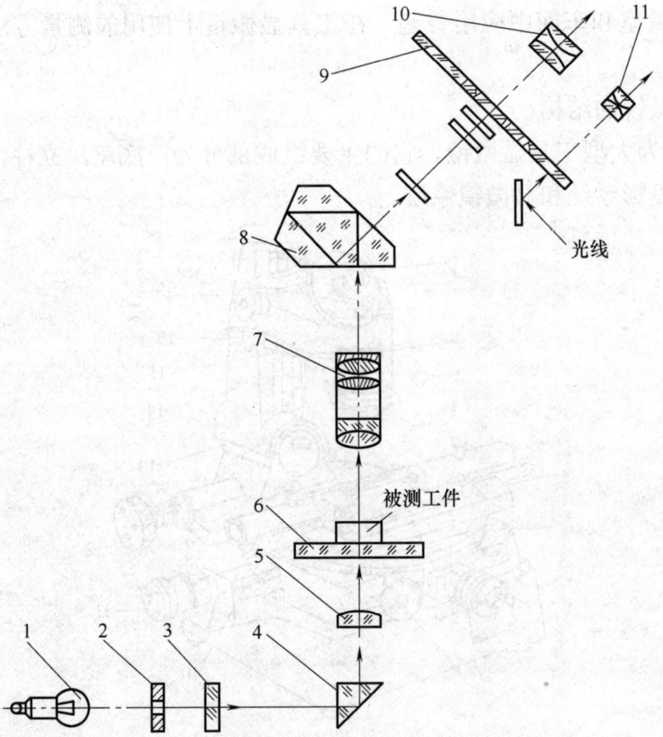

图 5.17　大型工具显微镜的光学系统图

1—光源；2—光阑；3—滤光片；4—反射镜；5—聚光镜；6—玻璃工作台

7—物镜组；8—反射棱镜；9—米字线分划板；10—目镜；11—角度示值目镜

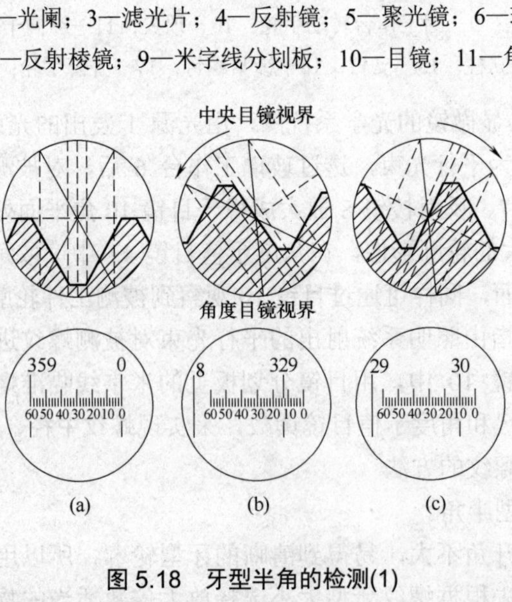

图 5.18　牙型半角的检测(1)

为了减少由仪器的顶尖、V 形架和工件的顶针孔、定位外圆柱面等安装、定位基准误差所引起检测位置轴线与螺纹轴线不重合而造成系统误差，应在与螺纹轴线对称的两个位置对同一侧牙型半角进行检测，如图 5.19 所示。然后，把相对的两个左半角和两个右半角分别取代数和平均值，求出被测螺纹牙型左、右半角的数值。即：

$$\frac{\alpha}{2}左=\frac{\frac{\alpha}{2}(1)+\frac{\alpha}{2}(4)}{2} \tag{5-14}$$

$$\frac{\alpha}{2}右=\frac{\frac{\alpha}{2}(2)+\frac{\alpha}{2}(3)}{2} \tag{5-15}$$

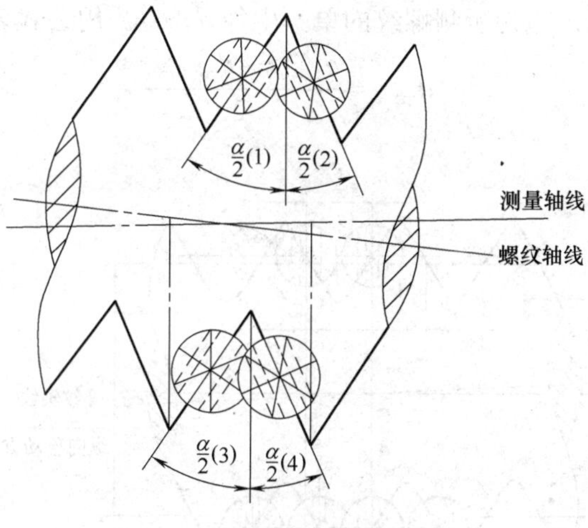

图 5.19　牙型半角的检测(2)

(2) 干涉法和轴切法测量牙型半角。

除了影像法之外，还可以用干涉法和轴切法测量牙型半角。

干涉法就是在显微镜下部透射镜头上放一中间有小孔的挡片，在螺纹牙型轮廓周边就可出现几条干涉带，用米字线对准靠近轮廓的一条干涉带，以代表轮廓，按照与影像法类似的方法测量牙型半角。这样就不必旋转显微镜头去找牙侧的影像，既方便又减少了误差。

轴切法是利用显微镜所附的测量刀贴靠在牙型侧面，再用镜头中的米字线对准测量刀上面的细线(与刀刃平行)来测量牙型半角。轴切法是在测量刀上平面对线，镜头不必倾斜，不存在轴向与法向的误差，测量精度比影像法高，对于高精度螺纹和大螺纹升角时应用轴切法测量才可靠。

(3) 影像法测量中径。

用影像法在工具显微镜上测量中径就是测量螺纹牙型沟槽等于基本螺距一半的地方的直径。测量时先移动显微镜和被测螺纹，使被测牙型的影像进入视场。将目镜米字线中两条相交 60° 的斜线之一与调整清晰的牙型影像边缘相压，而目镜米字线的交点对准牙型影像边缘大概在螺纹高度一半位置上某一点(如图 5.20 中 1 的位置)，锁紧横向滑台，记下纵向测微计读数。再将纵向滑台移动到螺纹牙型沟槽的另一侧的相应点与相交 60° 的另一斜线相压(如图 5.20 中 2 的位置)，记下第二次纵向测微计读数，两次的读数差即螺纹牙型沟槽实际宽度。若此宽度不等于基本螺距一半，则轻微移动横向滑台，然后再按上述程序测出沟槽宽度，如此反复找正，直到该牙型沟槽宽度等于基本螺距一半时为止。此时，记下横向测微计读数，得第一个横向数值 α_1(或 α_2)。移动横向滑台到螺纹的另一边，依照上述方法，找到牙型沟槽宽度等于基本螺距一半处，记下横向测微计读数，得第二个横向数值 α_3(或 α_4)。两次横向数值之差，即为螺纹的单一中径。即：

$$d_{2单一(左)} = |\alpha_2 - \alpha_4|$$

为了减少安装时螺纹轴线方向与横向滑板轴线不垂直所引起的误差，按上述方法，再测得第三个横向数值 α_5(或 α_6)，与第一个横向数值之差，即得：

$$d_{2单一(右)} = |\alpha_5 - \alpha_1|$$

最后取算术平均值，即为所测螺纹的单一中径 $d_{2单一}$。用公式表示为：

$$d_{2单一} = \frac{d_{2单一(左)} + d_{2单一(右)}}{2} \tag{5-16}$$

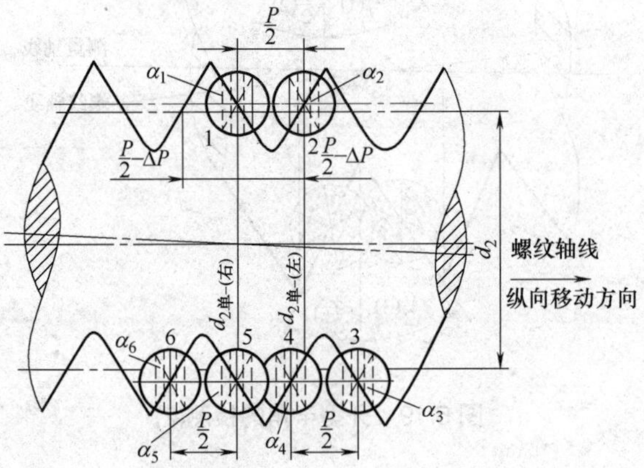

图 5.20　影像法测中径

(4)　影像法测量螺距。

在工具显微镜上测量螺距可以由测量中径线上相邻两牙间的距离得到；也可由测量中径线上数牙间的距离再除以牙数，从而得出螺距平均值。

采用影像法测量时，用与测量螺纹中径类似的瞄准方法，使目镜米字线的中心虚线与螺纹牙型影像一侧相压，调整横向滑台使米字线的中心线在牙型影像的中径线上，这样可以减少由于牙型半角误差致使测量部位不同所造成的误差值。记下纵向测微计读数 b_1，然后移动纵向滑板，直至米字线的中心与相邻牙的相应点重合，记下第二次纵向测微计读数 b_2，两次的读数差的绝对值就是所测螺距的实际数值，如图 5.21 所示。

为了减少安装时螺纹轴线与纵向滑板移动轴线不平行所造成的误差，可按图 5.22 所示，在螺纹牙型两侧进行两次测量，两次测得螺距的算术平均值，为螺距的实测值。即；

$$P_{n(实)} = \frac{P_{n(左)} + P_{n(右)}}{2} \tag{5-17}$$

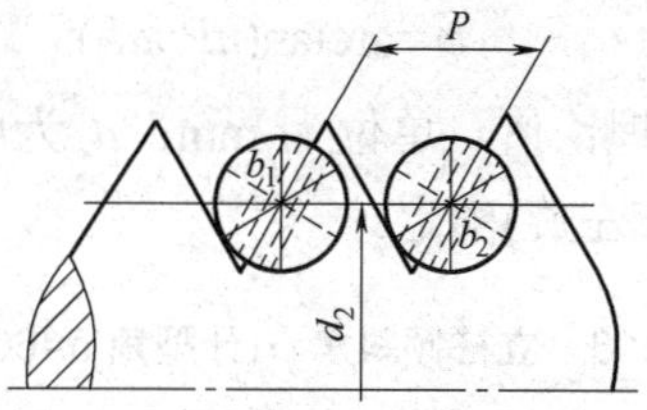

图 5.21　影像法测螺距(1)

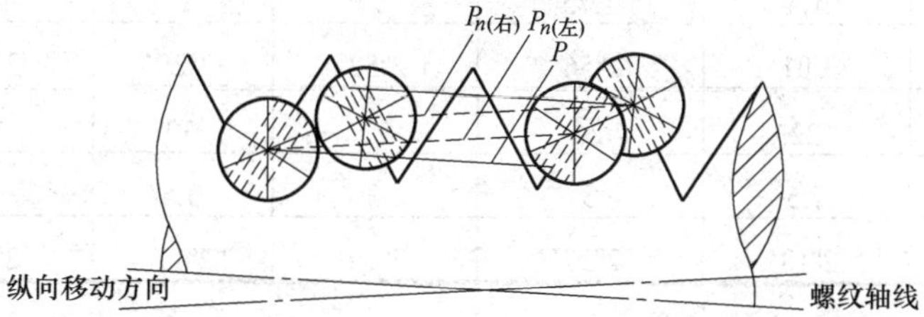

图 5.22　影像法测螺距(2)

4)　工具显微镜的调试步骤

(1)　接通电源，调节视场及焦距。

通过变压器接通电源后，转动目镜 1 上的视场调节环，使视场中的米字线清晰可见。把调焦棒(图 5.23)安装在两个顶尖 10 间，把它顶紧但可轻微转动。移动工作台，使调焦棒中间小孔内的刀刃成像在目镜 1 的视场中。松开锁紧螺钉 16，之后用升降手轮 17 使支臂 15 缓慢升降，直至调焦棒内的刀刃清晰地成像在目镜 1 中。然后取下调焦棒，将被测螺纹工件安装在两个顶尖 10 间。见图 5.17 所示的大型工具显微镜。

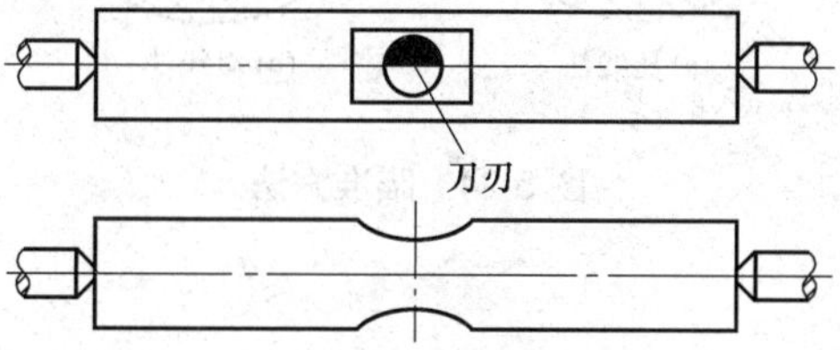

图 5.23　用调焦棒对焦示意图

(2)　选取光阑孔径，调整光阑大小。

根据被测螺纹的中径，选取适当的光阑孔径，调整光阑大小。光阑孔径如表 5.15 所示。

表 5.15　光阑孔径(牙型角 α=60°)

螺纹中径 d_2/mm	10	12	14	16	18	20	25	30	40
光阑孔径/mm	11.9	11	10.4	10	9.5	9.3	8.6	8.1	7.4

(3)　调整立柱倾斜方向和角度。

用立柱倾斜手轮把立柱按螺纹升角倾斜，使牙廓两侧的影像清晰可见。螺纹升角 φ 由表 5.16 查取或按公式计算。

$$\varphi=\arctan(nP/\pi d_2) \tag{5-18}$$

式中：n 为螺纹线数；P 为螺距理论值，单位为 mm；d_2 为中径基本尺寸，单位为 mm。倾斜方向视螺纹旋向(右旋或左旋)确定。

表 5.16　立柱倾斜角 φ (牙型角 α=60°)

螺纹外径 d/mm	10	12	14	16	18	20
螺距 P/mm	1.5	1.75	2	2	2.5	2.5
立柱倾斜角 φ	3°01′	2°56′	2°52′	2°29′	2°47′	2°27′
螺纹外径 d/mm	22	24	27	30	36	42
螺距 P/mm	2.5	3	3	3.5	4	4.5
立柱倾斜角 φ	2°13′	2°27′	2°10′	2°17′	2°10′	2°07′

(4)　测量瞄准方法。

测量时采用压线法和对线法瞄准。如图 5.24(a)所示，压线法是把目镜分划板上的米字线的中虚线 A-A 转到与牙廓影像的牙侧方向一致，并使中虚线 A-A 的一半压在牙廓影像之内，另一半位于牙廓影像之外，它用于测量长度。如图 5.24(b)所示，对线法是使米字线的中虚线 A-A 与牙廓影像的牙侧间有一条宽度均匀的细缝，它用于测量角度。

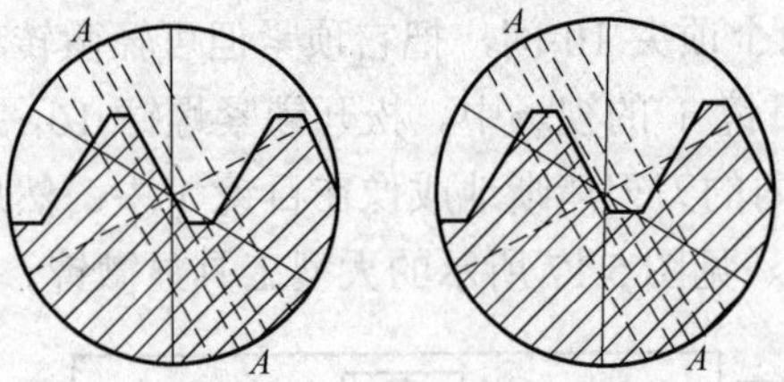

(a) 压线法　　(b) 对线法

图 5.24　瞄准方法

3. 工作计划

在检测实训过程中，各小组协同制定检测计划，共同解决检测过程中遇到的困难；要相互监督计划的执行与完成情况，并交叉互检，以提高检测结果的准确性。在实训过程中，要如实填写表 5.17 所示的“工具显微镜检测螺纹中径、螺距、牙型角工作计划及执行情况表”。

4. 检测实施

(1)　填写借用工件和计量器具的申请表。
(2)　领取工件和计量器具。
(3)　清洗工件和顶尖。
(4)　接通电源，调节视场及焦距。
(5)　选取光阑孔径，调整光阑大小。
(6)　调整立柱倾斜方向和角度。

表 5.17 工具显微镜检测螺纹中径、螺距、牙型角工作计划及执行情况表

序 号	内 容	所用时间	要 求	完成/实施情况记录或个人体会、总结
1	研讨任务		看懂图纸，分析被检工件，确定检测位置及需要的计量器具	
2	计划与决策		确定工具显微镜的有关参数，制定详细的检测计划	
3	实施检测		根据计划，按要求检测螺纹单一中径、螺距、牙型半角，做好记录，填写测试报告	
4	结果检查		检查本组组员的计划执行情况和检测结果，并组织交叉互检	
5	评估		对自己所做的工作进行反思，提出改进措施，谈谈自己的心得体会	

(7) 用影像法测中径并做好记录。

(8) 用影像法测螺距并做好记录。

(9) 用影像法测牙型半角并做好记录。

(10) 查表确定中径、螺距、牙型角的极限尺寸并判断各项参数的合格性。

5. 工具显微镜检测螺纹的检查要点

(1) 工件安装、设备调试是否正确？

(2) 光阑孔径选取是否正确？

(3) 立柱倾斜方向调整是否正确？

(4) 各参数检测顺序和检测位置是否科学？

(5) 读数方法是否有误？数据处理是否正确？

(6) 自己复查了哪些数据？结果如何？

(7) 与同组成员的互检结果如何？

5.4 拓展实训

1. 用螺纹千分尺检测图 5.25 所示零件的 M36×2-6g 的单一中径

实训目的：通过完成图 5.25 所示零件 M36×2-6g 的单一中径的检测，进一步掌握螺纹千分尺的使用方法及尺寸合格性的判断。

实训要点：重点是练习螺纹千分尺的调零方法，并加强练习，提高测量的准确性。

预习要求：螺纹千分尺的结构原理、使用方法、测量正误图。

实训过程：让学生自主操作，自主探索，自我提高；教师观察，发现严重错误和典型错误要及时指正，重点是让学生提高检测的准确性。

实训小结：对学生的操作过程中的典型问题进行集中评价。

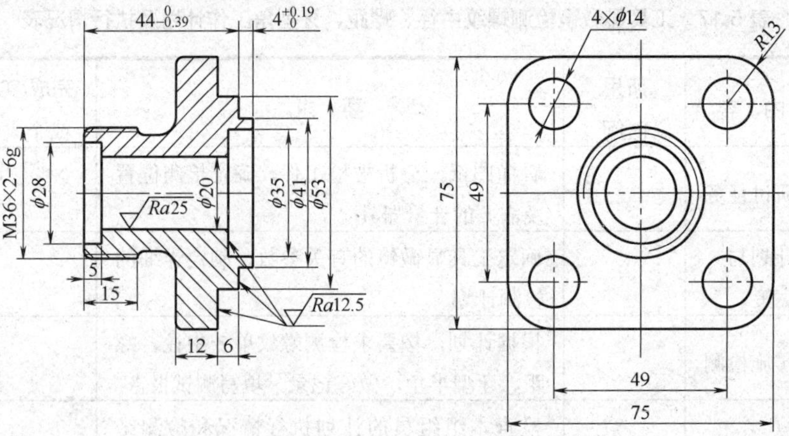

图 5.25　阀盖

2. 用三针法检测图 5.26 所示零件的 M12-6g 的单一中径

实训目的：通过完成图 5.26 所示零件 M12-6g 的单一中径的检测，进一步熟悉三针法测量螺纹中径的使用方法及尺寸合格性的判断。

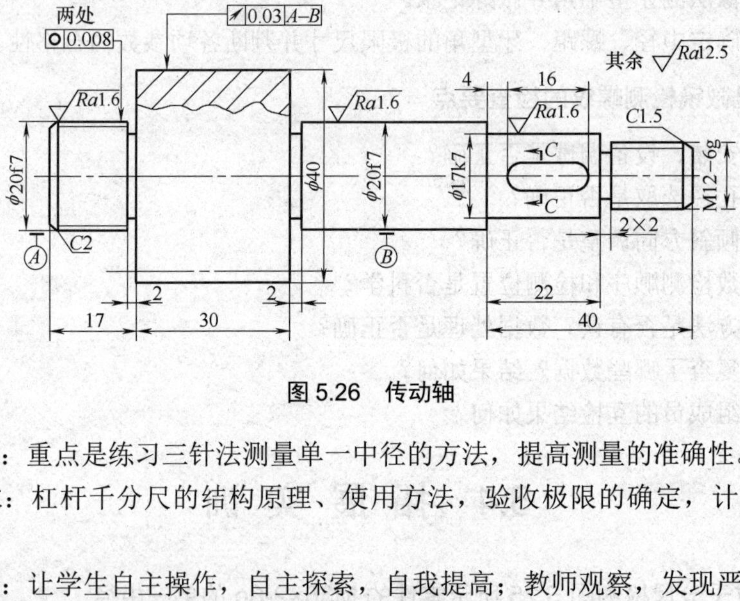

图 5.26　传动轴

实训要点：重点是练习三针法测量单一中径的方法，提高测量的准确性。

预习要求：杠杆千分尺的结构原理、使用方法，验收极限的确定，计量器具的选择方法。

实训过程：让学生自主操作，自主探索，自我提高；教师观察，发现严重错误和典型错误要及时指正，重点是让学生提高检测的准确性。

实训小结：对学生的操作过程中的典型问题进行集中评价。

5.5　实践中常见问题解析

1. 螺纹千分尺和三针法测量单一中径的测量精度比较

用螺纹千分尺测量外螺纹中径时，读得的数值是螺纹中径的实际尺寸，它不包括螺距误差和牙型半角误差在中径上的当量值。但是螺纹千分尺的测头是根据牙型角和螺距的标准尺寸制造的，当被测量的外螺纹存在螺距和牙型半角误差时，测头与被测量的外螺纹不能很好地吻合，所以测出的螺纹中径的实际尺寸误差比较大，一般误差在 0.05～0.20mm，因此螺纹千分尺只能用于工序间测量或对粗糙级的螺纹工件测量。用三针法的测量精度比目前常用的其他方法的测量精度要高，且在生产条件下，应用也较方便；如果用杠杆千分尺作相对测量，测量精度会更高。

2. 螺纹千分尺的测头选择错误

在用螺纹千分尺检测螺纹中径时，必须根据螺纹的螺距选择测头。学生经常会忽略这个问题，在使用时随便拿一对测头就进行安装、测量，这样自然会带来很大的测量误差，导致测得数据无效。

5.6 拓 展 知 识

5.6.1 螺纹的综合检验

螺纹的综合检验是指用螺纹量规来检验螺纹。其检测的基础就是前面介绍的螺纹中径合格性的判断原则(泰勒原则)。即按螺纹的最大实体牙型做成通端螺纹量规，以检验螺纹的旋合性；再按螺纹中径的最小实体尺寸做成止端螺纹量规，以控制螺纹联结的可靠性，从而保证螺纹结合件的互换性。螺纹综合检验只能评定内、外螺纹的合格性，不能测出实际参数的具体数值，但检验效率高，适用于批量生产的中等精度的螺纹。

1. 用螺纹工作量规检验外螺纹

车间生产中，检验螺纹所用的量规称为螺纹工作量规。图 5.27 所示是检验外螺纹大径用的光滑卡规和检验外螺纹用的螺纹环规。这些量规都有通规和止规，它们的检验项目如下。

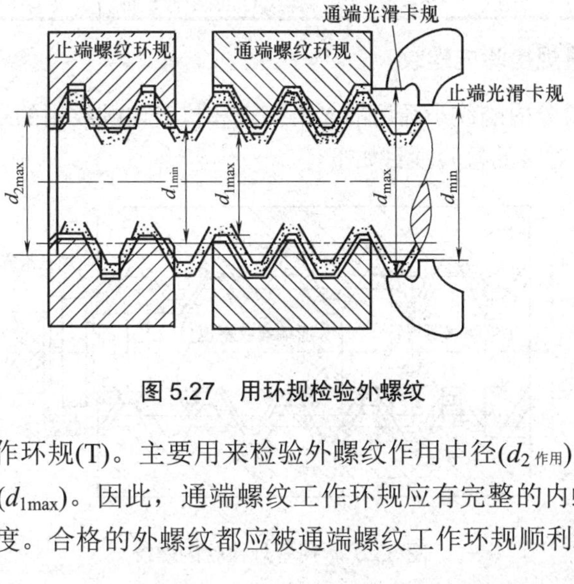

图 5.27　用环规检验外螺纹

(1) 通端螺纹工作环规(T)。主要用来检验外螺纹作用中径($d_{2作用}$)，其次是控制外螺纹小径的最大极限尺寸(d_{1max})。因此，通端螺纹工作环规应有完整的内螺纹牙型，其长度等于被检螺纹的旋合长度。合格的外螺纹都应被通端螺纹工作环规顺利地旋入，这样就保证了外螺纹的作用中径未超出最大实体牙型的中径，即 $d_{2作用} < d_{2\max}$。同时，外螺纹的小径也不超出它的最大极限尺寸。

(2) 止端螺纹工作环规(Z)。只用于检验外螺纹单一中径一个参数。为了尽量减少螺距误差和牙型半角误差的影响，必须使它的中径部位与被检验的外螺纹接触，因此止端螺纹工作环规的牙型做成截短的不完整的牙型，并将止端螺纹工作环规的长度缩短到 2～3.5 牙。合格的外螺纹不应完全通过止端螺纹工作环规，但仍允许旋合一部分。具体规定是：对于小于或等于 3 个螺距的外螺纹，止端螺纹工作环规不得旋合通过；对于大于 3 个螺距的外螺纹，止端螺纹工作环规的旋合量不得超过 2 个螺距。没有完全通过止端螺纹工作环规的外螺纹，说明其单一中径没有超出最小实体牙型的中径，即 $d_{2单一} > d_{2\min}$。

(3) 光滑极限卡规。它用来检验外螺纹的大径尺寸。通端光滑卡规应该通过被检验外螺纹的大径，这样可以保证外螺纹大径不超过它的最大极限尺寸；止端光滑卡规不应该通过被检验的外螺纹大径，这样就可以保证外螺纹大径不小于它的最小极限尺寸。

将以上内容整理后就得到检验外螺纹的量规的使用规则，如表 5.18 所示。

表 5.18　检验外螺纹的量规的使用规则

量规名称	代　号	功　能	特　征	使用规则
通端螺纹环规	T	检查外螺纹作用中径和小径	完整的内螺纹牙型	应与工件外螺纹旋合通过
止端螺纹环规	Z	检查外螺纹单一中径	截短的内螺纹牙型	允许与工件螺纹两端旋合不超过 2 个螺距，对 3 个或少于 3 个螺距的工件，不得旋合通过
通端光滑环规	T	检查外螺纹大径	内圆柱面或平行的两个平面	应通过外螺纹大径
止端光滑环规或卡规	Z	检查外螺纹大径	内圆柱面或平行的两个平面	不应通过外螺纹大径

2. 用螺纹工作量规检验内螺纹

图 5.28 所示是检验内螺纹小径用的光滑塞规和检验内螺纹用的螺纹塞规。这些量规都有通规和止规，它们对应的检验项目如下。

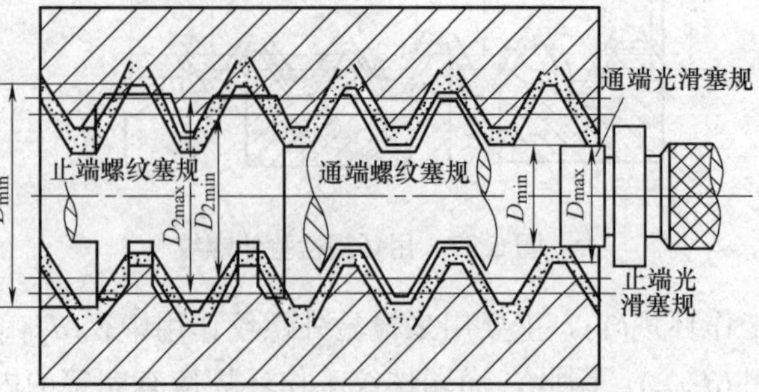

图 5.28　用塞规检验内螺纹

(1) 通端螺纹工作塞规(T)。主要用来检验内螺纹的作用中径($D_{2作用}$)，其次是控制内螺纹大径的最小极限尺(D_{min})。因此通端螺纹工作塞规应有完整的牙型，其长度等于被检螺纹的旋合长度。合格的内螺纹都应被通端螺纹工作塞规顺利地旋入，这样就保证了内螺纹的作用中径未超出最大实体牙型的中径，即 $D_{2作用}>D_{2min}$。同时内螺纹的大径不小于它们的最小极限尺寸，即 $D>D_{min}$。

(2) 止端螺纹工作塞规(Z)。只用于检验内螺纹的单一中径。为了尽量减少螺距误差和牙型半角误差的影响，止端螺纹工作塞规缩短到 2～3.5 牙，并做成截短的不完整的牙型。合格的内螺纹不完全通过止端螺纹工作塞规，但仍允许旋合一部分，即对于小于或等于 3 个螺距的内螺纹，止端螺纹工作塞规不得旋合通过；对于大于 3 个螺距的内螺纹从两端旋合不得多于 2 个螺距。没有完全通过止端螺纹工作塞规的内螺纹说明它的单一中径没有超过最小实体牙型的中径，即：$D_{2单一}<D_{2max}$。

(3) 光滑极限塞规。它是用来检验内螺纹小径尺寸的。通端光滑塞规应通过被检验内螺纹小径，这样就保证了内螺纹小径不小于它的最小极限尺寸；止端光滑塞规不应通过被检验内螺纹小径，这样就保证了内螺纹小径不超过它的最大极限尺寸。

将以上内容整理后就得到检验内螺纹的量规的使用规则，如表 5.19 所示。

表 5.19　检验内螺纹的量规的使用规则

量规名称	代　号	功　能	特　征	使用规则
通端螺纹塞规	T	检查内螺纹作用中径和大径	完整的外螺纹牙型	应与工件内螺纹旋合通过
止端螺纹塞规	Z	检查内螺纹单一中径	截短的外螺纹牙型	允许与工件螺纹两端旋合不超过 2 个螺距，对 3 个或少于 3 个螺距的工件，不得旋合通过
通端光滑塞规	T	检查内螺纹小径	外圆柱面	应通过内螺纹小径
止端光滑塞规	Z	检查内螺纹小径	外圆柱面	可进入内螺纹小径两端，但进入量不应超过 1 个螺距

3．使用螺纹量规的注意事项

(1) 虽然通端螺纹量规较好地体现了泰勒原则，但螺纹配合有 3 组旋合长度，而螺纹量规一般是按中等旋合长度设计制造的，所以对旋合长度有特殊要求时(如长旋合长度)，必须有适合长度的量规才能确保检验精度。

(2) 止端螺纹量规虽然减少了扣数、截短了牙型，但仍然不能完全排除螺距和牙型角误差的影响，难免会误收一些单一中径已超出最小实体牙型中径的螺纹。因此，应对工艺过程、机床、刀具保证螺距和牙型角误差的有效性进行验证或抽查，以避免产生成批不合格品。

(3) 螺纹量规精度较高，应精心保管。特别要防止扣部碰伤，使用前要仔细检查。

(4) 螺纹量规应定期检定。绝不能使用标识不明、质量状况不清的量规。

本 章 小 结

本章介绍了普通螺纹的主要几何参数、螺纹几何参数对螺纹互换性的影响、螺纹合格性的判断原则、普通螺纹的公差与配合、螺纹千分尺的结构、原理和使用方法、量针的结构、原理和使用方法；同时还拓展了螺纹的综合检测方法。学生通过完成“用螺纹千分尺检测单一中径”、“用三针法检测单一中径”和“用工具显微镜测量螺纹参数”这三项任务，应初步达到正确使用螺纹千分尺、外径千分尺和三针的组合、工具显微镜测量螺纹参数的目的。在实训中要注意多练习读数和如何确定正确的检测位置，逐步提高检测的准确性。

思考与练习

一、判断题

1. 外螺纹与内螺纹相比，前者中径公差的等级的选择范围较宽。 (　　)
2. 当螺距无误差时，螺纹的单一中径等于实际中径。 (　　)
3. 普通螺纹的配合精度与公差等级和旋合长度有关。 (　　)
4. 作用中径是在螺纹配合中实际起作用的尺寸。 (　　)
5. 内、外螺纹的作用中径都是增大了的假想中径。 (　　)
6. 国标对普通螺纹除规定中径公差外，还规定了螺距公差和牙型半角公差。 (　　)
7. 作用中径反映了实际螺纹的中径偏差、螺距偏差和牙型半角偏差的综合作用。 (　　)
8. 内螺纹中径的上偏差等于基本偏差加螺纹公差。 (　　)

二、选择题

1. 外螺纹大径过小，内螺纹小径过大，将影响螺纹的(　　)。

   A. 可旋合性　　B. 联结可靠性　　C. 联结的自锁性

2. 可以用普通螺纹中径公差限制(　　)。

   A. 螺距累积误差　　B. 牙型半角误差

   C. 大径误差　　D. 小径误差　　E. 中径误差

3. 普通螺纹外螺纹的基本偏差是(　　)。

   A. *ES*　　B. *EI*　　C. *es*　　D. *ei*

4. 国家标准对内、外螺纹规定了(　　)。

   A. 中径公差　　B. 顶径公差　　C. 底径公差

5. 下列 3 种螺纹标记，(　　)是外螺纹代号；(　　)是螺纹配合代号；(　　)是长旋合长度；(　　)是细牙螺纹。

   A. M10×1－5H－10　　B. M20×2－5h6h－L　　C. M20－6H/6g

三、填空题

1. 衡量螺纹互换性的主要指标是________。

2. 螺纹种类按用途可分为______________、______________和____________3 种。

3. 一般螺纹旋合长度越长，________累积误差越大。

4. 对螺纹旋合长度，规定有 3 种。短旋合长度用代号_________表示，中等旋合长度用代号_______表示，长旋合长度用代号_______表示。

5. 普通内螺纹和外螺纹分别规定了_______种和_______种基本偏差代号。

6. 国标规定，对内、外螺纹公差带有_______、_________和_______3 种精度。

7. 相互结合的内、外螺纹的旋合条件是________________。

8. 在螺纹标记中，旋合长度代号_______不需标出。

9. 标记 M10−5g6g 中，6g 为______螺纹的________公差带。

10.保证螺纹结合的互换性，即保证结合的________________和_______________。

11. M10×1−5g6g−S 的含义：M10_________，1_______，5g_______，6g_______，S________。

12. 螺纹的基本偏差，对于内螺纹，基本偏差是_______，用代号_______表示；对于外螺纹，基本偏差是_______，用代号_______表示。

13. 国标规定，普通螺纹的公称直径是指__________的基本尺寸。

14. 普通螺纹的理论牙型角 α 等于_______。

四、综合题

1. 试述三针法测量外螺纹单一中径的特点及如何选择量针直径。

2. 试说明下列螺纹标记中各代号的含义。

(1) M24-6H; (2) M 24×2-5H6H-LH; (3) M20-7g6g-40;

(4) M30-6H/6g; (5) M36×2-5g6g-L;

3. 内、外螺纹合格性判断的原则是什么？

4. 查表写出 M20×2-6H/5g6g 的大、中、小径尺寸，中径和顶径的上、下偏差和公差。

5. 某螺母 M24×2-7H，加工后实测结果为：单一中径 22.710mm，螺距累积误差的中径当量 F_P=0.018mm，牙型半角误差的中径当量 $F_{\frac{\alpha}{2}}$=0.022mm，试判断该螺母的合格性。

6. 有一螺纹 M30×2-6h，其单一中径 $d_{2单一}$=28.329mm，螺距误差 $\Delta P_\Sigma = +35\,\mu m$，牙型半角误差：$\Delta\dfrac{\alpha}{2}(左) = -30'$，$\Delta\dfrac{\alpha}{2}(右) = +65'$，求作用中径并判断该螺纹的合格性？

第6章　渐开线圆柱齿轮传动的互换性及其检测

学习要点

- 掌握齿轮的使用要求及误差来源的基本知识：齿轮传动的特点和使用要求、齿轮加工误差的来源。
- 掌握渐开线圆柱齿轮轮齿同侧齿面偏差的基本知识：单个齿距偏差 f_{pt}、齿距累积偏差 F_{Pk}、齿距累积总偏差 F_P。
- 掌握齿廓偏差的基本知识：齿廓总偏差 F_α、齿廓形状偏差 $f_{f\alpha}$、齿廓倾斜偏差 $f_{H\alpha}$。
- 掌握切向综合偏差的基本知识：切向综合总偏差 F_i'、一齿切向综合偏差 f_i'。
- 掌握螺旋线偏差的基本知识：螺旋线总偏差 F_β、螺旋线形状偏差 $f_{f\beta}$、螺旋线倾斜偏差 $f_{H\beta}$。
- 掌握径向综合总偏差 F_i''、一齿径向综合偏差 f_i'' 和齿轮的径向跳动 F_r 的基本知识。
- 掌握渐开线圆柱齿轮的精度结构的基本知识：齿轮偏差的允许值、齿轮检验项目的确定、齿轮精度等级及其在图样上的标注。
- 掌握齿距仪的使用方法和求齿距偏差的方法，能熟练使用齿距仪。
- 掌握用渐开线检查仪测齿廓偏差的方法，能熟练使用渐开线检查仪。
- 掌握用摆检查仪测齿轮径向跳动的方法，能熟练使用摆检查仪测齿轮径向跳动。
- 了解齿轮副精度的有关知识和侧隙、齿厚、公法线的测量方法。

技能目标

- 能正确、熟练地使用齿距仪测量齿距偏差；会调整齿距仪；能科学确定测量位置并准确读数；能根据测量结果熟练地求出齿距偏差并判断合格性。
- 能正确、熟练地使用渐开线检查仪测齿廓偏差；会调整渐开线检查仪；能正确安装基圆盘和工件、能准确读数并判断被测工件的合格性。
- 能正确、熟练地使用偏摆检查仪测齿轮径向跳动；会安装工件；会选择测头直径；会调试测量装置；会处理数据并判断合格性。

项目案例导入

▶ 项目任务——检测图 2.1 所示齿轮轴的齿距偏差。

其中齿轮的基本参数为：模数 2.5，齿数 32，齿形角 α=20°。

精度等级为 7(F_α)、8(f_{pt}、F_p、F_β) GB/T 10095.1。

引导问题

(1) 回忆以前在《机械设计》课程中学过的有关齿轮的基本参数。

(2) 你在实习中见过哪些齿轮？

6.1　用齿距仪测齿距偏差的说明

1. 项目目的

通过完成对直齿圆柱齿轮齿距偏差的检测这一任务，掌握齿距仪的结构及使用方法。

2. 项目条件

准备用于学生检测实训的圆柱齿轮若干(根据学生人数确定，要求每工件对应的人数不超过 2～3 人，学生人数较多时建议分组进行)；具备与工件数对应的齿距仪及辅助工具；具备能容纳足够学生人数的理论与实践一体化教室和相应的教学设备。

3. 项目内容及要求

用齿距仪检测齿距偏差。要求能根据被测齿轮调整齿距仪；能科学确定测量位置并准确读数；能根据测量结果熟练地求出齿距偏差并判断合格性。

6.2　基 础 知 识

6.2.1　齿轮的使用要求及误差来源

引导问题

(1) 什么是传递运动的准确性？

(2) 什么是传递运动的平稳性？

(3) 什么是载荷分布的均匀性？

(4) 什么是齿侧间隙的合理性？

1. 齿轮传动的特点及分类

在机械产品中，齿轮传动是用来传递机器运动和动力的常用机构，与带、链、摩擦、液压等机械传动相比，具有功率范围大、传动效率高、圆周速度高、传动比准确、使用寿命长、结构尺寸小等特点。它广泛应用于机器、仪器制造业，是机器中所占比重最大的传动形式。由于齿轮在工业发展中的突出地位，其被公认为工业化的一种象征。影响齿轮传动质量的因素除安装齿轮的轴、轴承和箱体之外，最主要的就是齿轮副中两个齿轮本身的几何精度。

齿轮传动的形式是多种多样的，齿轮本身按照不同的特点也可以分成许多种。按传动的封闭和润滑情况，可分为开式、半开式、闭式齿轮传动；按齿轮的形状不同，可分为圆柱齿轮、圆锥齿轮、齿条、蜗轮、蜗杆、非圆齿轮等；按齿轮的齿廓曲线来分，则可分为渐开线、圆弧线、准双曲线及摆线齿轮等。

本章只介绍应用最普遍的渐开线圆柱齿轮的互换性及其检测。

2. 齿轮传动的使用要求

各种机械上所用的齿轮，对齿轮传动的要求因用途的不同而异，但归纳起来有以下4项：

1) 传递运动的准确性

要求从动轮与主动轮运动协调一致，即齿轮在一转范围内传动比的变化尽量小，以保证主动轮和从动轮之间能准确地传递运动。即要求齿轮在一转范围内实际速比 i_R 相对于理论速比 i_t 的变动量 $\varDelta_{i\Sigma}$ 应限制在允许的范围内或者说一转过程中产生的最大转角误差在允许的范围内，如图 6.1 所示。

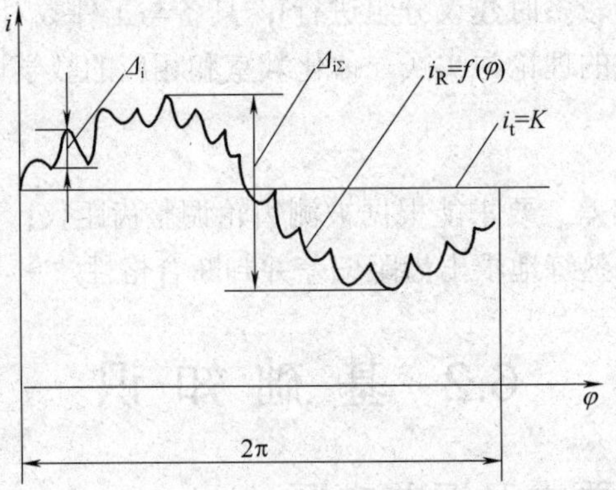

图 6.1 齿轮传动比的变化

2) 传递运动的平稳性

要求齿轮传动在一个齿距范围内瞬时传动比的变化尽量小，即 $\varDelta_i$ 应限制在允许的范围内，如图 6.1 所示。齿轮传动平稳性好，就可以保证低噪声、低冲击和较小振动。

3) 载荷分布的均匀性

要求传动时工作齿面接触良好，在全齿宽上载荷分布均匀，避免载荷集中于局部区域引起应力集中，造成局部过早磨损，以提高齿轮的使用寿命。

4) 齿侧间隙的合理性

齿轮传动的非工作齿面之间应留有一定的间隙，如图 6.2 所示。这个侧隙有利于储存润滑油、补偿齿轮的制造误差、安装误差和热变形，从而防止齿轮传动发生卡死或烧伤。然而，过大的侧隙也会引起反转时的冲击及回程误差。

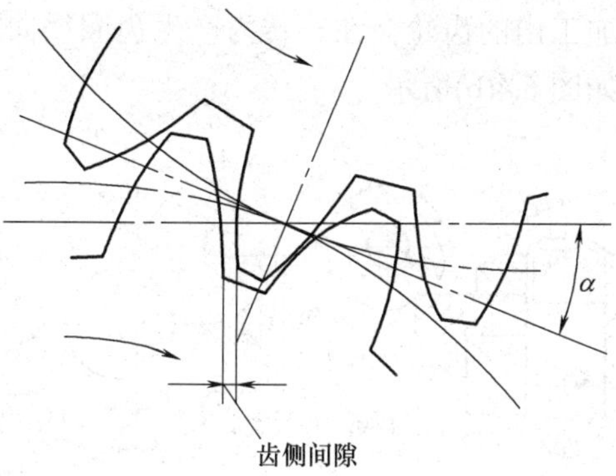

图 6.2　齿侧间隙

不同用途和不同工作条件下的齿轮，对上述要求的侧重点是不同的。

读数装置和分度机构的齿轮，主要要求传递运动的准确性，而对接触均匀性的要求往往是次要的。如果需要正反转，则要求较小的侧隙。

对于低速重载齿轮(如起重机械、重型机械)，载荷分布均匀性要求较高，而对传递运动的准确性则要求不高。

对于高速重载下工作的齿轮(如汽车减速器齿轮、高速发动机齿轮)则对运动准确性、传动平稳性和载荷分布均匀性的要求都很高，且要求有较大的侧隙以满足润滑需要。

一般汽车、拖拉机及机床的变速齿轮主要保证传动平稳性要求，使振动、噪音小。

3. 齿轮加工误差的来源

齿轮加工方法很多，按齿廓形成的原理，可分为仿形法(如成形铣刀在铣床上铣齿)和展成法(如滚齿、插齿、磨齿等)。

齿轮的加工误差主要来源于加工工艺系统，如齿轮加工机床的误差、刀具的制造与安装误差、齿坯的制造与安装误差等。现以图 6.3 所示的滚齿加工为例，将上述误差归纳为以下几个方面。

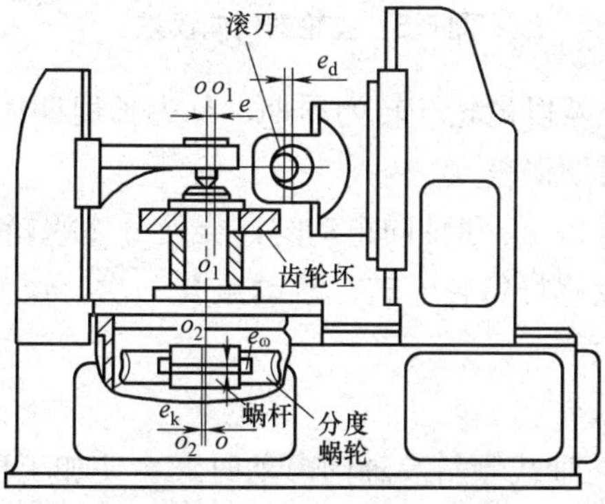

图 6.3　滚齿加工示意图

1)　几何偏心 e

这是由于加工时齿坯基准孔轴线 O_1 与滚齿机工作台旋转轴线 O 不重合而引起的安装

偏心，如图 6.4(a)所示。加工出的齿轮会在一转内产生齿圈径向跳动误差，并且齿距和齿厚也会产生周期性变化，如图 6.4(b)所示。

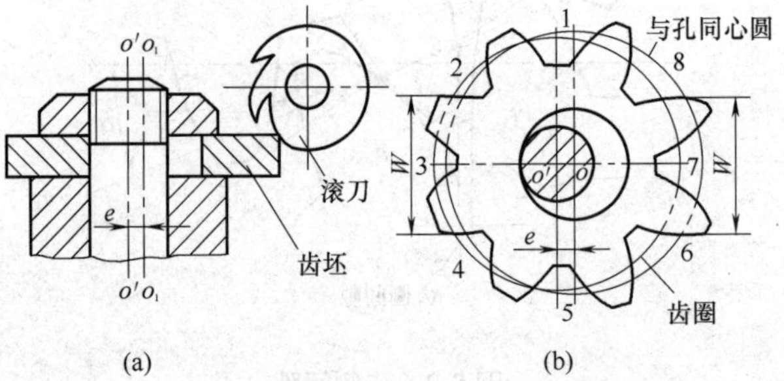

图 6.4　齿坯安装偏心引起的误差

2)　运动偏心 e_y

它是指机床分度蜗轮中心与工作台回转中心不重合所引起的偏心 e_k，会造成工作台及齿坯的转速在一转范围内时快时慢的变化，当角速度 ω 增加到 $\omega+\Delta\omega$ 时，切齿提前使齿距和公法线都变长，当角速度由 ω 减少到 $\omega-\Delta\omega$ 时，切齿滞后使齿距和公法线都变短，从而造成齿轮的齿距和公法线长度在局部上变长或变短，使齿轮产生切向误差，如图 6.5 所示。

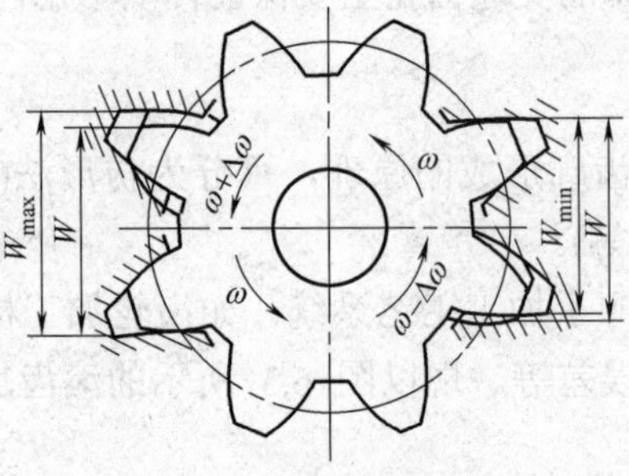

图 6.5　齿轮的切向误差

以上两种偏心引起的误差以齿轮一转为周期，称为长周期误差。

3)　机床传动链的短周期误差

机床分度蜗杆有安装偏心 e_ω 和轴向窜动时，会使分度蜗轮(齿坯)转速不均匀，造成齿轮的齿距和齿廓误差。分度蜗杆每转一转，跳动重复一次，误差出现的次数将等于分度蜗轮的齿数。

4)　滚刀安装误差

当滚刀有安装偏心 e_d、轴线倾斜及轴向窜动时，会使加工出的齿轮径向和轴向都产生误差。如滚刀单头，齿轮有 z 牙，则在齿坯一转中产生 z 次误差。

5)　滚刀的制造误差

滚刀本身的基节、齿形等制造误差也会反映到被加工齿轮的每一齿上，使产生基节偏差和齿廓误差。

6.2.2　现行国家齿轮标准简介

现行国家齿轮标准由 2 项正式标准和 4 项国家标准化指导性技术文件组成。

2 项正式标准为：GB/T 10095.1—2008《渐开线圆柱齿轮　精度　第 1 部分：轮齿同侧齿面偏差的定义和允许值》、GB/T 10095.2—2008《渐开线圆柱齿轮　精度　第 2 部分：径向偏差与径向跳动的定义和允许值》。这 2 项正式标准仅适用于单个齿轮，而不适用于齿轮副。

4 项指导性技术文件为：GB/Z 18620.1—2008《圆柱齿轮　检验实施规范　第 1 部分：轮齿同侧齿面的检验》、GB/Z 18620.2—2008《圆柱齿轮　检验实施规范　第 2 部分：径向综合偏差、径向跳动、齿厚和侧隙的检验》、GB/Z 18620.3—2008《圆柱齿轮　检验实施规范　第 3 部分：齿轮坯、轴中心距和轴线平行度》、GB/Z 18620.4—2008《圆柱齿轮　检验实施规范　第 4 部分：表面结构和齿面接触斑点的检验》。

标准对单个齿轮同侧齿面规定了 11 项偏差。包括齿距偏差、齿廓偏差、切向综合偏差和螺旋线偏差等。下面分别介绍各偏差的定义和检验方法。

在介绍具体偏差的定义之前，先介绍国标中有关偏差符号书写和数值的规定：单项要素所用的偏差符号，用小写字母(如 f)加上相应的下标组成；而表示若干单项要素偏差组合的“累积”或“总”偏差所用的符号，采用大写字母(如 F)加上相应的下标组成。有些偏差量需要用代数符号表示，当尺寸大于最佳值时，偏差是正的；反之，是负值。

6.2.3　渐开线圆柱齿轮轮齿同侧齿面偏差

引导问题

(1)　齿距偏差包括哪些具体参数？

(2)　齿廓偏差包括哪些具体参数？

(3)　切向综合偏差包括哪些具体参数？

(4)　螺旋线偏差包括哪些具体参数？

1. 齿距偏差

1)　单个齿距偏差 f_{pt}

单个齿距偏差指在端平面上接近齿高中部与齿轮轴线同心的圆上，实际齿距与理论齿距的代数差，如图 6.6 所示，图中虚线代表理论轮廓，实线代表实际轮廓。

2)　齿距累积偏差 F_{pk}

齿距累积偏差是任意 k 个齿距的实际弧长与理论弧长的代数差，如图 6.6 所示。理论上它等于这 k 个齿距的单个齿距偏差的代数和。

除非另有规定外，F_{pk} 值被限定在不大于 1/8 的圆周上评定。因此，F_{pk} 的允许值适用于齿距数 k 为 2 到小于 $z/8$ 的圆弧内。通常 F_{pk} 取 $k=z/8$ 就足够了，对于特殊的应用(如高速齿轮)还需要检验较小弧段并规定相应的 k 值。

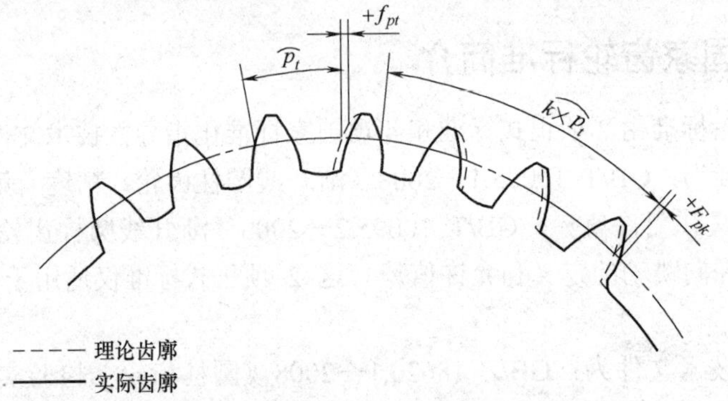

图 6.6　单个齿距偏差和齿距累积偏差

3)　齿距累积总偏差 F_p

齿距累积总偏差是指齿轮同侧齿面任意圆弧段(k=1 至 k=z)内的最大齿距累积偏差。它表现为齿距累积偏差曲线的总幅值。

齿距累积总偏差反映了一个齿距和一转内任意个齿距的最大变化，它直接反映齿轮的转角误差，是几何偏心和运动偏心的综合结果。因而可以较全面地反映齿轮的传递运动准确性和平稳性，是综合性的评定项目。如果在较少的齿距上齿距累积总偏差过大时，在实际工作中将产生很大的加速度力，因此，有必要规定较少齿距范围内的齿距累积差。

2. 齿廓偏差

齿廓偏差是指实际轮廓偏离设计轮廓的量。齿廓偏差应在端平面内且垂直于渐开线齿廓的方向计值。

为了更好地理解齿廓偏差的相关内容，下面先介绍一些基本概念。

1)　可用长度(L_{AF})

可用长度 L_{AF} 等于两条端面基圆切线之差。其中一条是从基圆到可用齿廓的外界限点，另一条是从基圆到可用齿廓的内界限点。依据设计，可用长度外界限点被齿顶、齿顶倒棱或齿顶倒圆的起始点(图 6.7 中点 A)限定在朝齿根方向上，可用长度的内界限点被齿根圆角或挖根的起始点(图 6.7 中点 F)所限定。

2)　有效长度(L_{AE})

有效长度 L_{AE} 指可用长度对应于有效齿廓的那部分。对于齿顶，其有与可用长度同样的限定(点 A)。对于齿根，有效长度延伸到与之配对齿轮有效啮合的终止点 E(即有效齿廓的起始点)。如果不知道配对齿轮，则 E 点为与基本齿条相啮合的有效齿廓的起始点。

3)　齿廓计值范围(L_α)

齿廓计值范围 L_α 是可用长度中的一部分，在 L_α 内应遵照规定精度等级的公差。除另有规定外，其长度等于从 E 点开始延伸的有效长度 L_{AE} 的 92%。

4)　设计齿廓

设计齿廓符合设计规定的齿廓，当无其他限定时是指端面齿廓。

齿廓迹线是指齿轮齿廓检查仪画出的齿廓偏差曲线。在齿廓曲线图中未经修形的渐开线齿廓迹线一般为直线。

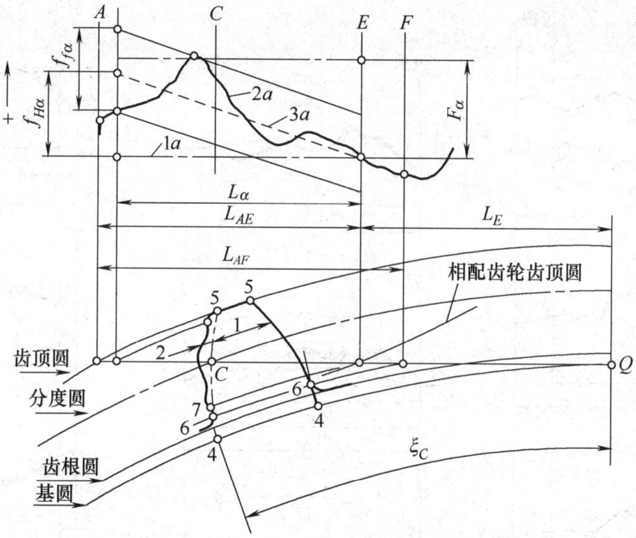

图 6.7　齿轮齿廓和齿廓偏差示意图

1—设计齿廓；2—实际齿廓；3—平均齿廓；1a—设计齿廓迹线；2a—实际齿廓迹线；3a—平均齿廓迹线；4—渐开线起始点；5—齿顶点；5-6—可用齿廓；5-7—有效齿廓；C-Q—C 点基圆切线长度；ξ_C—C 点渐开线展开角；Q—滚动的起点(端面基圆切线的切点)；A—轮齿齿顶或倒角的起点；C—设计齿廓在分度圆上的一点；E—有效齿廓起始点；F—可用齿廓起始点；L_{AF}：可用长度；L_{AE}—有效长度；L_α—齿廓计值范围；L_E—到有效齿廓的起点基圆切线长度；F_α—齿廓总偏差；f_α—齿廓形状偏差；$f_{H\alpha}$—齿廓倾斜偏差

5)　被测齿面的平均齿廓

被测齿面的平均齿廓指设计齿廓迹线的纵坐标减去一条斜直线的纵坐标后得到的一条迹线。这条斜直线使得在计值范围内实际齿廓迹线对平均齿廓迹线偏差的平方和最小。因此平均齿廓迹线的位置和倾斜可以用最小二乘法求得。平均齿廓是用来确定齿廓形状偏差 $f_{f\alpha}$ 和齿廓倾斜偏差 $f_{H\alpha}$ 的一条辅助齿廓迹线。

6)　齿廓总偏差 F_α：指在计值范围内，包容实际齿廓迹线的两条设计齿廓迹线间的距离，如图 6.8(a)所示。

7)　齿廓形状偏差 $f_{f\alpha}$：指在计值范围内，包容实际齿廓迹线的两条与平均齿廓迹线完全相同的曲线间的距离，且两条曲线与平均齿廓迹线的距离为常数，如图 6.8(b)所示。

8)　齿廓倾斜偏差 $f_{H\alpha}$：指在计值范围内，两端与平均齿廓迹线相交的两条设计齿廓迹线间的距离，如图 6.8 (c)所示。

通常，齿廓工作部分为理论渐开线。在近代齿轮设计中，对于高速传动齿轮，为了减小基圆齿距偏差和轮齿弹性变形引起的冲击、振动和噪音，采用以理论渐开线齿形为基础的修正齿形，如修缘齿形、凸齿形等。所以，设计齿形既可以是渐开线齿形，也可以是这种修正齿形。

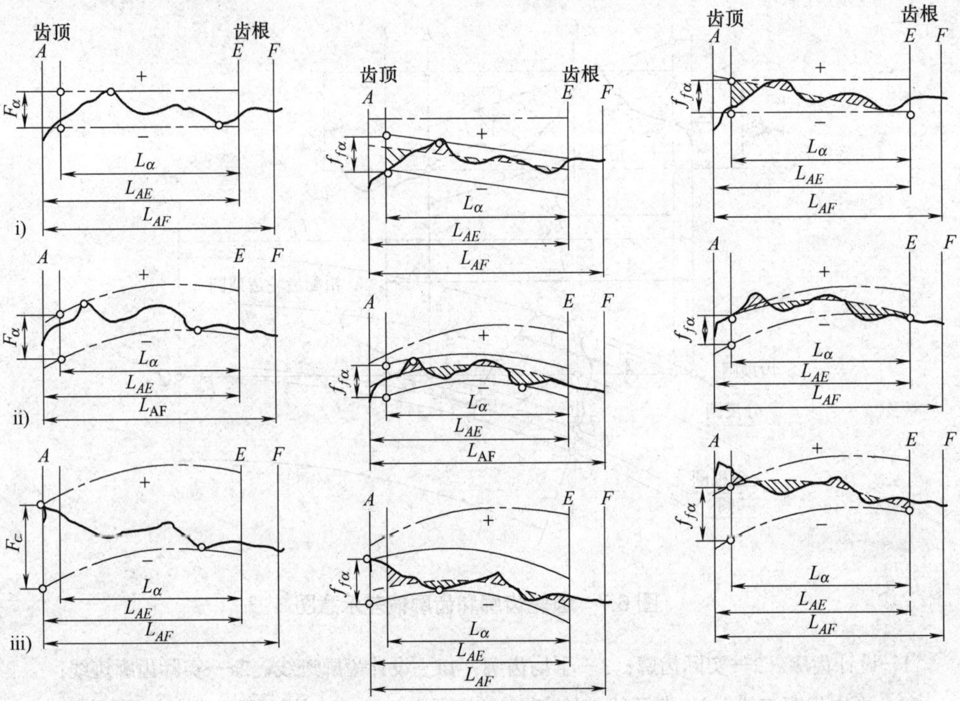

图 6.8　齿廓偏差

i)设计齿廓：未修形的渐开线；实际渐开线：在减薄区偏向体内。

ii)设计齿廓：修形的渐开线；实际渐开线：在减薄区偏向体内。

iii)设计齿廓：修形的渐开线；实际渐开线：在减薄区偏向体外。

点划线——设计轮廓；粗实线——实际轮廓；虚线——平均轮廓

3. 切向综合偏差

1)　切向综合总偏差 F_i'

切向综合总偏差 F_i' 指在被测齿轮与测量齿轮单面啮合的情况下，被测齿轮一转内，齿轮分度圆上实际圆周位移与理论圆周位移的最大差值，如图 6.9 所示。该误差是几何偏心、运动偏心加工误差的综合反映，因而是评定齿轮传递运动准确性的最佳综合评定指标。

2)　一齿切向综合偏差 f_i'

一齿切向综合偏差 f_i' 被测齿轮与测量齿轮单面啮合的情况下，被测齿轮在一个齿距内，齿轮分度圆上实际圆周位移与理论圆周位移的最大差值，即在一个齿距内的切向综合偏差，如图 6.9 中小波纹所示。

一齿切向综合偏差反映齿轮工作时引起振动、冲击和噪声等的高频运动误差的大小，它直接和齿轮的工作性能相联系，是齿轮的齿形、齿距等各项误差综合结果的反映，是综合性指标。

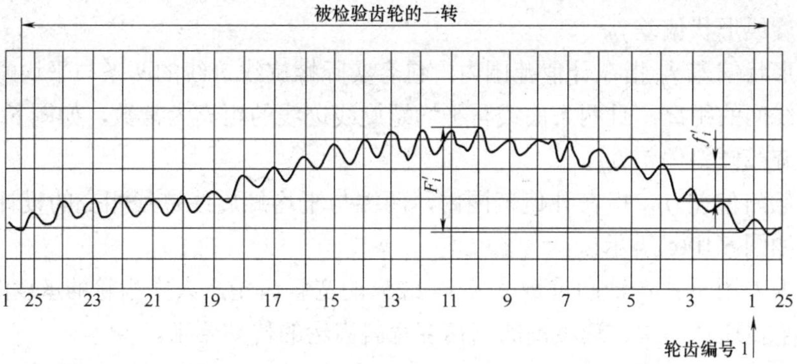

图 6.9　切向综合偏差

4. 螺旋线偏差

螺旋线偏差是在端面基圆切线方向上测得的实际螺旋线偏离设计螺旋线的量。

1)　螺旋线总偏差 F_β

螺旋线总偏差 F_β 指在计值范围内，包容实际螺旋线迹线的两条设计螺旋线迹线间的距离，如图 6.10(a)所示。

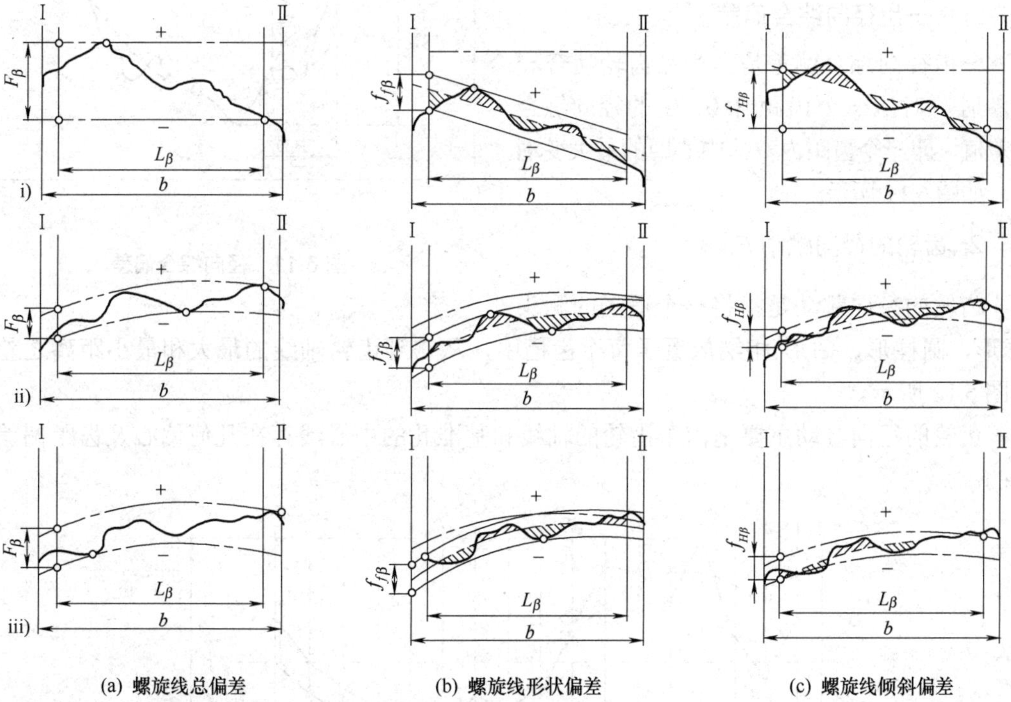

i)设计螺旋线：未修形的螺旋线；实际螺旋线：在减薄区偏向体内。

ii)设计螺旋线：修形的螺旋线；实际螺旋线：在减薄区偏向体内。

iii)设计螺旋线：修形的螺旋线；实际螺旋线：在减薄区偏向体外。

点划线——设计螺旋线；粗实线——实际螺旋线；虚线——平均螺旋线

图 6.10　螺旋线偏差

2) 螺旋线形状偏差 $f_{f\beta}$

螺旋线形状偏差 $f_{f\beta}$ 指在计值范围内，包容实际螺旋线迹线的两条与平均螺旋线迹线完全相同的曲线间的距离，且两条曲线与平均螺旋线迹线的距离为常数，如图 6.10(b)所示。

3) 螺旋线倾斜偏差 $f_{H\beta}$

螺旋线倾斜偏差 $f_{H\beta}$ 指在计值范围内，两端与平均螺旋线迹线相交的设计螺旋线迹线间的距离，如图 6.10(c)所示。

螺旋线偏差用于评定轴向重合度大于 1.25 的宽斜齿轮及人字齿轮的承载能力和传动质量，它适用于传递功率大、速度高的高精度宽斜齿轮的传动要求。

6.2.4 渐开线圆柱齿轮径向综合偏差与径向跳动

1. 径向综合偏差

1) 径向综合总偏差 F_i''

径向综合总偏差是指在径向(双面)综合检验时产品齿轮的左、右齿面同时与测量齿轮接触并转过一整圈时出现的中心距最大值和最小值之差，如图 6.11 所示。

2) 一齿径向综合偏差 f_i''

一齿径向综合偏差是当产品齿轮啮合一整圈时，对应一个齿距(360°/z)的径向综合偏差值，即一个齿距内双啮中心距的最大变动量，如图 6.11 所示。

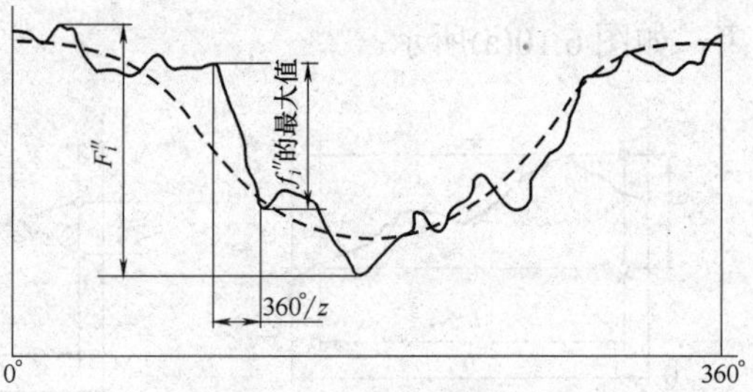

图 6.11 径向综合偏差

2. 齿轮的径向跳动 F_r

齿轮的径向跳动是指将一个适当的测头(球形、圆柱形、砧形)相继放置于每个齿槽中，从它到齿轮轴线的最大和最小距离之差，如图 6.12 所示。

齿轮的径向跳动主要是由于齿轮的轴线和基准孔的中心线存在几何偏心及齿距偏差引起的。

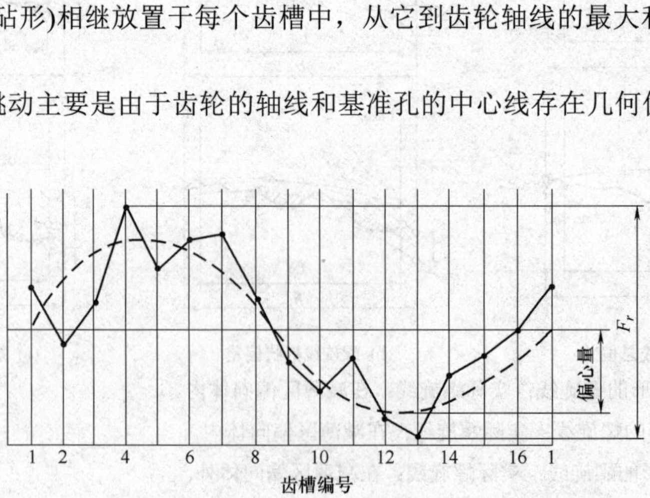

图 6.12 齿轮(16 齿)的径向跳动

6.2.5　渐开线圆柱齿轮的精度结构

引导问题

(1) 渐开线圆柱齿轮的轮齿同侧齿面偏差的精度等级有多少级?

(2) 渐开线圆柱齿轮的径向综合偏差的精度等级有多少级?

(3) 齿轮偏差的允许值是如何规定的?

(4) 如何确定齿轮的检验项目?

(5) 在图样上如何标注齿轮的精度等级?

1. 精度等级

1)　轮齿同侧齿面偏差的精度等级

GB/T 10095.1—2008 中，对于分度圆直径为 5～10 000mm、模数(法向模数)为 0.5～70mm、齿宽为 4～1000mm 的渐开线圆柱齿轮的 11 项同侧齿面偏差，GB/T 10095.1 规定了 0、1、2、…、12 共 13 个精度等级，其中，0 级最高，12 级最低。0～2 级精度的齿轮要求非常高，各项偏差的允许值很小，目前我国只有极少数的单位能够制造和测量 2 级精度的齿轮，而对于大多数企业来是无法制造和测量的，虽然标准给出了公差数值，但仍属于有待发展的精度等级。通常人们将 3～5 级精度称为高精度等级，将 6～8 级称为中等精度等级，而将 9～12 级则称为低精度等级。

2)　径向综合偏差的精度等级

GB/T 10095.2—2008 对于分度圆直径为 5～1000mm、模数(法向模数)为 0.2～10mm 的渐开线圆柱齿轮的径向综合偏差 F_i'' 和一齿径向综合偏差 f_i''，规定了 4、5、…、12 共 9 个精度等级。其中，4 级最高，12 级最低。

3)　径向跳动的精度等级

GB/T 10095.2—2008 在附录 B 中对于分度圆直径为 5～10 000mm、模数(法向模数)为 0.5～70mm 的渐开线圆柱齿轮的径向跳动，推荐了 0，1，…，12 共 13 个精度等级。其中 0 级最高，12 级最低。

2. 齿轮偏差的允许值

GB/T 10095.1—2008、GB/T 10095.2—2008 中分别规定：轮齿同侧齿面偏差、径向综合偏差、径向跳动的公差或极限偏差表格中的数值是用对 5 级精度按规定的公式计算而得到的结果乘以级间公比计算出来的。两相邻精度等级的级间公比等于 $\sqrt{2}$，本级数值除以(或乘以) $\sqrt{2}$ 即可得到相邻较高(较低)等级的数值。5 级精度的未圆整的计算值乘以 $2^{0.5(Q-5)}$ 即可得任一精度等级的待求值，式中 Q 是待求值的精度等级数。

5 级精度的齿轮偏差允许值的计算式如表 6.1 所示。

表 6.1　5 级精度的齿轮偏差允许值的计算式

项目代号	允许值计算公式
单个齿距偏差 f_{pt}	$f_{pt}=0.3(m_n+0.4\sqrt{d})$
齿距累积偏差 F_{pk}	$F_{pk}=f_{pt}+1.6\sqrt{(k-1)m_n}$
齿距累积总偏差 F_p	$F_p=0.3m_n+1.25\sqrt{d}+7$
齿廓总偏差 F_α	$F_\alpha=3.2\sqrt{m_n}+0.22\sqrt{d}+0.7$
螺旋线总偏差 F_β	$F_\beta=0.1\sqrt{d}+0.63\sqrt{b}+4.2$
螺旋线形状偏差 $f_{f\beta}$	$f_{f\beta}=0.07\sqrt{d}+0.45\sqrt{b}+3$
螺旋线倾斜偏差 $f_{H\beta}$	$f_{H\beta}=0.07\sqrt{d}+0.45\sqrt{b}+3$
齿廓形状偏差 $f_{f\alpha}$	$f_{f\alpha}=2.5\sqrt{m_n}+0.17\sqrt{d}+0.5$
齿廓倾斜偏差 $f_{H\alpha}$	$f_{H\alpha}=2\sqrt{m_n}+0.14\sqrt{d}+0.5$
切向综合总偏差 F_i'	$F_i'=F_p+f_i'$
一齿切向综合偏差 f_i'	$f_i'=K(4.3+f_{pt}+F_\alpha)=K(9+0.3m_n+3.2\sqrt{m_n}+0.34\sqrt{d})$ 式中当 $\varepsilon_\gamma<4$ 时，$K=0.2(\frac{\varepsilon_\gamma+4}{\varepsilon_\gamma})$，当 $\varepsilon_\gamma\geqslant4$ 时，$K=0.4$
一齿径向综合偏差 f_i''	$f_i''=2.96m_n+0.01\sqrt{d}+6.4$
径向综合总偏差 F_i''	$F_i''=3.2m_n+1.01\sqrt{d}+0.8$
径向跳动 F_r	$F_r=0.8F_p=0.24m_n+1.0\sqrt{d}+5.6$

轮齿有关偏差的公差或极限偏差如表 6.2～表 6.12 所示。

表 6.2　单个齿距偏差的极限偏差$\pm f_{pt}$ (摘自 GB/T 10095.1—2008)

分度圆直径 d/mm	法向模数 m_n/mm	精度等级 0	1	2	3	4	5	6	7	8	9	10	11	12
$5\leqslant d\leqslant20$	$0.5\leqslant m_n\leqslant2$	0.8	1.2	1.7	2.3	3.3	4.7	6.5	9.5	13.0	19.0	26.0	37.0	53.0
	$2<m_n\leqslant3.5$	0.9	1.3	1.8	2.6	3.7	5.0	7.5	10.0	15.0	21.0	29.0	41.0	59.0
$20<d\leqslant50$	$0.5\leqslant m_n\leqslant2$	0.9	1.2	1.8	2.5	3.5	5.0	7.0	10.0	14.0	20.0	28.0	40.0	56.0
	$2<m_n\leqslant3.5$	1.0	1.4	1.9	2.7	3.9	5.5	7.5	11.0	15.0	22.0	31.0	44.0	62.0
	$3.5<m_n\leqslant6$	1.1	1.5	2.1	3.0	4.3	6.0	8.5	12.0	17.0	24.0	34.0	48.0	68.0
	$6<m_n\leqslant10$	1.2	1.7	2.5	3.5	4.9	7.0	10.0	14.0	20.0	28.0	40.0	56.0	79.0
$50<d\leqslant125$	$0.5\leqslant m_n\leqslant2$	0.9	1.3	1.9	2.7	3.8	5.5	7.5	11.0	15.0	21.0	30.0	43.0	61.0
	$2<m_n\leqslant3.5$	1.0	1.5	2.1	2.9	4.1	6.0	8.5	12.0	17.0	23.0	33.0	47.0	66.0
	$3.5<m_n\leqslant6$	1.1	1.6	2.3	3.2	4.6	6.5	9.0	13.0	18.0	26.0	36.0	52.0	73.0
	$6<m_n\leqslant10$	1.3	1.8	2.6	3.7	5.0	7.5	10.0	15.0	21.0	30.0	42.0	59.0	84.0
	$10<m_n\leqslant16$	1.6	2.2	3.1	4.4	6.5	9.0	13.0	18.0	25.0	35.0	50.0	71.0	100.0
	$16<m_n\leqslant25$	2.0	2.8	3.9	5.5	8.0	11.0	16.0	22.0	31.0	44.0	63.0	89.0	125.0

表 6.3　齿距累积总公差 F_p（摘自 GB/T 10095.1—2008）

分度圆直径 d/mm	法向模数 m_n/mm	精度等级 0	1	2	3	4	5	6	7	8	9	10	11	12
$5 \leqslant d \leqslant 20$	$0.5 \leqslant m_n \leqslant 2$	2.0	2.8	4.0	5.5	8.0	11.0	16.0	23.0	32.0	45.0	64.0	90.0	127.0
	$2 < m_n \leqslant 3.5$	2.1	2.9	4.2	6.0	8.5	12.0	17.0	23.0	33.0	47.0	66.0	94.0	133.0
$20 < d \leqslant 50$	$0.5 \leqslant m_n \leqslant 2$	2.5	3.6	5.0	7.0	10.0	14.0	20.0	29.0	41.0	57.0	81.0	115.0	162.0
	$2 < m_n \leqslant 3.5$	2.6	3.7	5.0	7.5	10.0	15.0	21.0	30.0	42.0	59.0	84.0	119.0	168.0
	$3.5 < m_n \leqslant 6$	2.7	3.9	5.5	7.5	11.0	15.0	22.0	31.0	44.0	62.0	87.0	123.0	174.0
	$6 < m_n \leqslant 10$	2.9	4.1	6.0	8.0	12.0	16.0	23.0	33.0	46.0	65.0	93.0	131.0	185.0
$50 < d \leqslant 125$	$0.5 \leqslant m_n \leqslant 2$	3.3	4.6	6.5	9.0	13.0	18.0	26.0	37.0	52.0	74.0	104.0	147.0	208.0
	$2 < m_n \leqslant 3.5$	3.3	4.7	6.5	9.5	13.0	19.0	27.0	38.0	53.0	76.0	107.0	151.0	214.0
	$3.5 < m_n \leqslant 6$	3.4	4.9	7.0	9.5	14.0	19.0	28.0	39.0	55.0	78.0	110.0	156.0	220.0
	$6 < m_n \leqslant 10$	3.6	5.0	7.0	10.0	14.0	20.0	29.0	41.0	58.0	82.0	116.0	164.0	231.0
	$10 < m_n \leqslant 16$	3.9	5.5	7.5	11.0	15.0	22.0	31.0	44.0	62.0	88.0	124.0	175.0	248.0
	$16 < m_n \leqslant 25$	4.3	6.0	8.5	12.0	17.0	24.0	34.0	48.0	68.0	96.0	136.0	193.0	273.0

表 6.4　齿廓形状偏差 $f_{f\alpha}$ 的允许值(摘自 GB/T 10095.1—2008)

分度圆直径 d/mm	法向模数 m_n/mm	精度等级 0	1	2	3	4	5	6	7	8	9	10	11	12
$5 \leqslant d \leqslant 20$	$0.5 \leqslant m_n \leqslant 2$	0.6	0.9	1.3	1.8	2.5	3.5	5.0	7.0	10.0	14.0	20.0	28.0	40.0
	$2 < m_n \leqslant 3.5$	0.9	1.3	1.8	2.6	3.6	5.0	7.0	10.0	14.0	20.0	29.0	41.0	58.0
$20 < d \leqslant 50$	$0.5 \leqslant m_n \leqslant 2$	0.7	1.0	1.4	2.0	2.8	4.0	5.5	8.0	11.0	16.0	22.0	32.0	45.0
	$2 < m_n \leqslant 3.5$	1.0	1.4	2.0	2.8	3.9	5.5	8.0	11.0	16.0	22.0	31.0	44.0	62.0
	$3.5 < m_n \leqslant 6$	1.2	1.7	2.4	3.4	4.8	7.0	9.5	14.0	19.0	27.0	39.0	54.0	77.0
	$6 < m_n \leqslant 10$	1.5	2.1	3.0	4.2	6.0	8.5	12.0	17.0	24.0	34.0	48.0	67.0	95.0
$50 < d \leqslant 125$	$0.5 \leqslant m_n \leqslant 2$	0.8	1.1	1.6	2.3	3.2	4.5	6.5	9.0	13.0	18.0	26.0	36.0	51.0
	$2 < m_n \leqslant 3.5$	1.1	1.5	2.1	3.0	4.3	6.0	8.5	12.0	17.0	24.0	34.0	49.0	69.0
	$3.5 < m_n \leqslant 6$	1.3	1.8	2.6	3.7	5.0	7.5	10.0	15.0	21.0	29.0	42.0	59.0	83.0
	$6 < m_n \leqslant 10$	1.6	2.2	3.2	4.5	6.5	9.0	13.0	18.0	25.0	36.0	51.0	72.0	101.0
	$10 < m_n \leqslant 16$	1.9	2.7	3.9	5.5	7.5	11.0	15.0	22.0	31.0	44.0	62.0	87.0	123.0
	$16 < m_n \leqslant 25$	2.3	3.3	4.7	6.5	9.5	13.0	19.0	26.0	37.0	53.0	75.0	106.0	149.0

表 6.5　齿廓总公差 F_{α} (摘自 GB/T 10095.1—2008)

分度圆直径 d/mm	法向模数 m_n/mm	精度等级												
		0	1	2	3	4	5	6	7	8	9	10	11	12
$5 \leqslant d \leqslant 20$	$0.5 \leqslant m_n \leqslant 2$	0.8	1.1	1.6	2.3	3.2	4.6	6.5	9.0	13.0	18.0	26.0	37.0	52.0
	$2 < m_n \leqslant 3.5$	1.2	1.7	2.3	3.3	4.7	6.5	9.5	13.0	19.0	26.0	37.0	53.0	75.0
$20 < d \leqslant 50$	$0.5 \leqslant m_n \leqslant 2$	0.9	1.3	1.8	2.6	3.6	5.0	7.5	10.0	15.0	21.0	29.0	41.0	58.0
	$2 < m_n \leqslant 3.5$	1.3	1.8	2.5	3.6	5.0	7.0	10.0	14.0	20.0	29.0	40.0	57.0	81.0
	$3.5 < m_n \leqslant 6$	1.6	2.2	3.1	4.4	6.0	9.0	12.0	18.0	25.0	35.0	50.0	70.0	99.0
	$6 < m_n \leqslant 10$	1.9	2.7	3.8	5.5	7.5	11.0	15.0	22.0	31.0	43.0	61.0	87.0	123.0
$50 < d \leqslant 125$	$0.5 \leqslant m_n \leqslant 2$	1.0	1.5	2.1	2.9	4.1	6.0	8.5	12.0	17.0	23.0	33.0	47.0	66.0
$50 < d \leqslant 125$	$2 < m_n \leqslant 3.5$	1.4	2.0	2.8	3.9	5.5	8.0	11.0	16.0	22.0	31.0	44.0	63.0	89.0
	$3.5 < m_n \leqslant 6$	1.7	2.4	3.4	4.8	6.5	9.5	13.0	19.0	27.0	38.0	54.0	76.0	108.0
	$6 < m_n \leqslant 10$	2.0	2.9	4.1	6.0	8.0	12.0	16.0	23.0	33.0	46.0	65.0	92.0	131.0
	$10 < m_n \leqslant 16$	2.5	3.5	5.0	7.0	10.0	14.0	20.0	28.0	40.0	56.0	79.0	112.0	159.0
	$16 < m_n \leqslant 25$	3.0	4.2	6.0	8.5	12.0	17.0	24.0	34.0	48.0	68.0	96.0	136.0	192.0

表 6.6　螺旋线总公差 F_β (摘自 GB/T 10095.1—2008)

分度圆直径	齿　宽	精　度　等　级												
d/mm	b/mm	0	1	2	3	4	5	6	7	8	9	10	11	12
5≤d≤20	4≤b≤10	1.1	1.5	2.2	3.1	4.3	6.0	8.5	12.0	17.0	24.0	35.0	49.0	69.0
	10≤b≤20	1.2	1.7	2.4	3.4	4.9	7.0	9.5	14.0	19.0	28.0	39.0	55.0	78.0
	20≤b≤40	1.4	2.0	2.8	3.9	5.5	8.0	11.0	16.0	22.0	31.0	45.0	63.0	89.0
	40≤b≤80	1.6	2.3	3.3	4.6	6.5	9.5	13.0	19.0	26.0	37.0	52.0	74.0	105.0
20<d≤50	4≤b≤10	1.1	1.6	2.2	3.2	4.5	6.5	9.0	13.0	18.0	25.0	36.0	51.0	72.0
	10<b≤20	1.3	1.8	2.5	3.6	5.0	7.0	10.0	14.0	20.0	29.0	40.0	57.0	81.0
	20<b≤40	1.4	2.0	2.9	4.1	5.5	8.0	11.0	16.0	23.0	32.0	46.0	65.0	92.0
	40<b≤80	1.7	2.4	3.4	4.8	6.5	9.5	13.0	19.0	27.0	33.0	54.0	76.0	107.0
	80<b≤160	2.0	2.9	4.1	5.5	8.0	11.0	16.0	23.0	32.0	46.0	65.0	92.0	130.0
50<d≤125	4≤b≤10	1.2	1.7	2.4	3.3	4.7	6.5	9.5	13.0	19.0	27.0	38.0	53.0	76.0
	10<b≤20	1.3	1.9	2.6	3.7	5.5	7.5	11.0	15.0	21.0	30.0	42.0	60.0	84.0
	20<b≤40	1.5	2.1	3.0	4.2	6.0	8.5	12.0	17.0	24.0	34.0	48.0	68.0	95.0
	40<b≤80	1.7	2.5	3.5	4.9	7.0	10.0	14.0	20.0	28.0	39.0	56.0	79.0	111.0
	80<b≤160	2.1	2.9	4.2	6.0	8.5	12.0	17.0	24.0	33.0	47.0	67.0	94.0	133.0
	160<b≤250	2.5	3.5	4.9	7.0	10.0	14.0	20.0	28.0	40.0	56.0	79.0	112.0	158.0
	250<b≤400	2.9	4.1	6.0	8.0	12.0	16.0	23.0	33.0	46.0	65.0	92.0	130.0	184.0

表 6.7　f_i'/K 的比值(摘自 GB/T 10095.1—2008)

分度圆直径 d/mm	法向模数 m_n/mm	精度等级 0	1	2	3	4	5	6	7	8	9	10	11	12
$5 \leqslant d \leqslant 20$	$0.5 \leqslant m_n \leqslant 2$	2.4	3.4	4.8	7.0	9.5	14.0	19.0	27.0	38.0	54.0	77.0	109.0	154.0
	$2 < m_n \leqslant 3.5$	2.8	4.0	5.5	8.0	11.0	16.0	23.0	32.0	45.0	64.0	91.0	129.0	182.0
$20 < d \leqslant 50$	$0.5 \leqslant m_n \leqslant 2$	2.5	3.6	5.0	7.0	10.0	14.0	20.0	29.0	41.0	58.0	82.0	115.0	163.0
	$2 < m_n \leqslant 3.5$	3.0	4.2	6.0	8.5	12.0	17.0	24.0	34.0	48.0	68.0	96.0	135.0	191.0
	$3.5 < m_n \leqslant 6$	3.4	4.8	7.0	9.5	14.0	19.0	27.0	38.0	54.0	77.0	108.0	153.0	217.0
	$6 < m_n \leqslant 10$	3.9	5.5	8.0	11.0	16.0	22.0	31.0	44.0	63.0	89.0	125.0	177.0	251.0
$50 < d \leqslant 125$	$0.5 \leqslant m_n \leqslant 2$	2.7	3.9	5.5	8.0	11.0	16.0	22.0	31.0	44.0	62.0	88.0	124.0	176.0
	$2 < m_n \leqslant 3.5$	3.2	4.5	6.5	9.0	13.0	18.0	25.0	36.0	51.0	72.0	102.0	144.0	204.0
	$3.5 < m_n \leqslant 6$	3.6	5.0	7.0	10.0	14.0	20.0	29.0	40.0	57.0	81.0	115.0	162.0	229.0
	$6 < m_n \leqslant 10$	4.1	6.0	8.0	12.0	16.0	23.0	33.0	47.0	66.0	93.0	132.0	186.0	263.0
	$10 < m_n \leqslant 16$	4.8	7.0	9.5	14.0	19.0	27.0	38.0	54.0	77.0	109.0	154.0	218.0	308.0
	$16 < m_n \leqslant 25$	5.5	8.0	11.0	16.0	23.0	32.0	46.0	65.0	91.0	129.0	183.0	259.0	366.0

表 6.8　齿廓倾斜极限偏差$\pm f_{H\alpha}$ (摘自 GB/T 10095.1—2008)

分度圆直径 d/mm	法向模数 m_n/mm	精度等级 0	1	2	3	4	5	6	7	8	9	10	11	12
$5 \leqslant d \leqslant 20$	$0.5 \leqslant m_n \leqslant 2$	0.5	0.7	1.0	1.5	2.1	2.9	4.2	6.0	8.5	12.0	17.0	24.0	33.0
	$2 < m_n \leqslant 3.5$	0.7	1.0	1.5	2.1	3.0	4.2	6.0	8.5	12.0	17.0	24.0	34.0	47.0
$20 < d \leqslant 50$	$0.5 \leqslant m_n \leqslant 2$	0.6	0.8	1.2	1.6	2.3	3.3	4.6	6.5	9.5	13.0	19.0	26.0	37.0
	$2 < m_n \leqslant 3.5$	0.8	1.1	1.6	2.3	3.2	4.5	6.5	9.0	13.0	18.0	26.0	36.0	51.0
	$3.5 < m_n \leqslant 6$	1.0	1.4	2.0	2.8	3.9	5.5	8.0	11.0	16.0	22.0	32.0	45.0	63.0
	$6 < m_n \leqslant 10$	1.2	1.7	2.4	3.4	4.8	7.0	9.5	14.0	19.0	27.0	39.0	55.0	78.0

表 6.9　螺旋线倾斜极限偏差$\pm f_{H\beta}$ 和螺旋线形状公差 $f_{f\beta}$ (摘自 GB/T 10095.1—2008)

分度圆直径 d/mm	齿宽 b/mm	精度等级 0	1	2	3	4	5	6	7	8	9	10	11	12
$5 \leqslant d \leqslant 20$	$4 \leqslant b \leqslant 10$	0.8	1.1	1.5	2.2	3.1	4.4	6.0	8.5	12.0	17.0	25.0	35.0	49.0
	$10 \leqslant b \leqslant 20$	0.9	1.2	1.7	2.5	3.5	4.9	7.0	10.0	14.0	20.0	28.0	39.0	56.0
	$20 \leqslant b \leqslant 40$	1.0	1.4	2.0	2.8	4.0	5.5	8.0	11.0	16.0	22.0	32.0	45.0	46.0
	$40 \leqslant b \leqslant 80$	1.2	1.7	2.3	3.3	4.7	6.5	9.5	13.0	19.0	26.0	37.0	53.0	75.0
$20 < d \leqslant 50$	$4 \leqslant b \leqslant 10$	0.8	1.1	1.6	2.3	3.2	4.5	6.5	9.0	13.0	18.0	26.0	36.0	51.0
	$10 < b \leqslant 20$	0.9	1.3	1.8	2.5	3.6	5.0	7.0	10.0	14.0	20.0	29.0	41.0	58.0
	$20 < b \leqslant 40$	1.0	1.4	2.0	2.9	4.1	6.0	8.0	12.0	16.0	23.0	33.0	46.0	65.0
	$40 < b \leqslant 80$	1.2	1.7	2.4	3.4	4.8	7.0	9.5	14.0	19.0	27.0	38.0	54.0	77.0
	$80 < b \leqslant 160$	1.4	2.0	2.9	4.1	6.0	8.0	12.0	16.0	23.0	33.0	46.0	65.0	93.0

表 6.10　径向综合总公差 F_i'' (摘自 GB/T 10095.2—2008)

分度圆直径 d/mm	法向模数 m_n/mm	精度等级								
		4	5	6	7	8	9	10	11	12
		径向综合总公差(F_i'')								
$5 \leqslant d \leqslant 20$	$0.2 \leqslant m_n \leqslant 0.5$	7.5	11	15	21	30	42	60	85	120
	$0.5 < m_n \leqslant 0.8$	8.0	12	16	23	33	46	66	93	131
	$0.8 < m_n \leqslant 1.0$	9.0	12	18	25	35	50	70	100	141
	$1.0 < m_n \leqslant 1.5$	10	14	19	27	38	54	76	108	153
	$1.5 < m_n \leqslant 2.5$	11	16	22	32	45	63	89	126	179
	$2.5 < m_n \leqslant 4.0$	14	20	28	39	56	79	112	158	223
$20 < d \leqslant 50$	$0.2 \leqslant m_n \leqslant 0.5$	9.0	13	19	26	37	52	74	105	148
	$0.5 < m_n \leqslant 0.8$	10	14	20	28	40	56	80	113	160
	$0.8 < m_n \leqslant 1.0$	11	15	21	30	42	60	85	120	169
	$1.0 < m_n \leqslant 1.5$	11	16	23	32	45	64	91	128	181
	$1.5 < m_n \leqslant 2.5$	13	18	26	37	52	73	103	146	207
	$2.5 < m_n \leqslant 4.0$	16	22	31	44	63	89	126	178	251
	$4.0 < m_n \leqslant 6.0$	20	28	39	56	79	111	157	222	314
	$6.0 < m_n \leqslant 10$	26	37	52	74	104	147	209	295	417
$50 < d \leqslant 125$	$0.2 \leqslant m_n \leqslant 0.5$	12	16	23	33	46	66	93	131	185
	$0.5 < m_n \leqslant 0.8$	12	17	25	35	49	70	98	139	197
	$0.8 < m_n \leqslant 1.0$	13	18	26	36	52	73	103	146	206
	$1.0 < m_n \leqslant 1.5$	14	19	27	39	55	77	109	154	218
	$1.5 < m_n \leqslant 2.5$	15	22	31	43	61	86	122	173	244
	$2.5 < m_n \leqslant 4.0$	18	25	36	51	72	102	144	204	288
	$4.0 < m_n \leqslant 6.0$	22	31	44	62	88	124	176	248	351
	$6.0 < m_n \leqslant 10$	28	40	57	80	114	161	227	321	454

表 6.11　一齿径向综合公差 f_i'' (摘自 GB/T 10095.2—2008)

分度圆直径 d/mm	法向模数 m_n/mm	精度等级								
		4	5	6	7	8	9	10	11	12
$5 \leqslant d \leqslant 20$	$0.2 \leqslant m_n \leqslant 0.5$	1.0	2.0	2.5	3.5	5.0	7.0	10	14	20
	$0.5 < m_n \leqslant 0.8$	2.0	2.5	4.0	5.5	7.5	11	15	22	31
	$0.8 < m_n \leqslant 1.0$	2.5	3.5	5.0	7.0	10	14	20	28	39
	$1.0 < m_n \leqslant 1.5$	3.0	4.5	6.5	9.0	13	18	25	36	50
	$1.5 < m_n \leqslant 2.5$	4.5	6.5	9.5	13	19	26	37	53	74
	$2.5 < m_n \leqslant 4.0$	7.0	10	14	20	29	41	58	82	115

续表

分度圆直径 d/mm	法向模数 m_n/mm	精度等级								
		4	5	6	7	8	9	10	11	12
20<d≤50	0.2≤m_n≤0.5	1.5	2.0	2.5	3.5	5.0	7.0	10	14	20
	0.5<m_n≤0.8	2.0	2.5	4.0	5.5	7.5	11	15	22	31
	0.8<m_n≤1.0	2.5	3.5	5.0	7.0	10	14	20	28	40
	1.0<m_n≤1.5	3.0	4.5	6.5	9.0	13	18	25	36	51
	1.5<m_n≤2.5	4.5	6.5	9.5	13	19	26	37	53	75
	2.5<m_n≤4.0	7.0	10	14	20	29	41	58	82	116
	4.0<m_n≤6.0	11	15	22	31	43	61	87	123	174
	6.0<m_n≤10	17	24	34	48	67	95	135	190	269

表 6.12 径向跳动公差 F_r (摘自 GB/T 10095.2—2008)

分度圆直径 d/mm	法向模数 m_n/mm	精度等级												
		0	1	2	3	4	5	6	7	8	9	10	11	12
5≤d≤20	0.5≤m_n≤2.0	1.5	2.5	3.0	4.5	6.5	9.0	13	18	25	36	51	72	102
	2.0<m_n≤3.5	1.5	2.5	3.5	4.5	6.5	95	13	19	27	38	53	75	106
20<d≤50	0.5≤m_n≤2.0	2.0	3.0	4.0	5.0	8.0	11	16	23	32	46	65	92	130
	2.0<m_n≤3.5	2.0	3.0	4.0	6.0	8.5	12	17	24	34	47	67	95	134
	3.5<m_n≤6.0	2.0	3.0	4.5	6.0	8.5	12	17	25	35	49	70	99	139
	6.0<m_n≤10	2.5	3.5	4.5	6.5	9.5	13	19	26	37	52	74	105	148
50<d≤125	0.5≤m_n≤2.0	2.5	3.5	5.0	7.5	10	15	21	29	42	59	83	118	167
	2.0<m_n≤3.5	2.5	4.0	5.5	7.5	11	15	21	30	43	61	86	121	171
	3.5<m_n≤6.0	3.0	4.0	5.5	8.0	11	16	22	31	44	62	88	125	176
	6.0<m_n≤10	3.0	4.0	6.0	8.0	12	16	23	33	46	65	92	131	185
	10<m_n≤16	3.0	4.5	6.0	9.0	12	18	25	35	50	70	99	140	198
	16<m_n≤25	3.5	5.0	7.0	9.5	14	19	27	39	55	77	109	154	218

3. 齿轮精度等级的确定

确定齿轮精度等级的依据通常是齿轮的用途、使用要求、传动功率和圆周速度以及其他技术条件等。确定齿轮精度等级的方法一般有计算法和类比法两种，目前大多采用类比法。

1) 计算法

计算法是根据机构最终要达到的精度要求，应用传动尺寸链的方法计算和分配各级齿轮副的传动精度，确定齿轮的精度等级。从前面所述的参数内容和影响因素可知，影响齿轮精度的因素既有齿轮自身因素也有安装误差的影响，很难计算出准确的精度等级，计算结果只能作为参考。所以此方法仅适用于特殊精度机构使用的齿轮。

2)　类比法

类比法是查阅类似机构的设计方案，根据经过实际验证的已有的经验结果或者一些参考手册来确定齿轮的精度。表 6.13 和表 6.14 给出了部分齿轮精度等级的应用情况，仅供参考。

表 6.13　各类机械传动中所应用的齿轮精度等级的情况

产品或机构	精度等级	产品或机构	精度等级
测量齿轮	2～5	通用减速器	6～9
透平齿轮	3～6	拖拉机	6～9
金属切削机床	3～8	载重汽车	6～9
航空发动机	4～8	轧钢机	6～10
轻型汽车	5～8	起重机械	7～10
汽车底盘	6～9	矿用绞车	8～10
内燃机车	6～7	农用机械	8～11

表 6.14　齿轮精度等级与速度的应用情况

工作条件	圆周速度(m/s)		应用情况	精度等级
	直　齿	斜　齿		
机床	>30	>50	高精度和精密的分度链末端的齿轮	4
	>15～30	>30～50	一般精度分度链末端齿轮、高精度和精密的分度链的中间齿轮	5
	>10～15	>15～30	Ⅴ级机床主传动的齿轮、一般精度分度链的中间齿轮、Ⅲ级和Ⅲ级以上精度机床的进给齿轮、油泵齿轮	6
	>6～10	>8～15	Ⅳ级和Ⅳ级以上精度机床的进给齿轮	7
	<6	<8	一般精度机床的齿轮	8
			没有传动要求的手动齿轮	9
动力传动		>70	用于很高速度的透平传动齿轮	4
		>30	用于高速度的透平传动齿轮、重型机械进给机构、高速重载齿轮	5
		<30	高速传动齿轮、有高可靠性要求的工业机器齿轮、重型机械的功率传动齿轮、作业率很高的起重运输机械齿轮	6
	<15	<25	高速和适度功率或大功率和适度速度条件下的齿轮；冶金、矿山、林业、石油、轻工、工程机械和小型工业齿轮箱(通用减速器)有可靠性要求的齿轮	7
	<10	<15	中等速度较平稳传动的齿轮；冶金、矿山、林业、石油、轻工、工程机械和小型工业齿轮箱(通用减速器)的齿轮	8
	4	6	一般性工作和噪声要求不高的齿轮、受载低于计算载荷的齿轮、速度大于 1m/s 的开式齿轮传动和转盘的齿轮	9

续表

工作条件	圆周速度(m/s)		应用情况	精度等级
	直齿	斜齿		
航空船舶和车辆	>35	>70	需要很高的平稳性、低噪声的航空和船用齿轮	4
	>20	>35	需要高的平稳性、低噪声的航空和船用齿轮	5
	20	35	用于高速传动有平稳性低噪声要求的机车、航空、船舶和轿车的齿轮	6
	15	25	用于有平稳性和噪声要求的航空、船舶和轿车的齿轮	7
	10	15	用于中等速度较平稳传动的载重汽车和拖拉机的齿轮	8
	4	6	用于较低速和噪声要求不高的载重汽车第一挡与倒挡拖拉机和联合收割机的齿轮	9
其他			检验 7 级精度齿轮的测量齿轮	4
			检验 8～9 级精度齿轮的测量齿轮、印刷机印刷辊子用的齿轮	5
			读数装置中特别精密传动的齿轮	6
			读数装置的传动及具有非直尺的速度传动齿轮、印刷机传动齿轮	7
			普通印刷机传动齿轮	8
单级传动效率			不低于 0.99(包括轴承不低于 0.985)	4～6
			不低于 0.98(包括轴承不低于 0.975)	7
			不低于 0.97(包括轴承不低于 0.965)	8
			不低于 0.96(包括轴承不低于 0.95)	9

4. 齿轮检验项目的确定

各种齿轮要素的检验，需要多种测量工具和设备。在检验中，测量全部齿轮要素的偏差既不经济也没有必要，因为其中有些要素对于特定齿轮的功能并没有明显的影响。另外，有些测量项目可以代替别的一些项目，例如，切向综合偏差检验能代替齿距偏差检验，径向综合偏差检验能代替径向跳动检验。

GB/T 10095.1—2008 规定：切向综合总偏差 F_i' 和一齿切向综合偏差 f_i' 是该标准的检验项目，但不是强制性检验项目。标准中齿廓总偏差 F_α 和螺旋线总偏差 F_β 可以分解为形状偏差 $f_{f\alpha}$、$f_{f\beta}$ 和倾斜偏差 $f_{H\alpha}$、$f_{H\beta}$，所以齿廓和螺旋线的形状偏差和倾斜极限偏差也不是强制性检验项目。

综上所述，GB/T 10095.1 和 GB/T 10095.2 的标准文本中没有公差组、检验组概念，明确规定把测量出的单个齿距偏差 f_{pt}、齿距累积总偏差 F_p、齿廓总偏差 F_α 和螺旋线总偏差 F_β 4 项的实测值与相应的允许值做比较，以评定齿轮精度等级(0～12 级)。当圆柱齿轮用于高速运转时，需要再增加一项齿距累积偏差 F_{pk} 的允许值。

当供需双方同意，可以用切向综合总偏差 F_i' 和一齿切向综合偏差 f_i' 替代齿距偏差的 f_{pt}、F_p、F_{pk} 的测量。

指导性文件 GB/Z 18620.2－2008 中指出：径向综合偏差和径向跳动是包含右侧和左侧齿面综合偏差的成分，故而想确定同侧齿面的单项偏差是不可能的，但可以迅速提供关于生产用的机床、工具或产品齿轮装夹而导致质量缺陷方面的信息。当批量生产齿轮时，对于用某一种方法生产出来的第一批齿轮，为了掌握它们是否符合所规定的精度等级，需按照 GB/T 10095.1－2008 规定的项目进行详细检验，以后，按此法接下去生产出来的齿轮有什么变化，就可用测量径向综合偏差的方法来发现，而不必重复进行详细检验。当已经测量径向综合偏差时，就不必再检查径向跳动。

5. 齿轮精度等级及其在图样上的标注

标准规定：在文件需叙述齿轮精度要求时，应注明 GB/T 10095.1 或 GB/T 10095.2。具体标注方法如下。

(1)　当齿轮的检验项目同为一个精度等级时，可标注精度等级和标准号。例如，齿轮检验项目都为 8 级，则标注为：

8　GB/T 10095.1 或　8　GB/T 10095.2

(2)　当齿轮检验项目要求的精度等级不同时，例如，齿廓总偏差 F_α 为 7 级，而单个齿距偏差 f_{pt}、齿距累积总偏差 F_p 和螺旋线总偏差 F_β 均为 6 级时，则标注为：

7(F_α)、6(f_{pt}、F_p、F_β) GB/T 10095.1

(3)　当齿轮的径向综合偏差要求为 6 级精度时，则标注为：

6(F_i''、f_i'')GB/T 10095.2

6.3　渐开线圆柱齿轮检测实训

6.3.1　用齿距仪或万能测齿仪测齿距偏差

1. 工作任务

用齿距仪或万能测齿仪检测齿轮的齿距偏差。

2. 齿距偏差检测资讯

通常，齿距偏差的测量应在邻近齿高的中部和(或)齿宽的中部进行，如果齿宽大于 250mm，则应增加两个齿廓测量部位，即在距齿宽每侧约 15%的齿宽处测量。

1)　测量原理

齿距的测量原理是使用“封闭原则”。即当同一圆周上的齿距均匀布置时，所有齿距误差之和为零。所以，只要选定齿轮上的某一圆周为测量圆后，不论检测齿距的线性误差或齿距角误差，都能用来评定齿距的均匀性。亦即当实测操作难以找到齿轮分度圆确切位置时，允许在齿高中部进行检测。

2)　测量方法

齿距偏差的测量方法有绝对测量法和相对测量法(也称比较测量法)两种。

(1) 绝对法测量及数据处理。

绝对测量法是使用精密的角度器和指示表，直接测量其实际齿距角，或者由指示表直接显示出实际齿距变化量，以确定齿距偏差和齿距累积偏差的方法。其测量原理如图 6.13 所示，被测齿轮和精密角度器同轴安装，定位测头在分度圆附近接触，并始终以与该测头相连的指示表上的同一数值定位。在角度器上读取角度值后退出指示测头，转动被测齿轮，推入指示测头至固定径向位置，待测头被齿面压缩至原指示值时，再读取转过后的角度值。这样依次测满一整周，计算齿距累积角和齿距偏差角。这种测量方法所得结果是角度值，还必须把角度值换算为线性值：

$$f_{pt}= R\times \Delta_{\gamma}/206.3(\mu m)$$

式中：R 为被测齿轮分度圆半径，单位为 mm；Δ_{γ} 为齿距累积角或齿距偏差角。

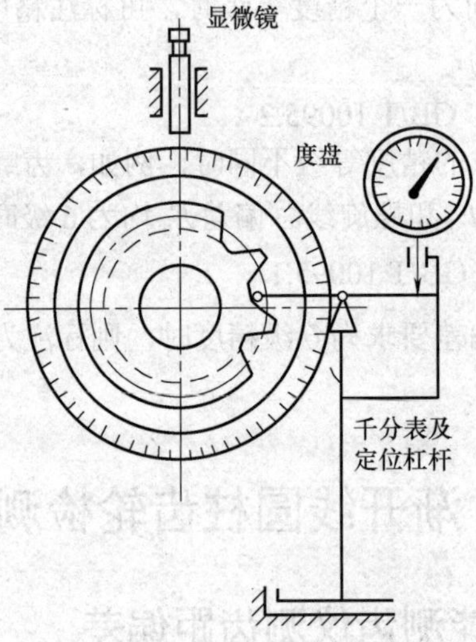

图 6.13　齿距偏差绝对法测量原理

齿距的绝对测量法可以利用光学分度头、多齿分度台等配合定位装置进行测量，也可以利用万能工具显微镜、三坐标测量机或齿轮测量中心进行测量。

(2) 相对法测量及数据处理。

相对测量法也称比较测量法。测量时使用两个测量头，选定任意一齿在分度圆附近的两个同侧齿廓接触，以该处实际齿距(弦长)为标准值。然后依次测量其他的齿距，并与这个标准值比较，再经过计算确定齿距的变化量。

下面以对一个齿数为 18 的齿轮进行齿距的相对法测量为例(见表 6.15)，说明如何求单个齿距偏差(f_{pt})、齿距累积偏差(F_{pk})及齿距累积总偏差(F_p)。

表 6.15　齿距相对法测量的数据处理

	①	②	③	④	⑤
齿序	齿距实测值	实测齿距算术平均值	单个齿距偏差 f_{pt}	齿距累积总偏差 F_p	齿距累积偏差 F_{pk} (K=3)
1	25	22	+3	+3	+7
2	23		+1	+4	+3
3	26		+4	+8	+8
4	24		+2	**+10**	+7
5	19		−3	+7	+3
6	19		−3	+4	−4
7	22		0	+4	−6
8	19		−3	+1	−6
9	20		−2	−1	−5
10	18		−4	−5	−9
11	23		+1	−4	−5
12	21		−1	−5	−4
13	19		−3	−8	−3
14	21		−1	**−9**	−5
15	24		+2	−7	−2
16	25		+3	−4	+4
17	27		+5	+1	+10
18	21		−1	0	+7
			0		0

表中数值说明：齿距算术平均值等于所有齿距实测值之和除以齿距数；单个齿距偏差等于实测齿距值减去齿距算术平均值；单个齿距偏差累积值等于单个齿距偏差的依次连续累加值；齿距累积偏差(K=3)等于第④列中相邻 K 个齿距的首尾 F_P 值之差，即$④_i-④_{i-k}$。

从表中可以得出：单个齿距偏差 f_{pt} 的最大值是：+5，出现在第 17 齿距；齿距累积偏差(F_{pk})(K=3)为+10，出现在 15 到 17 齿；齿距累积总偏差(F_p)为+10−(−9)=19，出现在 4 到 14 齿那一段。下面以图解的方法进一步说明，如图 6.14 和图 6.15 所示。

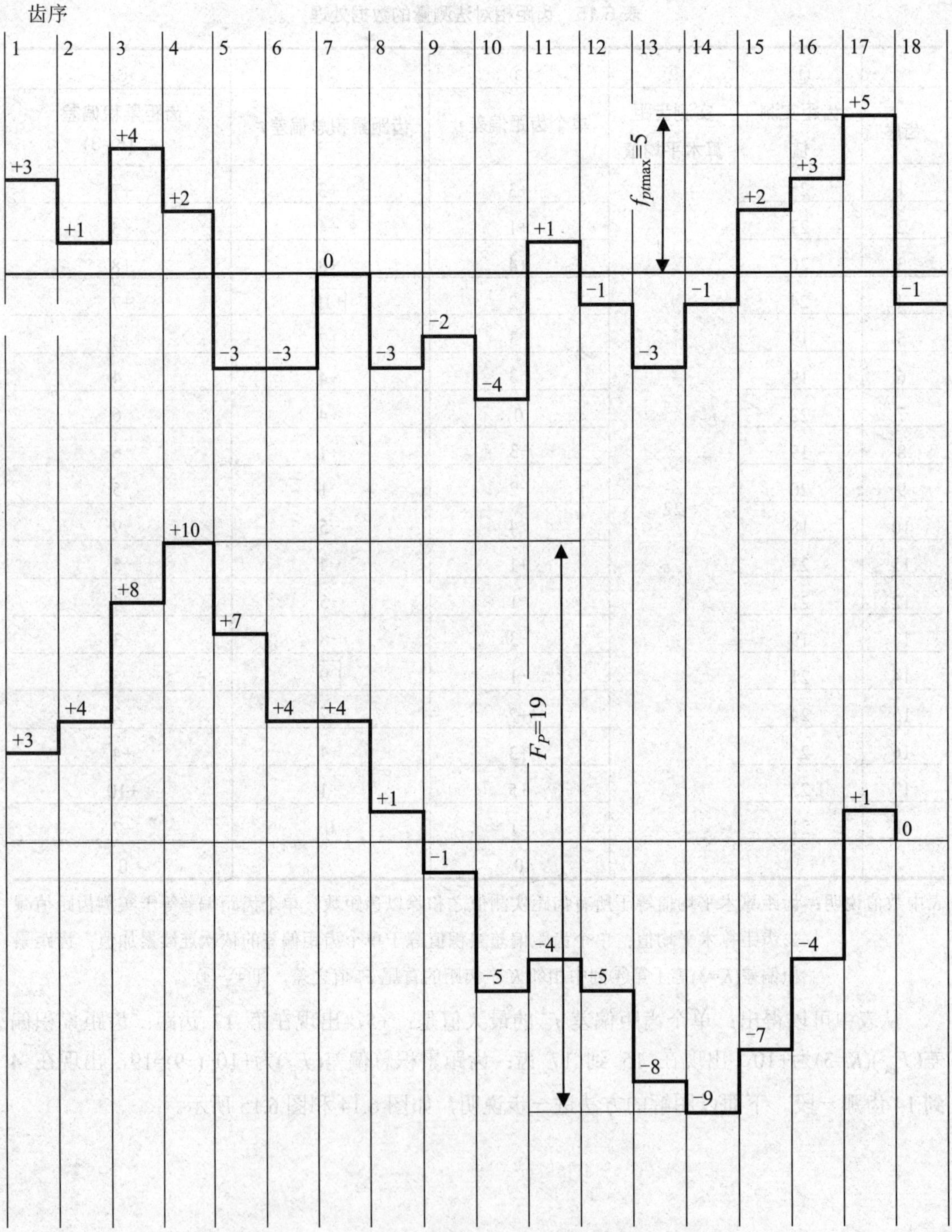

图 6.14　图解法求齿距偏差 f_{pt} 和齿距累积总偏差 F_p

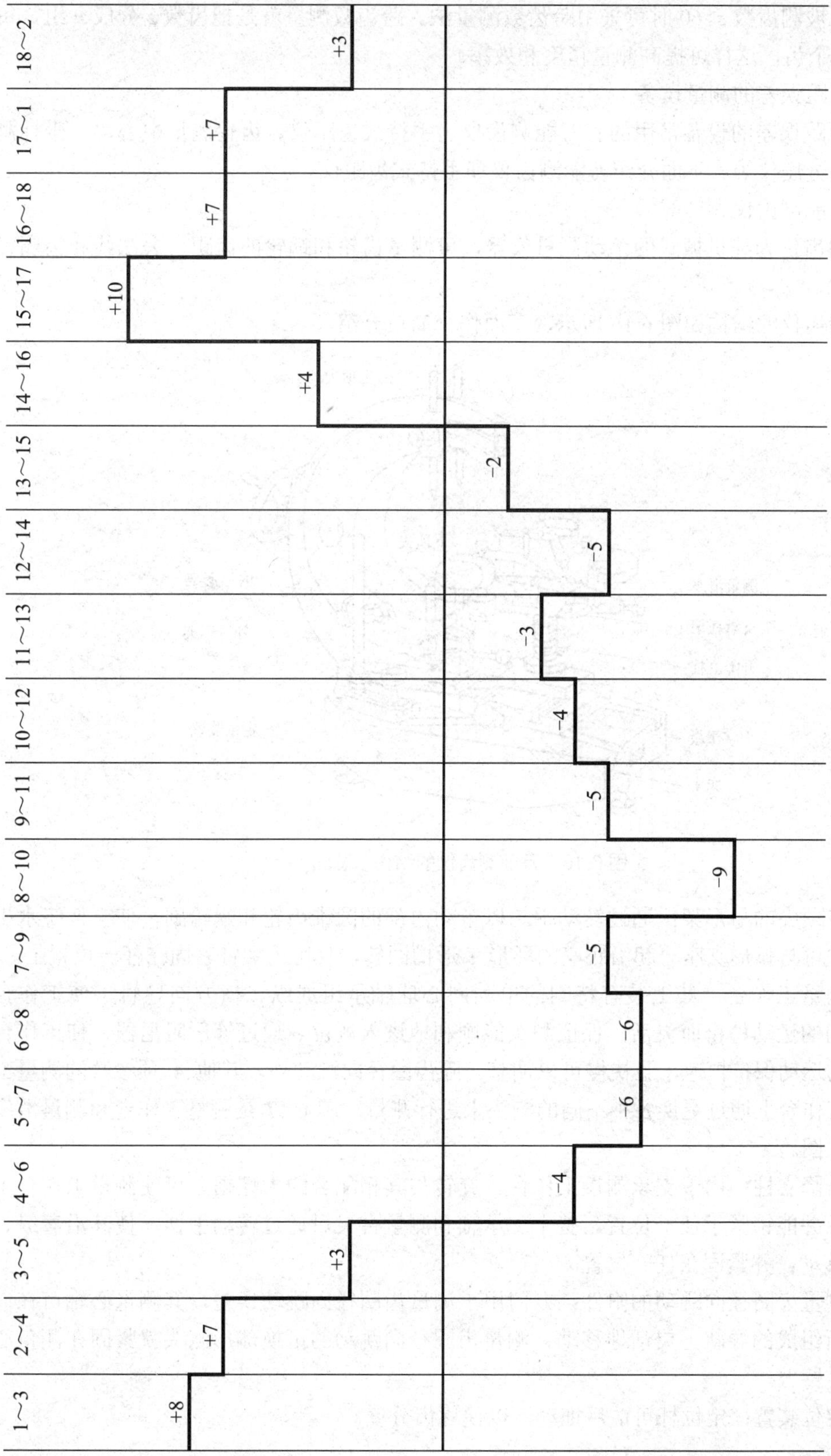

图 6.15　图解法求齿距累积偏差 $F_{pk}(K=3)$

通常当被测齿数 $z>60$ 时可采用跨齿数测量法。跨齿数测量就是把齿数 z 分成 n 组，每组内包含 s 个齿，这样可提高测量精度和效率。

3) 齿距误差的测量设备

测量齿距误差的设备常用的有万能测齿仪、手持式齿距仪、齿轮测量中心、三坐标测量机、角度分度仪等。下面介绍万能测齿仪和手持式齿距仪。

(1) 万能测齿仪。

万能测齿仪为纯机械式的手动测量仪器，可测量齿轮和蜗轮的齿距、公法线和齿圈径向跳动。

万能测齿仪的结构如图 6.16 所示，下面作一简单介绍。

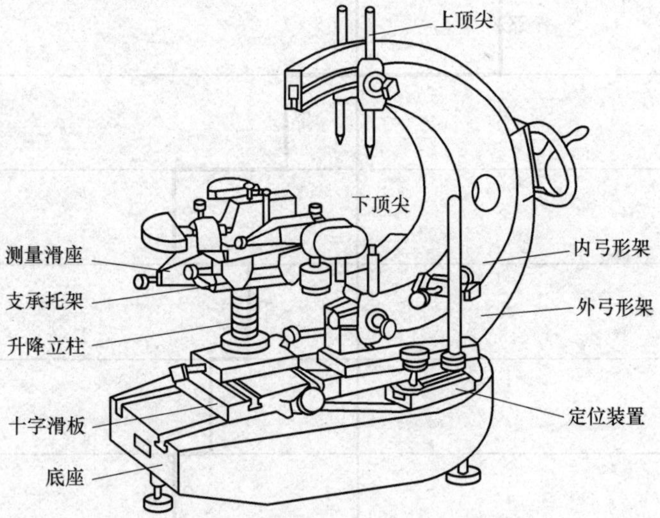

图 6.16 万能测齿仪的结构示意图

① 带顶尖的弓形架：通过转动手轮以带动内部的圆锥齿轮和蜗轮副，使支架绕水平轴回转，并可与弧形支座一起沿底座的环形 T 形槽回转，且可用螺钉紧固在任一位置上。

② 测量工作台：其上装有特制的单列向心球轴承组成纵、横方向导轨，使工作台纵、横方向的运动精密而灵活，保证测头能顺利地进入测位。通过液压阻尼器，使工作台前后方向的运动保持恒速，且快慢可以调整。除齿圈径向跳动外，其他 4 项参数的测量都是在测量工作台上通过更换各种不同的测头来进行测量。图 6.17 是测量工作台和测量滑座的结构示意图。

③ 升降立柱：用于支承测量工作台。旋转与其相配合的大螺帽，可使测量工作台上升和下降，并能锁紧于任一位置。整个支承轴和测量台又可通过转动手柄，使其沿着纵、横 T 形槽移动，并紧固在任一位置。

④ 测量齿圈径向跳动的附件：专门用于测量齿圈径向跳动误差，其测量心轴可在向心球轴承所组成的导轨上灵活地移动，测量齿圈径向跳动的可换球形测头就紧固在测量心轴轴端的支臂上。

⑤ 定位装置：定位杆可前后拖动，以便逐齿分度。

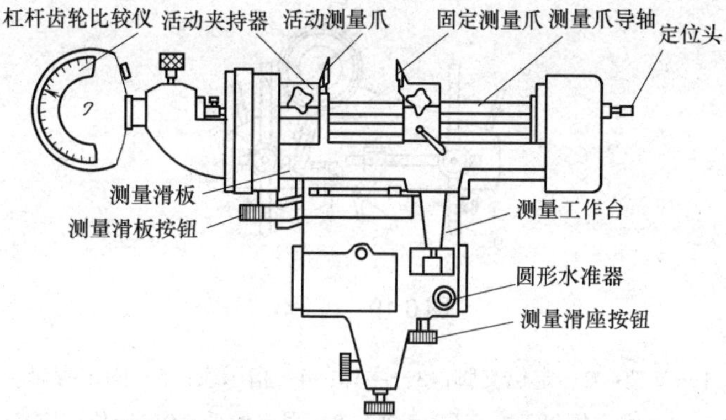

图 6.17　测量工作台和测量滑座的结构示意图

用万能测齿仪检测单个齿距时，两个测头的位置，应在相对于齿轮轴线的同样半径上，并在同一横截面内，测头移动的方向要与测量圆相切，如图 6.18 所示。因为很难得到半径距离的精确数值，所以万能测齿仪很少用于绝对测量法测齿距的真实的数值。这种仪器最合适的用途是用作相对测量。

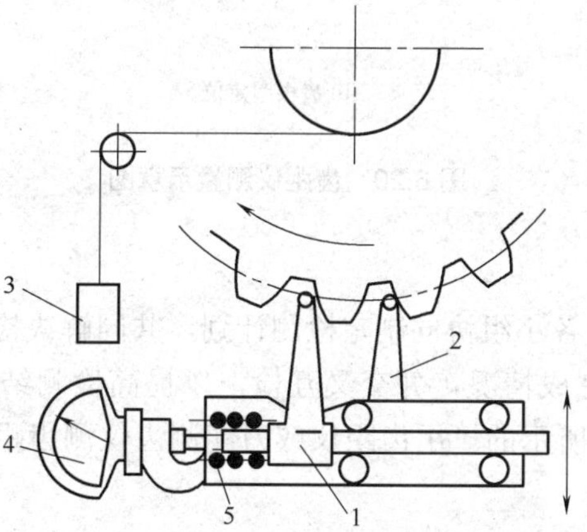

图 6.18　万能测齿仪测齿距

1—活动测头；2—固定测头；3—配重；4—指示表(比较仪)；5—弹簧

(2)　手持式齿距仪。

图 6.19 是手持式齿距仪的结构图，固定量爪 8 可按照被测齿轮模数进行调整，活动量爪 7 通过杠杆将位移传递给指示表 4，定位支脚可以根据情况选择用齿顶圆、齿根圆、装配孔进行定位，如图 6.20 所示。齿距仪可以测量较大的齿轮，因为很难得到半径距离的精确数值，所以齿距仪很少用于绝对测量法测齿距的真实的数值，最合适的用途是用作相对测量。

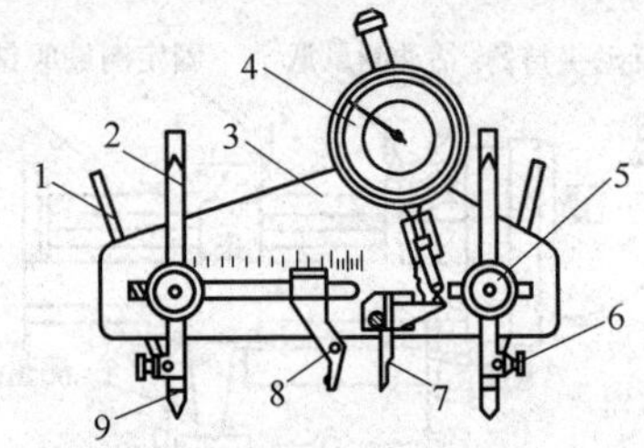

图 6.19　齿距仪

1—支架；2—定位支脚；3—主体；4—指示表；5—固定螺母；
6—固定螺钉；7—活动量爪；8—固定量爪；9—定位支脚

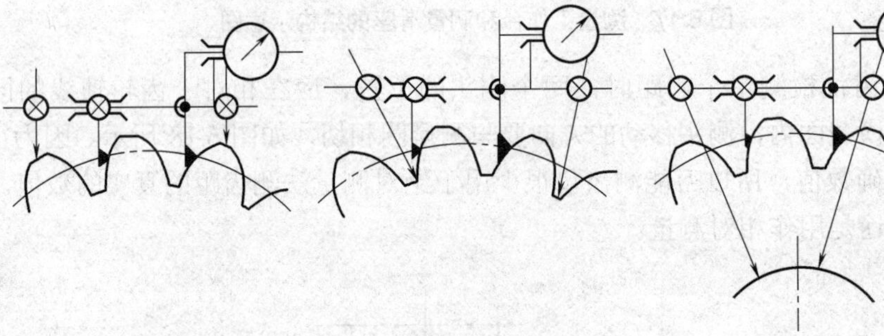

图 6.20　齿距仪测量示意图

3. 工作计划

在检测实训过程中，各小组协同制定检测计划，共同解决检测过程中遇到的困难；要相互监督计划的执行与完成情况，并交叉互检，以提高检测结果的准确性。在实训过程中，要如实填写表 6.16 所示的“用齿距仪或万能测齿仪测齿距偏差的工作计划及执行情况表”。

表 6.16　用齿距仪或万能测齿仪测齿距偏差的工作计划及执行情况表

序　号	内　容	所用时间	要　求	完成/实施情况记录或个人体会、总结
1	研讨任务		看懂图纸，分析被测齿轮的齿距偏差要求和基本参数，获取齿距偏差检测的相关资讯	
2	计划与决策		根据任务和现有条件确定计量器具及其规格检测位置、检测次数，制定详细的检测计划	
3	实施检测		根据计划，按顺序检测，并做好记录，用列表法或图解法求齿距偏差，填写测试报告	
4	结果检查		检查本组组员的计划执行情况和检测结果，并组织交叉互检	

续表

序 号	内 容	所用时间	要 求	完成/实施情况记录或个人体会、总结
5	评估		对自己所做的工作进行反思，提出改进措施，谈谈自己的心得体会	

4. 检测实施

(1) 填写借用工件和计量器具的申请表。
(2) 领取工件和计量器具。
(3) 清洗工件和计量器具。
(4) 根据被测齿轮的基本参数，调整仪器。
(5) 按顺序逐齿进行测量并做好记录。
(6) 用列表法或图解法求齿距偏差。
(7) 出具检测报告。

5. 用齿距仪或万能测齿仪测齿距偏差的检查要点

(1) 仪器安装和调试是否正确？
(2) 检测位置是否科学？
(3) 复查零位是否正确？
(4) 读数方法是否正确？
(5) 自己复查了哪些数据？结果如何？
(6) 与同组成员的互检结果如何？

6.3.2 用渐开线检查仪测齿廓偏差

1. 工作任务

用单圆盘式渐开线检查仪测图 6.21 所示齿轮的齿廓总偏差 F_α。

2. 齿廓偏差测量资讯

齿廓偏差的测量方法有展成法、坐标法和啮合法。

1) 展成法测量

展成法测量依据渐开线形成原理，如图 6.22 所示，以被测齿轮回转轴线为基准，通过和被测齿轮 1 同轴的基圆盘 2 在直尺 3 上做纯滚动，形成理论的渐开线轨迹，将实际齿形与理论渐开线轨迹进行比较，其差值通过传感器 5 和记录器 4 画出齿形误差曲线，在该曲线上按定义评定得到齿廓偏差。

展成法测量的仪器有单圆盘式渐开线检查仪、万能渐开线检查仪和渐开线螺旋线检查仪等。

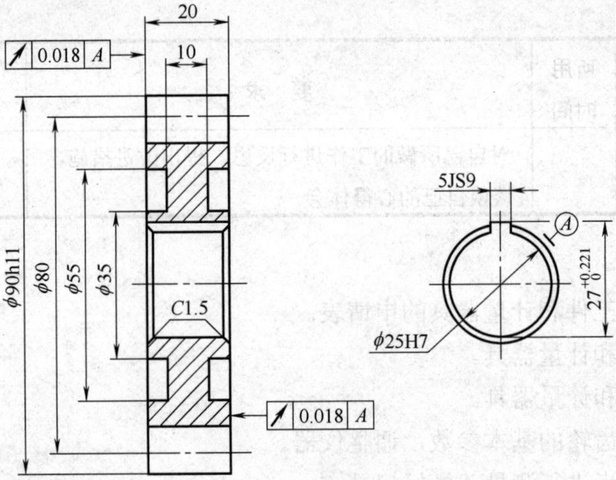

图 6.21　盘形齿轮

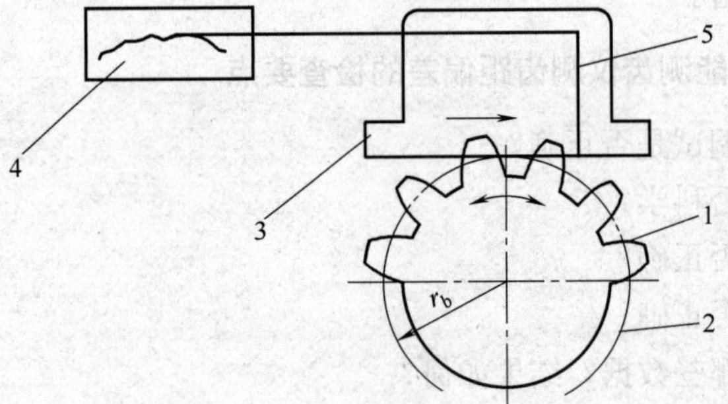

图 6.22　齿廓展成法测量原理

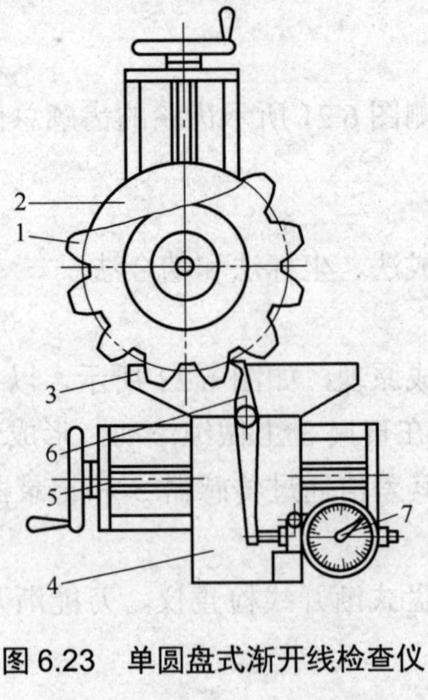

图 6.23　单圆盘式渐开线检查仪

单圆盘式渐开线检查仪的工作原理如图 6.23 所示，被测齿轮 1 和基圆盘 2 装在同一心轴上，基圆盘的直径等于被测齿轮的基圆直径。基圆盘在弹簧产生的压力作用下紧靠直尺

3。直尺固定安装在测量滑板 4 上，并且直尺的工作面与测量滑板的运动方向平行。当转动手轮 5 时，测量滑板与直尺一起做直线运动。在摩擦力的作用下，基圆盘被直尺带着转动，相对直尺做无滑动的纯滚动。杠杆测头 6 和指示表 7 装在测量滑板上，并与其一起移动。使用专用附件将测头尖端调整在直尺与基圆盘相切的平面内，则测头端点相对于基圆盘 2 的运动轨迹即为一条渐开线，也是被测齿轮齿面的理论渐开线。杠杆测头在测量力作用下与被测齿面接触时，实际形状相对于理论渐开线的偏差就使测头产生相对运动，通过指示表或记录器即可将此齿廓误差显示出来。

2)　坐标法测量

坐标法测量又分为极坐标法测量和直角坐标法测量两种。

极坐标法测量是以被测齿轮回转轴线为基准，通过测角装置(如圆光栅、分度盘)和测长装置(如长光栅、激光)测量被测齿轮的角位移和渐开线展开长度。通过数据处理系统，将被测齿形线的实际坐标位置和理论坐标位置进行比较，画出齿形误差曲线，在该曲线上按定义评定得到齿廓偏差。

直角坐标法测量原理如图 6.24 所示，也是以被测齿轮回转轴线为基准(如仪器不具备回转工作台，也可用齿顶圆或轴颈外圆代替)。测量时被测齿轮固定不动，测头在垂直于回转轴线的平面内对齿形线上的被测点进行测量，得到被测点的直角坐标值，再将测得的坐标值与理论坐标值进行比较，将各点的差值绘成齿形误差曲线，在该曲线上按定义评定得到齿廓偏差。

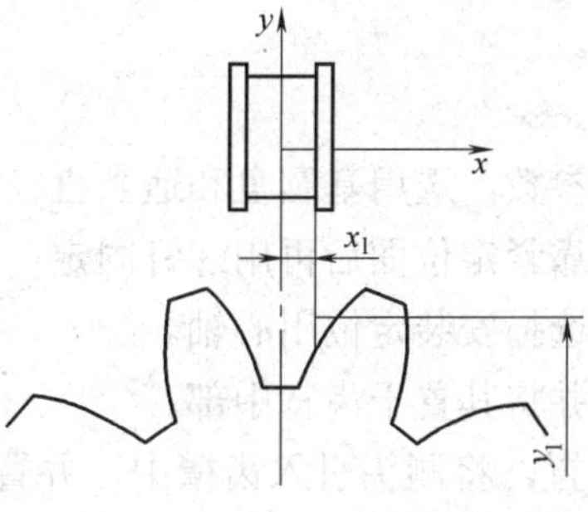

图 6.24　直角坐标法测量原理

坐标法测量的仪器有渐开线检查仪、万能齿轮测量仪、齿轮测量中心及三坐标测量机等。

3)　啮合法

啮合法是指用单面啮合整体误差测量仪进行齿廓偏差的测量。测量时让被测齿轮与测量齿轮(或测量蜗杆)作单面啮合传动，将此传动与标准传动相比较。通过误差处理系统测量出被测齿轮的实际回转角与理论回转角的差值，并由同步记录器将其记录成整体误差曲线，然后按照齿廓偏差的定义在误差曲线上取值即可。

3. 工作计划

在检测实训过程中，各小组协同制定检测计划，共同解决检测过程中遇到的困难；要相互监督计划的执行与完成情况，并交叉互检，以提高检测结果的准确性。用单圆盘式渐开线检查仪测齿廓偏差的工作计划及执行情况表如表6.17所示。

表6.17 用单圆盘式渐开线检查仪测齿廓偏差的工作计划及执行情况表

序号	内容	所用时间	要求	完成/实施情况记录或个人体会、总结
1	研讨任务		看懂图纸，分析被测齿轮的齿廓偏差要求和基本参数，获取齿廓偏差检测的相关资讯	
2	计划与决策		根据任务和现有条件确定计量器具及其规格、基圆盘直径、检测位置、检测次数，制定详细的检测计划	
3	实施检测		根据计划，按顺序检测，并做好记录，处理数据，填写测试报告	
4	结果检查		检查本组组员的计划执行情况和检测结果，并组织交叉互检	
5	评估		对自己所做的工作进行反思，提出改进措施，谈谈自己的心得体会	

4. 检测实施

(1) 填写借用工件和计量器具的申请表。

(2) 领取工件和计量器具。

(3) 清洗工件和计量器具。

(4) 根据被测齿轮的基本参数，选用基圆盘和适当直径的测头。

(5) 将测头装入传感器，靠紧定位面后再用螺钉固定。

(6) 根据被测齿轮的精度选择安装定位用心轴。

(7) 调整测头高低位置，并将其置于齿宽中部。

(8) 调整定基圆滑架的位置，将测头引入齿槽中，并置于齿轮基圆柱切平面内。同时使测量滑架停在起始展开长度的位置上。

(9) 装上记录纸，并选择适当的放大倍数，即可启动马达，开始进行测量。

(10) 出具检测报告。

5. 用单圆盘式渐开线检查仪测齿廓偏差的检查与评估

1) 检查要点

(1) 仪器安装和调试是否正确？

(2) 测头选择是否合理？

(3) 心轴选择是否符合要求？

(4) 检测位置是否科学？

(5) 仪器放大倍数选择是否正确？

(6) 测量重复性如何？

(7) 读数方法是否正确？

(8) 自己复查了哪些数据？结果如何？

(9) 与同组成员的互检结果如何？

2) 评估策略

学生应该对自己所做的工作做一个评价；对计划、决策、实施、检查 4 个方面进行反思，提出改进措施。评估也是学生再次进行学习和提高的过程，因此应该要求学生认真对待，做到客观真实、杜绝假话、套话和空话。教师从学生的评价中可以发现学生进行的反思性学习品质和自我修正的能力。

6.3.3 用齿轮径向跳动测量仪(或偏摆检查仪)测齿轮径向跳动

1. 工作任务

用偏摆检查仪检测齿轮的径向跳动。

2. 齿轮径向跳动检测的资讯

齿轮的径向跳动(F_r)是指将一个适当的测头(球形、圆柱形、砧形)相继放置于每个齿槽中，测它到齿轮轴线的最大和最小距离之差，其测量原理如图 6.25 所示。

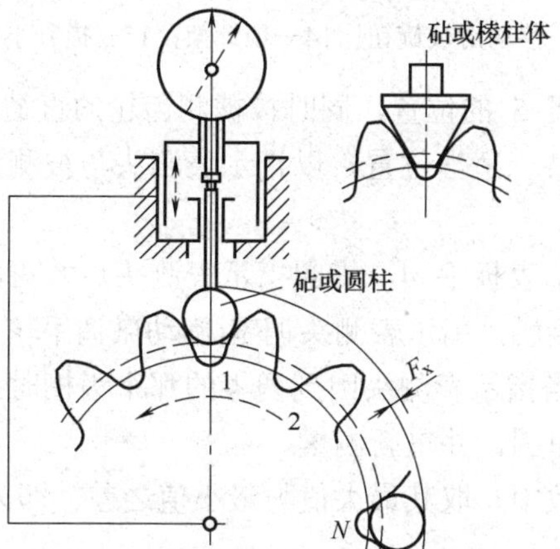

图 6.25　齿轮的径向跳动测量原理

齿轮的径向跳动的测量可以在齿轮径向跳动测量仪或偏摆检测仪上进行，图 6.26 是齿轮径向跳动测量仪的结构图。测量时应使测头与齿轮在齿槽的中部分度圆附近的位置接触。对于球形测头其直径 d 按下式计算：

$$d=1.68m_n$$

式中：d 为测头直径；m_n 为齿轮的法向模数。

齿轮径向跳动测量的具体过程如下。

(1) 根据被测齿轮模数的大小，按 $d=1.68m_n$ 选择相应直径的指示表测头。

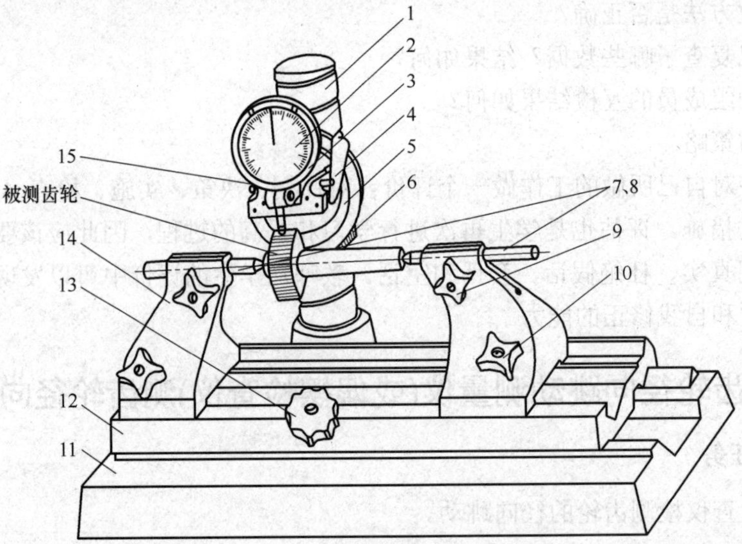

图 6.26 齿轮径向跳动测量仪

1—立柱；2—指示表；3—微调手轮；4—指示表扳手；5—指示表支架；6—调节螺母；
7、8—顶针；9—顶针锁紧螺钉；10—顶针架锁紧螺钉；11—底座；12—顶针架滑板；
13—移动滑板旋钮；14—顶针架；15—提升小旋钮

(2) 调整好指示表支架 5 的位置，同时按被测齿轮的直径大小转动调节螺母 6，使支架作上下移动，并固定在某一适当位置，以指示表测头与被测齿轮在齿槽接触，并且指示表指针大致在零刻度为准。

(3) 测量时应上翻指示表扳手 4，提起指示表测头后才可将齿轮转过一齿，再将扳手轻轻放下，使测头与齿面接触，指示表测头调零(旋动微调手轮 3)开始逐齿测取读数，直至测完全部齿槽为止。最后当指示表测头回到调零的那个齿槽时，表上读数应仍然为零，若偏差超过一个格值应检查原因，并重新测量。

(4) 在记录的全部读数中，取其最大值与最小值之差，即为被测齿轮的径向跳动。

3. 工作计划

在检测实训过程中，各小组协同制定检测计划，共同解决检测过程中遇到的困难；要相互监督计划的执行与完成情况，并交叉互检，以提高检测结果的准确性。用偏摆检查仪测齿轮径向跳动的工作计划及执行情况表如表 6.18 所示。

表 6.18 用齿轮跳动测量仪(或偏摆检查仪)测齿轮径向跳动的工作计划及执行情况表

序 号	内 容	所用时间	要 求	完成/实施情况记录或个人体会、总结
1	研讨任务		看懂图纸，分析被测齿轮的齿轮径向跳动要求和基本参数，获取齿轮径向跳动检测的相关资讯	

续表

序　号	内　容	所用时间	要　求	完成/实施情况记录或个人体会、总结
2	计划与决策		根据任务和现有条件确定计量器具及其规格、检测位置、检测次数，制定详细的检测计划	
3	实施检测		根据计划，按顺序检测，并做好记录，处理数据求出径向跳动，填写测试报告	
4	结果检查		检查本组组员的计划执行情况和检测结果，并组织交叉互检	
5	评估		对自己所做的工作进行反思，提出改进措施，谈谈自己的心得体会	

4. 检测实施

(1) 填写借用工件和计量器具的申请表。

(2) 领取工件和计量器具。

(3) 清洗工件和计量器具。

(4) 将被测齿轮安装在偏摆检查仪上，并调整仪器。

(5) 根据齿轮参数确定测头直径，并安装指示表。

(6) 逐齿测量，做好记录。

(7) 求齿轮径向跳动。

(8) 出具检测报告。

5. 用偏摆检查仪测齿轮径向跳动的检查与评估

1) 检查要点

(1) 仪器安装和调试是否正确？

(2) 测头直径是否正确？

(3) 检测位置是否科学？

(4) 复查零位是否正确？

(5) 读数方法是否正确？

(6) 自己复查了哪些数据？结果如何？

(7) 与同组成员的互检结果如何？

2) 评估策略

学生应该对自己所做的工作做一个评价；对计划、决策、实施、检查 4 个方面进行反思，提出改进措施。评估也是学生再次进行学习和提高的过程，因此应该要求学生认真对待，做到客观真实，杜绝假话、套话和空话。教师从学生的评价中可以发现学生进行的反思性学习品质和自我修正的能力。

6.4 拓展实训

用齿距仪测图 6.21 所示盘形齿轮的齿距偏差

实训目的：通过完成对齿轮齿距偏差的检测，进一步掌握齿距仪的使用方法。

实训要点：练习齿距仪的安装、调试、检测和读数，提高测量的准确性。

预习要求：齿距仪的结构原理、使用方法。

实训过程：让学生自主操作，自主探索，自我提高；教师观察，发现严重错误和典型错误要及时指正，重点是让学生学会如安装、调试齿距仪和让学生提高检测的准确性。

实训小结：对学生的操作过程中的典型问题进行集中评价。

6.5 实践中常见问题解析

1. 在测齿廓偏差时检测位置的确定

在对齿轮进行齿廓偏差检测时，一般应在齿轮整个圆周上均匀分布 4 个轮齿的左、右齿面分别进行测量，每个齿面的误差均应在所要求的公差范围内。

2. 作高精度齿轮测量时应使用样板校验零位

由于渐开线检查仪的机构误差比零位还要重要，故在使用仪器之前，特别是在使用样板校验后可以不再校正零位。

3. 测齿轮径向跳动时，测量次数的确定和零位的复查

在测齿轮径向跳动时，应逐一对每个齿槽进行检测，取所有测得值中的最大值减去最小值作为测量结果。测量时，可以测 n+1 次(n 为齿数)，将 n+1 次的测得值与第 1 次的测得值进行比较，两次结果应该一致，否则测量数据无效，应重新调整、测量。

6.6 拓展知识

6.6.1 渐开线圆柱齿轮副的精度

前面的内容都是针对单个齿轮进行分析的，下面介绍一对啮合的齿轮副的精度要求。

由于各种产品对齿轮副的要求差别很大，故 GB/T 10095.1 和 GB/T 10095.2 两个标准中没有对齿轮副规定要求，只是在指导性技术文件 GB/Z 18620.2、GB/Z 18620.3 和 GB/Z 18620.4 中作了推荐要求，由设计者自行确定。

齿轮副的检验项目有齿轮副的切向综合偏差 F_{ic}'、接触斑点、侧隙(圆周侧隙 j_t、法向侧隙 j_n)和安装精度(轴中心距偏差 Δf_α、轴线平行度偏差)。

1. 齿轮副的切向综合偏差 F_{ic}'

齿轮副的切向综合偏差 F_{ic}' 的测量与单齿的测量原理相同，只是单齿是采用测量齿轮与被测齿轮啮合，而齿轮副使用两个被测齿轮相互啮合进行测量。

2. 齿轮副的接触斑点

1)　接触斑点的定义

齿轮副的接触斑点是指装配好的齿轮副在轻微制动下运转后齿面的接触擦亮痕迹，可以用沿齿高方向和沿齿长方向的百分数来表示。图 6.27～图 6.30 分别是几种典型接触斑点的示意图。

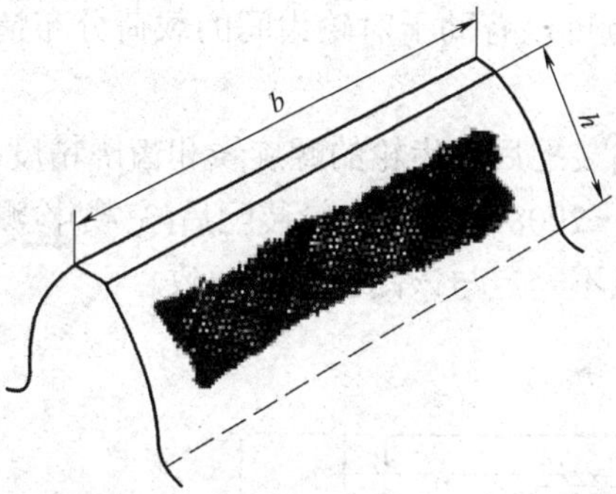

图 6.27　典型的规范接触近似为：齿宽 b 的 80%，有效齿面高度 h 的 70%，齿端修薄

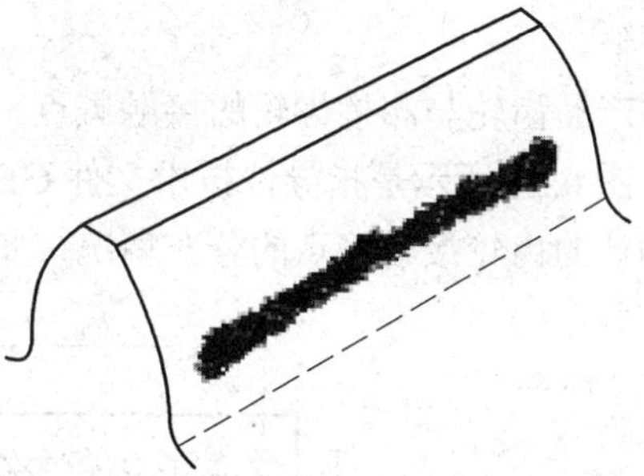

图 6.28　齿长方向配合正确，有齿廓偏差

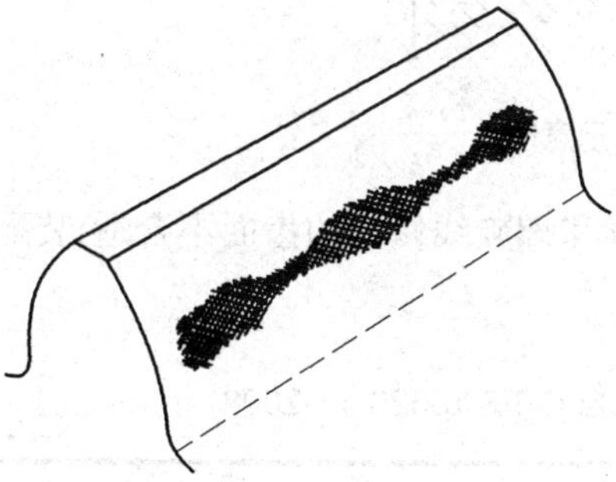

图 6.29　波纹度

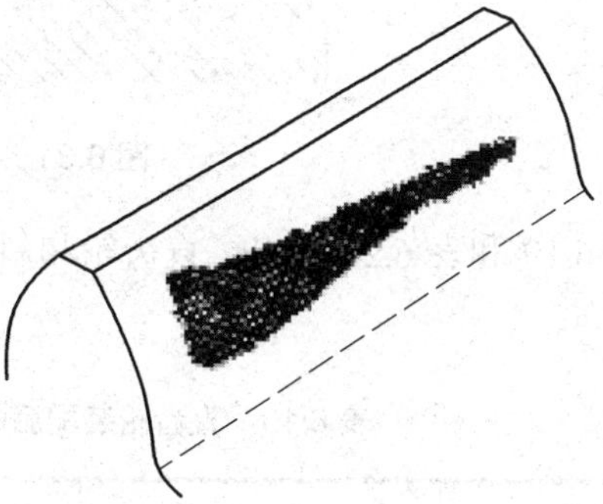

图 6.30　有螺旋线偏差，齿廓正确，有齿端修薄

2)　接触斑点的获得

接触斑点的获得方法分为静态方法(通过软涂层的转移)和动态方法(通过硬涂层的磨损)两种。

静态方法是指将齿轮彻底清洗干净，去除油污，在小齿轮 3 个或更多齿上涂上一层薄(5～15μm)而均匀的印痕涂料(如红丹、普鲁士蓝软膏、划线蓝油等)，然后在大齿轮上将与涂有涂料的小齿轮啮合的齿上喷一层薄薄的显像液膜。由操作者转动小齿轮，使有涂料的轮齿与大齿轮啮合，并由助手在大齿轮上施加一个足够的反力矩以保证接触，然后把轮齿反转回到原来的位置，在轮齿的背面做上记号，以便对接触斑点进行观察。得到的接触斑点应用照相、画草图或透明胶带等方法记录下来，以便保存。

动态方法是指将齿轮彻底清洗干净，去除油污，将小齿轮和大齿轮至少 3 个以上的轮齿喷上划线用的蓝油，产生的膜应薄而光滑，不能太厚。然后给齿轮副一个载荷增量作短时间运行，然后停止，将其斑点记录下来，彻底清洗干净齿轮后在下一个载荷增量下重复以上程序。整个操作过程至少应在 3 个不同载荷上重复进行。典型载荷增量为 5%、25%、50%、75%和 100%，用所得的接触斑点进行比较，以保证在规定的工作条件下，观察到齿轮逐渐发展的接触面积达到设计的接触面大小。

3) 接触斑点的评定

检测产品齿轮副在其箱体内所产生的接触斑点可以有助于对轮齿间的载荷分布情况进行评估。

产品齿轮与测量齿轮的接触斑点，可用于评估装配后的齿轮的螺旋线和齿廓精度。

图 6.31 所示是指导性技术文件 GB/Z 18620.4—2008 给出的齿轮装配后(空载)检测时，所预计的齿轮接触斑点的分布情况，实际接触斑点不一定与该图所示的一致。

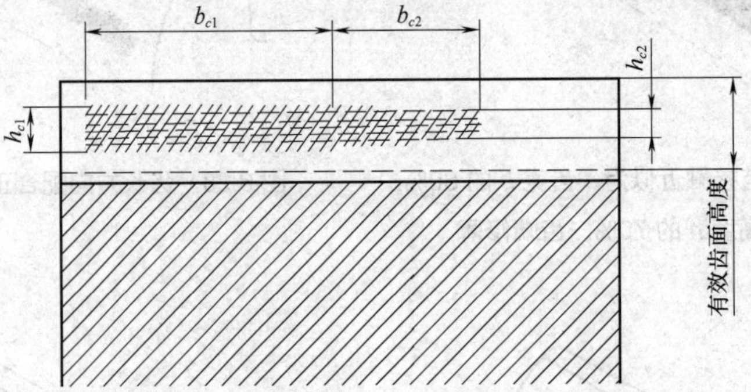

图 6.31 接触斑点分布示意图

表 6.19 和表 6.20 给出了直齿轮和斜齿轮(对齿廓和螺旋线修形的齿面不合适)装配后的接触斑点。

表 6.19 直齿轮装配后的接触斑点(摘自 GB/Z 18620.4—2008) %

精度等级按 GB/T 10095	b_{c1} 占齿宽的百分比	h_{c1} 占有效齿面高度的百分比	b_{c2} 占齿宽的百分比	h_{c2} 占有效齿面高度的百分比
4 级及更高	50	70	40	50
5 和 6	45	50	35	30
7 和 8	35	50	35	30
9 至 12	25	50	25	30

注：b_{c1}——接触斑点的较大长度，单位为%；b_{c2}——接触斑点的较小长度，单位为%；

h_{c1}——接触带点的较大高度，单位为%；h_{c2}——接触带点的较小高度，单位为%。

表 6.20　斜齿轮装配后的接触斑点(摘自 GB/Z 18620.4—2008)　%

精度等级按 GB/T 10095	b_{c1} 占齿宽的百分比	h_{c1} 占有效齿面高度的百分比	b_{c2} 占齿宽的百分比	h_{c2} 占有效齿面高度的百分比
4 级及更高	50	50	40	30
5 和 6	45	40	35	20
7 和 8	35	40	35	20
9 至 12	25	40	25	20

3. 最小侧隙和齿厚极限偏差的确定

1)　侧隙的定义及分类

侧隙 j 是指相互啮合的齿轮工作齿面相接触时，在两个非工作齿面之间所形成的间隙，也就是在节圆上齿槽宽度超过相啮合轮齿齿厚的量，如图 6.32 所示。侧隙可以在法向平面上或沿啮合线测量，但是它是在端平面上或啮合平面(基圆切平面)上计算和规定的。

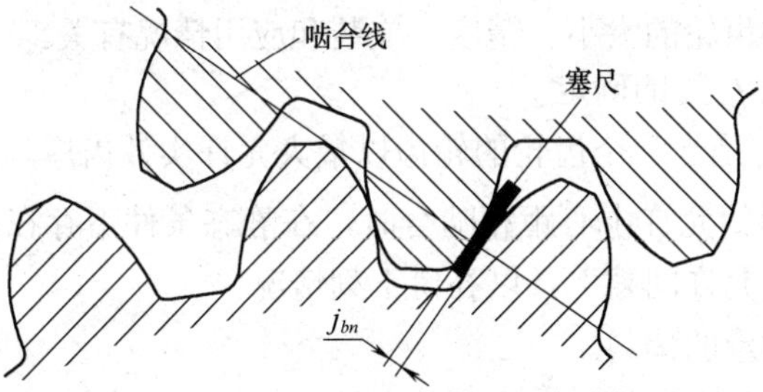

图 6.32　用塞尺测量侧隙(法向平面)

侧隙分为圆周侧隙、法向侧隙和径向侧隙，下面分别介绍这 3 种侧隙。

圆周侧隙 j_{wt}：是当固定两个相啮合齿轮中的一个时，另一个齿轮所能转过的节圆弧长的最大值，如图 6.33 所示。

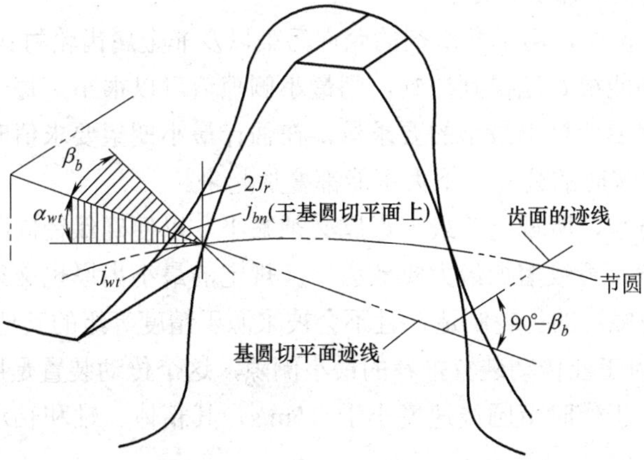

图 6.33　圆周侧隙 j_{wt}、法向侧隙 j_{bn} 与径向侧隙 j_r 之间的关系

法向侧隙 j_{bn}：是当两个齿轮的工作齿面相互接触时，其非工作齿面之间的最短距离，如图 6.33 所示。它与圆周侧隙 j_{wt} 的关系如下：

$$j_{bn} = j_{wt}\ \cos\alpha_{wt}\ \cos\beta_b$$

式中：α_{wt} 为端面压力角；β_b 为法向螺旋角。

径向侧隙 j_r：将两个相配齿轮的中心距缩小，直到左侧齿面和右侧齿面都接触时，这个缩小的量即为径向侧隙。它与圆周侧 j_{wt} 的关系如下。

$$j_r = \frac{j_{wt}}{2\tan\alpha_{wt}}$$

决定侧隙大小的齿轮副尺寸要素有：小齿轮的齿厚 s_1、大齿轮的齿厚 s_2 和箱体孔的中心距 a。我国实现侧隙的方法是采用减小单个齿轮齿厚的方法，而有的国家是通过改变中心距的方法来实现的。

所有相互啮合的齿轮必定都有些侧隙。必须要保证非工作齿面不会相互接触。在一个已定的啮合中，在齿轮传动中侧隙会随着速度、温度、负载等的变化而变化。在静态可测量的条件下，必须有足够的侧隙，以保证在带负载运行于最不利的工作条件下仍有足够的侧隙。需要的侧隙量与齿轮的大小、精度、安装和应用情况有关。

2) 最小法向侧隙 $j_{bn\min}$ 的确定

最小法向侧隙 $j_{bn\min}$ 是当一个齿轮的轮齿以最大允许实效齿厚与一个也具有最大允许实效齿厚的相配齿在最紧的允许中心距相啮合时，在静态条件下存在的最小允许侧隙。这是设计者所提供的传统“允许间隙”，以补偿下列情况。

(1) 箱体、轴和轴承的偏斜。

(2) 由于箱体的偏差和轴承的间隙导致齿轮轴线的不对准。

(3) 由于箱体的偏差和轴承的间隙导致齿轮轴线的歪斜。

(4) 安装误差，例如，轴的偏心。

(5) 轴承径向跳动。

(6) 温度影响(箱体与齿轮零件的温度差、中心距和材料差异所致)。

(7) 旋转零件的离心胀大。

(8) 其他因素，例如，由于润滑剂的允许污染以及非金属齿轮材料的溶胀。

如果上述因素均能很好地得到控制，则最小侧隙值可以很小，每一个因素均可分析其公差来进行估计，然后计算出最小的要求量，在估计最小期望要求值时，也需要用判断和经验，因为在最坏情况时的公差，不大可能都叠加起来。

对于任何检测方法，所规定的最大齿厚必须减小，以便确保径向跳动及其他切齿时变化对检测结果的影响，不致增加最大实效齿厚；规定的最小齿厚也必须减小，以便使所选择的齿厚公差能实现经济的齿轮制造，且不会被来源于精度等级的其他公差所耗尽。

表 6.21 列出了对工业传动装置推荐的最小侧隙，这个传动装置是用黑色金属齿轮和黑色金属箱体制造的，工作时节圆线速度小于 15m/s，其箱体、轴和轴承都采用常用的商业制造公差。

表 6.21　对于中、大模数齿轮最小侧隙 $j_{bn\min}$ 的推荐值(摘自 GB/Z 18620.2—2008)　mm

m_n	最小中心距 a_i					
	50	100	200	400	800	1600
1.5	0.09	0.11	—	—	—	
2	0.10	0.12	0.15	—	—	—
3	0.12	0.14	0.17	0.24	—	—
5	—	0.18	0.21	0.28	—	—
8	—	0.24	0.27	0.34	0.47	—
12	—	—	0.35	0.42	0.55	—
18	—	—	—	0.54	0.67	0.94

上表中的数值，可用下式进行计算：

$$j_{\text{bn min}}=\frac{2}{3}(0.06+0.0005a_i+0.03m_\text{n})$$

式中：a_i 是最小中心距，但必须是绝对值。

3)　齿厚上偏差的确定

齿厚偏差是指分度圆柱面上，实际齿厚与公称齿厚之差(对于斜齿轮指法向平面的齿厚)。公称齿厚是指一个齿的两侧理论齿廓之间的分度圆弧长，常称为分度圆弧齿厚，该弧齿厚所对应的弦长则称为分度圆弦齿厚。由此可见，分度圆弧齿厚不同于分度圆弦齿厚。由于分度圆弧齿厚需要在测角的专用仪器上进行测量，只能在计量室内完成，在实际生产现场不适用，加之两者相差甚微，故一般的测量是测量分度圆弦齿厚。如有需要也可将测得的弦齿厚换算为弧齿厚。其最小削薄量(即上偏差)可以通过计算得到。

齿厚上偏差 E_sns 取决于齿轮和齿轮副的最小加工和安装误差。可以通过下式计算两个相啮合齿轮的齿厚上偏差之和：

$$E_\text{sns1}+E_\text{sns2}=-2f_a\times\tan\alpha_\text{n}-\frac{j_{bn\min}+J_\text{n}}{\cos\alpha_\text{n}}$$

式中：E_sns1、E_sns2 为小齿轮、大齿轮的齿厚上偏差；f_a 为中心距偏差，在设计者经验不足时，建议可以从 GB/T 10095—88 的相关表格中查取；J_n 为齿轮和齿轮副的加工、安装误差对侧隙减小的补偿量；α_n 为法向压力角。

J_n 的数值根据下式计算：

$$J_\text{n}=\sqrt{f_{pb1}^{\ 2}+f_{pb2}^{\ 2}+2(F_\beta\cos\alpha_\text{n})+(f_{\Sigma\delta}\sin\alpha_\text{n})^2+(f_{\Sigma\beta}\cos\alpha_\text{n})^2}$$

式中：f_{pb1}、f_{pb2} 为小齿轮、大齿轮的基节偏差；F_β 为小齿轮、大齿轮的螺旋线总公差；$f_{\Sigma\beta}$、$f_{\Sigma\delta}$ 为齿轮副轴线平行度公差。

可以按等值分配法或不等值分配法确定大、小齿轮的齿厚上偏差，一般使大齿轮齿厚的减薄量大一些，使小齿轮齿厚的减薄量小一些，以使大、小齿轮的强度匹配。

另外，需要验算加工后的齿厚是否会变薄，如果$|E_\text{sni}/m_\text{n}|>0.5$，则在任何情况下变薄现象都会出现。

4)　法向齿厚公差 T_{sn} 的确定

法向齿厚公差的选择，基本上与齿轮精度无关。除非十分必要，不然不应该采用很紧的齿厚公差，这对制造成本有很大的影响。在很多情况下，允许用较宽的齿厚公差或工作侧隙，这样做不会影响齿轮的性能和承载能力，却可以获得较经济的制造成本。如果出于工作运行的原因必须控制最大侧隙时，则需对各影响因素进行仔细研究，对有关齿轮的精度等级、中心距公差和测量方法予以仔细规定。

齿厚公差可按下式计算 T_{sn}：

$$T_{sn}=\sqrt{F_r^2+b_r^2}\times 2\tan\alpha_n$$

式中：F_r 为径向跳动公差；b_r 为切齿径向进刀公差，可按表 6.22 选用。

表 6.22　切齿径向进刀公差

齿轮精度等级	4	5	6	7	8	9
b_r	1.26 IT7	IT8	1.26 IT8	IT9	1.26 IT9	IT10

5)　齿厚下偏差 E_{sni} 的确定

齿厚下偏差 E_{sni} 是齿厚上偏差减去齿厚公差后获得的，即：

$$E_{sni}=E_{sns}-T_{sn}$$

E_{sni} 和 E_{sns} 应有正负号。

6)　最大法向侧隙 $j_{bn\max}$ 的确定

一对齿轮副中的最大侧隙 $j_{bn\max}$，是齿厚公差、中心距变动和齿轮几何形状变异的影响之和。理论的最大侧隙发生于两个理想的齿轮按最小齿厚的规定制成，且在最松的中心距条件下啮合。最松的中心距对外齿轮是指最大的，对内齿轮是指最小的。

理论的最大侧隙也可能发生于当两个齿轮都按最小实效齿厚 $s_{wt\min}$ 制成，且运行于最松的中心距条件下碰在一起时。当然这种情况在实际中不大可能发生。

$s_{wt\min}$ 的值，计算方法如下：

$$s_{wt\min}=s_{wt}-E_{sni}\frac{\cos\alpha_n}{\cos\beta_n}\frac{1}{\cos\alpha_{wt}}-2F_i''\tan\alpha_{wt}$$

$$j_{wt\max}=p_{wt}-s_{wt\min 1}-s_{wt\min 2}-(a_{\max}-a_{\min})2\tan\alpha_{wt}$$

式中：s_{wt} 为在工作直径处的理论端面齿厚；p_{wt} 为工作节圆的齿厚，$p_{wt}=\dfrac{2\pi a_{\min}}{z_1+z_2}$。

在工作直径处侧隙的值，可以按下面方法转换成塞尺测得的值 j_{bn}：

$$j_{bn\max}=j_{wt\max}\cos\alpha_{wt}\cos\beta_b$$

6.6.2　齿厚的测量

弦齿厚的测量多用齿厚游标卡尺和光学测齿卡尺。测量时以齿顶圆为基准，按计算出的弦齿高 h_a 调整高度尺的位置，以图 6.34 所示齿厚游标卡尺为例，先松开螺钉 11 并锁紧螺钉 10，再调整微调螺母 8 使高度游标尺的示值为 h_a，然后固紧螺钉 11；将支撑板 5 置于被测齿顶上，并使卡尺的量爪 2 垂直于齿轮的轴线，再用同样方法调整水平游标卡尺的微调螺母，使可动量爪和固定量爪与齿面对称接触，这时，水平游标尺示值即为实际齿厚值。

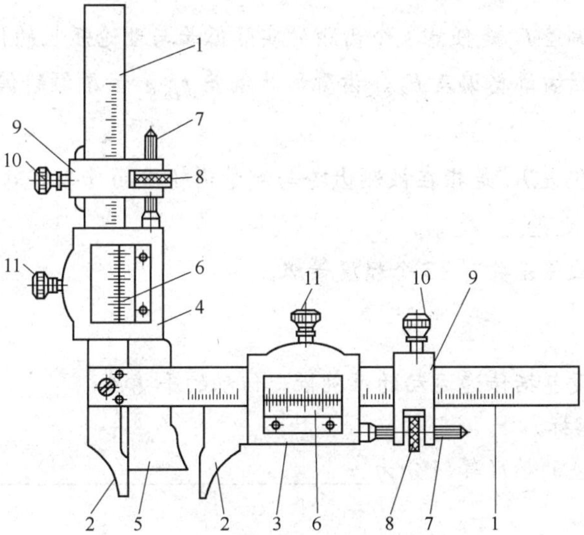

图 6.34　齿厚卡尺结构

1—主尺；2—水平量爪；3—水平尺尺框；4—高度尺尺框；5—高度尺；6—游标；7—微调螺杆；8—微调螺母；9—微调装置；10—微调锁紧螺钉；11—尺框锁紧螺钉

对于小模数的齿轮，还可采用投影仪或万能工具显微镜以影像法进行测量。

6.6.3　公法线长度的测量

由于直接法测量齿厚一般难以达到较高的测量精度，因而还可用另一等效的检验项目——公法线平均长度偏差，它是指在齿轮一周内的公法线平均长度值对其公称值之差。

公法线长度的测量是使用公法线千分尺按计算出的跨齿数 K 进行测量。合理的跨齿数使测量时的切点位于齿高中部，即分度圆上或其附近。

$$K \approx 0.111z+0.5(\text{取最接近的整数})$$

通常跨齿数 K 可近似地取为齿数的 1/9。

公法线千分尺可测量模数大于 1mm 的直齿和斜齿公法线长度。公法线千分尺的结构与外径千分尺相似，区别仅在于测量砧的尺寸不同。读数与使用方法也与外径千分尺相同。

思考与练习

一、判断题

1. 齿轮传动的平稳性是要求齿轮一转内最大转角误差限制在一定的范围内。　(　　)
2. 高速动力齿轮对传动平稳性和载荷分布均匀性都要求很高。　(　　)

3. 齿轮传动的振动和噪声是由于齿轮传递运动的不准确性引起的。 ( )

4. 精密仪器中的齿轮对传递运动的准确性要求很高，而对传动的平稳性要求不高。 ( )

5. 齿距累积总偏差 F_p 是任意 k 个齿距的实际弧长与理论弧长的代数差。 ( )

6. 齿廓偏差包括齿廓总偏差 F_α 、齿廓形状偏差 $f_{f\alpha}$ 和齿廓倾斜偏差 $f_{H\alpha}$ 3 项指标。 ( )

7. 径向综合总偏差 F_i'' 是指在被测齿轮与测量齿轮单面啮合并转过一整圈时出现的中心距最大值和最小值之差。 ( )

8. 轮齿同侧齿面偏差共有 13 个精度等级。 ( )

二、填空题

1. 齿轮传动精度包括传递运动的准确性、传动的平稳性、________和________4 个指标。

2. 径向综合偏差的精度等级分为________共 9 个精度等级。

3. 齿轮副侧隙可分为________、________和________3 种。

4. 在齿轮的加工误差中，影响齿轮副侧隙的误差主要是________。

5. 轧钢机、矿山机械及起重机械用齿轮，其特点是传递功率大、速度低，主要要求________。

6. 齿轮标记 7(F_α)、8(f_{pt}、F_p、F_β) GB/T 10095.1 的含义是：________。

7. 传递运动准确性应控制齿轮在一转范围内________误差不超过允许值。

8. 齿轮副的接触斑点是指________。

三、选择题

1. 下列不属于齿距偏差的是( )。

   A. f_{pt}　　B. F_α　　C. F_{pk}　　D. F_p

2. 下列计量器具中不能用来检测齿距偏差的是( )。

   A. 齿距仪　B. 万能测齿仪　C. 光学分度头　D. 齿厚游标卡尺

3. 下列哪个指标不是必检项目( )。

   A. f_{pt}　　B. F_p　　C. F_α　　D. F_{pk}

四、简答题

1. 齿轮传动有哪些使用要求？

2. 渐开线圆柱齿轮轮齿同侧齿面偏差有哪些项目？它们对齿轮传动各有什么影响？

3. 渐开线圆柱齿轮径向综合偏差与径向跳动有哪些项目？它们对齿轮传动各有什么影响？

4. 如何确定齿轮的检验项目？单个齿轮有哪些必检项目？

5. 齿坯有哪些精度要求？

6. 齿轮副的精度要求有哪些？

五、综合题

1. 某齿轮模数 m=2，齿数为 20，用相对法测齿距偏差结果如下表；求齿距偏差 f_{pt} 和齿距累积总偏差 F_p。

μm

齿序号	1	2	3	4	5	6	7	8	9	10	11	12	13	14	15	16	17	18	19	20
相对齿距偏差	0	+1	+3	+3	+4	+2	+5	+3	0	−2	−3	−5	−6	−6	−3	−1	−4	−3	+1	+1

2. 请解释下列齿轮精度标注的含义：

6(F_α)、7(f_{pt}、F_p、F_β)GB/T 10095.1

3. 某车床主轴箱内传动轴上的一对直齿圆柱齿轮，1 为主动轮，转数 n=1000r/min，齿轮 2 为从动轮；m=3mm，z_1=26，z_2=56，齿宽 b=24mm；批量生产，齿轮材料为 45 钢。试确定两齿轮的精度等级、检验项目及其允许值。

第 7 章　几何量检测新技术简介

随着现代工业的发展，尤其是以数字制造为核心的先进制造技术的迅猛发展，对精密测量技术提出了新的要求：精密测量技术一方面要为先进制造技术担负起质量技术保证的重任；另一方面又不能单纯为检测而检测，还要为产品生产效益的提高贡献力量。

传统制造业中的测量大多是“事后”测量，也即是在生产过程后被动的抽查式测量。而现代先进制造技术的一个理想目标就是要实现零废品制造，不仅零、部件的质量需要测量来保证，加工的设备以及整机的装配质量也都需要精密测量来保证。而且，在很多行业和领域(如汽车制造业)测量已深入到生产过程中进行在线检测，在一些大型工程中需要现场检测；在逆向工程中，测量不再仅仅是“服务”行业，已成为整个先进闭环制造过程中一个不可缺少的关键环节，如图 7.1 所示。

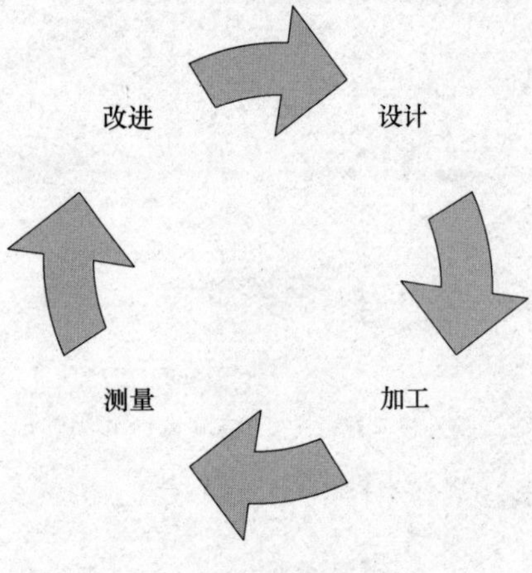

图 7.1　先进闭环制造系统示意图

与其他技术一样，测量的方式、方法正向着多样化方向发展。对几何量测量来说，其测量尺度正向着小尺寸和大尺寸这两个极端方向发展。小尺寸方向正在进行微米测量和纳米测量的研究与应用；大尺寸测量主要指几米至几百米范围内物体的空间位置、尺寸、形状、运动轨迹等的测量。

7.1　激光干涉仪

激光具有高强度、高度方向性、空间同调性、窄带宽和高度单色性等优点。目前常用来测量长度的干涉仪，以迈克尔逊干涉仪为主，主要是以激光波长为已知长度，并以稳频氦氖激光为光源，构成一个具有干涉作用的测量系统，来实现位移的测量。激光干涉仪可配合各种折射镜、反射镜等来进行线性位置、速度、角度、直线度、平面度、小角度、平行度和垂直度等测量工作，并可作为精密工具机或测量仪器的校正工作。激光干涉仪的出现在世界计量史上具有重大的意义。由于它的相干长度很大，激光干涉仪的测量范围可以大大地扩展；而且由于它的光束发散角小，能量集中，因而它产生的干涉条纹可以用光电接收器接收，变为电信号，并由计数器一个不漏地记录下来，从而提高了测量速度和测量精度。激光干涉仪常用于检定测长机、三坐标测量机、光刻机和加工中心等的坐标精度，也可用作测长机、高精度三坐标测量机等的测量系统。利用相应的附件，还可进行高精度直线度测量、平面度测量和小角度测量。

激光干涉仪可分为单频激光干涉仪和双频激光干涉仪两种。

1)　单频激光干涉仪

单频激光干涉仪工作原理如图 7.2 所示。从激光器发出的光束，经扩束准直后由分光镜分为两路，并分别从固定反射镜和可动反射镜反射回来会合在分光镜上而产生干涉条纹。当移动可动反射镜时，干涉条纹的光强变化由接收器中的光电转换元件和电子线路等转换为电脉冲信号，经整形、放大后输入可逆计数器计算出总脉冲数，再由计算机算出可动反射镜的位移量。使用单频激光干涉仪时，要求周围大气处于稳定状态，各种空气湍流都会引起直流电平变化而影响测量结果。

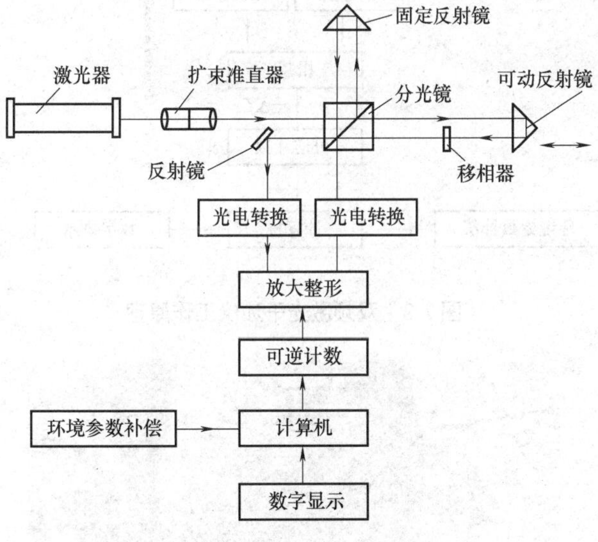

图 7.2　单频激光干涉仪工作原理

2)　双频激光干涉仪

双频激光干涉仪工作原理如图 7.3 所示。在氦氖激光器上，加上一个约 0.03 特斯拉的轴向磁场。由于塞曼分裂效应和频率牵引效应，激光器产生 f_1 和 f_2 两个不同频率的左旋和右旋圆偏振光。经 1/4 波片后成为两个互相垂直的线偏振光，再经分光镜分为两路。一路经偏振片 1 后成为含有频率为 f_1-f_2 的参考光束。另一路经偏振分光镜后又分为两路：一路

成为仅含有 f_1 的光束，另一路成为仅含有 f_2 的光束。当移动可动反射镜时，含有 f_2 的光束经可动反射镜反射后成为含有 $f_2 \pm \Delta f$ 的光束，Δf 是可动反射镜移动时因多普勒效应产生的附加频率，正负号表示移动方向(多普勒效应是奥地利人 C.J.多普勒提出的，即波的频率在波源或接收器运动时会产生变化)。这路光束和由固定反射镜反射回来仅含有 f_1 的光的光束经偏振片 2 后会合成为 $f_1-(f_2 \pm \Delta f)$ 的测量光束。测量光束和上述参考光束经各自的光电转换元件、放大器、整形器后进入减法器相减，输出成为仅含有 $\pm \Delta f$ 的电脉冲信号。经可逆计数器计数后，由电子计算机进行当量换算后即可得出可动反射镜的位移量。双频激光干涉仪是应用频率变化来测量位移的，这种位移信息载于 f_1 和 f_2 的频差上，对由光强变化引起的直流电平变化不敏感，所以抗干扰能力强。图 7.4 为激光干涉仪测量导轨示意图。

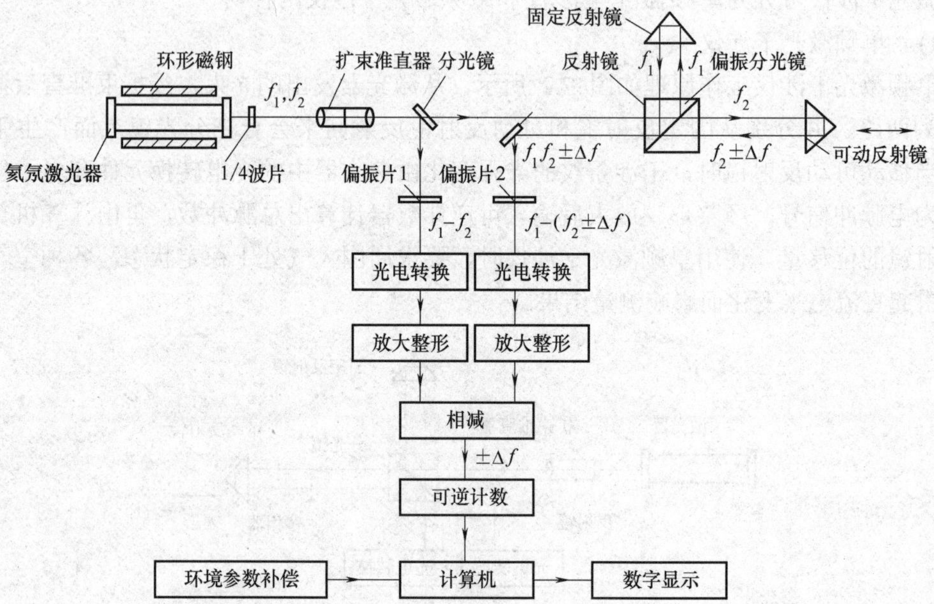

图 7.3　双频激光干涉仪工作原理

图 7.4　激光干涉仪测量导轨

7.2　小角度测量仪器

7.2.1　光电自准直仪

光电自准直仪是利用光学自准直原理测量微小角度的长度测量工具。光学自准直原理如图 7.5 所示，光线通过位于物镜焦平面的分划板后，经物镜形成平行光。平行光被垂直于光轴的反射镜反射回来，再通过物镜后在焦平面上形成分划板标线像与标线重合。当反射镜倾斜一个微小角度 α 角时，反射回来的光束就倾斜 2α 角。图 7.6 所示是自准直仪的光学系统。由光源发出的光经分划板 1、半透反射镜和物镜后射到反射镜上。如反射镜倾斜，则反射回来的十字标线像偏离分划板 2 上的零位。利用测微装置和可动分划板可分别从分划板 2 和读数鼓轮上读出 α 角的分值和秒值。自准直仪的分度值有 0.1、0.2 和 1 几种。当以斜率(例如 1/200)表示分度值时，通常称这种自准直仪为平面度测量仪；当以光电瞄准对线代替人工瞄准对线时，就称为光电自准直仪。其光电瞄准(对线)原理与振子式光电显微镜相似。自准直仪常用于测量导轨的直线度、平板的平面度(这时称为平面度测量仪)等，也可借助于转向棱镜附件测量垂直度等。光电自准直仪是带有电子计算机的测小角度偏差的双轴精密电子自准直仪。它可测量线性轴的直线度和旋转轴的重复性及精度，与垂直光学器件共同使用可测量两正交轴的垂直度，能自动地对测量所得数据进行处理，通过外围设备描绘出被测表面的轮廓图形，以数字显示或打印出误差值。

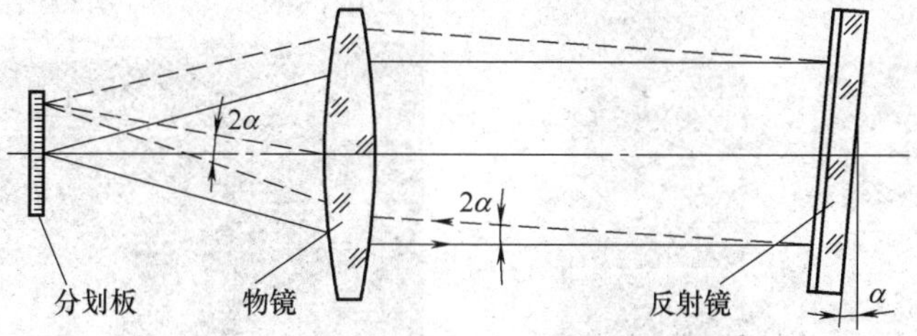

图 7.5　光学自准直原理

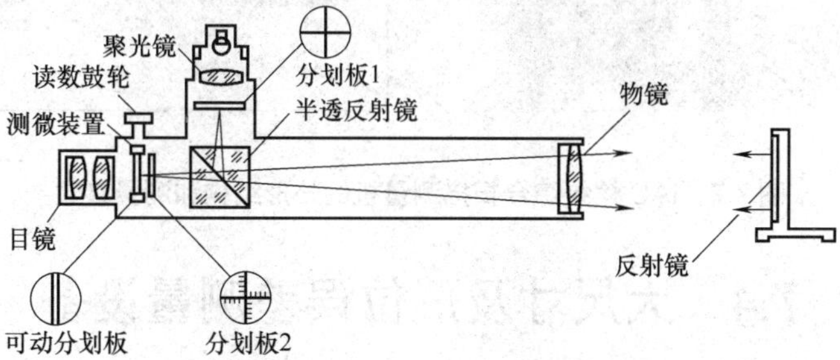

图 7.6　自准直仪的光学系统

7.2.2 垂直度检查仪

垂直度检查仪是用于校准直角尺的一种新型高精度垂直度测量系统，由高精度大理石角尺，真空吸附、伺服测量系统，PC 和软件组成。可自动校准、修正数据，自动记录在补偿系统中。其特点是：高精度垂直度测量系统，重复性高；测量方便、可靠；可进行手动、电动测量，通过气浮可在大理石表面平滑移动；可防止大理石温度变化的设计，具有静态及动态的测量功能及分析软件。

7.3 螺纹综合扫描测量机

螺纹综合扫描测量机的出现，给传统的螺纹测量技术带来了一场大的变革。螺纹综合扫描测量机用于圆柱螺纹塞规、环规，锥螺纹塞规、环规，光面塞规、环规等各种内、外尺寸量规的作用中径、单一中径、大径、小径、螺距、牙型半角、牙型轮廓偏差、轮廓角、锥角等参数的测量，操作简单、方便、快捷，应用范围广，具有极高的测量不确定度，尤其对内螺纹的检测带了前所未有的方便。螺纹综合扫描测量机可在 2 分钟内完成所有被测参数的扫描测量(一次扫描)，并自动显示所有测量结果。图 7.7 是瑞士 TRIMOS 公司生产的 IAC 螺纹综合扫描测量机的外形结构和测量参数图。

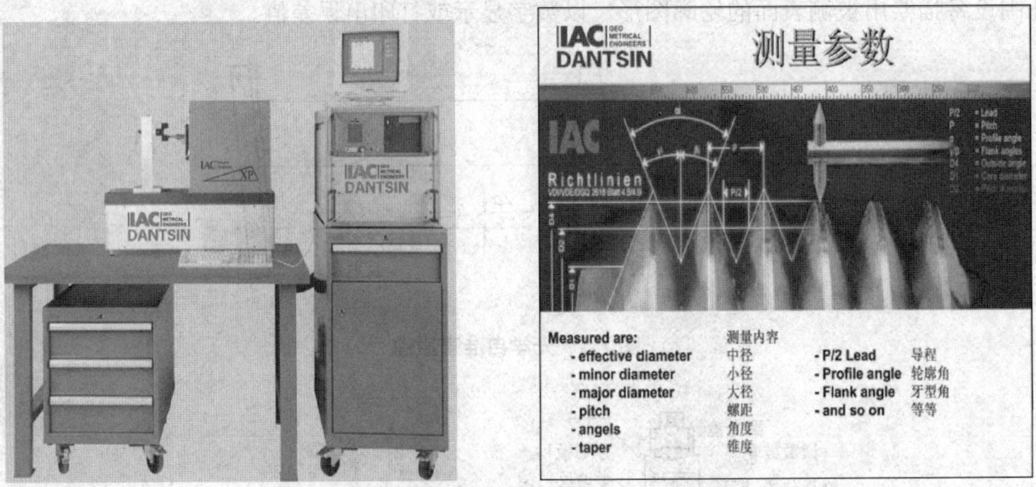

图 7.7 IAC 螺纹综合扫描测量机的外形结构和测量参数

7.4 大尺寸及形位误差测量设备

几何量测量主要包括角度、距离、位移、直线度和空间位置等量的测量，其中最为通用和普及的就是确定位置的三维坐标测量，而其他一些待测量均可以对坐标进行一定的计算间接得到。

几何量大尺寸的测量是以点的坐标位置为基础的，它分为一维、二维和三维测量。

7.4.1　二维测量设备

二维测量的设备多在实验室使用。除传统的机械、光学显微镜升级为光电、影像、激光显微镜外，测高仪也得到了广泛的应用。

测高仪应用金属光栅尺、全程绝对显示、绝对测量、气浮功能等技术，可实现二维的高度、尺寸、内外径、孔间距、轴间距、孔轴间距、垂直度、直线度(选用垂直度测头)、平面度、跳动、位置度、角度及沟槽深度等的测量，同时，还具有公差设定、超差报警、数据统计分析等功能。其测量范围达 2000mm，最大允许误差为(1.2+L/1000)μm。图 7.8 是测高仪的外形，图 7.9 是测高仪的应用实例。

图 7.8　测高仪

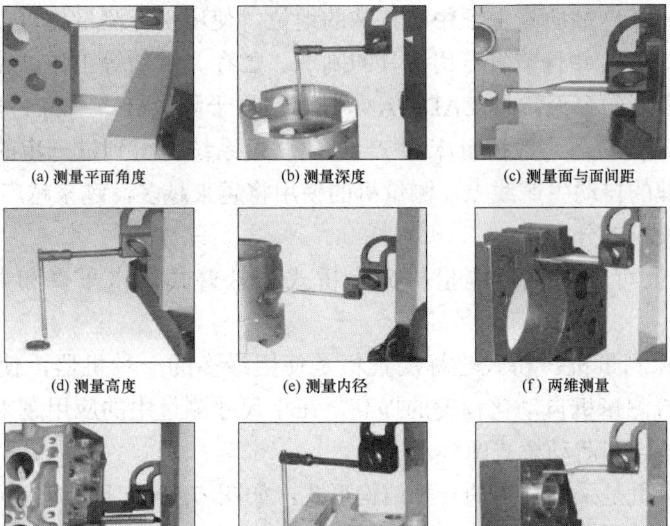

(a) 测量平面角度　(b) 测量深度　(c) 测量面与面间距

(d) 测量高度　(e) 测量内径　(f) 两维测量

(g) 测量垂直度，直线度　(h) 测量槽宽　(i) 测量外径

图 7.9　测高仪应用实例

7.4.2 三维测量设备

三维测量设备多以坐标法实现。目前，可以实现大尺寸三维坐标测量的方法和系统按照所使用的主要传感器可以分为八大类：三坐标测量机、经纬仪测量系统、全站仪测量系统、激光跟踪测量系统、激光扫描测量系统、关节式坐标测量机、室内 GPS(Indoor GPS)和工业数字摄影测量系统(Digital Photogrammetry)。

1. 坐标测量机

1) 坐标测量机应用概述

由 3 个运动导轨，按笛卡儿坐标系组成的具有测量功能的测量仪器，称为坐标测量机，其由计算机来分析处理数据(也可由计算机控制，实现全自动测量)，是一种复杂程度很高的测量设备。

坐标测量机是一种几何量测量仪器，它的基本原理是将被测零件放入它容许的测量空间，精密地测出被测零件在 X、Y、Z 3 个坐标位置的数值，根据这些点的数值经过计算机数据处理，拟合形成测量元素，如圆、球、圆柱、圆锥、曲面等，经过数学计算得出形状、位置误差及其他几何量数据。

坐标测量机的特点是高精度(达到 μm 级)、高效率(数十、数百倍于传统测量手段)、万能性(可代替多种长度计量仪器)。因而多用于产品测绘，复杂型面检测，工、夹具测量，研制过程中间测量，CNC 机床或柔性生产线在线测量等方面。

一台坐标测量机综合应用了电子技术、计算机技术、数控技术、光栅测量技术(激光技术)、精密机械(包括新工艺、新材料和气浮技术)以及各种类型的测头系统等，能完成多种复杂零件的测量，还可以与计算机辅助设计连用，与加工设备连用等，用于产品的检验，因此坐标测量技术在产品质量保证中有特殊的地位。使用坐标测量机可以解决复杂的测量问题，提高工作效率，并且节省专用夹具的制造、贮存、维修等工作。尤其在现代工业向高度自动化方向发展的今天，将 CAD/CAM 技术应用于测量机——加工中心联机系统，测量机——计算机工作站——数控机床(生产线)的联机系统将得到进一步的推广，在新产品开发和计算机管理的自动生产线上，测量机的使用将越来越多，越来越广。

2) 坐标测量机的分类

从结构形式上可以把坐标测量机分为桥式、悬臂式、水平臂和龙门式(也称门架式)4 种。

(1) 桥式坐标测量机。桥式坐标测量机是使用最多的一种机器，使用于中等测量空间，精度高。随着测量机自动化程度的提高，在小尺寸测量中的应用越来越广泛。桥式坐标测量机分固定桥式和活动桥式两种。

活动桥式测量机是采用最多的一种结构形式，如图 7.10(a)所示，它拥有固定的工作台支撑测量工件和活动桥。其优点为结构刚性好，承重能力大；缺点为单边驱动时扭摆大，光栅偏置时阿贝误差较大。活动桥式结构可完成中型到大型零件的测量任务，测量准确度较高。相对悬臂式而言，测量的开敞性不好。图 7.11(a)所示是活动桥式测量机测量实例。

固定桥式测量机的结构如图 7.10(b)所示，高精度测量机通常采用这种结构。固定桥式测量机的优点是结构稳定，整机刚性好，中央驱动偏摆小，光栅在工作台的中央，阿贝误差小，X、Y 方向运动的相互独立，相互影响小；缺点是测量对象随工作台运动的运行速度低，承载能力较低。

(2) 悬臂式测量机。悬臂式测量机的结构刚性好，操作方便，测量精度高，是小测量空间的测量机的典型形式，其结构示意图如图 7.10(c)所示。

(3) 水平臂式测量机。水平臂式测量机是大测量范围、低精度坐标测量机的典型形式。其操作性能很好，由于其移动质量小，因而非常快速，其结构示意图如图 7.10(d)所示。在称为“测量机器人”中经常是这种形式的测量机。

(4) 龙门式测量机。龙门式测量机是超大型机器，水平轴最大可到数十米，由于其刚性要比水平臂式好得多，因而对大尺寸而言具有足够的精度，其结构示意图如图 7.10(e)所示，图 7.11(b)所示是龙门桥式测量机的测量实例。

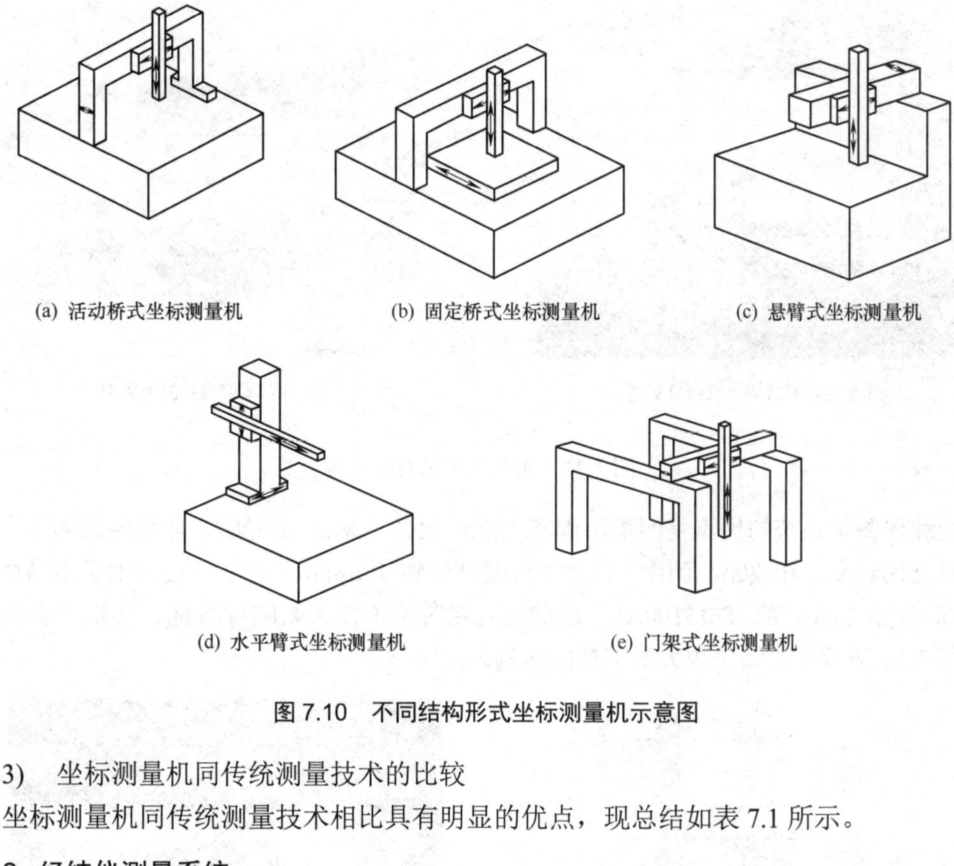

(a) 活动桥式坐标测量机　(b) 固定桥式坐标测量机　(c) 悬臂式坐标测量机

(d) 水平臂式坐标测量机　(e) 门架式坐标测量机

图 7.10　不同结构形式坐标测量机示意图

3) 坐标测量机同传统测量技术的比较

坐标测量机同传统测量技术相比具有明显的优点，现总结如表 7.1 所示。

2. 经纬仪测量系统

经纬仪测量系统也称为工业测量系统。它是由 2 台以上的高精度电子经纬仪(如 Leica 的 T3000，水平角和垂直角的测角精度皆为 0.5")构成的空间角度前方交会测量系统，是在大尺寸测量领域应用最早和最多的一种系统，由电子经纬仪、基准尺、通信接口和联机电缆及微机等组成，如图 7.12 所示。

表 7.1　坐标测量机与传统测量技术对比分析

传统测量技术	坐标测量技术
(1)对工件要进行人工的精确调整、找正	(1)不需对工件进行特殊调整
(2)专用测量仪和多工位测量仪很难适应测量任务的改变	(2)简单地调用所对应的软件，即能完成测量任务
(3)与实体标准或运动学标准进行测量比较	(3)与数学的或数字模型进行测量比较
(4)尺寸形状和位置测量在不同的仪器上进行不相干的测量	(4)尺寸、形状和位置的评定在一次安装中即可完成

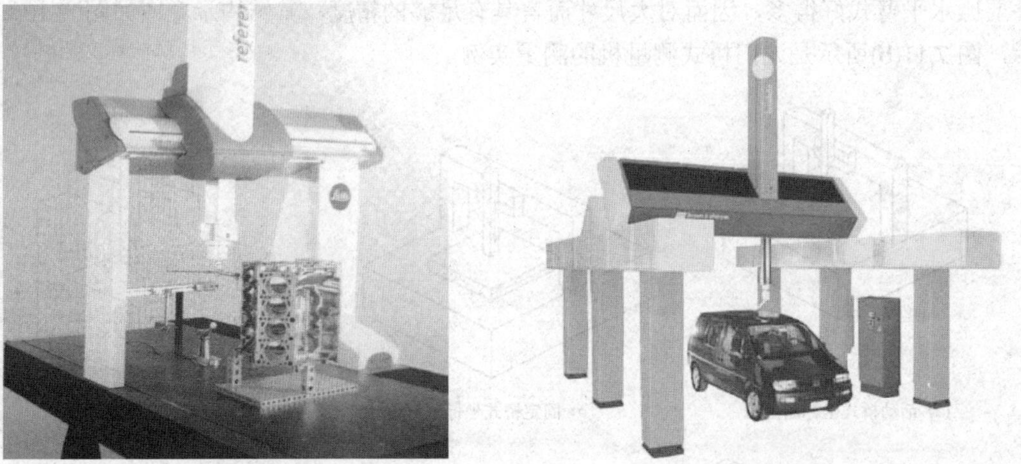

(a) 活动桥式测量机测量实例　　(b) 龙门式测量机测量实例

图 7.11　坐标测量机测量实例

经纬仪测量系统的优点是测量范围较大(2m 至几十米)，是光学、非接触式测量方式，测量精度比较高，在 20m 范围内的坐标精度可达到 10μm/m。目前，已出现了带马达驱动的经纬仪(如 Leica 的 TM5100A)，在重复测量时可不需人眼瞄准目标，实现了自动化测量。图 7.13 所示是经纬仪测大型工件的实例。

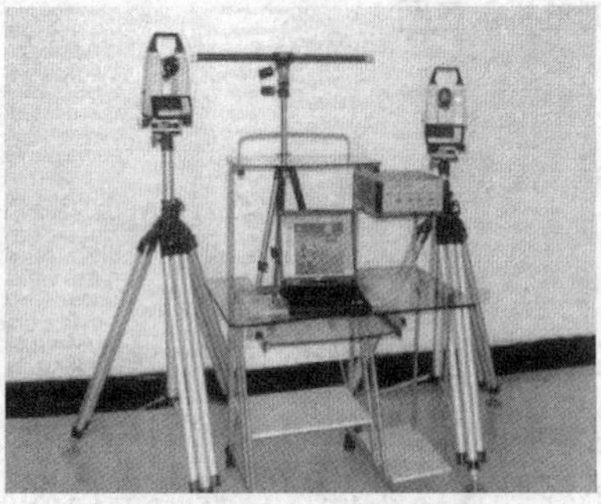

图 7.12　MetroIn 经纬仪测量系统

图 7.13　经纬仪测量系统测量实例

3. 全站仪测量系统

全站仪是一种兼有电子测角和电子测距的测量仪器。其坐标测量原理最为简单，是空间极(球)坐标测量的原理，如图 7.14 所示，它是测绘行业应用最广和最通用的一种“坐标测量机”。

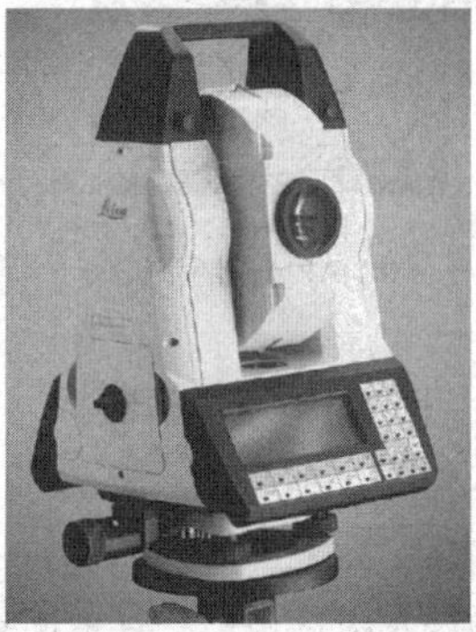

图 7.14　5TDA5005 型全站仪

全站仪坐标测量系统只需单台仪器即可测量，因此仪器设站非常方便和灵活，测程较远，特别适合于测量范围大的情况，Leica 的 TDA5005 构成的系统在 120 米范围内使用精密角偶棱镜(CCR)的测距精度能达到 0.2mm；日本 SOKKIA 公司推出了 MONMOS 全站仪测量系统，采用 NET1200 全站仪在 100m 范围内对反射片测量精度优于 0.7mm。由于一般必须要合作目标(如棱镜或反射片)才能测距，所以它无法直接测量目标点；测距固定误差的存在，使其在短距离(<20m)测量时相对精度较低。虽然目前已出现了无需棱镜测距的全站仪(如 Leica 的 TCR1101)，但测距精度均很低，低于 3mm。

4. 激光跟踪测量系统

激光跟踪测量系统也是由单台激光跟踪仪构成的球坐标测量系统，其测量原理和全站仪一样，仅仅是测距的方式(单频激光干涉测距)不同。由于干涉法测量距离的精度高，测量速度快，因此激光跟踪仪的整体测量性能和精度要优于全站仪。在测量范围内(可达 ϕ120m)，坐标重复测量精度达到 5ppm(即 5μm/m)；绝对坐标测量精度达到 10ppm(即 10μm/m)。但在单项指标上，如测角精度比全站仪要低。图 7.15 所示是几种激光跟踪仪的外形图。

激光跟踪仪通过激光干涉测距和两个高精度光栅编码器(水平和垂直)实现对空间任意坐标点的三维测量，它有一套光束定位系统，通过接收反射光束(从光靶返回)的位移量来控制伺服电机，使激光束跟踪光靶的移动，从而实现了自动跟踪测量。激光跟踪仪测量参数多、测量范围大，全套系统含附件能放置于一个带轮子的箱子内，在现场安装和操作时非常方便灵活、移动方便，对测量环境条件无特殊要求(可在 0～45℃内正常工作)。该仪器广泛用于航空航天工业、船舶工业、军事工业、重型工业等生产和装配过程中尺寸公差和形位误差的检测，该设备还是进行“有效仿制”测绘的必备设备。

(a) Leica公司生产　　(b) API公司生产　　(c) FARO公司生产

图 7.15　激光跟踪仪

5. 激光扫描测量系统

激光跟踪测量系统具有测距精度高的特点，但是测距为相对测距，需要保证在跟踪过程中激光束不被丢失，另外，测距需要合作目标(反射器)配合，因此是一种接触式的测量系统，往往给测量带来诸多不便。

采用其他非干涉法测距方式可以不需要合作目标来实现距离的测量，将这类系统称为激光扫描测量系统。激光扫描仪的测距原理分为 3 种：一是脉冲法激光测距，二是激光相位法测距，三是激光三角法测距。

基于脉冲法测距的激光扫描仪精度较低，一般为毫米级，但其测程较长，如 Leica 公司的 HDS3000 型激光扫描仪(最大测程为 100m，测距精度为 4mm，曲面建模精度优于 2mm)，故其主要应用在土木工程测量、文物和建筑物的三维测绘等领域。

相位法测距的精度和调制频率有关，一般全站仪的测距频率为 50～100MHz，但美国 Metric Vision 公司推出的激光雷达扫描仪(Laser Radar Scanner)LR200 的测距频率达到 100GHz，它在 10m 距离上绝对距离测量精度可以达到 0.1mm，测量范围为 2～60m。图 7.16 是激光扫描仪的外形图。

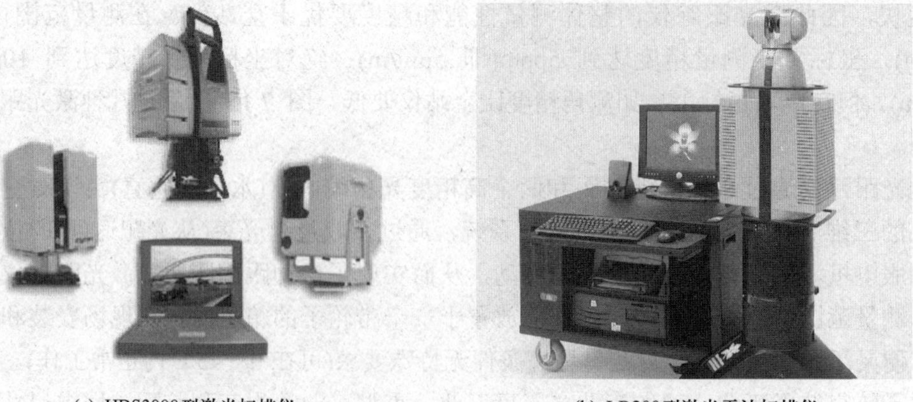

(a) HDS3000型激光扫描仪　　(b) LR200型激光雷达扫描仪

图 7.16　激光扫描仪

基于激光三角法测距原理的扫描测量系统又称结构光扫描仪(Structured Light Scanner)。以半导体激光器作光源，使其产生的光束照射被测表面，经表面散射(或反射)后，用面阵 CCD 摄像机接收，光点在 CCD 像平面上的位置将反映出表面在法线方向上的变化，即点结构光测量原理，如图 7.17 所示。

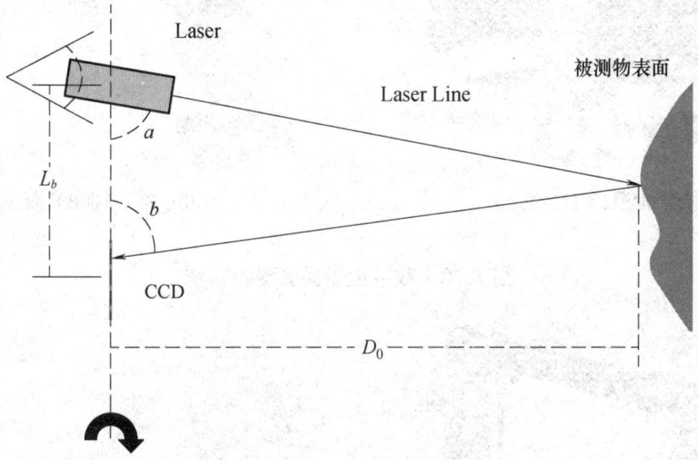

图 7.17　激光三角法测距原理示意图

激光扫描仪可以获取海量的点云数据，尤其适用于实体的三维建模，其不足之处在于无法对某一特定的点进行精确测量(不好精确瞄准特征点)。

6. 数字近景摄影测量系统

摄影测量在工业测量和工程测量中的应用一般称为近景摄影测量或非地形摄影测量。它经历了从模拟、解析到数字方法的变革，硬件也从胶片相机发展到数字相机。

数字近景摄影测量是通过在不同的位置和方向获取同一物体的 2 幅以上的数字图像，经计算机图像匹配等处理及相关数学计算后得到待测点精确的三维坐标。其测量原理和经纬仪测量系统一样，均是三角形交会法。

数字近景摄影测量系统一般分为单台相机的脱机测量系统和多台相机的联机测量系统，如图 7.18 所示。此类系统与其他类系统一样具有精度高、非接触测量和便携等特点。此外，还具有其他系统所无法比拟的优点：测量现场工作量小、快速、高效和不易受温度变化、振动等外界因素的干扰。

7. 关节式坐标测量机

关节式坐标测量机是一种便携的接触式测量仪器，对空间不同位置待测点的接触实际上模拟人手臂的运动方式。仪器由测量臂、码盘、测头等组成，如图 7.19 所示，各关节之间测量臂的长度是固定的，测量臂之间的转动角可通过光栅编码度盘实时得到，转角读数的分辨力可达± 1.0″，测头功能同三坐标测量机，甚至可以通用。

(a) 单台像机脱机测量系统　　(b) 多台像机联机测量系统

图 7.18　数字近景摄影测量系统

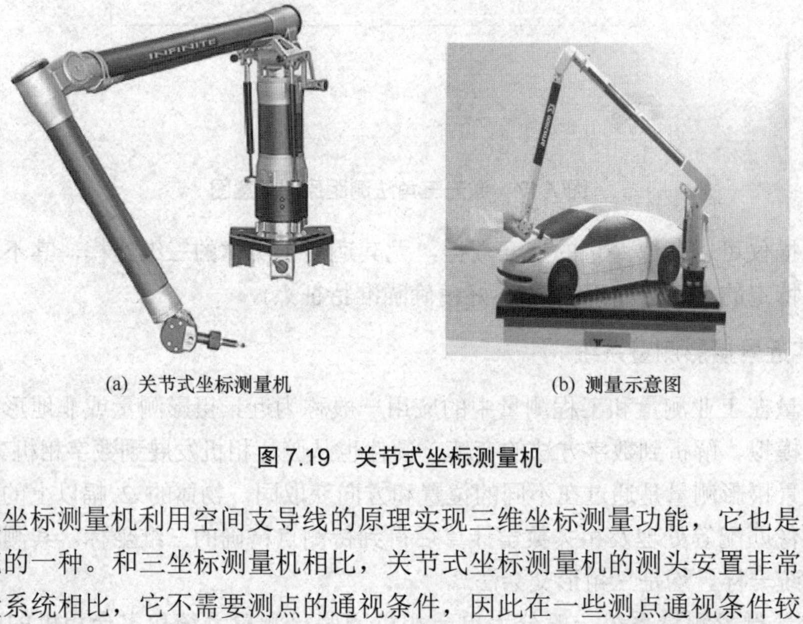

(a) 关节式坐标测量机　　(b) 测量示意图

图 7.19　关节式坐标测量机

关节式坐标测量机利用空间支导线的原理实现三维坐标测量功能，它也是非正交系坐标测量系统的一种。和三坐标测量机相比，关节式坐标测量机的测头安置非常灵活；和其他光学测量系统相比，它不需要测点的通视条件，因此在一些测点通视条件较差的情况下(隐藏点)，非常有效，例如，汽车车身内点的测量等。但由于关节臂长的限制，它的测量范围有限(最长可以到 4m)，但可以采用“蛙跳”的方法(公共点坐标转换法)，或附加扩展测量导轨支架的方法来扩大其测量范围。

有些厂家正在采用在其测头上附加小型结构光扫描仪来实现对工件的三维快速扫描，集接触式与非接触式系统优点于一体，称为激光扫描测量臂。

关节式坐标测量机的测量精度低于固定的坐标测量机。

8. 室内 GPS

所谓室内 GPS 是指利用室内的激光发射器(基站)不停地向外发射单向的带有位置信息的红外激光，接收器接收到信号后，从中得到发射器与接收器间的两个角度值(类似于经纬仪的水平角和垂直角)，在已知了基站的位置和方位信息后，只要有两个以上的基站就可以通过角度交会的方法计算出接收器的三维坐标，如图 7.20 所示。基站的位置和方位通过光束法来进行系统定向后完成，这样不需要已知控制点，只要一个基准尺度就可以了。

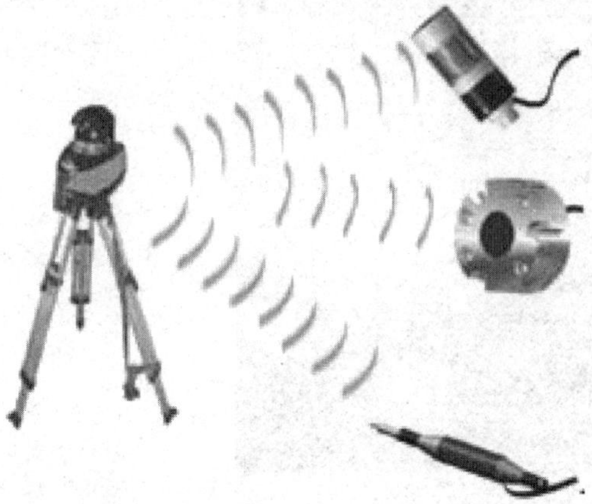

(a) 系统组成

(b) 激光发射装置

图 7.20　Arc Second 公司的室内 GPS

与 GPS 不同的是，室内 GPS 采用室内激光发射器来模拟卫星；它不是通过距离交会，而是用角度交会的方法。与经纬仪系统不同的是，它不是通过度盘来直接测量角度，而是通过接收红外激光来间接得到角度值，因而就不再需要人眼去瞄准待测点了。

室内 GPS 测量速度达到了 20Hz，测量空间范围从几米到几百米，如果采用 4 个以上的基站，测量精度可以达到 0.05mm。

7.5　传动件测量设备

1. 渐开线齿轮检查仪

渐开线齿轮检查仪可以检测圆柱齿轮的齿距、齿廓、螺旋线等的误差。它是以特定的机构按照渐开线形成原理产生理想渐开线，并与被测量的齿形比较而进行测量，如图 7.21 所示。

渐开线齿轮检查仪的最大测量范围为：模数 42mm；基圆直径 2600mm。检测齿轮精度可以检测 6 级以下精度的齿轮。

2. 齿轮测量中心

齿轮测量中心的新概念适用于所有齿轮测量，提供用于测量工件外径 260～3000mm 结构紧凑经济的测量中心，如图 7.22 所示。测量中心可以实现全自动测量循环，测量时间极短并且能够保持稳定的高测量精度和高水平用户友好性。全自动齿轮测量中心代替了原来的各种齿轮单项测量仪和齿轮刀具测量仪，可以胜任各种齿轮类零件，如不同结构形状的圆柱齿轮、锥齿轮、插齿刀、剃齿刀、滚刀、蜗轮、蜗杆，甚至像旋转对称体工件、凸轮轴、径向凸轮等，也可以在齿轮测量中心上完成测量。齿轮测量中心最高可测量 1 级齿轮。

图 7.21　渐开线齿轮检查仪

图 7.22　齿轮测量中心

附录 1　关于对实训评价的建议

本书在每个实训教学情境的编写中，主要遵循了“资讯——计划——决策——实施——检查——评价”这一六步法的思路，但为了便于编写并尊重人们的思维习惯，将计划和决策这两步合并在一起了。同时为了避免不必要的重复，在教材正文中没有涉及实训教学情境的“评价”这一步的内容。

现在以“阶梯轴尺寸检测”这一实训教学情境为例来说明进行“评价”时的一些基本策略。

(1) 学生对本小组或者自己所作的工作做一个评价，对计划与决策、实施、检查等几个方面进行反思，提出改进措施；同时，评估也是学生再次进行学习和提高的过程，因此应该要求学生认真对待，做到客观真实、杜绝假话、套话和空话。教师从学生的评价中可以发现学生进行的反思性学习品质和自我修正的能力。

(2) 作为教学的引导者，应对学生个体(或者小组)完成工作的情况进行全面的评估，评估信息的来源主要包括学生的识图能力、确定检测的先后顺序和检测位置的能力、选择量具的能力、正确操作计量器具和准确读数的能力、自我检查和反思提高的能力、小组协调能力等。

评估的环节应包括本实训项目中学生在资讯、计划、决策、实施、检查和评估六个环节中的具体表现。资讯环节应重点评价学习者对于任务的认识和理解及识图能力；计划环节应重点考察学生的参与情况(是否积极主动、是否有独到见解)；决策环节中应重点考察学生的思维是否开阔、能否勇于承担责任；实施环节则应重点考察学生操作规范熟练的程度、勤奋努力的品质等；检查环节则是反映学生是否具有认真仔细的工作态度和精益求精的意识；评价环节则是考察学生是否具有发现问题和反思提高的能力。

根据以上分析，建议教师制定附表 1 所示的评价表格，分项对学生(小组)进行评价。

附表 1　阶梯轴尺寸检测评价表(教师用)

评价项目		等　级					单项得分	说　明
		A	B	C	D	E		
资讯	识图能力(5%)							根据各项的情况，给出等级，然后换算出具体的分。等级与分数的换算关系如下： A=0.95 B=0.85 C=0.75 D=0.65 E=0.45
	信息搜集能力(5%)							
计划	信息处理能力(5%)							
	团队合作精神(5%)							
	汇报表达能力(5%)							
	独到见解(5%)							
决策	独立思考(5%)							
	思维开阔(5%)							
	责任意思(5%)							
实施	勤奋努力(10%)							
	操作规范程度(15%)							
	操作熟练程度(10%)							
检查	一丝不苟的态度(5%)							
	精益求精的意思(5%)							
评估	发现问题的能力(5%)							
	反思提高的能力(5%)							
评价分总计								

附录 2　极限与配合新旧标准变动说明

《GB/T1800.1—2009 产品几何技术规范(GPS)极限与配合第 1 部分：公差偏差和配合的基础》是对《GB/T1800.1—1997》、《GB/T1800.2—1998》、《GB/T1800.3—1998》进行整合修订并代替旧的标准。为了帮助读者尽快熟悉新标准，现将新旧标准在术语上的一些主要差异列于附表 2。

附表 2　极限与配合新旧标准“术语”对照表

序　号	GBT1800.1—2009	GBT1800.1—1997、GBT1800.2—1998、GBT1800.3—1998
1	基本尺寸	公称尺寸
2	上极限尺寸	最大极限尺寸
3	下极限尺寸	最小极限尺寸
4	上极限偏差	上偏差
5	下极限偏差	下偏差
6	实际尺寸	实际(组成)要素
7	局部实际尺寸	提取组成要素的局部尺寸

附录 3　形位公差新旧标准变动说明

《GB/T1182—2008 产品几何技术规范(GPS)几何公差　形状、方向、位置和跳动公差标注》是对《GB/T1182—1996 形状和位置公差　通则、定义、符号和图样》的修订并代替旧的标准。为了帮助读者尽快熟悉新标准，现将新旧标准在术语上的一些主要差异列于附表 3。

附表 3　形位公差新旧标准“术语”对照表

序　号	GB/T1182—2008	GB/T1182—1996
1	几何公差	形状和位置公差
2	方向公差	定向公差
3	位置公差	定位公差
4	导出要素	中心要素
5	组成要素	轮廓要素
6	提取要素	测得要素
7	轴向圆跳动公差	端面圆跳动公差
8	轴向全跳动公差	端面全跳动公差

参考文献

1. 朱超．公差配合与技术测量．北京：机械工业出版社，2008
2. 胡照海．公差配合与测量技术．北京：人民邮电出版社，2006
3. 梁国明．制造业质量检验员手册．北京：中国标准出版社，2003
4. 张泰昌．几何量检测 1000 问．北京：机械工业出版社，2006
5. 梁国明，张保勤．常用量具的使用与保养 270 问．北京：国防工业出版社，2007
6. 姜大源．当代德国职业教育主流教学思想研究理论、实践与创新．北京：清华大学出版社，2007
7. F.劳耐尔．职业教育与培训学习领域课程开发手册．北京：高等教育出版社，2007
8. 陈永芳．职业技术教育专业教学论．北京：清华大学出版社．2007
9. 成大先．机械设计手册．北京：化学工业出版社，2004
10. 李柱．公差与配合问答．北京：机械工业出版社，2007
11. 傅成昌、傅晓燕．几何量检测 1000 问．北京：机械工业出版社，2006
12. 忻良昌．公差配合与测量技术．北京：机械工业出版社，1989
13. 翟轰．测量技术．南京：东南大学出版社，1999
14. 章玉麟．互换性与测量技术．北京：中国林业出版社，1992
15. 陈于萍，周兆元．互换性与测量技术基础．北京：机械工业出版社，2005
16. 王伯平．互换性与测量技术．北京：机械工业出版社，2004
17. 胡凤兰．互换性与测量技术．北京：高等教育出版社，2005
18. 姚云英．公差配合与测量技术．北京：机械工业出版社，2004
19. 黄云清．公差配合与测量技术．北京：机械工业出版社，2005
20. 瘳念钊．互换性与技术测量．北京：计量出版社，2002
21. 中华人民共和国国家质量监督检验检疫总局、中国国家标准化管理委员会．GB/T 131—2006 产品几何技术规范(GPS)技术产品文件中表面结构的表示法．北京：中国标准出版社，2005
22. 中华人民共和国国家质量监督检验检疫总局．GB/T 10095—2008 渐开线圆柱齿轮．精度．北京：中国标准出版社，2008
23. 中华人民共和国国家质量监督检验检疫总局、中国国家标准化管理委员会．GB/Z 18620—2008 圆柱齿轮检验实施规范．北京：中国标准出版社，2008